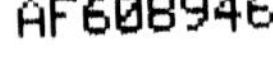

ALLE ZEIT WACH
1842

Schaltgeräte

Grundlagen, Aufbau, Wirkungsweise

Herausgegeben von Manfred Lindmayer

Mit 182 Abbildungen

Springer-Verlag Berlin Heidelberg New York
London Paris Tokyo 1987

Herausgeber

Professor Dr.-Ing. **Manfred Lindmayer**
Institut für Elektrische Energieanlagen
Technische Universität Braunschweig
Pockelstraße 4, D-3300 Braunschweig

Autoren

Dipl.-Ing. **R. Prätsch**
ehem. Leiter der Techn. Dienste
des Schaltwerks der Siemens AG, Berlin 13

Dipl.-Phys., Dr. rer. nat. **K. Zückler**
Leiter der Laboratorien für Physik und Chemie
des Schaltwerkes der Siemens AG, Berlin 13

Dr.-Ing. **H.-H. Schramm**
Abteilungsleiter, Siemens AG, Berlin 13

Dipl.-Ing. **G. Luxa**
Leiter des Versuchsfeldes für Hochspannung
Siemens AG, Berlin 13

Dipl.-Ing. **F. Edlmayr**
Oberingenieur
Siemens AG, Amberg

Dipl.-Ing. **G. J. Rauter**
Oberingenieur
Siemens AG, Amberg

Dipl.-Ing. **P. F. K. Strop**
Oberingenieur
Siemens AG, Amberg

ISBN 978-3-642-52268-0 ISBN 978-3-642-52267-3 (eBook)
DOI 10.1007/978-3-642-52267-3

CIP-Kurztitelaufnahme der Deutschen Bibliothek
Schaltgeräte/Manfred Lindmayer. [Autoren: R. Prätsch...].
Berlin; Heidelberg; New York; London; Paris; Tokyo: Springer, 1987.

NE: Lindmayer, Manfred [Hrsg.]

Satz: Mit einem System der Springer Produktions-Gesellschaft
Datenkonvertierung: Brühlsche Universitätsdruckerei, Gießen

Bindearbeiten: Lüderitz & Bauer, Berlin
2160/3020-543210

Vorwort

Auf ihrem Weg vom Erzeuger zum Verbraucher gelangt die elektrische Energie über eine große Anzahl von Schaltgeräten, die in den Knotenpunkten der Übertragungs- und Verteilungsnetze angeordnet sind. Von deren einwandfreier Funktion hängt die Zuverlässigkeit unserer Energieversorgung entscheidend ab.

Bei der weitaus größten Anzahl von Schaltgeräten handelt es sich um Schalter mit mechanisch betätigten, metallischen Kontaktstellen und Lichtbogenlöschsystemen zur Löschung der beim Ausschalten entstehenden Lichtbögen. Trotz der enormen Fortschritte in der Leistungselektronik ist dieses an sich alte Prinzip, das sich auszeichnet durch geringe Verluste, Störunanfälligkeit, hohe Überlastbarkeit und vergleichsweise niedrige Kosten, auch in absehbarer Zukunft für die meisten Anwendungsfälle konkurrenzlos im Vergleich zu anderen Schaltprinzipien.

Voraussetzung hierfür war und ist die stetige Optimierung und Weiterentwicklung dieser Technik mit Hilfe moderner Forschungs- und Entwicklungsmethoden. Die dabei zu behandelnden Probleme liegen in einem weiten, fächerübergreifenden Bereich, wobei besonders die Disziplinen Elektrotechnik, Physik, Mechanik, Werkstofftechnik und Chemie zu nennen sind.

Ziel des vorliegenden Buches ist es, einen Überblick über Funktionsweise und Einsatz der großen Vielfalt an Schaltgeräten der Energietechnik zu geben. Zunächst werden die wesentlichen physikalischen Vorgänge sowie ihre theoretische Deutung und mathematische Behandlung exemplarisch dargestellt. Die Beanspruchungen der Schaltgeräte bei ihrem Einsatz in Netzen schließen sich an. Schließlich werden Prinzipien und konstruktiver Aufbau der vielen Schaltgerätearten für unterschiedliche Aufgaben anhand zahlreicher Konstruktionsbeispiele erläutert.

Das Werk wendet sich einerseits an alle Studenten und allgemein interessierten Fachleute der elektrischen Energietechnik, die sich mit der Materie der Schaltgeräte vertraut machen wollen. Die Anwender von Schaltgeräten finden, u.a. durch ausführlichen Bezug auf einschlägige Normen und Vorschriften, Hilfe für Auswahl und Einsatz. Nicht zuletzt findet auch der Entwickler, Konstrukteur und Projekteur von Schaltgeräten und Schaltanlagen zahlreiche Anregungen, Hinweise und Daten für seine Arbeit.

Das Buch entstand aus den Vorarbeiten zu dem im Springer-Verlag erschienenen Handbuch HÜTTE „Elektrische Energietechnik“, Band 2 „Geräte“. Es war zunächst geplant, einen größeren Abschnitt „Schaltgeräte“

darin aufzunehmen. Da der von den Autoren hierzu erarbeitete Stoff weit über den zur Verfügung stehenden Platz hinausging, entschloß sich der Verlag zur gesonderten Herausgabe des vorliegenden Werkes „Schaltgeräte“.

Die Autoren, die Herren G. Luxa, R. Prätsch, H. Schramm, R. Zückler, alle Siemens AG, Schaltwerk Berlin, sowie F. Edlmayr, G. Rauter, F. Strop, alle Siemens AG, Gerätewerk Amberg, sind Fachleute aus Forschung, Entwicklung, Konstruktion, Fertigung und Prüfung, die sich in ihrem Beruf z. T. seit Jahrzehnten intensiv mit der Thematik der Schaltgeräte aus verschiedenen Blickwinkeln befassen.

Allen Autoren danke ich herzlich für die große Mühe und den Zeitaufwand, denen sie sich mit der Erstellung des Manuskriptes neben der täglichen Arbeit unterzogen haben. Auch den Werksleitungen Berlin und Amberg sowie zahlreichen beteiligten, nicht namentlich genannten Mitarbeitern der Firma Siemens AG sei für die Unterstützung und die Mitwirkung gedankt.

Besonderer Dank gilt auch meinen Mitarbeitern am Institut für Elektrische Energieanlagen der Technischen Universität Braunschweig.

Schließlich sei noch dem Springer-Verlag für die Initiative zu diesem Werk sowie für die gute Zusammenarbeit bei seiner Vorbereitung gedankt.

Braunschweig, im Februar 1987 M. Lindmayer

Inhaltsverzeichnis

1 Mit * gekennzeichnete Abschnitte von M. Lindmayer

0 Einführung

Schaltgeräte der elektrischen Energietechnik haben die Aufgabe, Stromkreise zu verbinden und zu unterbrechen, sowie im eingeschalteten Zustand den Strom zu führen. Schaltgeräte im engeren Sinne sind die Schalter, während zu den Schaltgeräten auch andere Betriebsmittel mit Schaltfunktion, z.B. Schmelzsicherungen zählen.

Der Vorgang des Schaltens, d.h. des Übergangs vom eingeschalteten zum ausgeschalteten Zustand oder, präziser, vom niederohmigen zum hochohmigen Zustand und umgekehrt, kann durch verschiedene Prinzipien erreicht werden. So sind z.B. der Übergang von der Supraleitung zur Normalleitung, sprungartige Widerstandsänderungen von Werkstoffen in Abhängigkeit von Temperatur oder Druck oder das Ansteuern und Sperren von Halbleiterbauelementen zu nennen. Sieht man von dem steigenden Einsatz von Halbleitern im Bereich der Steuerungen sowie bei kleinen Verbraucherleistungen ab, so besitzen diese Verfahren im Vergleich zu dem seit Beginn der Elektrotechnik bekannten Prinzip des Auftrennens und Schließens eines metallischen Stromübergangs unter Lichtbogenbildung kaum Bedeutung in der elektrischen Energietechnik, und ein grundlegender Wandel ist beim heutigen Stand nicht abzusehen.

Vergleicht man z.B. ein modernes Schaltgerät mit Kontaktbetätigung mit einem nach dem Halbleiterprinzip arbeitenden Schalter, so zeichnet es sich aus durch

- geringere Verluste und damit geringere Erwärmung im eingeschalteten Zustand,
- geringeres Volumen,
- hohe Überlastbarkeit,
- geringere Kosten,
- extrem hohes Widerstandsverhältnis AUS/EIN,
- galvanische Trennung (Sicherheitsfunktion).

Die Vorteile der Leistungshalbleiter treten erst in den Vordergrund, wenn zur eigentlichen Schaltaufgabe weitere Komplexe, insbesondere regelungstechnische Aufgaben, hinzukommen.

Die Entwicklung auf dem Schaltgerätesektor ist hauptsächlich gekennzeichnet durch konsequente Verbesserung und Weiterentwicklung der bekannten Prinzipien unter Ausnutzung neuer physikalischer und technischer Erkenntnisse und unter Einsatz neuer, leistungsfähigerer Werkstoffe.

Der Schaltlichtbogen, ein heißes, ionisiertes Plasma, das beim Auftrennen des Stromkreises zwischen den Elektroden entsteht, hat die Aufgabe, den Übergang von einem guten Leiter zu einem guten Isolator innerhalb kürzester Zeit zu bewerkstelligen. Seine Erscheinungsformen sowie die dabei zugrundeliegenden physikalischen Vorgänge sind sehr vielfältig und hängen von den Stromkreisbedingungen, dem Löschmedium und seinem Zustand, den Werkstoffen, den mechanischen Parametern des Schalters sowie der gesamten konstruktiven Anordnung des Kontakt- und Löschsystems ab.

Weitere wesentliche Elemente sind die als Kontaktstücke bezeichneten Elektroden. Sie müssen einerseits den Forderungen nach geringstem elektrischen Widerstand genügen, andererseits den starken Beanspruchungen durch den heißen Bogen standhalten. Diese Anforderungen haben zur Entwicklung zahlreicher spezieller Kontaktwerkstoffe geführt.

Besondere Bedeutung kommt den durch die Schaltaufgabe bestimmten unterschiedlichen Beanspruchungen der Schaltstrecke zu. Die Strombelastung reicht von wenigen Ampere bei Schaltern für Steuerungen oder kleine Verbraucher im Normalbetrieb bis hin zu über 100 kA bei großen Leistungsschaltern, deren Aufgabe die Beherrschung von Kurzschlußströmen ist. Die Spannungen in Hauptstromkreisen, die an der Strecke eines ausgeschalteten Schaltgerätes anstehen, können zwischen 100 V (Niederspannung) und mehreren 100 kV (Hochspannung) liegen. Der Übergang zwischen beiden Zuständen, der Schaltvorgang, spielt sich dabei, abhängig vom elektrischen Kreis und vom Schaltprinzip, innerhalb weniger Mikrosekunden bis Millisekunden ab.

Entsprechend der Mannigfaltigkeit der möglichen Schaltaufgaben ist eine Vielfalt unterschiedlicher Schaltgerätearten entwickelt worden. Diese Entwicklung schlägt sich auch in den bestehenden Vorschriften nieder. Eine erste Einteilung ergibt sich hierbei zwischen Hochspannungsschaltgeräten (über 1000 V) und Niederspannungsschaltgeräten (bis 1000 V). Abhängig von den Anforderungen und Einsatzgebieten haben sich in jeder dieser beiden Gruppen unterschiedliche Prinzipien entwickelt, denen entsprechende Dimensionierungsregeln zugrundeliegen.

In den folgenden Kapiteln werden zunächst die wichtigsten physikalischen Grundlagen der Schaltgerätetechnik zusammengefaßt, die Beanspruchungen dargelegt und schließlich, getrennt nach Nieder- und Hochspannung, Wirkungsweise und Besonderheiten sowie die Einsatzgebiete der verschiedenen Schaltgeräte am Beispiel ausgeführter Konstruktionen erläutert.

1 Physikalische Grundlagen

1.1 Der elektrische Lichtbogen [1 – 13,17]

In allen Schaltern – abgesehen von den Festkörperschaltelementen, wie den auf das Gebiet niedriger Spannungen beschränkten Halbleiterschaltern, und den noch im Projektstadium befindlichen Supraleitungsschaltern – entsteht bei der Kontakttrennung ein Lichtbogen, der die Schaltaufgabe übernimmt. Daher sollen zunächst die wichtigsten Begriffe und Tatsachen der Gasentladungs- und Lichtbogenphysik betrachtet werden, besonders hinsichtlich ihrer Bedeutung für die Lichtbogenlöschung. Danach werden einige Fragen der Kontaktphysik erörtert [14,15]. Wir werden uns dabei auf das Grundsätzliche beschränken und einfache Näherungsmethoden und Modelle bevorzugen.

1.1.1 Die Bogensäule [1 – 4,6 – 12,17]

Bild 1.1 zeigt schematisch einen Lichtbogen und die sich darin ausbildende Spannungsverteilung, die mit Hilfe von Sonden gemessen werden kann. Über den größten Teil des Bogens erstreckt sich ein Gebiet mit nahezu konstanter Feldstärke, die „Bogensäule“. Ihre Feldstärke, der sogenannte „Gradient“, hängt von der Gasart, dem Druck p und den Kühlungsbedingungen ab. Er beträgt z.B. $\approx 2 \cdot 10^3$ V/m beim frei brennenden Lichtbogen, $\approx 10^4$ V/m bei

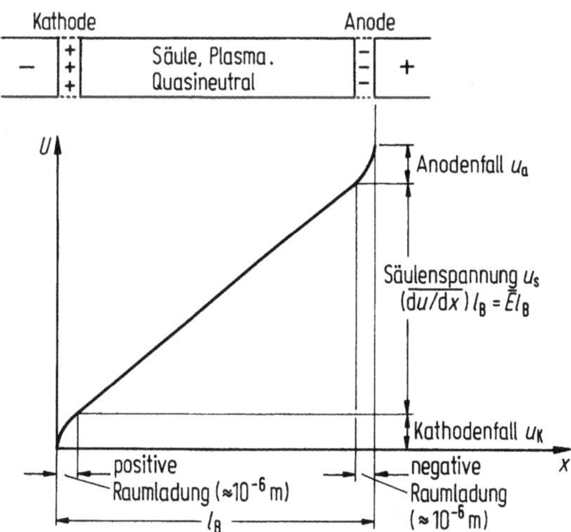

Bild 1.1. Lichtbogen schematisch

stark beblasenen Schalterbögen. Die Säule, auch „Plasma" genannt, besteht aus heißem, großenteils dissoziiertem und ionisiertem Gas. Seine freien Ladungsträger – Elektronen und Ionen – entstehen vorwiegend durch Stoßvorgänge infolge der gerichteten Elektronenbeschleunigung im elektrischen Feld und infolge der Wärmebewegung. Die Stoßvorgänge bestimmen ebenfalls wesentlich die Rekombinationen. Daneben spielen bei hohen Drücken auch Ionisationen durch Absorption von Lichtquanten eine Rolle. Das anliegende elektrische Feld ruft eine Driftbewegung der Ladungsträger hervor, die den Strom i transportiert und der ungeordneten thermischen Bewegung überlagert ist. Dabei stellt sich die Bogenspannung u_B so ein, daß sie die für die Erzeugung und Beschleunigung der Ladungsträger und zur Deckung der Wärme- und Strahlungsverluste notwendige Leistung $P=i \cdot u_B$ liefert. Das Plasma ist quasineutral, also raumladungsfrei. Seine Eigenschaften sind bestimmt durch die Temperatur T, den Druck p und die Eigenschaften seiner Teilchen: Moleküle, Atome, Ionen und Elektronen. Bei der Einstellung der der jeweiligen Temperatur entsprechenden Maxwellschen Geschwindigkeitsverteilung der Elektronen spielt deren Wechselwirkung mit dem von den anderen geladenen Teilchen gebildeten „Mikrofeld" eine wichtige Rolle. Sie bestimmt die „Relaxationszeit", mit der sich ein gestörtes Gleichgewicht wieder einstellt. Bei hohen Drücken und nicht zu schnellen Zustandsänderungen ist im Bogen die Elektronentemperatur, welche die Translation der Elektronen, die Ionisation und die Anregung bestimmt, gleich der – die mittlere Energie der Atome und die klassische Wärmeleitung beherrschenden – Gastemperatur. Bei niedrigen Drücken kann dagegen die mittlere freie Weglänge l_f und damit die aus dem elektrischen Feld E von den Elektronen zwischen zwei Stößen aufgenommene Energie el_fE (elektrische Elementarladung $e=1{,}6 \cdot 10^{-19}$ As) so groß werden, daß die Elektronentemperatur weit über die Gastemperatur ansteigt. Da die Ladungsträgerbeweglichkeit b (= Trägergeschwindigkeit/Feldstärke) gemäß $b \sim (1/p)\sqrt{T/m}$ von der Teilchenmasse m abhängt, die Ionenmasse m_i aber viel größer als die Elektronenmasse m_e ist, wird $b_e \gg b_i$. Man kann daher den Beitrag der Ionen mit der Konzentration n_i zum Stromtransport eb_in_i gegenüber dem Beitrag der Elektronen eb_en_e (n_e Elektronendichte) vernachlässigen. Die elektrisch, thermisch und strömungsmäßig entscheidenden Größen: Teilchendichte n, Dichte ϱ, freie Weglänge l_f, spez. elektrische Leitfähigkeit $\varkappa$, Wärmeleitfähigkeit λ, spez. Wärmekapazität c_p (und c_v), spez. Enthalpie h, dynamische Viskosität η und Schallgeschwindigkeit v_s lassen sich mit den Methoden der statistischen Physik in Abhängigkeit vom Gasdruck p und von der Gastemperatur T berechnen [1–3] und in weiten Bereichen experimentell – großenteils mit Hilfe spektroskopischer Messungen – bestimmen [1,18–28]. Die spektroskopischen Verfahren liefern auch die für die Berechnung notwendigen Konstanten, z.B. die Dissoziations- und Ionisationsenergien E_D und E_I.

1.1.2 Elektrodengebiete

Während die Säule quasineutral ist, befinden sich vor den Elektroden durch Abwandern von Ladungsträgern entstandene, schmale Raumladungsgebiete mit einer Breite von 10^{-7} bis 10^{-6} m, entsprechend der Größenordnung einer freien Weglänge bei 1 bar. Sie bedingen nach der Poissonschen Gleichung steile Potentialabfälle, den „Kathodenfall" und den „Anodenfall", vgl. 1.1.9.2. Im Kathodenfall werden die positiven Ionen so beschleunigt, daß sie durch Stoß die Kathodenoberfläche erhitzen und Brennflecke verursachen können. Dort treten dann durch thermische Emission und unter Einwirkung des elektrischen Feldes die Elektronen aus der Kathode aus, welche die Entladung unterhalten. Sie führen im Fallgebiet mehr als 50% des Stromes und werden dort längs einer freien Weglänge so weit beschleunigt, daß sie an der Säulengrenze durch Stoßionisation neue Ladungsträger erzeugen können [1–3,6]. Die Art der Trägererzeugung – thermische Emission aufgrund der hohen Oberflächentemperatur, Feldemission unter Einwirkung der raumladungsbedingten hohen Feldstärke oder Emission unter gleichzeitigem Einfluß der Feldstärke und der Temperatur („Thermofeldemission") – hängt entscheidend von den Eigenschaften des Elektrodenmaterials, außerdem vom Druck des Gases ab. Bei Kohlekathoden und Metallelektroden mit hoher Schmelz- und Verdampfungstemperatur (z.B. Wolfram) ist der Fallraum relativ großflächig. Die Stromdichte beträgt etwa 10^6 bis 10^8 A/m^2. Bei Metallelektroden mit verhältnismäßig niedrigen Temperaturen zieht sich die Bogensäule vor der Kathode so stark zusammen, daß Brennflecke mit Stromdichten bis 10^{11} A/m^2 entstehen können. An der Anode werden entsprechend die im Anodenfall beschleunigten Elektronen aufgenommen. Die Stromdichte ist hier kleiner als vor der Kathode. Da die Werte des Kathoden- und des Anodenfalls bei Bogenentladungen im allgemeinen unter 10 V liegen, kann man sich bei der Diskussion der Vorgänge in Hochspannungsschaltern mit großen Werten der Spannung und Spannungssteilheit nur auf die Bogensäule beschränken. Bei Niederspannungsschaltern spielen dagegen die Elektrodeneffekte eine nicht zu vernachlässigende Rolle [6], vgl. 1.1.9.

1.1.3 Materialdaten der Bogensäule [1,18–28]

Für die – auch angenäherte – quantitative Beschreibung und das Verständnis der Vorgänge im Lichtbogen ist es notwendig, die Eigenschaften der Bogengase zu kennen. Daher werden hier zunächst die Materialfunktionen der wichtigsten Löschgase Luft oder Stickstoff (N_2) – Luft enthält 78% Stickstoff – und Schwefelhexafluorid (SF_6) im für Schalterbögen interessanten Temperaturbereich bis 30.000 K zusammengestellt. Der Dissoziationsgrad und der Ionisationsgrad sind entsprechend dem Massenwirkungsgesetz und der Saha-Gleichung (vgl. Bild 1.19) proportional $\exp(-E_D/kT)$, bzw. $\exp(-E_I/kT)$. Das heißt, sie hängen exponentiell von den Werten der Dissoziationsenergie E_D und der Ionisierungsenergie E_I und von der Temperatur ab. Damit ergeben sich die in Bild 1.2 und 1.3 dargestellten Temperaturverläufe der Teilchendichten $n(T)$ für SF_6 und N_2. Bemerkenswert ist, daß SF_6 wegen der geringen Dissoziationsenergie von 6,2 eV für die Reaktionen $SF_n \rightarrow SF_{n-2} + 2$ F schon bei $T = 2000$ K wesentlich dissoziiert ist, während der Zerfall der N_2-Moleküle mit $E_D = 9{,}78$ eV erst oberhalb von 7000 K

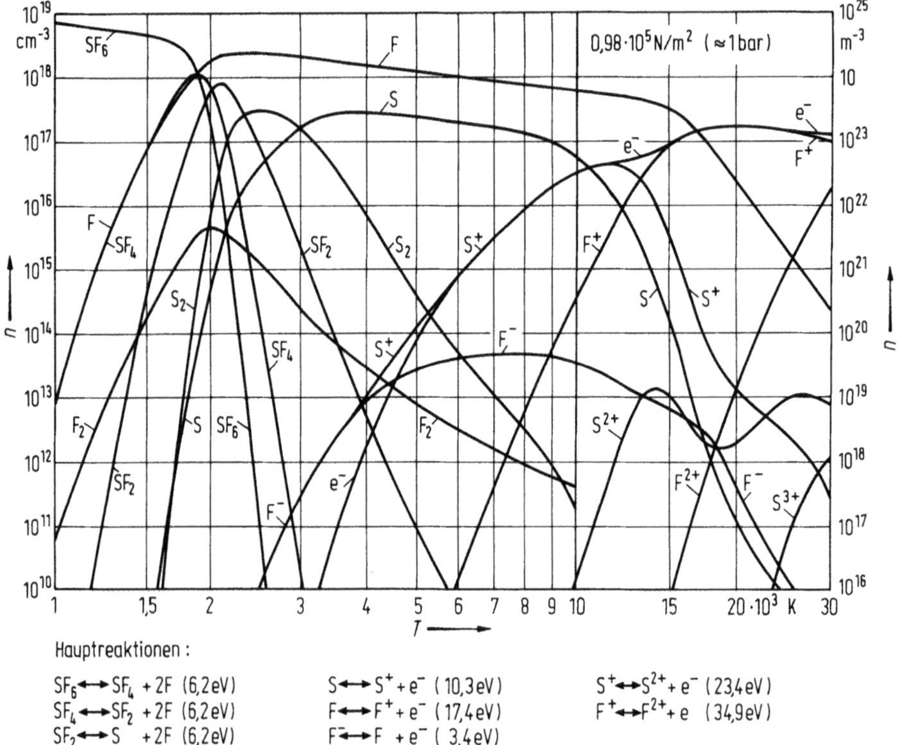

Bild 1.2. Teilchendichtediagramm für SF_6

abgeschlossen ist. Dadurch kommt es zur unterschiedlichen Lage der Maxima beim Temperaturverlauf der spez. Wärmekapazität c_p von Stickstoff und SF_6 (Bild 1.4). Ebenso unterscheiden sich die Temperaturabhängigkeiten der Wärmeleitfähigkeit (Bild 1.5). Hier beruhen die Maxima auf dem Transport von Reaktionsenergie, der noch zu dem normalen Transport von kinetischer Energie hinzukommt: In den heißen Bogenbereichen dissoziieren die Moleküle unter Energieaufnahme. Die Spaltprodukte diffundieren dann in die kälteren Bereiche, rekombinieren dort und geben die Dissoziationsenergie wieder ab.

In Bild 1.5c ist noch die Wärmeleitfähigkeit von Wasserstoff mit eingezeichnet, da dieses Gas als Hauptzersetzungsprodukt des Öls bei den Ölschaltern für die Bogenkühlung und Löschung entscheidend ist. Auch Wasserstoff hat wegen seiner geringen Dissoziationsenergie (4,47 eV) ein bei relativ tiefen Temperaturen liegendes Wärmeleitungsmaximum. Die elektrische Leitfähigkeit hängt von der Zahl und der Beweglichkeit der Ladungsträger ab: $\varkappa(T) = n_e b_e e; b_e \gg b_i$. Im Bereich höherer Temperaturen ($\geqq 10^4$K) unterscheiden sich $\varkappa$ von Luft (Stickstoff) und SF_6 nicht sehr stark (Bild 1.5a) –. Die Rolle der Reaktionswärmeleitfähigkeit bei der Bogenkühlung wird noch durch Nichtgleichgewichtsvorgänge verstärkt. In den Bogenrandgebieten mit steilen Temperaturgradienten muß man – ebenso wie bei den

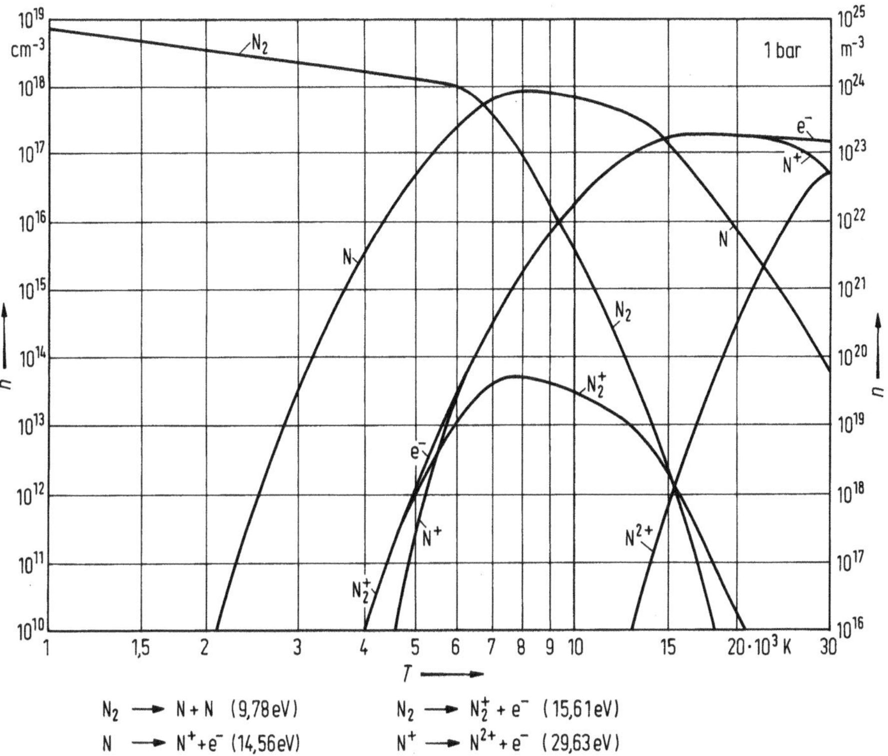

Bild 1.3. Teilchendichtediagramm für Stickstoff

sehr schnellen zeitlichen Änderungen in der Nähe des Stromnulldurchganges – mit Abweichungen vom thermischen Gleichgewicht rechnen [29,37]. Die dissoziierten Teilchen können dann in Gebiete mit Temperaturen hineindiffundieren, in die sie bei thermischem Gleichgewicht gar nicht gelangen könnten. Das bewirkt eine erhebliche Erhöhung der Wärmeleitfähigkeit auch im Bereich tieferer Temperaturen. Weiter kann die Wärmeleitfähigkeit noch durch Turbulenzeffekte in der Bogengrenzschicht verstärkt werden, d.h., daß kleine Wirbelbereiche sich längs bestimmter Wegstrecken („Mischungsweg") geschlossen bewegen und Energie transportieren [20, 30]. Bild 1.5c zeigt auch ein Beispiel für den experimentell bestimmten Temperaturverlauf der turbulenzbedingten Wärmeleitfähigkeiten. Die Turbulenz und damit die Vergrößerung der Wärmeleitfähigkeit wird sowohl durch die Form und Abmessungen der Strömungsbegrenzungen und den örtlichen Druckverlauf als auch durch den Bogen selbst (Instabilitäten, hohe Temperatur-, Dichte- und Geschwindigkeitsgradienten in der Grenzschicht) erzeugt [16,16a,31]. Die hierfür maßgebenden Materialwerte (Dichte ϱ, Geschwindigkeit v und Viskosität η) ändern sich – wie aus den Bildern 1.5b und 1.6 ersichtlich ist – stark mit der Temperatur. Daraus folgt, daß die Verstärkung der Wärmeleitfähigkeit in sehr komplizierter Weise von den sie erzeugenden Strömungs- und Temperaturfeldern abhängt.

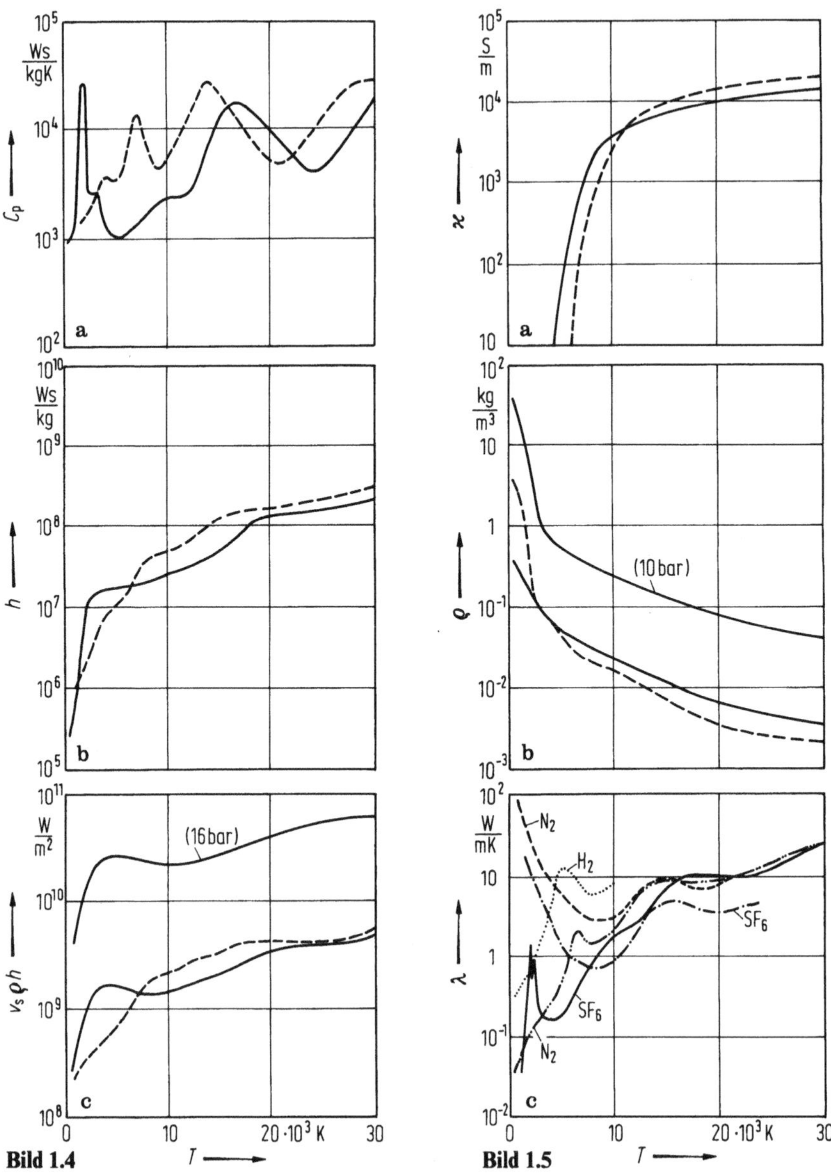

Bild 1.4a–c. ——— SF_6 (1 bar), – – – Luft (1 bar). **a** Spez. Wärmekapazität $c_p(T)$ für SF_6 und Luft, **b** Spez. Enthalpie $h = \int_0^T c_p \mathrm{d}T$ für SF_6 und Luft, **c** Spez. Enthalpietransport $v_s \varrho h = f(T)$ für SF_6 und Luft

Bild 1.5a–c. ——— SF_6 (1 bar), – – – Luft (1 bar). **a** Spez. elektrische Leitfähigkeit $\varkappa(T)$ für SF_6 und Luft, **b** Dichte $\varrho(T)$ von SF_6 und Luft, **c** Wärmeleitfähigkeit $\lambda(T)$ für SF_6, N_2 und H_2. Außerdem sind noch Kurven für die durch Turbulenz verstärkte Wärmeleitfähigkeit von SF_6 (—·—·—) und N_2 (– – –) dargestellt

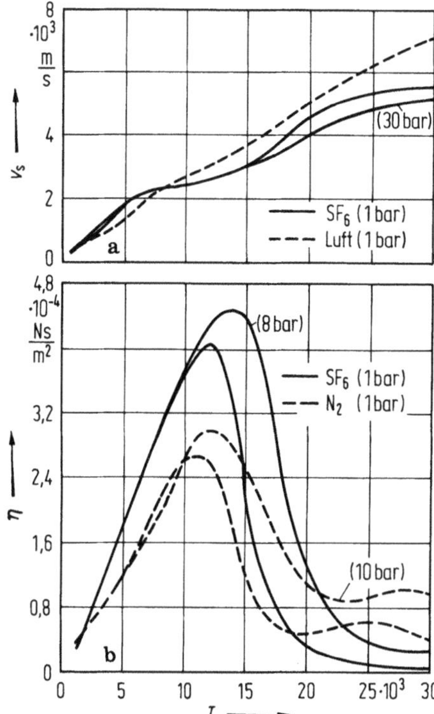

Bild 1.6. **a** Schallgeschwindigkeit $v_s(T)$ für SF_6 und Luft (N_2), bei 300 K und 1 bar: $v_s(SF_6) = 140$ m/s, $v_s(\text{Luft}) = 348$ m/s, **b** Zähigkeit η (dynamische Viskosität) von SF_6 und Stickstoff

Bild 1.4a und 1.4b zeigen die Temperaturabhängigkeit der spezifischen Wärmekapazität $c_p = \mathrm{d}h/\mathrm{d}T$ und der spezifischen Enthalpie h für Luft und SF_6. Bild 1.6a stellt die Temperaturabhängigkeit der Schallgeschwindigkeit v_s dar. Die Schallgeschwindigkeit des kalten Gases liegt bei SF_6 erheblich unter der von Luft. Dadurch wird die Konstruktion von wirtschaftlichen Kompressionskolbenschaltern (Blaskolben-Schaltern) mit SF_6 möglich. (s.1.1.12.1) Bei Luft würde man wegen der schnellen Abströmung zu große Kolbenflächen und Antriebe benötigen, um auf die notwendige Verdichtung zu kommen.

Die konvektive Energieabfuhr durch eine Löschdüse mit dem Querschnitt A_D ist bei großen Strömen und Druckdifferenzen, bei denen ein Abströmen des Gases mit Schallgeschwindigkeit v_s und der mittleren Temperatur $\overline{T}$ angenommen werden kann, gegeben durch $\phi = A_D \cdot v_s(\overline{T}) \cdot \varrho(\overline{T}) \cdot h(\overline{T})$. Daher ist in Bild 1.4c die spez. Energieabfuhr $\phi/A_D = v_s(T) \cdot \varrho(T) \cdot h(T)$ dargestellt.

Die Konvektion bestimmt bei Gasströmungsschaltern nicht nur das Bogenverhalten bei großen Strömen, sondern auch die Randbedingungen für die Kühlung zur Zeit des Stromnulldurchganges. Bei hohen Drücken und hohen Temperaturen ist die Strahlung und ihre Absorption in den Bogenrandzonen, die sogenannte „Strahlungsdiffusion", für den Energietransport im Bogeninnern entscheidend (Bild 1.7). Sie erhöht dort die „effektive Wärmeleitfähigkeit" und bewirkt dadurch eine Abflachung des Temperaturverlaufes [22,23]. Am Bogenrand dagegen muß der Temperaturgradient $\partial T/\partial r$ sehr

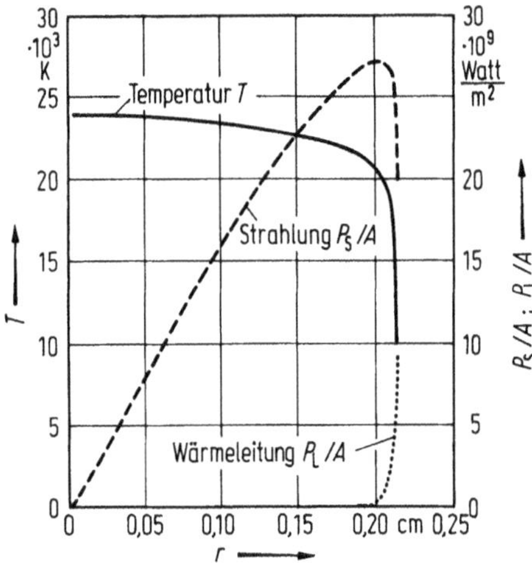

Bild 1.7. Anteil der Strahlung am Energietransport in einem SF_6-Bogen ($p = 30$ bar, $i = 2{,}8 \cdot 10^3$ A, $E = 13800$ V/m)

groß sein, um mit dem dort kleineren Wert der Wärmeleitfähigkeit λ die Energie ($\sim \lambda \partial T / \partial r$) transportieren zu können. Das bedeutet, daß das Temperaturprofil des Bogens infolge der Strahlungsdiffusion nahezu „kastenförmig" wird (vgl. Kanalmodell 1.1.4.1).

In Bild 1.8 sind noch die Dampfdruckkurve und die Linien $\varrho = \text{const}$ für SF_6 dargestellt. Sie sind für die Schalterdimensionierung deshalb wichtig, weil sie zeigen, in welchem Druck- und Temperaturbereich SF_6 kondensiert, d.h. in welchen Bereichen die Schalter geheizt werden müssen, um das Absinken der Gasdichte und der Durchschlagfestigkeit zu verhindern.

Die elektrische Leitfähigkeit $\varkappa(T)$, die Wärmeleitfähigkeit $\lambda(T)$ und die Strahlung bestimmen bei gegebenem Strom und definierten Kühlungsbedingungen den Durchmesser, die Temperaturverteilung und damit den Leitwert und die Brennspannung des Bogens. Prinzipiell lassen sich die Bogendaten aus den Grundgleichungen (Feldstärkegleichung, Kontinuitätsgleichung, Stromdichtegleichungen, Leistungsbilanz, Saha-Gleichung) und den Randbedingungen berechnen. Die starke – aus den Bildern 1.2 bis 1.6 erkennbare – Abhängigkeit der Materialdaten von der Temperatur bewirkt aber, daß schon die theoretische Berechnung stationärer Bögen in ruhendem Gas sehr kompliziert wird. Daher ist man im allgemeinen auf Vereinfachungen angewiesen, wie sie z.B. in 1.1.4 dargestellt sind. – Aus den oben angegebenen Werten folgt aber schon ohne Rechnung z.B. die überlegene Löschfähigkeit des SF_6: Wegen der günstigen $c_p(T)$- und $h(T)$-Verläufe (Bild 1.4a,b) braucht ein SF_6-Bogen bei der Löschung für den notwendigen schnellen Temperatur- und Leitwertabfall im entscheidenden Bereich um den Stromnulldurchgang nämlich weniger Wärme abzugeben als ein entsprechender Luftbogen. Außerdem bewirkt das scharfe Maximum der Wärmeleitfähigkeit von SF_6 bei etwa 2000 K (Bild 1.5c) hier eine Verkleinerung des Temperaturgradienten und oberhalb 2000 K die Ausbildung eines schmalen elektrisch leitenden Bogenkernes. Der infolgedessen zur Zeit des Stromnulldurchganges dünne SF_6-Restbogen gibt seine Wärme schneller ab und verliert demgemäß seine Leitfähigkeit rascher als ein entsprechender Luftbogen. Dieser hat wegen des hier erst bei etwa 7000 K liegenden Wärmeleitungsmaximums

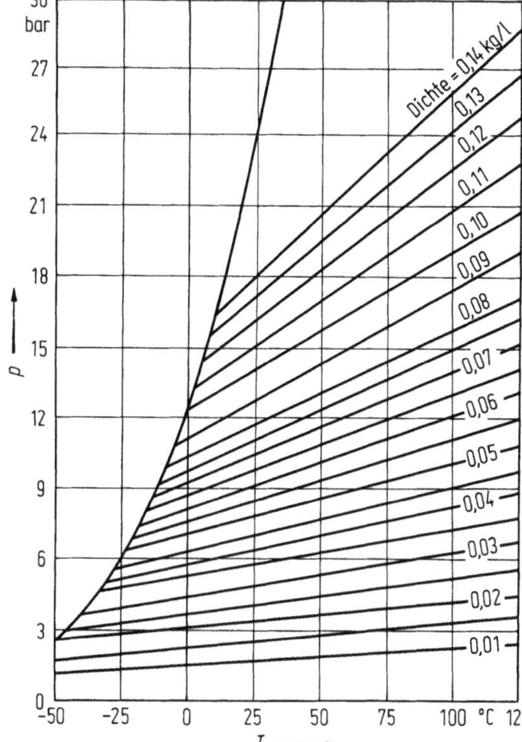

Bild 1.8. SF_6-Dampfdruckdiagramm

(Bild 1.5c) und der damit verbundenen Verbreiterung des Temperaturprofiles einen größeren Querschnitt A_B und eine größere Abklingzeit. Die diese kennzeichnende „Bogenzeitkonstante“ τ (Definition vgl. 1.1.6.2) ergibt sich aus der Wärmeleitungstheorie in erster Näherung zu $\tau \sim A_B \cdot c_p \cdot \varrho / \lambda$ [32].

1.1.4 Näherungen

1.1.4.1 Kanalmodell [6]

Oft wird – z.B. bei langen zylindrischen Bögen – zur näherungsweisen Berechnung der Bogendaten das sogenannte Kanalmodell benutzt. Dabei wird angenommen:

a) Der Bogen ist zylindrisch (Rotationssymmetrie).
b) „Kastenförmiger“ Temperatur- und Leitfähigkeitsverlauf – unabhängig vom Ort in Richtung der Bogenachse. Das heißt, im Kanal herrscht eine gleichmäßige mittlere Temperatur $\overline{T}$.
c) Aus dem leitenden Bereich wird die Wärme über die elektrisch nicht leitende Umgebung abgeführt.

Wenn auch – wie oben bemerkt (Bild 1.7) – der Energietransport durch Strahlung im Innern der Hochdruckbögen ein annähernd kastenförmiges

Temperaturprofil bewirkt, so muß man doch beachten, daß es sich beim Kanalmodell nur um eine relativ grobe Näherung handeln kann, denn:

a) Die Wärmeleitung wird nicht realistisch berücksichtigt.
b) Änderungen der Temperatur, des Bogenquerschnittes und der Feldstärke in Achsenrichtung werden vernachlässigt.

Trotzdem lassen sich mit dem Kanalmodell oft brauchbare Näherungswerte berechnen, z.B. für Bögen, bei denen man die radiale Wärmeabfuhr relativ summarisch behandeln kann.

1.1.4.2 Enthalpieflußmodelle [27, 33, 78]

Sie gehen von folgenden Voraussetzungen aus (vgl. Bild 1.9):

a) Der Bogen brennt zwischen den Kontakten (Düsen) in strömendem Gas. Die im Bogen frei werdende Leistung $u_B \cdot i$ wird allein durch die Strömung abgeführt. Das ist bei stromstarken, strömungsgekühlten Schalterbögen näherungsweise erfüllt, solange der Bogen die Düsen nicht verstopft.
b) Annahmen über die Druck- und Strömungsverhältnisse, z.B.: Ist der Hochdruck p_H groß genug gegen den Niederdruck p_N (p_H:$p_N \gtrapprox 2$), so strömt das Gas im engsten Strömungsquerschnitt mit der Schallgeschwindigkeit v_s und der Dichte $\varrho = \varrho_D = \varrho_H/2$ ab [16].
c) Annahmen über die Bogentemperatur und Temperaturverteilung, z.B.:
   - Kanalmodell (Bogenquerschnitt A_B = konstant und $T = \overline{T}$) oder
   - parabolische Temperaturverteilung: $T(r=0) = T_0$ und Randtemperatur gleich der Temperatur, bei der die Leitfähigkeit nahezu verschwindet (bei $SF_6 \approx 6700$ K).

   Die Werte der Bogentemperatur lassen sich aus optischen und elektrischen Messungen bestimmen. So erhält man z.B. für SF_6-Schalterbögen im Bereich 30 bis 80 kA: $T_0 = (20000$ bis $25000)$ K [33].
d) Näherungsdarstellungen der Materialfunktionen in Abhängigkeit von der Temperatur:
   Nach Bild 1.3 bis 1.6 gilt z.B. bei SF_6 im Bereich 5 bis 10 bar für die elektrische Leitfähigkeit:

$$\varkappa = \begin{cases} 0 & T < 6700 \\ 0{,}95 \cdot (T - 6700), & 6700 \leqq T \leqq 26000. \end{cases} \tag{1.1}$$

   ($\varkappa$ in $\Omega^{-1}\,\mathrm{m}^{-1}$, T in K)

   und für den auf den Druck und den Querschnitt bezogenen Enthalpietransport im Fall des Kanalmodells $T = \overline{T}$

$$\phi_s = \frac{\phi}{Ap} = \varrho(\overline{T})\, h(\overline{T})\, v_s(\overline{T})\,/p$$

$$= \begin{cases} 1{,}5 \cdot 10^4, & \overline{T} < 16000 \\ 1{,}5 \cdot 10^4 + 3{,}1(\overline{T} - 16000), & 16000 \leqq \overline{T} < 22000 \\ 3{,}36 \cdot 10^4 + 0{,}9(\overline{T} - 22000), & 22000 \leqq \overline{T} \leqq 26000 \end{cases} \tag{1.2}$$

(ϕ_s in WN^{-1}, p in Nm^{-2}, $\overline{T}$ in K, A in m^2).

Unter den Voraussetzungen a) bis c) folgt dann aus der Leistungsbilanz, d.h. aus der Gleichheit der im Bogen erzeugten elektrischen Leistung und der konvektiv durch die Düsen (bei Doppeldüsen Gesamtquerschnitt $2A_D$) von den heißen Gasstrahlen (Querschnitt = Bogenquerschnitt A_B, Temperatur $\overline{T}$) abgeführten Leistung:

$$u_B i = 2A_B \phi_s(\overline{T}) p_D, \text{ mit } p_D = (1/2) p_H. \tag{1.3}$$

Daraus folgt für den Bogenquerschnitt:

$$A_B = u_B i / 2\phi_s p_D. \tag{1.3a}$$

Für den Spannungsabfall am Bogen zwischen den Düsen im Abstand a erhält man aus dem Bogenwiderstand $u_B/i = a/\varkappa A_B$

$$u_B = ia/\varkappa A_B, \text{ also mit (1.1)} \tag{1.4}$$

$$u_B = ia/(A_B \cdot 0{,}95(\overline{T} - 6700)), \text{ d.h. z.B. für } \overline{T} = 20000 \text{ K:} \tag{1.5}$$

$$u_B \approx 8 \cdot 10^{-5} ai/A_B. \tag{1.5a}$$

Aus (1.3) und (1.4) folgt:

$$A_B = i(a/2\phi_s \varkappa p_D)^{1/2}. \tag{1.6}$$

Daraus ergibt sich mit (1.1) und (1.2) z.B. für $\overline{T} = 20000$ K:

$$A_B = 3{,}8 \cdot 10^{-5} i \sqrt{a/p_D}\,^1 \tag{1.6a}$$

(A in m²; i in A; a in m; p_D in N/m²).

Bei parabolischem T-Verlauf erhält man entsprechend (Integration über A_B) für eine Achsentemperatur $T_0 = 20000$ K:

$$A_B = 6{,}85 \cdot 10^{-5} i \sqrt{a/p_D}.\,^1 \tag{1.6b}$$

Für die Bogenspannung liefern (1.4) und (1.6):

$$u_B = \sqrt{2\phi_s/\varkappa} \cdot \sqrt{a p_D}, \text{ für } \overline{T} = 20000 \text{ K mit (1.1) und (1.2) also} \tag{1.7}$$

$$u_B = 2{,}1 \sqrt{a p_D} \tag{1.7a}$$

(u in V; a in m; p_D in N/m²).

Im Fall des parabolischen T-Verlaufes gilt für $T_0 = 20000$ K

$$u_B = 2{,}3 \sqrt{a p_D}\,^1 \tag{1.7b}$$

Die Gleichungen (1.6) und (1.7) gestatten näherungsweise die Berechnung des Querschnitts und der Spannung von angeströmten Bögen in Doppeldüsenanordnungen (Bild 1.9).

Damit lassen sich auch die Verdämmung der Düsen und der für die Löschung eines bestimmten Stromes notwendige Düsenquerschnitt, der ja durch den Bogen wegen des „dynamischen Rückstaueffektes" – vgl. 1.1.8 – nur während eines gewissen Teiles der Bogenzeit verdämmt sein darf, abschätzen.

---

1 Die von den Voraussetzungen abhängigen Unterschiede der Werte kennzeichnen die Näherung (1.6a,b), (1.7a,b).

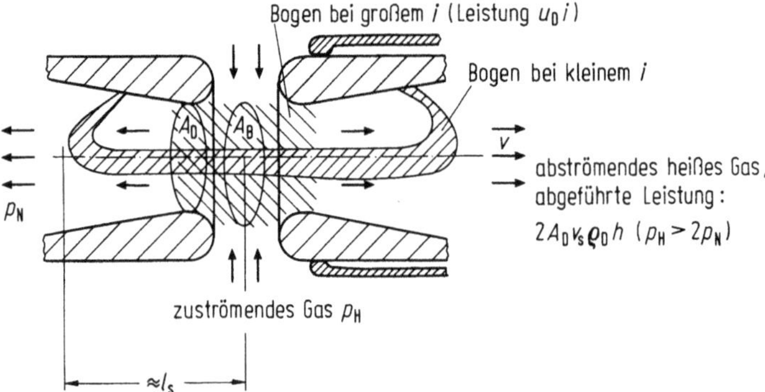

Bild 1.9. Zum Enthalpieflußmodell (Beispiel Doppeldüse)

1.1.5 Die stationäre Lichtbogenkennlinie [1–3]

Die Abhängigkeit der Ladungsträgerkonzentration und der elektrischen Leitfähigkeit von der Temperatur führt beim Lichtbogen zu einem vom ohmschen Verhalten stark abweichenden Zusammenhang zwischen Strom und Spannung. Die u,i-Kennlinie ist keine Gerade, sondern „fallend" – Bild 1.10a: Je größer der Strom ist, um so größer wird auch die umgesetzte Leistung. Damit steigen auch die Temperatur, die Ionisation und die Leitfähigkeit des Bogens. Im einzelnen hängt die Kennlinie noch vom Gas, vom Druck und von der Bogenlänge und den Kühlungsverhältnissen ab. Sie kann näherungsweise dargestellt werden durch einen Ausdruck der Form

$$u_B(i) = \frac{P_0}{i} + U_{s0}. \tag{1.8}$$

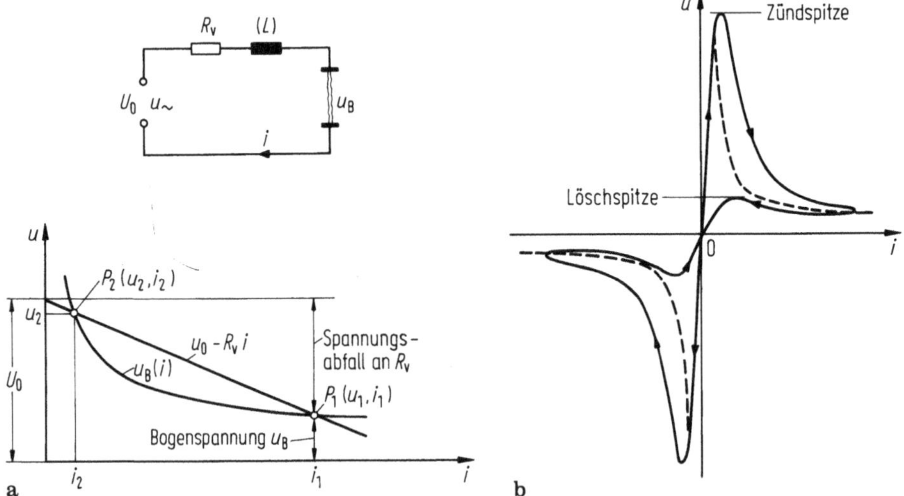

Bild 1.10. Bogenkennlinien. **a** Stationäre Bogenkennlinie, **b** Dynamische Bogenkennlinie

Dabei charakterisiert P_0 die Kühlleistung unter Berücksichtigung der Bogenlänge und U_{s0} die Bogenspannung bei großen Strömen. Bei Niederspannungsschaltern steigt die Kennlinie meist im Bereich großer Ströme wieder an. Das kann in Gleichung (1.8) durch ein zusätzliches Glied (const · Bogenlänge · i^m) dargestellt werden. Bei der Aufnahme einer stationären Kennlinie muß der Bogen durch einen (veränderlichen) Vorwiderstand R_v stabilisiert werden. Die sich bei gegebener Quellenspannung U_0 einstellende Bogenspannung ist durch den unteren Schnittpunkt P_1 (u_1, i_1) der Widerstandsgeraden $U_0 - R_v i$ mit der Bogenkennlinie $u_B(i)$ gegeben. Der obere Schnittpunkt P_2 ist nicht stabil, da dort eine kleine Störung – z.B. eine Stromerhöhung – im Bogen zu einem Leistungsüberschuß und damit zu einer Temperaturerhöhung führt, die den Widerstand senkt. Dadurch steigt die Stromstärke bis zum Gleichgewichtswert (P_1) an. Dort würde eine weitere Stromstärkeerhöhung eine höhere Spannung für den Bogen erfordern, als die Widerstandsgerade angibt. Die demnach zu kleine Leistung ergibt eine Widerstandssteigerung, durch die der Bogen wieder auf den stabilen Punkt P_1 zurückgeht. Eine Stromabnahme bei P_2 erhöht dagegen den Spannungsbedarf des Bogens über den verfügbaren Wert $U_0 - R_v i$ hinaus, so daß der Strom weiter sinkt, bis der Bogen erlischt. – Ähnlich ergibt sich für den Fall, daß der Kreis noch eine Induktivität L enthält, eine Bedingung für das Löschen des Bogens. Die Summe der Spannungsabfälle ist dann:

$$U_0 = R_v \cdot i + L \frac{\mathrm{d}i}{\mathrm{d}t} + u_B \tag{1.9}$$

also

$$L \frac{\mathrm{d}i}{\mathrm{d}t} = U_0 - R_v \cdot i - u_B = \Delta u. \tag{1.10}$$

Damit der Bogen gelöscht wird, muß immer gelten: $\mathrm{d}i/\mathrm{d}t < 0$. Aus Bild 1.10a ist zu erkennen, daß die Löschung erst bei Strömen kleiner als i_2 möglich ist, da Δu also auch $\mathrm{d}i/\mathrm{d}t$ nur dann kleiner als 0 ist, wenn die Lichtbogencharakteristik oberhalb der Geraden $U_0 - R_v i$ verläuft. Da die Bogenkennlinie sich mit wachsender Kühlung und größerer Bogenlänge immer weiter nach oben verschiebt, kann man z.B. auch Gleichstrom durch entsprechende Kühlung und Verlängerung des Bogens unterbrechen.

1.1.6 Der Wechselstrombogen

1.1.6.1 Grundsätzliches [1–13]

Der Leitwert eines Lichtbogens hängt von der Gasart, vom Druck und von der Temperatur ab. Bei Wechselstrombögen müssen außerdem noch Trägheitseffekte berücksichtigt werden. Sie verursachen die „dynamische Bogenkennlinie" (Bild 1.10b). Infolge der Wärmekapazität des Plasmas können sich die Temperaturverteilung und der Leitwert des Bogens bei Stromänderungen nur mit einer gewissen Verzögerung auf die Gleichgewichtswerte einstellen. Bei sehr schnellen Änderungen besteht sogar die Möglichkeit, daß

Abweichungen vom thermischen Gleichgewicht, d.h. Unterschiede zwischen Elektronen- und Gastemperatur, auftreten. Als Einstellzeit des thermischen Gleichgewichtes kann man bei Schalterplasmen mit Werten unterhalb 10^{-6}s rechnen. Bei abhnehmender Stromstärke ist – infolge der endlichen Einstellzeit der Temperaturverteilung bzw. des Bogenleitwertes, der sog. „Bogenzeitkonstante" – das Bogenplasma also immer heißer, der Bogenwiderstand und der Spannungsabfall also geringer als im entsprechenden stationären Fall oder als bei ansteigender Stromstärke. Dadurch entsteht eine mit steigender Frequenz wachsende Aufspaltung der u,i-Kennlinie für Wechselstrom. Die Trägheit des Leitwertes spielt eine große Rolle in der zeitlichen Umgebung des Stromnulldurchganges. Dort kann sie eine Restleitfähigkeit verursachen, die bei der Wiederkehr der Spannung zu einem Nachstrom und – falls die Wärmeleistung dieses Nachstromes größer wird als die aus dem Bogenrestkanal abgeführte Wärme – zu einer thermischen Wiederzündung führt.

1.1.6.2 Theorie des dynamischen Bogens. Wechselwirkung Bogen – Netz [3 – 13,34 – 44]

Es gibt verschiedene Möglichkeiten, das Verhalten des Schalterlichtbogens – oder des für die Löschung entscheidenden Bogenteiles – im Stromnulldurchgangsbereich durch geeignete Differentialgleichungen näherungsweise zu beschreiben [34 – 44]. Diese stimmen darin überein, daß sie

a) die Trägheit des Bogens durch einen Parameter („Zeitkonstante" τ) charakterisieren, der angibt, wie schnell sich der Bogen auf neue Gleichgewichtswerte einstellt [34 – 36,43 – 44];
b) die stationäre Kennlinie des Bogens mit Hilfe eines oder mehrerer Parameter darstellen, z.B.: „Kühlungskonstante" (P_0) und Brennspannung bei großen Strömen (U_{0s}) [4,12,35 – 37].

Es bestehen allerdings erhebliche Unterschiede in der Deutung der Parameter und im Anwendungsbereich der Gleichungen. Stromnulldurchgänge lassen sich damit i.allg. den Messungen entsprechend beschreiben unter Zuhilfenahme von Parameterwerten, die aus gemessenen Nulldurchgangsoszillogrammen ermittelt werden. Dabei zeigt sich, daß bestimmte Löschgase, Löschbedingungen und Schaltertypen Werte liefern, die innerhalb charakteristischer Bereiche liegen. So hat z.B. bei SF_6-Schaltern die Zeitkonstante τ die Größenordnung 10^{-7} bis 10^{-6}s, bei Luftschaltern 10^{-6} bis 10^{-5}s. Es ist verständlich, daß die Übereinstimmung zwischen Rechnung und Experiment verbessert werden kann, wenn mehr freie Parameter in die Gleichungen eingeführt [37] oder wenn die Parameter nicht mehr als konstant, sondern als Funktionen der Zeit oder einer anderen Größe, z.B. des Leitwertes, behandelt werden [38]. Es liegen auch Ansätze zu einer physikalischen Deutung und Berechnung dieser Parameter vor [32,40 – 42], sowie Berechnungen des Bogenverhaltens mit Hilfe der physikalischen Grundgleichungen unter Voraussetzungen über die entscheidenden Kühlvorgänge [39 – 42].

Wir begnügen uns hier mit der relativ einfachen „Mayrschen Differentialgleichung" in ihrer ursprünglichen und in einer modifizierten Form

[35,36,43] und beschränken uns auf thermische Vorgänge, die sich in engster Umgebung des Stromnulldurchganges (Größenordnung τ) abspielen. Aus dem Ansatz für die Änderungsgeschwindigkeit des Leitwertes G, der sich bei einer plötzlichen Änderung des stationären Stromes von i_1 auf i_2 wegen der Wärmekapazität des Plasmas ja nur mit einer gewissen Trägheit – beschrieben durch die Zeitkonstante τ – auf den neuen stationären Wert G_s einstellen kann,

$$\frac{dG}{dt} = \frac{1}{\tau}(G_s - G) \tag{1.11}$$

ergibt sich mit $G = i/u$ und $G_s = i/u_s(i)$

$$\frac{u}{i}\frac{d(i/u)}{dt} = \frac{1}{\tau}\left(\frac{u}{u_s(i)} - 1\right) \tag{1.12}$$

Benutzt man als stationäre Kennlinie $u_s(i) = P_0/i$ (P_0 = konstante Kühlleistung), so erhält man die „Mayrsche Gleichung“ [35]

$$\frac{u}{i}\frac{d(i/u)}{dt} = \frac{1}{\tau}\left(\frac{ui}{P_0} - 1\right) \tag{1.13}$$

Mit dem erweiterten Ansatz für die stationäre Kennlinie $u_s = P_0/i \pm U_{0s}$ folgt dagegen aus (1.12)

$$\frac{u}{i}\frac{d(i/u)}{dt} = \frac{1}{\tau}\left(\frac{ui}{P_0 + |U_{0s}i|} - 1\right) \tag{1.14}$$

Wie die Erfahrung zeigt, kann man mit diesen Gleichungen das Bogenverhalten im Nulldurchgangsbereich für viele Zwecke ausreichend beschreiben. Wenn τ, P_0 und U_{0s} als konstant betrachtet werden, muß man sich auf kleine Zeitbereiche beschränken, in denen diese Voraussetzungen erfüllt sind. Für die Untersuchung thermischer Löschvorgänge, die sich in Zeiten der Größenordnung τ entscheiden, ist das erlaubt. Als Beispiel folgt die Berechnung von Strom- und Spannungsverläufen in einer Prüfschaltung für Schalter nach Bild 1.11a. Aus dem Bild und Gleichung (1.14) ergeben sich für die Ströme und Spannungen im Netz und im Bogen mit den angegebenen Bezeichnungen die folgenden Gleichungen:

$$di_1/dt = \frac{1}{L}(u_1 - u_B) \tag{1.15}$$

$$di_2/dt = di_1/dt - di_3/dt - di_B/dt \tag{1.16}$$

$$di_3/dt = \frac{1}{R_1}(i_2/C_1 - i_3/C_2) \tag{1.17}$$

$$di_B/dt = \frac{1}{\tau}\left(\frac{i_B^2 \cdot u_B}{P_0 + |U_{0s}i_B|} - i_B\right) + \frac{i_B i_2}{C_1 u_B} \tag{1.18}$$

$$du_1/dt = 0 \tag{1.19}$$

$$du_B/dt = i_2/C_1 \tag{1.20}$$

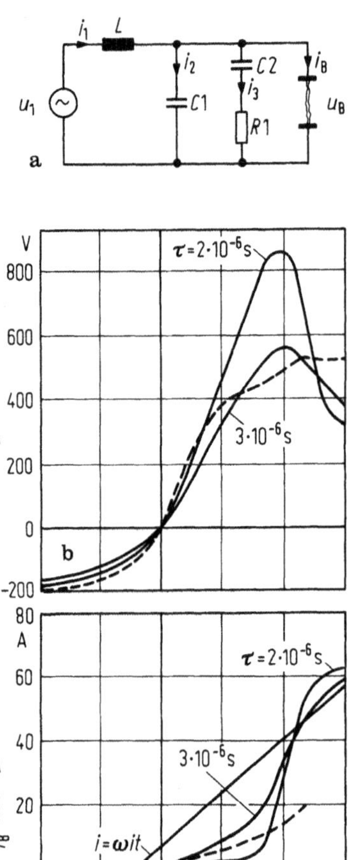

Bild 1.11. Anwendung der Lichtbogentheorie: Berechnung von Strom- und Spannungsverläufen in einer Einkreisprüfschaltung für Schalter. **a** Schaltbild, **b** gemessene und berechnete Verläufe der Bogenspannung u_B, **c** gemessener und berechneter Stromverlauf $i(t)$ (——) berechnet, für $\tau = 2$ und 3μs. (– – –) gemessen

Dabei ist angenommen, daß sich die Generatorspannung u_1 in der betrachteten kurzen Zeit um den Nulldurchgang nicht ändert. Bei den Berechnungen wurden für den Bogen folgende, aus Oszillogrammen von entsprechenden Schaltversuchen mit einem Ölschalter bestimmte, Parameterwerte benutzt: $U_{0s} = 260$ V, $P_0 = 500$ W, $\tau = 2$ bzw. 3 μs. Die Kreisdaten waren dabei: $U_1 = 26$ kV, $I_1 = 8{,}6$ kA, $f = 50$ s^{-1}, $C_1 = 436$ nF, $C_2 = 120$ nF, $R_1 = 20$ Ω.

Die Lösung des Gleichungssystems mit Hilfe eines elektronischen Rechners ergibt die in Bild 1.11b,c wiedergebenen Strom- und Spannungsverläufe. Der Vergleich mit den ebenfalls dargestellten gemessenen Kurven zeigt, daß die Berechnung den wirklichen Verlauf von Strom und Spannung in der Umgebung des Nulldurchganges befriedigend wiedergibt. Die Berechnung gibt voraussetzungsgemäß nur thermische Wiederzündungen näherungsweise wieder. Dielektrische Wiederzündungen, die erst später ($\gtrsim 100\ \mu s$) infolge der inzwischen hoch angestiegenen wiederkehrenden Spannung auftreten, können wegen der vorausgesetzten Beschränkung auf kleine Zeiten und des anderen „Wiederzündungsmechanismus" (Durchschlag) nicht mit Hilfe der Bogengleichungen (1.13) oder (1.14) beschrieben werden. – Aus (1.13) folgen aber z.B. für den Fall einer Wiederkehrspannung mit konstanter Steilheit näherungsweise gültige Bedingungen für die kritische Grenzsteilheit $(\mathrm{d}u/\mathrm{d}t)_{\mathrm{kr}}$, bei der thermische Wiederzündungen über einen Nachstrom einsetzen:

$$(\mathrm{d}u/\mathrm{d}t)_{\mathrm{kr}} = \sqrt{P_0 R_0}/\sqrt{2}\tau \qquad (1.21)$$

Dabei ist der Bogenwiderstand im Stromnulldurchgang

$$R_0 = P_0/2((\mathrm{d}i/\mathrm{d}t)\tau)^2 \qquad (1.21\mathrm{a})$$

oder:

$$(\mathrm{d}u/\mathrm{d}t)_{\mathrm{kr}} = R_0(\mathrm{d}i/\mathrm{d}t) \qquad (1.22)$$

$$(\mathrm{d}u/\mathrm{d}t)_{\mathrm{kr}} = P_0/(2\tau^2(\mathrm{d}i/\mathrm{d}t)) \qquad (1.23)$$

Diese Formeln kann man z.B. für die Abschätzung der Grenzabschaltleistung verwenden. – Bei der Lösung schwierigerer Probleme wird es nötig, die Veränderlichkeit der Bogenparameter $\tau(G)$ und $P(G)$ zu berücksichtigen und eine verallgemeinerte Differentialgleichung des dynamischen Bogens zu benutzen [38–44] oder von den physikalischen Grundgleichungen und durch Experimente gestützten Annahmen über die entscheidenden Kühlvorgänge – turbulente Wärmeleitung! – auszugehen [39].

1.1.7 Bogenbewegung unter dem Einfluß äußerer Kräfte

Auf die bei der Kontakttrennung entstehenden Bögen wirken in den verschiedenen Schaltern – abhängig von der Konstruktion – unterschiedliche Kräfte. Am wichtigsten sind die, die von den Strömungs- und den Magnetfeldern ausgeübt werden. Sie bewirken Orts- und Längenänderungen der Bögen – z.B. das Einlaufen in die Löschdüsen – und Brennspannungssteigerungen infolge der Bogenverlängerung und der Veränderungen der Kühlbedingungen wegen der Beeinflussung des Temperaturfeldes durch die Strömung. Dieses ist in der zeitlichen Umgebung des Stromnulldurchganges entscheidend für die Kühlung des Restbogens durch Wärmeleitung. Die Art der Strömung (laminar oder turbulent) bestimmt wesentlich die effektive Wärmeleitfähigkeit, s. Bild 1.5. In Doppeldüsenschaltern mit Außenkontakten (Bild 1.12) wirken auf den Bogen nach der Kontakttrennung zunächst Strömungskräfte senkrecht zu seiner Achse und magnetische Kräfte, die vom Strom in den Zuleitungen erzeugt werden. Sie entscheiden über das Einlaufen in und das Kommutieren auf die Düsen. In Niederspannungsschaltern wird der Lichtbogen oft hauptsächlich durch magnetische Feldkräfte bewegt.

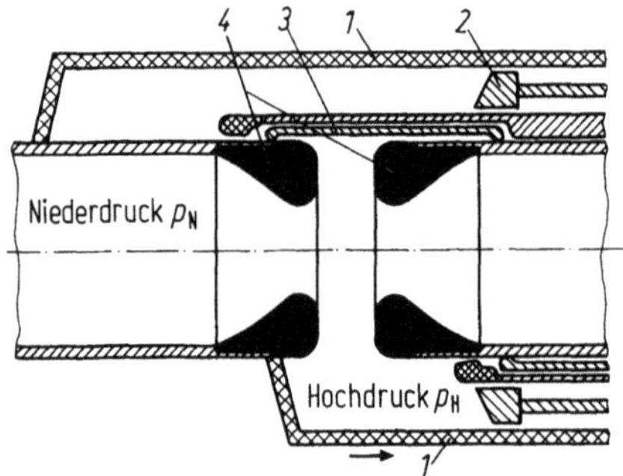

Bild 1.12. Doppeldüsen- Unterbrechereinheit, schematisch; oben: eingeschaltet, unten: während des Löschvorganges. *1* Blaszylinder, mit *3* gekoppelt, *2* fester Blaskolben, *3* bewegter Kontakt, *4* feststehende Düsen

1.1.7.1 Strömungskräfte

Die auf den Bogen mit dem Anströmquerschnitt A_{BS} und dem Widerstandsbeiwert $c_w (=0{,}6...1)$ nach der Kontakttrennung wirkende Querströmung mit der Dichte ϱ und der Geschwindigkeit v übt auf ihn eine in Strömungsrichtung treibende Kraft F_s aus:

$$F_S = c_w \cdot A_{BS} \cdot \frac{\varrho v^2}{2} \tag{1.24}$$

Der Lichtbogen ist dabei als ein starrer Körper idealisiert.

1.1.7.2 Bogenbewegung im Magnetfeld [3,6,45–55]

Ein – als fadenförmiger Leiter der Länge l idealisierter – von einem Strom I durchflossener Lichtbogen erfährt in einem Magnetfeld der Induktion B eine Kraft

$$F_m = IBl, \tag{1.25}$$

wobei der Zeiger der Kraft nach der Dreifingerregel der rechten Hand senkrecht auf den Zeigern von Strom und Induktion steht.

In einer Vielzahl von Schaltgeräten, insbesondere Niederspannungsschaltern, wird diese Kraft ausgenutzt, um den bei der Kontaktstücktrennung entstehenden Bogen von den Kontaktstücken weg auf Laufschienen oder Lichtbogenhörner und in ein Löschsystem zu bewegen. Sieht man von gelegentlich in Gleichstromschaltern verwendeten Permanentmagneten ab, so wird das Blasfeld vom auszuschaltenden Strom selbst erregt. Dies erfolgt durch geeignet gestaltete Stromschleifen oder/und durch ferromagnetische Verzerrung des Eigenfeldes von Lichtbogen und Strompfad.

Bild 1.13 zeigt zwei parallele Laufschienen, zwischen denen ein Bogen im Abstand l_1 vom Schienenanfang entfernt brennt. Unter der vereinfachenden Annahme linienförmiger Stromschienen ergibt sich die Induktion in der Lichtbogenachse (Richtung in die Zeichenebene hinein) zu [6]:

$$B = \mu_0 \cdot \frac{I}{4\pi} \frac{1}{k} \left[\frac{1}{n\sqrt{\left(\frac{n \cdot k}{l_1}\right)^2 + 1}} + \frac{1}{(1-n)\sqrt{(1-n)^2\left(\frac{k}{l_1}\right)^2 + 1}} \right]. \tag{1.26}$$

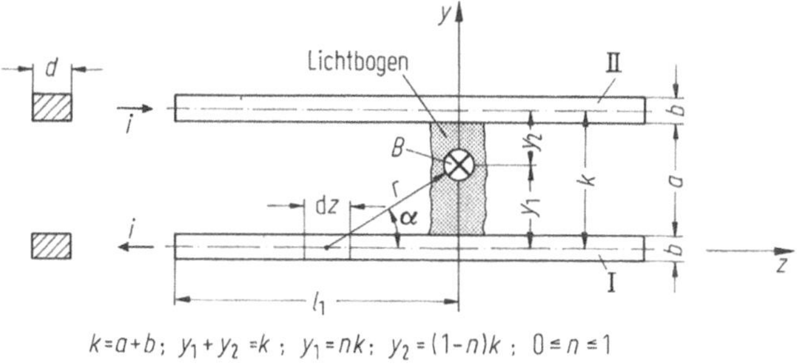

Bild 1.13. Induktion zwischen parallelen Lichtbogenlaufschienen

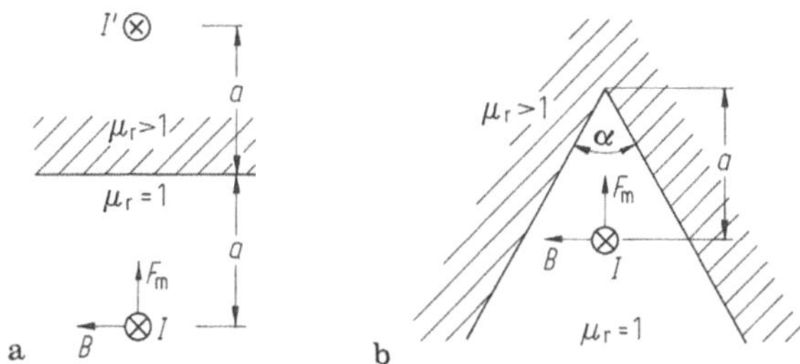

Bild 1.14. Wirkung ferromagnetischer Teile auf den stromdurchflossenen Lichtbogen. **a** ebene Wand, **b** v-förmiger Ausschnitt

Die Kraft F_m ist nach rechts, d.h. im Sinne einer Vergrößerung der Stromschleife gerichtet. Für den Fall nicht vernachlässigbarer Querschnittsabmessungen und zur Berücksichtigung der Stromverteilung unter den Bogenfußpunkten muß im allgemeinen die Berechnung numerisch erfolgen [49].

Die anziehende Kraft ferromagnetischer Teile, z.B. von Eisenlöschblechen, auf den stromdurchflossenen Bogen ist in Bild 1.14a veranschaulicht. Die Wirkung des als halb-unendlicher Körper vereinfachten ferromagnetischen Teiles ($\mu_r > 1$) kann durch einen vom Strom I' durchflossenen Spiegelleiter dargestellt werden [50]:

$$I' = \frac{\mu_r - 1}{\mu_r + 1} \cdot I, \tag{1.27}$$

Dessen Feld in der Achse des Lichtbogens I ist

$$B = \frac{\mu_0}{4\pi} \frac{\mu_r - 1}{\mu_r + 1} \cdot \frac{I}{a}, \tag{1.28}$$

und somit die auf den Bogen wirkende Kraft

$$F_m = IBl = \frac{\mu_0}{4\pi} \cdot \frac{\mu_r - 1}{\mu_r + 1} \cdot \frac{l}{a} \cdot I^2 \tag{1.29}$$

Befindet sich der Bogen in einem V-förmigen Ausschnitt (Bild 1.14b), so nimmt – $\mu_r \gg 1$ vorausgesetzt – die Kraft um den Faktor $(n-1)$ zu, mit $n = 360°/\alpha$. Dies ist der Grund, weshalb Löschbleche oft so gestaltet werden, daß sie die Kontaktstücke V- oder U-förmig umgeben.

Die Erscheinungen der Bogenbewegung unter dem Einfluß von Magnetfeldern sind, abhängig von zahlreichen Parametern wie Magnetfeld, Strom, Elektrodengeometrie, Elektrodenwerkstoff, Kontaktöffnungsgeschwindigkeit, Umgebungsmedium, sehr unterschiedlich. Entsprechend vielfältig sind die physikalischen Mechanismen, die für die Bogenbewegung als maßgebend angesehen werden.

Der magnetischen Antriebskraft F_m des Bogens stehen Widerstandskräfte entgegen, die seine Bewegung hemmen. Sieht man von der Reibung an seitlichen Wänden ab und vernachlässigt man zunächst den Einfluß der Fußpunkte, dann ist dies der Strömungswiderstand F_S des gegen die ruhende Umgebung bewegten Bogens, für den ebenfalls Gl. (1.24) gilt. Im stationären Zustand ($F_S = F_m$) läßt sich mit $A_{BS} = d \cdot l$ (d = Bogendurchmesser) die Wanderungsgeschwindigkeit ableiten:

$$v = \sqrt{\frac{IB}{c_w \varrho d/2}} \tag{1.30}$$

Dieses Wurzelgesetz ist im Bereich höherer Bogengeschwindigkeiten experimentell bestätigt („kontinuierliche Bogenwanderung“). Die Grenze zwischen kontinuierlicher und diskontinuierlicher Wanderung hängt stark von den Bedingungen ab und liegt z.B. bei mehreren 10 m/s [51]. Beim Abwandern von der Bogenentstehungsstelle sowie bei der Bogenbewegung im Bereich geringerer Geschwindigkeiten spielen die Elektrodengebiete eine entscheidende Rolle.

Nach der Lichtbogeneinleitung durch Kontakttrennung erfolgt im allgemeinen zunächst ein Verharren des Lichtbogens [52,53]. Dies gilt sowohl mikroskopisch (Verharren der Fußpunkte an der Entstehungsstelle) als auch makroskopisch betrachtet (Verharren auf den Kontaktstücken, insbesondere an den Kanten). Erst nach Ablauf einer Verweilzeit bzw. nach Erreichen einer Mindestlichtbogenlänge beginnt die Wanderung.

Zumindest an der Kathode ist eine gute Lichtbogenwanderung an die Existenz von Bedingungen gebunden, die eine Feldemission begünstigen, z.B. dünne Oxidbedeckung, Rauhigkeiten, Korngrenzen [54]. Auch an der Anode scheinen ähnliche Einflüsse zu wirken [55]. An der aufgeheizten, schmelzflüssigen Entstehungsstelle sind diese Bedingungen zunächst nicht vorhanden. Die Wanderung erfolgt erst nach Überspringen dieser Stelle und wird durch Teile des Lichtbogenplasmas eingeleitet, die durch Ablenkung und Kontakt mit den Elektroden Bedingungen für neue, in Wanderungsrichtung gelegene Fußpunkte schaffen. Die Verweilzeit hängt damit von der Ausbildung und Ablenkung von Plasmastrahlen (Abschnitt 1.1.7.3) und somit auch vom Kontaktmaterial (Abschnitt 1.2.6.1) ab.

Die Wanderung der Bogenfußpunkte ist eng mit dem Vorgang des Verharrens an der Entstehungsstelle verknüpft, da hier ständig neue Fußpunktbereiche erzeugt werden müssen. Bei der diskontinuierlichen Wanderung geschieht dies in Sprüngen. Bild 1.15 zeigt Beispiele der dabei auftretenden Lichtbogenerscheinungen mit unterschiedlich ausgelenkten Plasmastrahlen [6].

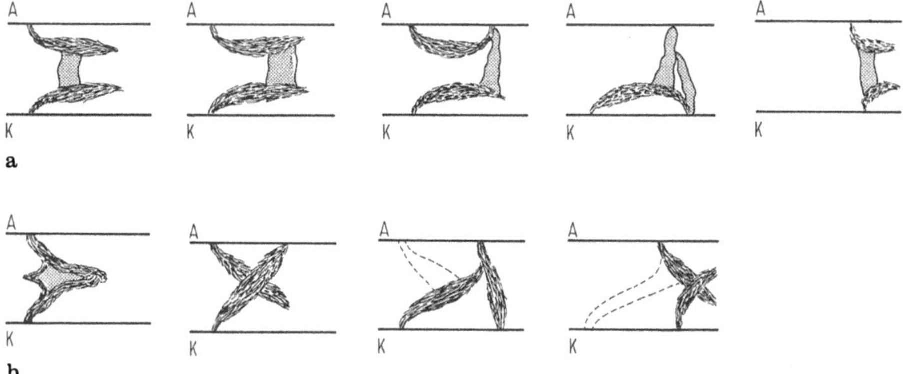

Bild 1.15. Verschiedene Formen diskontinuierlicher Lichtbogenwanderung. **a** Wanderung durch Plasmastrahlen von der jeweiligen Elektrode, **b** Wanderung durch Plasmastrahlen von den Gegenelektroden

1.1.7.3 Plasmastrahlen, magnetischer Druck [1–3,56]

Die Löschwirkung von Schaltern und das Bogenwanderungsverhalten kann durch Plasmastrahlen, welche die Teilchendichte- und Temperaturverteilung im Bogen ändern, stark beeinflußt werden. Das jeden stromdurchflossenen Leiter umgebende Magnetfeld mit der Feldstärke

$$\boldsymbol{H} = \boldsymbol{B}/\mu_0, \; H = I/2\pi r \tag{1.31}$$

(r Abstand von der Leiterachse, μ_0 magnetische Feldkonstante $=1{,}256 \cdot 10^{-6}$ Vs/Am) übt auf die Ladungsträger Kräfte ($=\boldsymbol{j}\times\boldsymbol{B}$, $\boldsymbol{j}$ Stromdichte) aus, welche die Bogenentladung komprimieren. Das geht so weit, bis die dadurch aufgebaute Druckkraft grad p (=Kraft/Volumen) mit der Magnetkraft im Gleichgewicht ist. Unter der Annahme, daß die Stromdichte konstant und der Bogen mit dem Radius r_B zylindersymmetrisch ist, folgt aus dieser Gleichgewichtsbedingung für die Abhängigkeit des magnetischen Druckes vom Strom und vom Achsenabstand:

$$p_\mathrm{m}(I,r) = \frac{\mu_0 I^2}{4\pi r_\mathrm{B}^2}(1 - r^2/r_\mathrm{B}^2) \tag{1.32}$$

und für den Druck in der Achse ($r=0$):

$$p_\mathrm{m}(I,0) = 10^{-12} Ij \tag{1.33}$$

(p_m in bar ($=10^5\,\mathrm{N/m^2}$), I in A, j in $\mathrm{A/m^2}$)

Die durch den Elektronenaustrittsprozeß (Brennfleck) bedingte Stromlinienkontraktion vor der Kathode kann zu sehr hohen Stromdichten führen (z.B. bei Wolfram- und Kohlekathoden $j = (10^7$ bis $10^8)\,\mathrm{A/m^2}$). Das ergibt nach (1.33) für große Ströme im Gebiet des Bogenfußpunktes Druckerhöhungen von einigen bar, welche die Emissionsprozesse beeinflussen. Zur Säule hin besteht dann wegen der dort geringeren Stromdichte ein Druckgefälle. Ähnliche Verhältnisse können auch vor der Anode herrschen. Diese magnetisch erzeugten Druckgradienten rufen Plasmastrahlen hervor, die Teilchen des Kontaktmaterials in die Schaltstrecke bringen können. Wenn diese Teilchen eine geringere Ionisierungsarbeit E_I haben als die Atome des Löschgases, so wird durch die Plasmastrahlen die Leitfähigkeit – insbesondere des abklingenden Bogens – erhöht.

Aus den folgenden Beispielen für Ionisierungsarbeiten:

Schwefel	(S)	10,3 eV,	Kohlenstoff	(C)	11,2 eV
Fluor	(F)	17,4 eV,	Wolfram	(W)	7,9 eV
Stickstoff	(N)	14,5 eV,	Kupfer	(Cu)	7,7 eV

folgt, daß z.B. Cu wegen des großen Energieunterschiedes gegenüber N und F eine starke Leitfähigkeitserhöhung im Bogenrestkanal und damit eine Verminderung des Löschvermögens bringen kann. Schließlich muß bei sehr großen Strömen noch der durch die „Bogeneinschnürung" in den Löschdüsen erzeugte magnetische Druck und die dadurch bewirkte Strömungsbeeinflussung beachtet werden.

Vom Strom durchflossene Plasmastrahlen sind im Magnetfeld ablenkbar. In vielen Arten von Niederspannungsschaltgeräten trägt die Ablenkung der von den Kontaktstücken nach ihrer Trennung ausgehenden Plasmastrahlen zur Fortbewegung des Lichtbogens von den Kontaktstücken in ein Lichtbogenlöschsystem (Löschkammer) bei, vgl. Abschnitt 1.1.7.2.

1.1.8 Bogenverhalten in Düsen von Hochspannungsleistungsschaltern. Wechselwirkung mit Strömung und Antrieb

In den meisten Hochleistungsschaltern steht der Bogen unter der Einwirkung einer Löschgasströmung. Diese wird von einer Druckdifferenz verursacht, die entweder durch Kompressoren – bei den Zwei-Druckschaltern – oder durch einen vom Kontakt mitbewegten Kolben oder Zylinder – bei den Blaskolbenschaltern – oder vom Lichtbogen selbst durch Aufheizung oder Verdampfung des Löschmittels (z.B. flüssige oder feste Isolierstoffe) erzeugt wird. Bei den Schaltern mit selbsterzeugtem Löschmittel ist Wasserstoff als Hauptendprodukt der Zersetzung von Öl und Wasser entscheidend. – Es ist verständlich, daß bei den unterschiedlich gestalteten Schaltern und bei den verschiedenen Löschmitteln sich auch Strömung und Strömungsführung stark unterscheiden. Der Konstrukteur muß durch geeignete Wahl der Berandungen und Querschnitte erreichen, daß der Bogen mit möglichst geringem Antriebs- und Löschmittelaufwand möglichst gut gekühlt und stabilisiert wird. Außer der schon erwähnten Wechselwirkung zwischen Bogen und Netz (vgl. 1.1.6.2 und 1.1.12) tritt noch eine komplizierte Wechselwirkung auf zwischen Bogen und Strömung (1.1.8.1) – und damit auch mit dem Druckaufbau, d.h. bei Blaskolbenschaltern auch mit dem Antrieb und der Kontaktbewegung – (1.1.8.1).

1.1.8.1 Düsenverstopfung, Rückstau [57,58]

Bei wachsender Stromstärke sinkt wegen der steigenden Temperatur des ausströmenden Gases der Massendurchsatz ($\sim \varrho v$) durch die Düsen, s. Bild 1.5.,1.6. Wie aus dem Enthalpieflußmodell (1.1.4.2) folgt, übersteigt von einer kritischen Stromstärke i_{kr} an, d.h. wenn der Bogenquerschnitt größer als der Düsenquerschnitt wird,[1] die Bogenleistung die konvektive Energieabfuhr, so daß auch das in der Löschkammer gespeicherte Gas aufgeheizt wird (Bild 1.16). Damit steigt dort der Druck und beeinflußt beim Kompressions- oder Blaskolbenschalter die Kontakt- und Blaszylinderbewegung [33,59]. Die Vorgänge werden dadurch noch komplizierter, daß sich hier (Bild 1.12) die Anströmquerschnitte und damit auch die Bogenkühlung und die Druckerzeugung stark mit der Kontaktbewegung ändern. Auch bei Zweidruckschaltern fließt aufgeheiztes Gas in den Hochdruckspeicher zurück, wenn der Löschkammerdruck den Hochdruck überschreitet. Zur Zeit des Stromnulldurchganges kann dann vorgewärmtes Gas geringerer Dichte wieder in die Schaltstrecke zurückströmen und den Anstieg der dielektrischen Festigkeit verzögern. So lange der Bogen die Düsen verstopft, kommt die Strömung des kalten Gases nahezu zum Stehen („Rückstaueffekt"), Bild 1.16f. Erst wenn mit abnehmender Stromstärke ab i_{kr}, also etwa ab $A_B = A_D$ – das entspricht einer Zeit $\Delta\vartheta$ vor dem Nulldurchgang – der Bogen nach und nach einen immer größeren Querschnitt in der Düse für die Kaltgasströmung freigibt, kann das gestaute Gas wieder beschleunigt werden und allmählich für die Löschung günstige Strömungs- und Temperaturfelder aufbauen. Sie bestimmen die zur Zeit des Stromnulldurchganges für die Bogenkühlung entscheidende Wärmeleitung. Die Strömung nimmt dabei wegen der Massenträgheit nicht sofort wieder den dem stationären Zustand entsprechenden, durch das Druckverhältnis p_H/p_N gegebenen Wert an [16], sondern ist auch zur Zeit des Stromnulldurchganges noch vermindert: „dynamischer Rückstaueffekt". Die durch die Gaseigenschaften (Schallgeschwindigkeit v_s) und die Dimensionen der Unterbrechereinheit (Länge der für den Strömungsaufbau entscheidenden Strecke l_s (s. Bild 1.9)) bestimmte Aufbauzeit der Löschströmung, charakterisiert durch die „Strömungszeitkonstante" $\theta_s = l_s/v_s$, entscheidet dann zusammen mit der „Freigabezeit" $\Delta\vartheta$ der Düsen durch den Bogen über die im Löschmoment von der Trägheit verursachte Strömungsverminderung $\Delta(\mathrm{d}m/\mathrm{d}t)_{so}$ gegenüber der ungestörten Strömung $(\mathrm{d}m/\mathrm{d}t)_{so}$ (Bild 1.16). Aus einer vereinfachten Modellrechnung [57,58] folgt näherungsweise:

$$\Delta(\mathrm{d}m/\mathrm{d}t)_{so}/(\mathrm{d}m/\mathrm{d}t)_{so} = (\theta_s/\Delta\vartheta)(1-\exp(-\Delta\vartheta/\theta_s)) \qquad (1.34)$$

$\Delta\vartheta$ ergibt sich, wenn A_D, a, p und $i(t)$ bekannt sind, aus (1.6) als die Zeit, zu der $A_B = A_D$ ist.

Welche Verminderung noch tragbar ist, hängt wesentlich von der jeweiligen Schaltbeanspruchung (z.B. $\mathrm{d}u/\mathrm{d}t, \hat{u}$) ab und folgt aus vergleichbaren Versuchen.

---

1 Bei $A_B > A_D$ sind die Voraussetzungen a) und c) gemäß 1.1.4.2 nicht erfüllt.

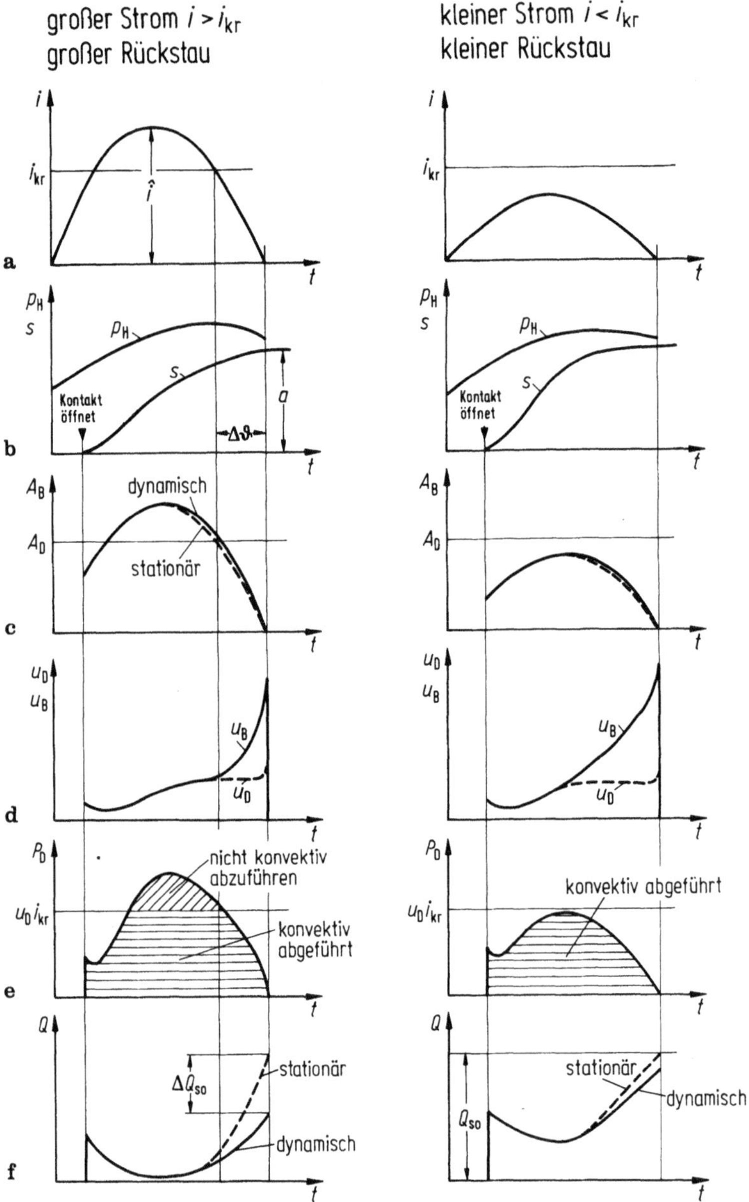

Bild 1.16. Zum Löschvorgang in einem Blaskolbenschalter. (Zu Beginn der Kontaktbewegung werden die Anströmfläche und der Gasdurchsatz wesentlich durch den Kontaktweg bestimmt.) Für zwei verschiedene Stromstärken sind die zeitlichen Verläufe des Kontaktweges, des Druckes, des Bogenquerschnittes, der Bogenspannung und -leistung und des Löschgasdurchsatzes dargestellt. **a** Strom i, **b** Kontaktweg s, Druck p_H, **c** Bogenquerschnitt A_B, **d** Bogenspannung u_B, Spannung zwischen den Düsen u_D, **e** Bogenleistung $P_D = iu_D$, **f** Löschgasdurchsatz $Q = dm/dt$

1.1.8.2 Wechselwirkung mit dem Antrieb

In Blaskolbenschaltern erzeugt der Lichtbogen eine Druckerhöhung im Bogenraum und dadurch eine dem Antrieb entgegenwirkende, bremsende Kraft. Die Bremsung der Kontakt- und Blaszylinderbewegung beeinflußt auch die Gaskompression und damit die Löschbedingungen. Zur Berechnung der Kontaktbewegung unter Berücksichtigung des Bogens benötigt man die Gleichungen für den (z.B. hydraulischen) Antrieb, für das Getriebe (abhängig von den Dimensionen der Teile), für die Gasströmungen in den Teilen der Unterbrechereinheit, für die Enthalpieänderung durch die elektrisch zugeführte Energie (Energiesatz) und für den Bogen (Enthalpieflußmodell). Es liefert die Daten, welche die Verdämmung der Strömungsquerschnitte und die Drucksteigerung bestimmen. Damit ergeben sich dann die für die Schalterdimensionierung wichtigen zeitlichen Bewegungs- und Druckverläufe sowie die auf die Teile und Lager wirkenden Kräfte [33,59].

1.1.9 Elektrodeneffekte [1 – 3,6,60 – 73]

1.1.9.1 Bogenspannung

Bei kurzen Lichtbögen, wie sie zumeist in Niederspannungsschaltern vorliegen, dürfen die Elektrodenfälle (Bild 1.1) nicht gegenüber der Säulenspannung vernachlässigt werden. Bei wenige Millimeter langen Bögen stellt die Summe aus Anoden- und Kathodenfall, die, abhängig vom Elektrodenmaterial, ca. 10 bis 20 V beträgt, den Hauptanteil der Brennspannung dar. Das wird in einer Reihe von Niederspannungsschaltern, z.B. strombegrenzenden Leitungsschutzschaltern, zur Erhöhung der Lichtbogenspannung ausgenutzt, indem der Lichtbogen durch magnetische Blasung in ein – zumeist aus Eisenblechen bestehendes – Löschblechpaket getrieben wird. Die Summe der in Serie geschalteten Teilbogenspannungen übersteigt deutlich die Spannung eines gleich langen Einzelbogens (Bild 1.17 [6]).

1.1.9.2 Löschung durch Elektrodeneffekt (Selbstlöschung, Sofortverfestigung)

In verschiedenen Arten von Wechselstrom-Niederspannungsschaltern wird der Mechanismus von Löschung und Wiederzündung durch die elektrische

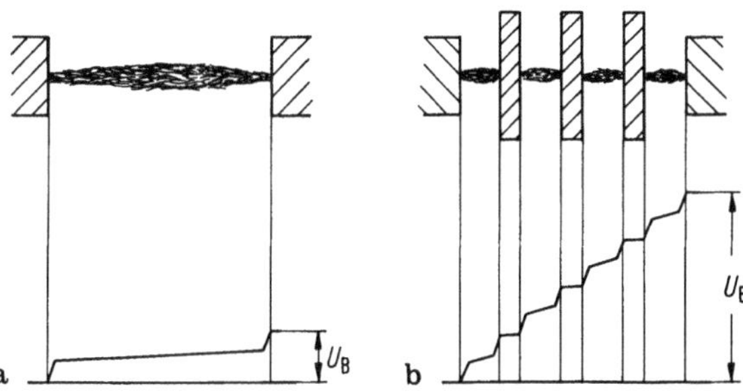

Bild 1.17. Erhöhung der Lichtbogenspannung durch Aufteilung in kurze Teilbögen

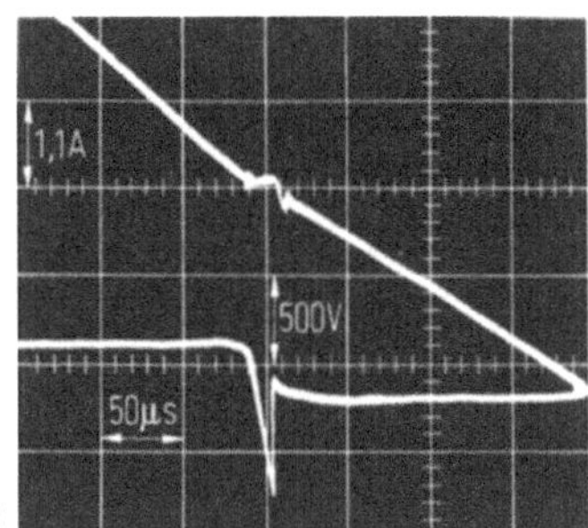

a

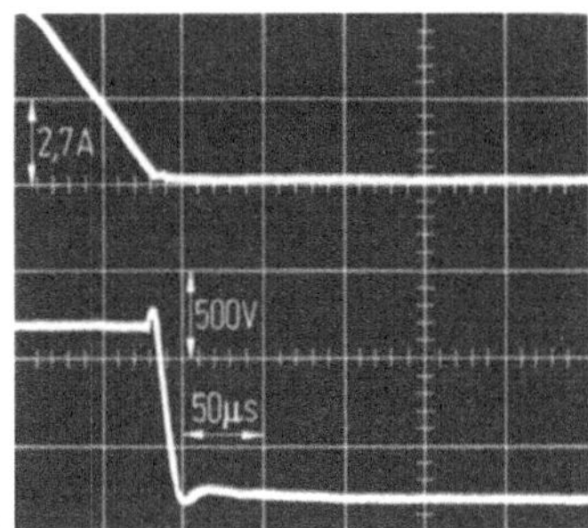

b

Bild 1.18. Löschung (**a**) und Wiederzündung (**b**) nach dem Kathoden-Mechanismus (Sofortverfestigung)

Durchschlagfestigkeit einer dünnen Raumladungsschicht bestimmt, die sich bei der Polaritätsumkehr nach dem Stromnulldurchgang unmittelbar vor der neuen Kathode bildet.

Wie in Abschnitt 1.1.1 und 1.1.2 dargestellt, müssen, falls die Temperatur für Thermoemission nicht ausreicht, zur Auslösung von Elektronen aus der Kathode besondere Verhältnisse (wie hohe Feldstärke, Ionisationsgebiet) herrschen. Da diese bei den Siedetemperaturen der zumeist verwendeten Elektrodenwerkstoffe auf Silber- oder Kupferbasis an der vor dem Polaritätswechsel anodischen Elektrode nicht vorhanden sind, kann der Lichtbogenstrom zunächst nicht weiterfließen. Unter dem Einfluß der mit entgegengesetzter Polarität ansteigenden Einschwingspannung bildet sich dann in einer dünnen Schicht vor der neuen Kathode eine positive Raumladung aus, die praktisch die gesamte Einschwingspannung aufnimmt. Die sich daran anschließende, noch heiße Bogensäule ist vergleichsweise gut leitend. Erst wenn die elektrische Festigkeit der Kathodenschicht überschritten wird, führt ihr Durchschlag entweder direkt (Bild 1.18a) oder über das Zwischenstadium einer Glimmentladung zur Bildung einer neuen Bogenkathode. Andernfalls erfolgt die Löschung (Bild 1.18b).

Zur Erklärung dieses Effektes sind verschiedene Modelle abgeleitet worden, die sich hinsichtlich der getroffenen Vereinfachungen unterscheiden [60–63]. Die Vorgänge seien im folgenden durch das von Slepian 1928 veröffentlichte Modell [60] veranschaulicht:

Nach dem Stromnulldurchgang bildet sich vor der neuen Kathode durch das schnelle Abwandern der leicht beweglichen Elektronen eine die ansteigende Spannung kompensierende positive Raumladungszone. Die Ionen mit der Konzentration n_i vor der Kathode werden dabei näherungsweise als fest angenommen.

Dann folgt aus der Poissonschen Gleichung

$$\frac{d^2U}{dx^2} = -\frac{n_i e}{\varepsilon} \tag{1.35}$$

($\varepsilon = \varepsilon_r \varepsilon_0$ = Dielektrizitätskonstante, $\varepsilon_0 = 0{,}885 \cdot 10^{-11}$ As/Vm, e = Elementarladung = $1{,}6 \cdot 10^{-19}$ As).

Durch Integration ergibt sich, wenn man berücksichtigt, daß am säulenseitigen Ende der Raumladungsschicht bei $x=d_R$ die Feldstärke $E(d_R)=-\mathrm{d}U/\mathrm{d}x=0$ sein soll:

$$-E(x)=\frac{\mathrm{d}U}{\mathrm{d}x}=\frac{en_i}{\varepsilon}\cdot(d_R-x) \tag{1.36}$$

Die weitere Integration liefert mit $U=0$ an der Kathode $(x=0)$ für den Potentialverlauf:

$$U(x)=\frac{en_i x}{\varepsilon}\left(d_R-\frac{x}{2}\right) \tag{1.37}$$

Da die nach dem Stromnulldurchgang ansteigende Spannung $u_W(t)$ ganz an der sich bildenden Raumladungszone der Dicke d_R abfallen soll, also $U(d_R)=u_W(t)$, folgt aus (1.37):

$$d_R=\sqrt{\frac{2\varepsilon u_W(t)}{en_i}} \tag{1.38}$$

Die Dicke der Raumladungsschicht wächst nach diesem Modell mit der Wurzel aus der angelegten Spannung. Wenn $u_W(t)$ den kritischen Wert

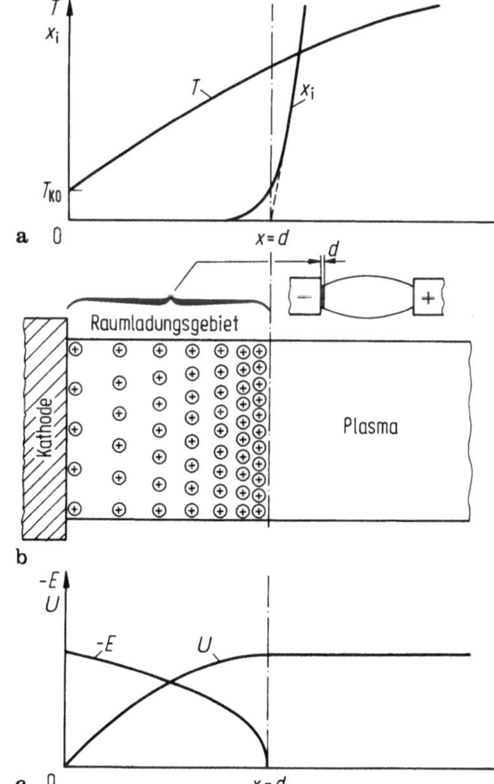

Bild 1.19. Modell der Kathodenzone nach Polaritätsumkehr. **a** Verlauf der Temperatur T und des Ionisierungsgrades x_i. Er ist gegeben durch die Saha-Gleichung:

$$x_i\approx 1{,}52\cdot 10^{-2}\frac{T^{5/4}}{p^{1/2}}\exp\left(-\frac{eU_i}{2kT}\right).$$

p Druck in Torr $(=1{,}333\cdot 10^{-3}\,\mathrm{bar})$,
T Temperatur in K,
e Elementarladung $=1{,}6\cdot 10^{-19}$ As,
k Boltzmann-Konst. $=1{,}38\cdot 10^{-23}$ Ws/K,
U_i Ionisierungsspannung,
b Raumladungszone (schematisch),
c Verlauf des Potentials $U(x)$ und der Feldstärke $E(x)$

$U_k = \frac{\varepsilon}{2en_i} E_k^2$ überschreitet, der einer kritischen Feldstärke E_k an der Kathode entspricht, so tritt der Durchschlag ein.

Bei einem etwas anderen Modell [63] wird die Dicke der Raumladungsschicht durch den Temperaturverlauf zwischen der relativ kalten Kathode und der heißen Plasmasäule bestimmt (Bild 1.19). Entsprechend dem durch die Saha-Gleichung gegebenen Verlauf des Ionisierungsgrades x_i liegen vereinfacht ein nicht, bzw. schlecht leitendes Gebiet der Dicke d und die sich daran anschließende gut leitende Plasmasäule vor.

Nach Abschätzungen auf der Basis verschiedener Modelle und nach experimentellen Ergebnissen nimmt die Kathodenschicht-Durchschlagspannung (Wiederverfestigungsspannung) mit folgenden Faktoren zu:

– geringere Kathodentemperatur (geringere Siedetemperatur des Elektrodenwerkstoffes, geringerer Bogenstrom, raschere Lichtbogenwanderung, höhere Wärmeleitfähigkeit des Elektrodenmaterials, längere Zeit nach dem Stromnulldurchgang bzw. geringere Einschwingfrequenz)

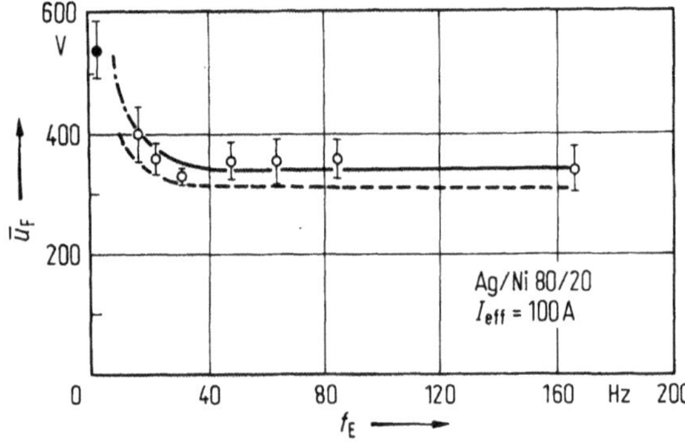

Bild 1.20. Wiederverfestigungsspannung als Funktion der Einschwingfrequenz

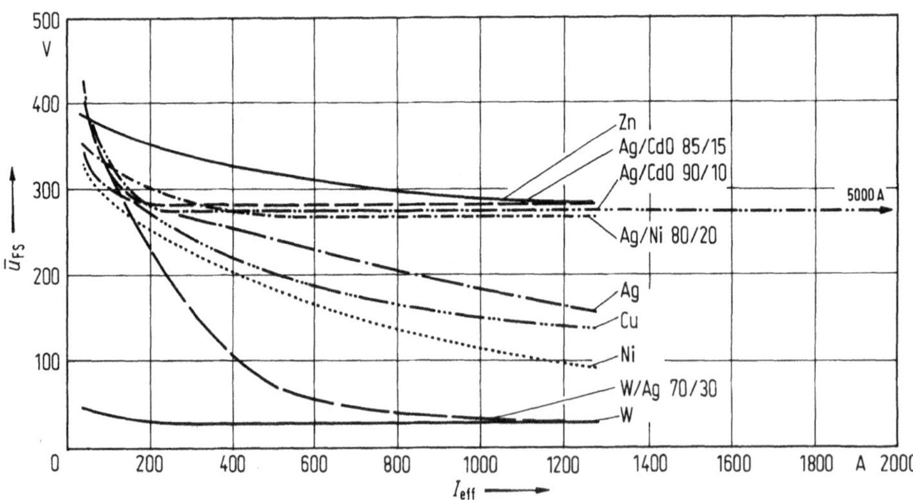

Bild 1.21. Werkstoff- und Stromeinfluß auf die Wiederverfestigung

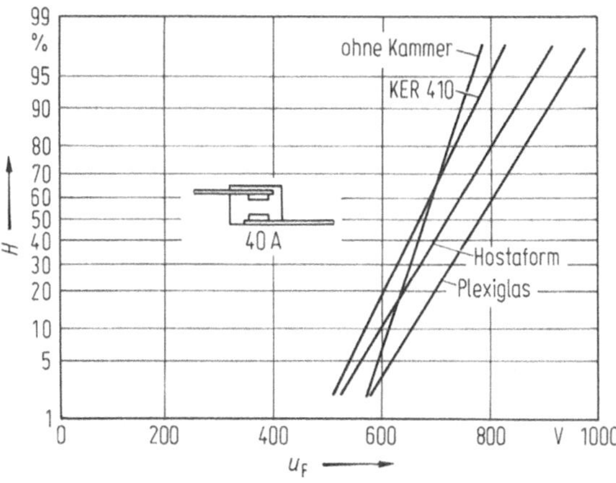

Bild 1.22. Beeinflussung der Wiederverfestigungsspannung durch den Kammerwandwerkstoff. *H*: Summenhäufigkeit

- höhere Austrittsarbeit der Kathode
- höhere Ionisierungsspannung des Elektroden-Metalldampfes
- geringere Säulentemperatur (Kühlwirkung z.B. durch gasende Wände, längere Zeit nach dem Stromnulldurchgang bzw. geringere Einschwingfrequenz).

Einige charakteristische Abhängigkeiten sind in den Bildern 1.20 bis 1.22 dargestellt.

1.1.10 Vakuumbogen [2,3,6,9,10,13]

Bei den zunehmend an Bedeutung gewinnenden Vakuumschaltern (Bild 1.23) liegen andere Verhältnisse als vorstehend geschildert vor. Hier befinden

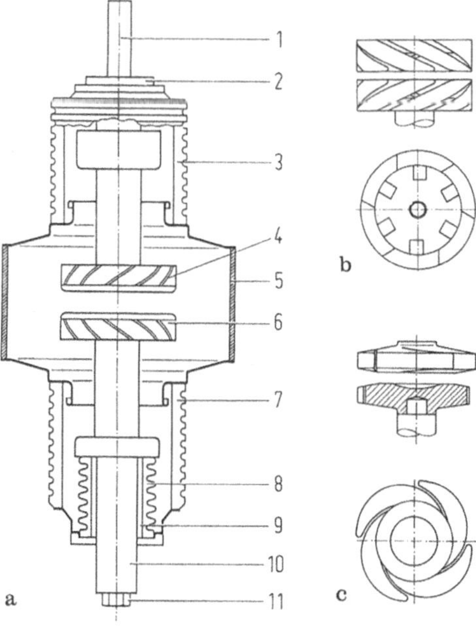

Bild 1.23. Vakuumschaltröhre und Elektroden **a** Vakuumschaltröhre *1* Anschlußbolzen für festen Kontakt, *2* Anschlußscheibe für festen Kontakt, *3* Keramikisolator, *4* Festes Kontaktstück, *5* Schaltkammer, *6* Bewegbares Kontaktstück, *7* Keramikisolator, *8* Faltenbalg, *9* Führung, *10* Bewegbare Stromzuführung, *11* Mechanischer Anschluß für Antrieb. Andere Ausführungen haben keine „Schaltkammer“. Bei ihnen wird ein durchgehender Isolator (meist aus Glas) durch Schirme vor Bedampfung geschützt. Kontaktformen, bei denen die Strompfade im Kontakt Magnetfelder erzeugen, die den Bogen treiben: **b** Kronenelektrode, **c** Spiralelektrode

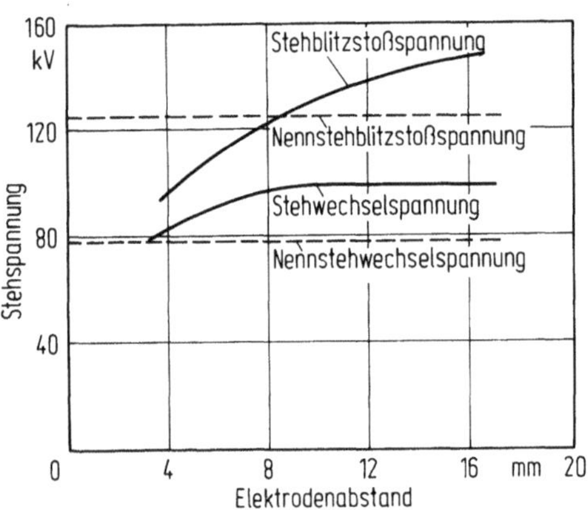

Bild 1.24. Abhängigkeit der Durchschlagspannung (Stehstoßspannung und Stehwechselspannung) vom Elektrodenabstand im Vakuumschalter

sich die Kontakte in einem Vakuumgefäß bei Drücken $\leqq 10^{-5}$ mbar. Das heißt, die mittlere freie Weglänge der Teilchen $l_F = 1/(\sqrt{2}\pi n D^2)$ (D Teilchendurchmesser, n Teilchendichte) ist größer als die Gefäßdimensionen. Das bedingt sowohl die hohe Durchschlagfestigkeit des Vakuums als auch die Tatsache, daß diese nicht proportional mit dem Kontaktabstand d steigt (Bild 1.24). Wegen der großen freien Weglänge finden nämlich auf dem Weg zwischen den Kontakten keine Zusammenstöße der Elektronen statt, so daß diese im anliegenden Feld $E = U/d$ die Energie $Eed = Ue$ aufnehmen, bei hohen Spannungen also unabhängig vom Kontaktabstand in die Lage kommen, aus der Anode neue Ladungsträger zu befreien und den Durchschlag einzuleiten. Das hat zur Folge, daß die im Mittelspannungsbereich kleinen Kontaktabstände (1 bis 2 cm) im Gebiet hoher Spannungen überproportional anwachsen müssen. Damit wachsen auch die Antriebs- und Röhrenkosten.

1.1.10.1 Entladungsarten im Vakuum

Die bei der Kontakttrennung in Vakuumschaltern entstehende Entladung ist zunächst bei „kleinen“ Strömen ($\leqq 5$ bis 10 kA) keine normale Bogenentladung, sondern eine sogenannte „diffuse“ Entladung: In einzelnen Kathodenbrennflecken (ca. 100 bis 200 A pro Brennfleck) werden thermisch und elektrisch Metalldampf und freie Elektronen erzeugt, die den Strom zur Anode transportieren. Der Metalldampf wird vor der Kathode teilweise ionisiert, und es bildet sich eine positive Raumladungsschicht, der gemäß der Poissonschen Gleichung (vgl. 1.1.9.2) ein elektrisches Feld entspricht, das die Freisetzung und Beschleunigung der Elektronen ebenso bestimmt wie die Erhitzung der Kathode durch auftreffende Ionen. Die für die Trägererzeugung maßgebenden Prozesse sollen hier nicht im einzelnen diskutiert werden. Bei kleinen Strömen ist die Bogenspannung konstant (etwa 20 V) und hängt vom Kontaktmaterial ab [71]. Bei „größeren“ Strömen steigen die Trägerdichte und die Zahl der Trägerzusammenstöße in der Säule, d.h.: Widerstand und Spannung wachsen. Die Entladung wird wesentlich mitbestimmt durch die Diffusion des teilweise ionisierten Metalldampfes zu den Gefäßwänden bzw. Schirmen, welche die Isolierstrecken schützen. Beim Überschreiten einer von Kontaktwerkstoff, -fläche und -abstand abhängigen Grenzstromstärke setzt eine Bogenkontraktion ein, über deren Ursache unterschiedliche Theorien existieren. Nach [73] spielen sich folgende Vorgänge ab:

Wenn nicht mehr genügend positive Ionen – gegen das Feld anlaufend – bis zur Anode gelangen können, entsteht dort durch Trägerverarmung eine negative Raumladungszone, der nach der Poissonschen Gleichung eine Spannung entspricht, die – der Verarmung entgegenwirkende – Stoßionisationen erzeugt. Diese rufen die in diesem Strombereich beobachteten hochfrequenten Schwankungen der Bogenspannung (Amplitude größenordnungsmäßig 50 V) hervor. Dabei wird die Anode weiter durch die auftreffenden Teilchen erhitzt, bis sich bei weiterer Steigerung des Leistungsumsatzes in der Röhre ein Anodenbrennfleck bildet, in dem viel Material geschmolzen und verdampft wird. Das Eigenmagnetfeld der Entladung wird schließlich so stark, daß es die von den verschiedenen Kathodenflecken ausgehenden Strombahnen zusammenzieht („Pinch-Effekt", vgl. 1.1.7.3). Der Bogen „kontrahiert", d.h.: der „diffuse Vakuumbogen" schlägt in einen „normalen Metalldampfbogen" um. – Wenn der Strom abnimmt, bilden sich – abhängig vom Magnetfeld und vom Wärmehaushalt und dem Material der Kontakte – wieder einzelne Brennflecke, die sich – scheinbar statistisch – auf der Kathodenoberfläche bewegen und nach und nach erlöschen [13,71], wenn in ihnen nicht mehr genügend Ladungsträger erzeugt werden. Den Kontaktmaterialeigenschaften (Wärmekapazität, -leitfähigkeit, Schmelz-, Verdampfungswärme und -temperatur) entsprechend erlischt dann der letzte Brennfleck im oder kurz vor dem Stromnulldurchgang. Danach stellt sich wegen des hohen Trägerdichtegradienten in kurzer Zeit durch Wegdiffundieren der Ladungsträger in der Schaltstrecke der Vakuumzustand wieder her. Die Träger rekombinieren an der Wand (Dampfschirm) oder an den Kontakten. Das geschieht i.allg. so schnell, daß auch bei großen Steilheiten der wiederkehrenden Spannung keine Wiederzündung eintritt. Falls aber die Anode – wie oben skizziert – infolge einer durch die Bogenkontraktion zu starken thermischen Beanspruchung zur Zeit der Wiederkehr der Spannung noch nicht ausreichend abgekühlt ist oder infolge des Schmelzens „Spitzen" zeigt, so kann es, wenn sie nach dem Stromnulldurchgang zur Kathode geworden ist, an den kritischen Stellen zu Elektronenaustritt und einer Wiederzündung kommen.

Beim Schalten kleiner Ströme können die Möglichkeiten für eine ausreichende Ladungsträgererzeugung im letzten Brennfleck bereits vor dem „normalen Stromnulldurchgang" aufhören. Der Strom reißt ab („Chopping-Effekt"). Wenn der Abreißstrom, der vom Kathodenmaterial, dem Bogenstrom sowie den Stromkreisdaten abhängt und der im Ampere-Bereich liegt, zu groß ist, können schädliche Überspannungen an den Induktivitäten des Netzes auftreten.

1.1.10.2 Wirkung von Magnetfeldern

Wie vorstehend gesagt, bewirkt das Eigenmagnetfeld des Stromes die für die Löschung schädliche Bogenkontraktion, deren Folge starkes Aufschmelzen der Kontakte – besonders der thermisch stärker beanspruchten Anode – und schließlich Löschversagen ist.

Man kann Magnetfelder aber auch benutzen, um die Löschung zu unterstützen. Sie werden vom Schalterstrom – durch geeignete Formung der Kontakte (Schlitze, „Spulen") – möglichst selbst erzeugt und überlagern sich dem kontrahierenden Feld und schwächen seine schädliche Wirkung.

Radiale Magnetfelder [13, 74–76]

Um lokale Überhitzungen an den Bogenfußpunkten zu vermeiden, erzeugt man durch geeignete Kontaktformen (s. z.B. Bild 1.23) zu den Fußpunkten führende (Teil-) Ströme, die im wesentlichen radial zur Röhrenachse gerichtete Magnetfelder (Kraftflußdichte $\boldsymbol{B}$) hervorrufen. Sie wirken auf die mit der Geschwindigkeit $\boldsymbol{v}$ sich zwischen den Kontakten bewegenden Ladungsträger (Ladung e) mit der Kraft $e(\boldsymbol{v} \times \boldsymbol{B})$ in tangentialer Richtung. Dadurch werden auch die Fußpunkte kontrahierter Bögen schnell auf dem Kontakt bewegt, so daß dort die Energiezufuhr pro Zeit- und Flächeneinheit klein genug gehalten wird, um schädliche Aufschmelzungen zu verhindern.

Axiale Magnetfelder [2, 13, 77]

Axiale Magnetfelder, d.h. Magnetfelder in Richtung der Röhrenachse, zwingen Ladungsträger (Ladung e, Masse m), die senkrecht zur B-Feldrichtung mit der Geschwindigkeit v fliegen, in Kreisbahnen mit dem Radius $R = mv/eB$ und stören dadurch die vom Eigenmagnetfeld der Entladung bewirkte Kontraktion. Wenn $\boldsymbol{v}$ nicht senkrecht auf $\boldsymbol{B}$ steht, so ergibt sich eine Schraubenbahn um $\boldsymbol{B}$. Der Radius R wird für Ionen mit $m_i \boldsymbol{v}_i \gg m_e \boldsymbol{v}_e$ erheblich größer als für Elektronen. Aus der unterschiedlichen Ablenkung folgt, daß sich in den Achsenbereichen der von den einzelnen Brennflecken ausgehenden Entladungskanäle die Elektronen, in den Randbereichen dagegen die durch das axiale Magnetfeld weniger abgelenkten positiven Ionen ansammeln. Die außen liegenden positiven Kanäle stossen sich gegenseitig ab. Das wirkt der Bogenkontraktion entgegen [77] und erzeugt eine „Verteilung" der Entladungskanäle über die Kontakte.
Das hat zur Folge:

a) Der von den Schirmen bzw. den Schaltgefäßwänden aufgenommene Strom wird mit wachsendem Magnetfeld kleiner.
b) Die Verringerung des Ladungsträgerverlustes macht weniger Ionisationen im Anodengebiet notwendig. Damit sinken zunächst bei steigendem Magnetfeld Spannung und Leistungsumsatz.
c) Die Ausbildung des kontrahierten Bogens und des Anodenfleckes mit schädlichen Aufschmelzungen wird zu größeren Stromwerten hin verschoben. Dadurch steigert das Axialfeld die Löschfähigkeit.

Wenn axiale Magnetfelder allerdings auch im Stromnulldurchgangsbereich noch in ausreichender Stärke vorhanden sind, so schädigen sie das Löschvermögen dadurch, daß sie das Herausdiffundieren der Ladungsträger aus der Schaltstrecke – also die Wiederherstellung des Vakuums und die Rekombination an den Wänden – behindern. Um das zu vermeiden, muß dafür gesorgt werden, daß in der zeitlichen Umgebung des Stromnulldurchganges keinerlei Axialfelder, auch nicht durch Wirbelströme in den Kontakten erzeugte, vorhanden sind [77]. Man erreicht das weitgehend z.B. durch Radialschlitze in den Kontaktflächen.

1.1.10.3 Einfluß des Kontaktmaterials [13–15,71–77]

Wie erwähnt, wird das Verhalten der Vakuumbögen und -schalter wesentlich durch das Kontaktmaterial bestimmt. Hier sollen nur die zum Teil einander widersprechenden Anforderungen zusammengestellt werden, die es möglichst gut erfüllen muß:

a) Hohe Reinheit und Gasfreiheit, um ein ausreichendes Vakuum nach Strombelastung zu garantieren.
b) Der Dampfdruck muß ausreichen, um das Abreißen bei kleinen Strömen zu verhindern, muß aber klein genug sein, um in jedem Fall die Löschung zu ermöglichen.
c) Gute elektrische Leitfähigkeit.
d) Günstige thermische Eigenschaften.
e) Geringer Abbrand, damit hohe Schaltzahlen erreicht werden.
f) Ausreichende mechanische Festigkeit wegen der großen Kontaktkräfte.
g) Kontakte dürfen nicht verschweißen, um geringe Öffnungskräfte zu gewährleisten.
h) Gute Kontaktoberflächen im Betrieb, keine „Spitzen“-Bildung, um die dielektrischen Bedingungen zu erfüllen.

Alle Anforderungen werden von keinem Metall gleich gut erfüllt. Man hat daher Kontaktmaterialien entwickelt (Legierungen, Sinterverbundwerkstoffe), die mehrere Elemente enthalten – z.B. CuBi, CuCr – um den Bedingungen a bis h voll zu genügen, vgl. 1.2.6.

1.1.11 Dielektrische Wiederverfestigung

Wenn in mit der Bogenzeitkonstante vergleichbaren Zeiten keine thermische Wiederzündung über einen Nachstrom, also keine Wiederaufheizung des Bogenrestkanales erfolgt, so kann ein Schalter doch später noch während des weiteren Spannungsanstieges – bei Hochspannungsschaltern also z.B. nach Zeiten von mehr als 100 µs – durch einen dielektrischen Durchschlag wiederzünden. Die dielektrische Festigkeit des heißen – aber nicht mehr leitfähigen – Bogenrestgases hängt vorwiegend von der freien Weglänge der Teilchen ab, d.h. von der Gasdichte $\varrho \sim p/T$, da die Stoßionisation, die Bildung von Elektronenlawinen usw. durch sie bstimmt werden. Bei elektronegativen Gasen, z.B. bei SF_6 und dessen Zersetzungsprodukten, wird die Durchschlagfestigkeit noch durch den Elektroneneinfang durch die schweren Teilchen erhöht [6,9]. Bild 1.25 zeigt die experimentell bestimmte Abhängigkeit der Durchschlagfestigkeit U_D von der Temperatur für Luft und SF_6. Die wiederkehrende dielektrische Festigkeit – bzw. Art und Zeit des Durchschlages hängen dann wesentlich von den – in der Schaltstrecke nicht homogenen,

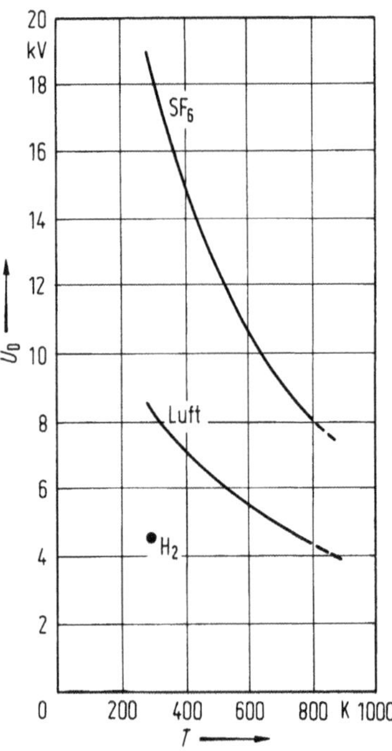

Bild 1.25. Temperaturabhängigkeit der Durchschlagspannung von SF_6 und Luft (1 bar, Graphit-Kugelelektroden: $D = 10$ mm, Abstand $= 2$ mm). Für Zimmertemperatur ist der Wert von Wasserstoff mit eingezeichnet

durch den abgeklungenen Bogen und die Strömungsverhältnisse bestimmten – Druck- und Temperaturverteilungen ab. Bei Strömungsschaltern wird das Potentialfeld nach der zunächst im Engebereich der Düsen schnellen Entionisierung [39,42] noch durch die restlichen Ladungsträger in den schlechter gekühlten Bereichen, sowie durch die Form und Bewegung der Kontakte und durch evtl. vorhandene Isolierstoffteile beeinflußt. Abschätzungen der wiederkehrenden Festigkeit unter Annahmen über die Strömungsverhältnisse und das Dichteabklingen sind z.B. für die Festlegung der Kontaktgeschwindigkeit wichtig [59]. Der Kontaktendabstand ist dagegen durch die Kaltfestigkeit des Gases, die auch für den Vorüberschlag beim Einschalten maßgebend ist, und die genormten Stoßspannungsfestigkeitsforderungen festgelegt, vgl. Abschnitt 4.1.

1.1.12 Der Lichtbogen als Schaltelement. Zum Löschvorgang in verschiedenen Schaltern

Eine Stromunterbrechung ist nur möglich im natürlichen Nulldurchgang des Stromes oder wenn ein Nulldurchgang durch eine Gegenspannung oder eine überlagerte Stromschwingung erzwungen wird, bzw. wenn die Bogenspannung über die treibende Spannung gesteigert wird. Es ist also erforderlich, entweder die Kontaktbewegung beim Ausschalten eines Schalters mit dem Stromverlauf zu synchronisieren, so daß die für die Stromunterbrechung ausreichende Kontaktentfernung gerade zu einem Zeitpunkt erreicht wird, in dem der Strom durch Null geht (Synchronschalter), oder, bei einer zeitlich zufälligen Kontaktbewegung, den Lichtbogen als synchronisierendes Schaltelement zu benutzen, bzw. die Bogenspannung durch sehr starke Kühlung oder Verlängerung extrem zu steigern [5].

Der Aufwand für Synchronschalter ist besonders bei dreiphasigen Systemen jedoch so groß, daß sie nur in Sonderfällen eingesetzt werden. Im allgemeinen öffnen die Kontakte der Schalter unabhängig vom zeitlichen Verlauf und vom Momentanwert des Stromes. Bei der Kontakttrennung wird ein Lichtbogen gezündet, der in einem der folgenden Stromnulldurchgänge gelöscht wird. Damit das möglich ist, muß der Kontakt so bewegt und der Bogen, z.B. durch eine „angepaßte" Strömungsführung, so gekühlt werden, daß alle möglichen Schaltfälle – vgl. z.B. Abschnitt 2 – beherrscht werden. Dazu gehört auch, daß das plötzliche Abreißen des Stromes vermieden wird, da sonst wegen der großen Stromsteilheiten schädliche Überspannungen ($\sim L \cdot \mathrm{d}i/\mathrm{d}t$) an den Induktivitäten auftreten können. Wie schon in 1.1.6.2 allgemein dargestellt wurde, beeinflußt die Wechselwirkung des durch die Schalterkonstruktion und das Löschgas bestimmten Lichtbogens mit dem Netz den Löschvorgang:

Wenn z.B. in einem Stromkreis wie Bild 1.26a der Strom gegen Null geht und die Bogenspannung zu einer großen Löschspitze ansteigt – wie es z.B. bei Druckluft- und Ölschaltern der Fall ist – so führt dieser Spannungsanstieg $\mathrm{d}u/\mathrm{d}t$ zu einem Strom $i_C = C_p \dfrac{\mathrm{d}u}{\mathrm{d}t}$, der in die parallel zum Schalter liegende Kapazität C_p fließt. Er wird dem Bogenstrom i_B entzogen (Bild 1.26a), da der Gesamtstrom $i_L = i_B + i_C$ durch die Induktivität bestimmt wird. Dadurch kommt es zu einem vorzeitigen Nulldurchgang des Stromes i_B, der eine „stromlose Pause" und eine Begünstigung der Löschung bewirkt (Bild 1.26b). Denn der Bogen erhält in diesem Fall eine längere Zeit zum Abkühlen und Entionisieren, bevor der Anstieg der wiederkehrenden Spannung beginnt. Bei wenig ausgeprägten Löschspitzen, wie sie z.B. bei SF_6 vorliegen, führt der kapazitive Entladungsstrom (Bild 1.26c) zu einer Verformung des Bogenstromes, welche die Löschung begünstigt, indem sie die Stromsteilheit verringert und entsprechend Gl. (1.21a) den Bogenwiderstand R_0 vergrößert. Wenn die Entionisierung nicht schnell genug erfolgt, beginnt beim Anstieg der wiederkehrenden Spannung ein Nachstrom zu fließen, der den Bogen wieder aufheizt und zu einer thermischen Wiederzündung führt, falls seine Leistung größer als die durch die verschiedenen Wärmeleitmechanismen abgeführte ist. Auch hier gibt es wieder eine Wechselwirkung zwischen Bogen und Netz: Der Nachstrom wirkt wie ein stromabhängiger Parallelwiderstand R_P und dämpft dadurch die Steilheit der Einschwingspannung. Während man bei konstantem R_P, einer Netzinduktivität L und einem Scheitelwert der Spannung $\hat{u}$ für die Steilheit der wiederkehrenden Spannung $(\mathrm{d}u/\mathrm{d}t)_0 = R_P\hat{u}/L$ erhält, kann man die Dämpfung durch einen sich ändernden Nachstrom entsprechend 1.1.6.2 berechnen – ebenso wie die Stromverformungen vor dem Nulldurchgang, das Auftreten von Instabilitäten usw. Der Lichtbogen wird dabei durch die Parameter τ und P_0 charakterisiert. Falls es in Zeiten, die in der Größenordnung der Zeitkonstanten liegen, nicht zu einer thermischen Wiederzündung kommt, steigt die Spannung mit der durch das Netz bestimmten Steilheit an.

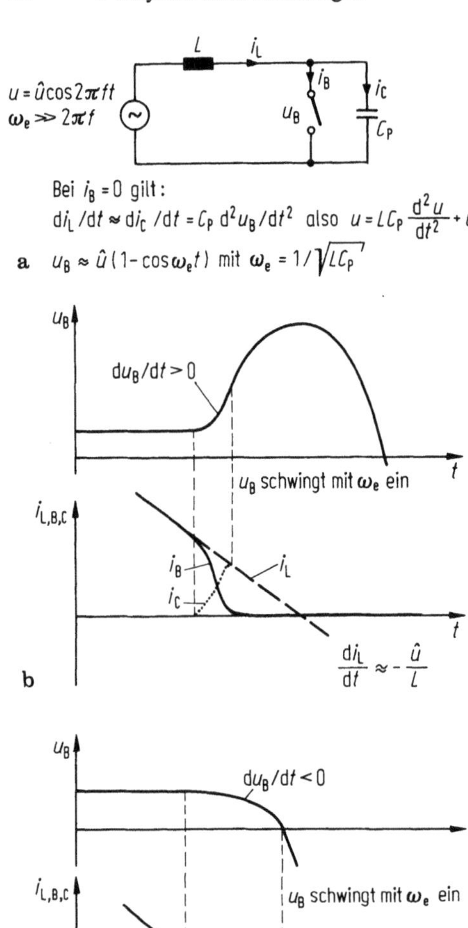

Bild 1.26. Beeinflussung des Nulldurchganges durch den elektrischen Kreis (vereinfachte Grenzfälle). **a** Schaltbild (Schalter im induktiven Kreis), **b** Strom- und Spannungsverläufe für den Fall: Hohe Löschspitze, $du_B/dt > 0$, **c** Strom- und Spannungsverlauf für den Fall: Keine Löschspitze, $du_B/dt < 0$

In dieser Zeit (10^{-4} bis 10^{-3} s) wächst die Durchschlagfestigkeit infolge der Abkühlung und des Dichteanstieges durch das radial und axial nachströmende kalte Gas. Der „Wettlauf" zwischen wiederkehrender Spannung und ansteigender dielektrischer Festigkeit entscheidet dann über die Löschung (vgl. 1.1.11). – Die Unterscheidung zwischen thermischer und dielektrischer Wiederzündung ist nicht immer eindeutig. Es gibt Übergänge zwischen beiden Typen [3].

1.1.12.1 Gasschalter [4–11] – vgl. Abschnitt 4.2

Ihr gemeinsames Kennzeichen ist, daß der Bogen in Düsen brennt, die vom Löschgas durchströmt werden. Als Löschgas werden Luft oder SF_6 verwendet. Da das SF_6 – vgl. Bild 1.8 – bei höheren Drücken und tieferen Temperaturen kondensiert, benutzt man für Schalter, die bis zu tiefen Temperaturen (z.B. −40°C) eingesetzt werden, Gemische von SF_6 und Stickstoff mit – wegen des niedrigeren SF_6-Partialdruckes herabgesetztem Kondensationsbeginn, aber trotzdem noch ausreichenden Schalt- und Isoliereigenschaften. Wie aus den Bildern 1.2 bis 1.6 und den Ausführungen in 1.1.3 und 1.1.11 hervorgeht, ist SF_6 aufgrund seiner physikalischen Eigenschaften als Löschgas für Hochspannungsschalter besonders geeignet. Der Aufwand für Kapselung und Dichtung wird durch die hohe Spannung pro Schaltstrecke wettgemacht. Der größte Teil des bei der Bogenlöschung beteiligten und im Lichtbogen zersetzten Gases (Bild 1.2) rekombiniert nach der Schaltung wieder zum unschädlichen, inerten SF_6. Ein kleiner Anteil – z.B. bei Graphit-Löschdüsen und Strömen von 30 bis 40 kA größenordnungsmäßig 30 mg SF_6/kWs Schaltarbeit – geht als Schaltgas verloren und wird in Filtern gebunden bzw. verbindet sich mit dem abgebrannten Kontaktmaterial.

Zweidruckschalter

Als Zweidruckschalter werden die Schalter bezeichnet, bei denen die die Löschströmung verursachende Druckdifferenz durch einen Kompressor erzeugt wird. Der Hochdruck ist also schon vor dem Beginn der Schaltung vorhanden. Die Strömung kann sofort mit der Kontaktbewegung beginnen. Nach diesem System werden die Druckluftschalter und die SF_6-Zweidruckschalter gebaut. Letztere benötigen wegen der Kondensation des Hochdruckgases bei tiefen Temperaturen (Bild 1.8) geregelte Heizungen, welche die notwendige Gasdichte und Durchschlagfestigkeit bei allen Temperaturen garantieren.

Kompressionsschalter („BK-Schalter“, „Puffer-Schalter“)

Bei ihnen wird der Hochdruck durch einen mit dem bewegten Kontakt gekoppelten Blaszylinder oder Blaskolben erzeugt (Bild 1.12). Die Kontaktüberdeckung ist so groß, daß sich bis zur Kontakttrennung infolge der Relativbewegung des Blaskolbens gegen den Blaszylinder ein ausreichender Druck aufbaut („Vorkompression“). Der weitere Druckverlauf hängt dann vom Bogen, von der „Düsenverstopfung“ und vom Antrieb ab – vgl. 1.1.8, [33,59]. – Da im Schalter normalerweise „Niederdruck“ herrscht, setzt hier die SF_6-Kondensation erst bei tieferen Temperaturen ein als beim Zweidruckschalter. Daher kommen die Kompressionsschalter meistens ohne Heizung aus. – Der Löschvorgang verläuft in allen Gasschaltern prinzipiell ähnlich: Der bei der Kontakttrennung entstandene Lichtbogen wird durch die Strömung (und magnetische Kräfte) in die Löschdüsen hineingetrieben. Die Gasströmung stabilisiert den Bogen und engt ihn ein. Wie in 1.1.8 dargestellt, beeinflußt die – für die Antriebs- und Düsendimensionierung wichtige – Wechselwirkung zwischen Bogen und Strömung den Löschvorgang stark. Die Unterbrechereinheit sollte so gestaltet sein, daß die Löschströmung rechtzeitig wieder einsetzen kann und daß der Bogen – oder sein wesentlicher Teil – kurz vor dem Stromnulldurchgang möglichst dünn und von turbulenter

Strömung umgeben ist, damit die Abkühlung des Bogenrestkanals schnell erfolgt. Das setzt eine starke radiale Anströmung, d.h. bestimmte Verhältnisse von Anströmquerschnitt zu Düsenquerschnitt voraus [78]. Die Erzeugung von Abströmwirbeln in der Düsenachse, die dort den Druck und die dielektrische Festigkeit vermindern, muß vermieden werden [79].

1.1.12.2 Schalter mit selbsterzeugtem Löschmittel (Ölschalter, Wasserschalter, Hartgasschalter, Sicherungen) [4–7]

Bei diesen Schaltern wird das Löschgas, das die Bogenleistung ähnlich wie beim Gasströmungsschalter abführt und die Löschbedingungen im Nulldurchgang bestimmt, erst vom Bogen durch Zersetzung des Löschmittels (z.B. Öl, Wasser, Plexiglas, Sand, u.a.) erzeugt. Es besteht bei Öl und Wasser vorwiegend aus Wasserstoff. Dieser hat wegen seiner geringen Dissoziationsenergie zwar schon bei relativ niedrigen Temperaturen eine die Löschung begünstigende hohe Wärmeleitfähigkeit (Bild 1.5), erfordert aber wegen seiner niedrigen Durchschlagsfestigkeit (Bild 1.25) hohe Drücke und relativ große Kontaktabstände. Die gebräuchlichen Schalterkonstruktionen unterscheiden sich in den Einzelheiten stark [4]. So werden neben Löschkammern, die vorwiegend axiale Strömungen erzeugen, auch solche verwendet, die eine Querströmung hervorrufen. Die Löschwirkung beruht auch hier hauptsächlich auf der kühlenden Wirkung der Gasströmung, die die Bogenleistung konvektiv abführt und den Bogen schon vor dem Nulldurchgang für die Löschung „vorbereitet". Während auf dem Hochspannungsschaltergebiet fast nur Flüssigkeiten zur Löschmittelerzeugung verwendet werden, gibt es Mittel- und Niederspannungsschalter, die das Löschgas durch Verdampfen fester Isolierstoffe erzeugen. Auch in einigen SF_6-Schaltern wird der Bogen zur Erzeugung und nicht nur zur Verstärkung der die Löschströmung verursachenden Druckdifferenz benutzt [80,81]. Um die Löschung im gesamten Strombereich zu garantieren, verwendet man allerdings meist zusätzlich eine schwache – durch ein Magnetfeld oder einen Blaskolben erzeugte – Kühlung.

Bei Niederspannungsschaltern benutzt man im allgemeinen Löschkammern aus schwach gasenden Isolierstoffen (z.B. Magnesiumsilikate, Steatit), bei Mittelspannungsschaltern und Lasttrennern solche aus stark gasabgebenden Stoffen (z.B. Plexiglas) [4–6]. In gewisser Weise gehören auch die Sicherungen zu diesen Schaltern. Bei ihnen ist ein Schmelzdraht dicht von Sand (Quarz oder Marmorgrieß bestimmter Körnung) umgeben. Nach dem Ansprechen der Sicherung brennt der dabei entstandene Bogen zunächst im Dampf des geschmolzenen Leiters in dem engen Sandkanal. Der Sand schmilzt, verdampft, gibt kühlendes Gas ab und sintert zusammen. Die dadurch verursachte intensive Kühlung ergibt hohe Bogengradienten, z.B. ca. $2 \cdot 10^4$ V/m bei Strömen von 10^3 bis 10^4 A [4,82]

1.1.12.3 Vakuumschalter [9,13,71–77]

Hier wird – wie in 1.1.10 dargestellt – die Löschung durch das schnelle Wegdiffundieren der Ladungsträger und die rasch wiederkehrende hohe dielektrische Festigkeit des Vakuums bewirkt. Daraus ergeben sich die folgenden besonderen Eigenschaften der Vakuumschalter und Forderungen für ihre Auslegung:

- Damit große Ströme abgeschaltet und Wiederzündungen ausgeschlossen werden können, müssen lokale Kontaktüberhitzungen und Aufschmelzungen vermieden werden. Man erreicht das dadurch, daß die Bogenkontraktion zu möglichst hohen Strömen hin verschoben wird – entweder durch große Kontakte und axiale Magnetfelder [77] oder durch „magnetisches Treiben" des Bogens mit Hilfe einer geeigneten Stromführung (Schlitze, Spiralarme, vgl. Bild 1.23) in den Kontakten, die radiale Magnetfelder erzeugt – vgl. 1.1.10.2, [71,74–76].
- Wegen der hohen Durchschlagfestigkeit des Vakuums und wegen seiner hohen Wiederverfestigungsgeschwindigkeit benötigt man im Mittelspannungsbereich nur relativ kleine Kontaktabstände, d.h. auch kleine Kontaktgeschwindigkeiten und relativ schwache Antriebe. Bei hohen Spannungen steigen die notwendigen Abstände usw. aber überproportional an; vgl. 1.1.10.
- Die geringe Bogenspannung und Schaltarbeit verursachen nur einen kleinen Kontaktabbrand. Daraus ergeben sich lange Kontaktlebensdauern und geringe Wartungskosten
- Die Druckkontakte erfordern hohe Kontaktdrücke und damit eine hohe mechanische Festigkeit der Kontakte, da die abhebenden Kräfte hier nicht – wie etwa bei den „Tulpenkontakten" vieler anderer Schalter – magnetisch kompensiert werden; vgl. 1.2.4.13.

1.1.12.4 Niederspannungsschalter [6]

Niederspannungsschalter nach dem Gleichstromlöschprinzip

Das im Abschnitt 2.1.6.1 erläuterte Prinzip dieser Schalter besteht in einer Erhöhung der Lichtbogenspannung über die treibende Spannung hinaus. Ihre Anwendung liegt sowohl bei der Gleichstromausschaltung als auch bei der strombegrenzenden Wechselstromausschaltung. Für letztere ist eine rasche Erhöhung der Bogenspannung erforderlich, noch bevor der netzfrequente Wechselstrom seinen Maximalwert erreicht hat.

Spannungserhöhung bedeutet Erhöhung der im Lichtbogen erzeugten Leistung, die im Gleichgewichtszustand der abgeführten Leistung entspricht. Das ist auf zwei Wegen möglich:

- durch Erhöhung der Lichtbogenlänge,
- durch Erhöhung der Leistungsabfuhr je Längeneinheit.

Im einzelnen sind folgende, im Bild 1.27 dargestellte Methoden gebräuchlich, z.T. mehrere gleichzeitig [6]:

- Verlängerung durch v-förmige Elektroden (Lichtbogenhörner, Bild 1.27a) oder Isolierstoffstege (Bild 1.27b).
- Kühlung durch Kontakt mit Löschkammerwänden, insbesondere bei Einengung des Lichtbogens (Bild 1.27c).
- Kühlung durch gasabgebende Kammerwände (Bild 1.27d).

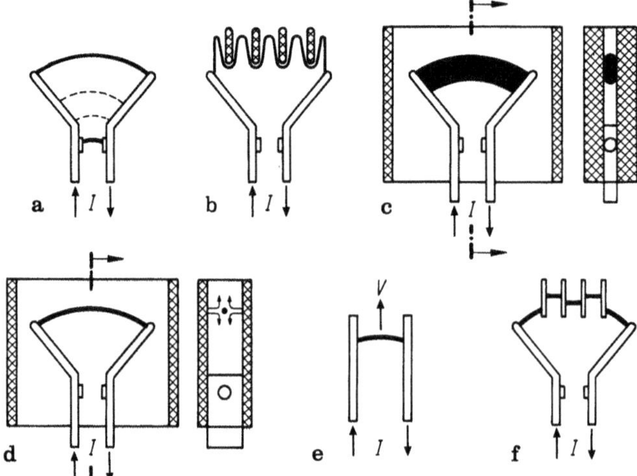

Bild 1.27. Maßnahmen zur Erhöhung der Lichtbogenspannung bei Niederspannungsschaltgeräten

- Kühlung durch rasche Bogenbewegung (Bild 1.27e). Der Bogen kommt mit immer neuer kühlender Luft oder neuen Kammerwandbereichen in Kontakt.
- Unterteilung durch Löschbleche, siehe Abschnitt 1.1.9.1 (Bild 1.27f).

Niederspannungsschalter nach Wechselstromlöschprinzipien

Elektrodeneffekt, Sofortverfestigung

In Niederspannungs-Wechselstromschaltern ohne ein besonderes Löschsystem, wie z.B. Hilfsstromschaltern, kleinen Motorschaltern, brennt der Bogen bis zum Stromnullwerden auf den Kontaktstücken und verlöscht dort infolge des unter 1.1.9.2 beschriebenen Elektrodeneffektes, sofern die Einschwingspannung die als Wiederverfestigungsspannung bezeichnete Kathodenschicht-Durchschlagspannung nicht überschreitet. Letztere beträgt abhängig vom Werkstoff und den Schaltbedingungen bis zu mehreren 100 V. Wie Bild 1.20 zeigt, nimmt sie mit steigender Einschwingfrequenz (≙ kürzere Zeit nach dem Stromnullwerden) bis auf einen konstanten Wert der „Sofortverfestigungsspannung" ab. Bild 1.21 zeigt diese Sofortverfestigungsspannung als Funktion der Stromstärke für verschiedene Kontaktwerkstoffe [63].

Bei dem in der Niederspannungs-Energietechnik häufig verwendeten AgCdO (s. Abschnitt 1.2.6), dessen Komponente CdO unterhalb 1500 °C sublimiert, beträgt beispielsweise oberhalb eines Grenzstromes von ca. 200 A die Sofortverfestigungsspannung, ziemlich unabhängig von der Stromstärke, 270 bis 280 V, selbst bei 5000 A Schaltstrom. Hingegen führt die hohe Temperatur auf Elektroden aus dem hochschmelzenden Wolfram zur Thermoemission, was nur Spannungswerte um 30 V ergibt.

Die Wirkung von Gasströmungen, wie sie z.B. unter Lichtbogeneinwirkung durch die thermische Zersetzung gasender Löschkammerwandmaterialien entstehen, erhöht die Wiederverfestigungsspannung [64,65]. Eine kühlende Strömung erniedrigt vermutlich die Temperatur der neuen Kathode und

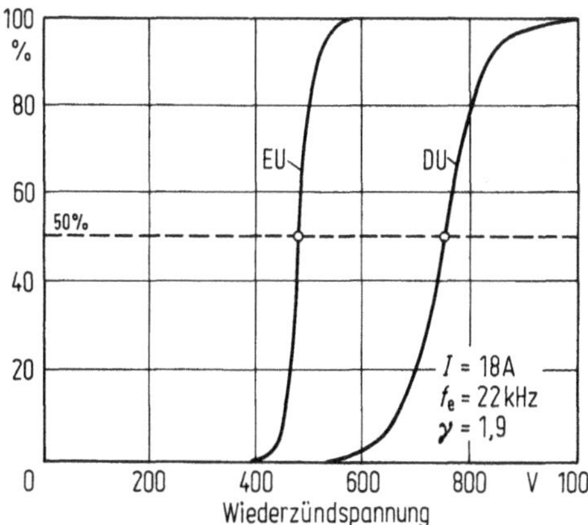

Bild 1.28. Summenhäufigkeit der Wiederverfestigungsspannung bei Einfachunterbrechung (EU) und Doppelunterbrechung (DU)

verflacht den Temperaturübergang zur Bogensäule hin. Bild 1.22 zeigt als Beispiel für diesen Effekt die Wiederverfestigungsspannung einer Löschkammer mit verschiedenen Wandwerkstoffen [65]. Darüberhinaus begünstigen Gasströmungen den Energieentzug aus der Bogensäule.

Doppelunterbrechung

Bei Schaltern mit Strömen und Spannungen oberhalb bestimmter Grenzen (einige A) reicht die Kathodenschichtfestigkeit eines einzigen Lichtbogens oft nicht mehr zur Löschung aus. Hier wird durch sog. Doppelunterbrechung der Effekt zweier in Serie geschalteter Lichtbogen-Strecken ausgenutzt. Die Doppelunterbrechung wird daneben aus konstruktiven Gründen – Vermeidung flexibler Kontaktverbindungen – eingesetzt.

Wie aus Bild 1.28 hervorgeht, liegt die Wiederverfestigungsspannung der beiden in Reihe geschalteten Bögen deutlich unter dem doppelten Wert einer Strecke [66].

Dies ist damit zu erklären, daß die durch statistische Streuungen bestimmte Aufteilung der wiederkehrenden Spannung auf die Teilstrecken nicht mit den Durchschlagspannungen der einzelnen Teilstrecken übereinstimmt. Eine Schaltstrecke schlägt immer zuerst durch, bevor die andere ihre Festigkeit erreicht hat. Anschließend wird die zweite Schaltstrecke überlastet und zündet ebenfalls.

Deion-Prinzip [61, 67, 68]

Noch höhere Leistungen werden in sogenannten Deion-Löschkammern ausgeschaltet. Hierbei wird der Lichtbogen durch magnetische Blasfelder in ein System zumeist aus Eisen bestehender Löschbleche geleitet, wobei er in mehrere Serienbögen unterteilt wird. Bild 1.29a zeigt ein vereinfachtes elektrisches Ersatzschaltbild mit den Kathodenschichten, die zur Wiederzündung erst durchschlagen werden müssen, und den Säulen der Teilbögen. Dieses Modell [68] berücksichtigt auch die Tatsache, daß bereits vor dem Kathodenschichtdurchschlag ein Vorentladungsstrom über die Kathodenschichten fließen kann. Die Verfestigungsspannung dieser Anordnungen

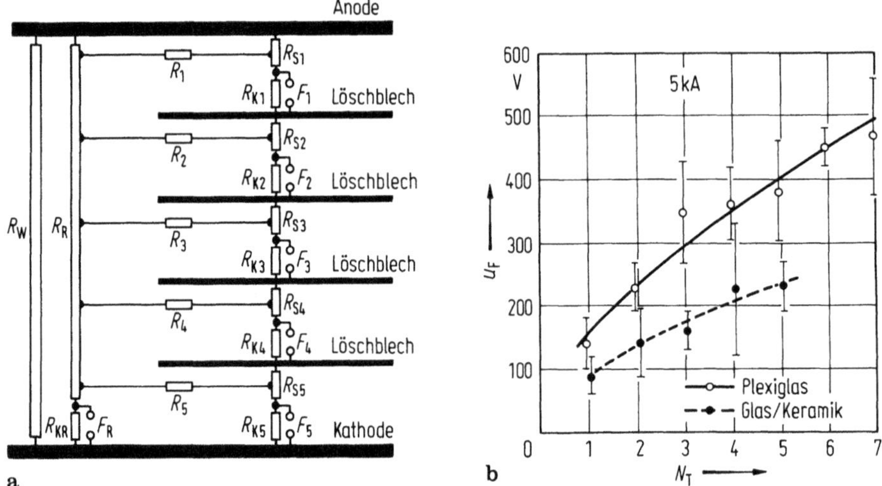

Bild 1.29. Deion-Kammer. **a** Ersatzschaltbild, **b** Einfluß der Teilbogenzahl auf u_F

nimmt weniger als proportional mit der Teilbogenzahl zu (Bild 1.29b). Die Ursache ist die gleiche wie bei der Doppelunterbrechung.

Aus Bild 1.29b geht gleichzeitig der Einfluß der Kühlung durch gasende Wandwerkstoffe, z.B. Plexiglas, hervor, wodurch die Wiederverfestigungsspannung deutlich angehoben wird.

In den konstruktiven Maßnahmen gleicht das auf der Vervielfältigung der Kathodenraum-Festigkeit beruhende Deion-Prinzip dem Prinzip der Bogenspannungserhöhung durch Löschbleche nach Abschnitt 1.1.9. Tatsächlich kann in manchen Wechselstromschaltern, abhängig von der geschalteten Stromstärke, jeder der beiden Mechanismen für sich wirksam sein, z.B. ersterer bei kleinen Strömen, letzterer bei großen Kurzschlußströmen. Oft wirken auch beide Mechanismen gleichzeitig, indem die erhöhte Bogenspannung den Stromnulldurchgang zu früheren Zeiten hin verschiebt. In den üblichen induktivitätsbehafteten Kreisen wird hierdurch die Einschwingspannung verringert, was die Löschung nach dem Deion-Prinzip erleichtert.

Für beide Mechanismen ist eine möglichst vollständige Bogenunterteilung Vorbedingung. Abhängig von der Stromstärke ist hierzu ein lichter Löschblechmindestabstand und ein Mindestblasfeld erforderlich. Anderenfalls wird nur die nicht unterteilte Bogensäule durch den Kontakt mit den Löschblechen gekühlt (Abschnitt 1.2.5). Derartige Löschbleche werden als Kühlbleche bezeichnet. Auch hier findet bei vielen Schaltern, z.B. größeren Schützen, ein Übergang von einem zum anderen Mechanismus statt. Typisch ist z.B. eine Kühlwirkung bei kleinen Strömen, wo das magnetische Eigenblasfeld nicht zur Unterteilung ausreicht, sowie eine Deion-Wirkung bei höheren Strömen.

Thermischer Löschmechanismus der Bogensäule [65,69,70]

Trotz Durchschlags der Kathodenschicht, bei welchem eine neue Bogenkathode gebildet wird, erfolgt wie bei Hochspannungsschaltern eine Löschung

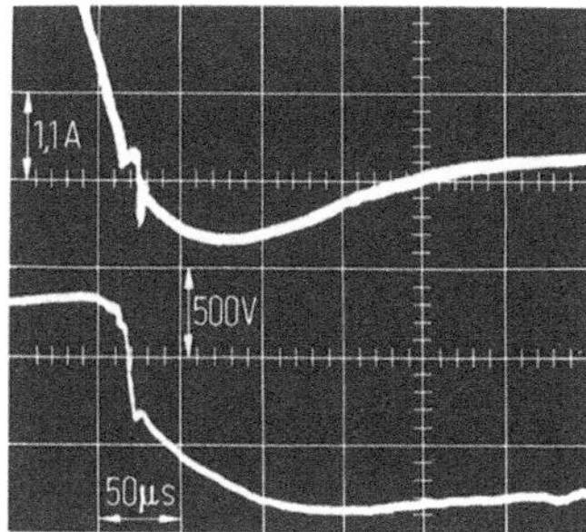

Bild 1.30. Thermische Löschung trotz Kathodenschicht-durchschlag

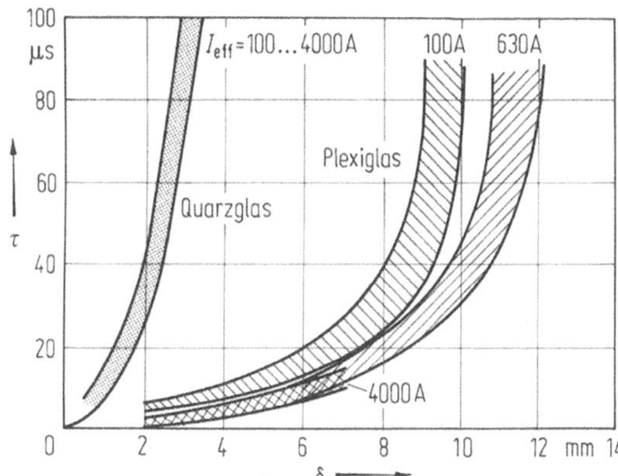

Bild 1.31. Einfluß des Kammerwandwerkstoffes und der Spaltbreite δ auf die thermische Zeitkonstante τ

über abnehmenden Nachstrom durch Kühlung der Lichtbogensäule (siehe Abschnitt 1.1.12). Bild 1.30 zeigt ein Oszillogramm einer solchen Löschung. Voraussetzung ist im allgemeinen ein enger Kontakt des Lichtbogens mit den Kammerwänden, d.h. eine geringe Löschkammerbreite (Spaltweite), oder gasabgebendes Wandmaterial. Bild 1.31 zeigt als Beispiel die den thermischen Mechanismus kennzeichnende Zeitkonstante für verschiedene Wandwerkstoffe und Spaltweiten [69].

Wie aus dem Oszillogramm Bild 1.30 weiterhin hervorgeht, besteht bis zum Erreichen der Kathodenschicht-Festigkeit eine stromlose bzw. stromschwache Pause (ca. 10 µs). Die thermischen Zeitkonstanten von Niederspannungsbögen, die durch gasende Wände gekühlt werden, können im 10-µs-Bereich liegen [69,70]. Führt man einer Lichtbogensäule für eine Zeitkonstante keine Energie aus dem Stromkreis zu, so erniedrigt sich ihr Leitwert in dieser Zeit um den Faktor $e \approx 2{,}72$. Somit wird durch den Kathodenschicht-Mechanismus, auch wenn er zur Löschung allein nicht ausreicht, der Vorgang der thermischen Lichtbogensäulen-Löschung unterstützt.

Wie dargelegt, wird in vielen Niederspannungsschaltern die Löschung durch verschiedene, z.T. gleichzeitig wirkende und sich gegenseitig beeinflussende Mechanismen bewirkt. Versuche, das Löschverhalten durch einfache mathematische Zusammenhänge zu beschreiben, stoßen deshalb auf noch größere Schwierigkeiten als bei Hochspannungsschaltern.

1.2 Kontaktphysik [4–7,13–15]

1.2.1 Scheinbare und wirkliche Berührungsfläche

1.2.1.1 Flächenkontakte

Zwei mit einer Kraft F_K, der Kontaktkraft oder Kontaktlast, gegeneinander gepreßte und sich auf einer größeren Fläche berührende Leiterstücke nennt man einen Flächenkontakt. Dabei berühren sich – wie Experimente zeigen – die Kontaktstücke nicht auf ihrer ganzen scheinbaren Berührungsfläche A_S, sondern nur in kleinen Flächen, deren Zahl und Größe von der Kontaktlast abhängen (Bild 1.32). Wegen der auch bei gut bearbeiteten Teilen noch rauhen Oberflächenstruktur berühren sich nur die Spitzen. Diese werden unter der Einwirkung der Kontaktkraft elastisch und plastisch verformt. Die so entstehende wirkliche Berührungsfläche A_0 wird auch Druckfläche genannt. Sie besteht aus mehreren Mikrodruckflächen A_{m0} und ist unabhängig von der Größe von A_S. Der mittlere Kontaktdruck p_0 ist definiert durch:

$$p_0 = \frac{F_K}{A_0} \tag{1.39}$$

Experimentell ergibt sich, daß p_0 bei plastischer Verformung konstant und der (Brinell-)Härte H_B des Kontaktmaterials proportional ist:

$$p_0 = (0{,}5 \text{ bis } 0{,}7)\,H_B \tag{1.40}$$

Der Verkleinerungsfaktor berücksichtigt, daß die Härte von Spitzen kleiner ist als die gemessene makroskopische Härte.

1.2.1.2 Punktkontakte

Bei Punktkontakten, z.B. der Berührungsstelle zweier gekreuzter, sehr glatter zylindrischer Metallstäbe mit dem Radius r, läßt sich bei kleinen Kontaktlasten F_K die Druckfläche mit Hilfe der Elastizitätstheorie berechnen. Voraussetzung ist dabei, daß nur elastische Verformung stattfindet.

Es ergibt sich ein Kreis, für dessen Radius näherungsweise gilt:

$$r_{0E} = 1{,}1 \sqrt[3]{\frac{F_K \cdot r}{E}} \tag{1.41}$$

(E Elastizitätsmodul).

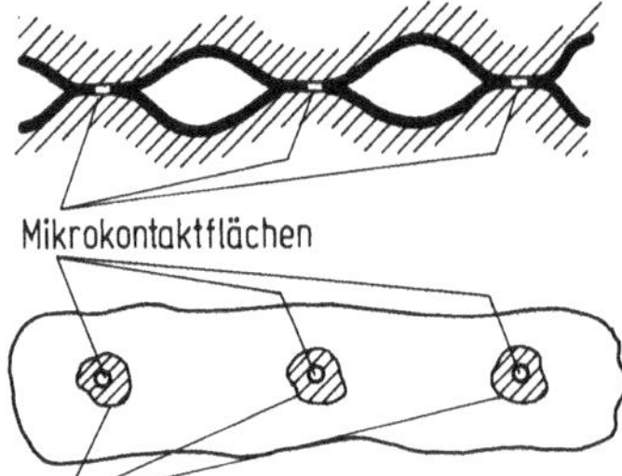

Bild 1.32. Kontaktfläche schematisch

Bei sehr großer Last wird die Elastizitätsgrenze überschritten. Die Druckfläche verformt sich plastisch. Der Druck wird gleich der Härte des Kontaktmaterials

$$p_0 = F_K / r_{0P}^2 \pi = H_B$$

also

$$r_{0P} = \sqrt{\frac{F_K}{\pi H_B}}. \tag{1.42}$$

1.2.2 Kontaktwiderstand

Wir verstehen darunter den von den eigentlichen Kontaktstellen bestimmten Widerstand, nicht den Widerstand der Kontaktstücke. Für den Kontaktwiderstand ist die Zahl, die Größe und der Zustand der Mikrodruckflächen entscheidend. Es treten verschiedene Kontaktarten auf:

1.2.2.1 Metallischer Kontakt

Die beiden Kontaktstücke berühren sich unmittelbar. Die in weiterem Abstand parallelen Stromlinien ziehen sich in der Nähe der Kontaktstellen zusammen. Das führt dort – wie in 1.2.3 gezeigt wird – zum entscheidenden „Engewiderstand" (vgl. Bild 1.33).

1.2.2.2 Quasimetallischer Kontakt

Hier sind die Kontaktstücke durch dünne Oberflächenhäute, z.B. Oxide, mit einer Dicke kleiner als etwa $2 \cdot 10^{-9}$ m voneinander getrennt. Diese Häute bereiten dem Stromdurchgang kein wesentliches Hindernis, da sie von den Leitungselektronen aufgrund des quantenmechanischen Tunneleffektes [14] leicht durchdrungen werden können. Auch hier ist der durch die Stromlinienkontraktion verursachte Engewiderstand entscheidend.

1.2.2.3 Kontaktstellen mit störenden Fremdschichten

Sie können z.B. aus Sulfiden oder Oxiden bestehen (technische Oberflächen). Ihr Wachstum hängt von der Reaktionsfähigkeit des Kontaktmaterials, von der Atmosphäre und von der Temperatur ab. Abhängig von der Dicke der Schichten (bis zu einigen 10^{-7} m) und ihrer Natur (Isolatoren bis Halbleiter mit hoher Leitfähigkeit, z.B. Cd0) kann ihr Widerstand sehr groß werden. Sie können – teilweise – dadurch leitend werden, daß entweder durch Druck bei der Bewegung der Kontakte Risse entstehen, in die leitendes Material hineingedrückt wird und Brücken bildet, oder durch die „Frittung": Das hohe anliegende elektrische Feld – bei einer Schichtdicke von 10^{-7} m und 100 V ergeben sich 10^9 V/m – baut in einer Fremdschicht metallische, leitfähige Brücken auf. Die so entstehenden leitfähigen Querschnitte, die „Mikrokontaktflächen", sind meistens sehr viel kleiner als die Mikrodruckflächen und haben entsprechende Engewiderstände.

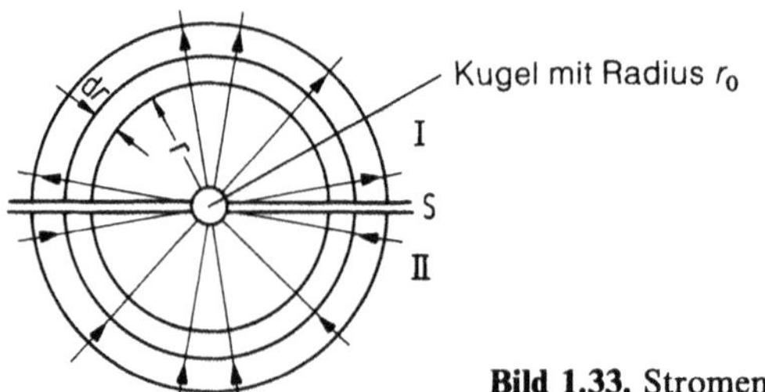

Bild 1.33. Stromenge (idealisiert)

1.2.3 Engewiderstand [14]

1.2.3.1 Elektrischer Widerstand einer Stromenge

Der durch die Stromlinienkontraktion an den Mikrokontaktstellen im dahinter liegenden Gebiet mit dem spez. Widerstand ϱ entstehende Engewiderstand R_e läßt sich für idealisierte Grenzfälle berechnen (s. Bild 1.33). Wir betrachten dazu einen einzelnen Mikrokontakt oder Punktkontakt: Zwischen den Kontaktstücken I und II, die durch einen sehr dünnen isolierenden Spalt S getrennt sind, befindet sich die eigentliche Kontaktstelle: eine kleine, beliebig gut leitende Kugel vom Radius r_0. Durch die Kugeloberfläche laufen dann die Stromlinien radial. Der Widerstand einer Kugelhalbschale mit dem Radius $r(>r_0)$ und der Dicke dr ist dann

$$\mathrm{d}R_e = \varrho \frac{\mathrm{d}r}{2\pi r^2}. \tag{1.43}$$

Daraus folgt durch Integration von r_0 bis r_1 der Engewiderstand einer Kontakthälfte:

$$\frac{1}{2} R_e = \int_{r_0}^{r_1} \varrho \frac{\mathrm{d}r}{2\pi r^2} = \frac{\varrho}{2\pi}\left(\frac{1}{r_0} - \frac{1}{r_1}\right) \tag{1.44}$$

Da $r_1 \gg r_0$, kann man $1/r_1$ vernachlässigen, so daß der gesamte Engewiderstand durch die Beziehung

$$R_e = \frac{\varrho}{\pi r_0} \tag{1.45}$$

dargestellt wird. Nimmt man an Stelle der Kugel eine kreisförmige Berührungsfläche mit dem Radius r_0 an, so ergibt eine kompliziertere Rechnung [14]:

$$R_e = \frac{\varrho}{2 r_0} \tag{1.46}$$

Der von der Annahme über die Kontaktfläche herrührende Unterschied zwischen (1.45) und (1.46) gibt ein Maß für die Güte der Näherungen.

1.2.3.2 Erwärmung von Stromengen [4–7,14]

Der Wärmewiderstand und die Erwärmung von Stromengen lassen sich ähnlich wie der elektrische Widerstand für einen idealisierten Grenzfall (beliebig gut wärmeleitende Kugel mit dem Radius r_0 an der Kontaktstelle, konstante mittlere Werte der Wärmeleitfähigkeit $\bar{\lambda}$ und des spez. Widerstandes $\bar{\varrho}$ – vgl. Bild 1.33) berechnen. Die Stromwärme $i^2 R_e$ wird im gesamten Engegebiet erzeugt und fließt in die kälteren Bereiche ab. Der Wärmestrom Φ_W, der im Bereich r_0 bis $r\,(>r_0)$ entsteht, wird dann:

$$\Phi_W = i^2 \int_{r_0}^{r} dR_e = \frac{i^2\bar{\varrho}}{2\pi} \int_{r_0}^{r} \frac{dr}{r^2} = \frac{i^2\bar{\varrho}}{2\pi}\left(\frac{1}{r_0} - \frac{1}{r}\right) \tag{1.47}$$

Dieser Wärmestrom erzeugt am Wärmewiderstand $dW = \frac{1}{\bar{\lambda}} \frac{dr}{2\pi r^2}$ einer Kugelhalbschale mit dem Radius r und der Dicke dr den Temperaturabfall $dT = -\Phi_W dW$. Daraus folgt:

$$dT = -\frac{i^2\bar{\varrho}}{4\pi^2\bar{\lambda}}\left(\frac{1}{r^2 r_0} - \frac{1}{r^3}\right)dr \tag{1.48}$$

Integriert man von r_0 bis $r_1 \gg r_0$ und berücksichtigt, daß die gesamte Kontaktspannung $u_K = iR_e = i\bar{\varrho}/\pi r_0$ ist, so ergibt sich als Übertemperatur am Kontakt:

$$\Delta T_K = \int_{r_0}^{r_1} dT = u_K^2/8\bar{\varrho}\bar{\lambda} \tag{1.49}$$

Man kann die Temperaturabhängigkeit von ϱ und λ näherungsweise durch die Anwendung des Wiedemann-Franzschen Gesetzes berücksichtigen. Danach gilt für alle gut leitenden Metalle zwischen Raumtemperatur und Schmelzpunkt die Beziehung:

$$\varrho \cdot \lambda = L_0 T \tag{1.50}$$

mit der Lorenzzahl $L_0 \approx 2{,}4 \cdot 10^{-8}\,(\mathrm{V/K})^2$. Damit erhält man den Zusammenhang zwischen Kontaktspannung u_K und Temperatur der Engestelle:

$$u_K^2 = 4 \int_{T_0}^{T_K} 2L_0 T dT = 4L_0(T_K^2 - T_0^2) \tag{1.51}$$

(T_K Temperatur an der Engestelle (r_0), T_0 Leitertemperatur weit von der Engestelle entfernt).

Bei $T_0 = 300$ K ergibt sich dann näherungsweise für die Temperatur der Kontaktstelle:

$$T_K = 3{,}1 \cdot 10^3 \sqrt{u_K^2 + 9 \cdot 10^{-3}} \tag{1.52}$$

(T_K in K, wenn u_K in V eingesetzt wird).

Da die Temperaturen bekannt sind, bei denen das kalt verfestigte Kontaktmaterial entfestigt wird bzw. schmilzt, lassen sich aus (1.51) die zugehörigen Kontaktspannungen abschätzen. Die Kontaktspannung u_K kann nicht über U_s, die Schmelzspannung, gesteigert werden (bei Cu z.B. 0,43 V), da weitere Spannungs- und Stromsteigerungen nur zu schnellerem Schmelzen führen. Schon Kontaktspannungen von der Größe der Schmelzspannung führen zu erhöhtem Abbrand, da die entstehenden Schmelzbrücken zwischen den Kontaktstücken aufreißen und Lichtbögen erzeugen, die Kontaktmaterial verdampfen, und Drücke entstehen, die zu kontaktabhebenden Kräften führen können [4]. Die vorgenannten Formeln liefern stationäre Endwerte, die sich nach längerem Stromdurchgang einstellen. Zur Abschätzung der Zeitkonstante, die die Aufheizung des Engegebietes charakterisiert, kann man die Näherungsformel

$$\tau_e \approx 10(\bar{c}\bar{\varrho}/\bar{\lambda})r_0^2 \tag{1.53}$$

benutzen. Dabei ist $\bar{c}$ die mittlere spezifische Wärmekapazität des Kontaktmaterials.

Wegen der bei höherer Temperatur schnell wachsenden Fremdschichten darf die Schaltstücktemperatur bestimmte, in den Vorschriften festgelegte Grenzwerte, die weit unter den Werten der Entfestigungstemperatur liegen, nicht überschreiten. Diese Werte hängen auch vom Schaltmedium (z.B. Luft, SF_6, Öl, Vakuum) ab.

1.2.4 Kontaktkraft

1.2.4.1 Aufgaben der Kontaktkraft

Erzeugung ausreichender Kontaktflächen

Durch den Druck auf die Kontaktstücke müssen der Widerstand, der Spannungsabfall und die Erwärmung bei Dauerstrombelastung in den zulässigen Grenzen gehalten werden. Die Erwärmung und dadurch verursachte Widerstandsänderungen (Fremdschichtwachsen!) und Schäden hängen vom Kontaktmaterial, Überzügen, Atmosphäre, Öl usw. ab.

Verhinderung des Prellens

Prellen bedeutet, daß die Schaltstücke sich nach der Berührung infolge von elastischen Stoßvorgängen wieder trennen. Dabei entstehen Lichtbögen, die zum Verschweißen oder zu Beschädigungen der Kontaktstücke führen können. Die zur Unterdrückung des Prellens notwendigen Kontaktkräfte hängen von der Einschaltgeschwindigkeit, von den elastischen Eigenschaften und den Massen der Kontaktstücke sowie der Konstruktion des Schalters ab [5,6]. In vielen Fällen ist ein Prellen mit wirtschaftlich vertretbarem Aufwand nicht völlig vermeidbar.

Kompensation der abhebenden elektrischen Kräfte

Durch die Einschnürung der Strombahnen an den Kontakten entstehen in den einander gegenüberliegenden Oberflächenzonen der Kontaktstücke (vgl. Bild 1.33) parallele, gegensinnig durchflossene Strombahnen, die eine abstossende elektromagnetische Kraft F_A erzeugen. Man kann F_A unter Annahmen über Kontaktfläche und -anordnung berechnen [4–6,14] und erhält vereinfacht:

$$F_A = c_A \cdot I^2 \tag{1.54}$$

Der von der geometrischen Anordnung abhängige Faktor c_A ergibt sich experimentell als $c_A \approx 5 \cdot 10^{-7}$ N/A^2.

Bei Leistungsschaltern kann F_A sehr groß werden. Zur Kompensation werden außer Federkräften auch – durch entsprechende Gestaltung der Strombahnen erzeugte – elektromagnetische Kräfte benutzt. Eine Aufteilung des Stromes auf mehrere (z) Kontaktfinger setzt die abhebenden Kräfte ebenfalls herab: pro Finger $\sim 1/z^2$, bei z parallel wirkenden Fingern also $\sim 1/z$. Diese Maßnahmen (Vermeidung gegensinnig durchflossener, paralleler Strombahnen, Aufteilung des Stromes) werden z.B. bei den sogenannten „Tulpenkontakten" angewandt [5].

1.2.4.2 Abhängigkeit des Kontaktwiderstandes von der Kontaktkraft [4–6,14]

Die sich bei der Berührung der Kontaktstücke unter dem Einfluß einer steigenden Kontaktlast abspielenden Vorgänge – Berührung der Spitzen, ihre zunächst elastische, dann plastische Verformung, die Bildung weiterer Spitzenkontakte und die Zerstörung von Fremdschichten – führen zu einer Abhängigkeit des Kontaktwiderstandes R_K von der Last F_K. Allgemein gültige Formeln lassen sich theoretisch nicht ableiten. Für bestimmte Grenzfälle gelten aber einfache Zusammenhänge:

Elastisch verformte Punktkontakte (gekreuzte Metallstäbe mit Radius *r*)

Hier folgt aus (1.41) und (1.46) für metallische Berührung und elastische Verformung:

$$R_{\mathrm{Kee}} = \varrho/2r_0 = \left(\frac{\varrho}{2{,}2}\sqrt[3]{\frac{E}{r}}\right) F_K^{-1/3} = C_{K1} F_K^{-1/3} \tag{1.55}$$

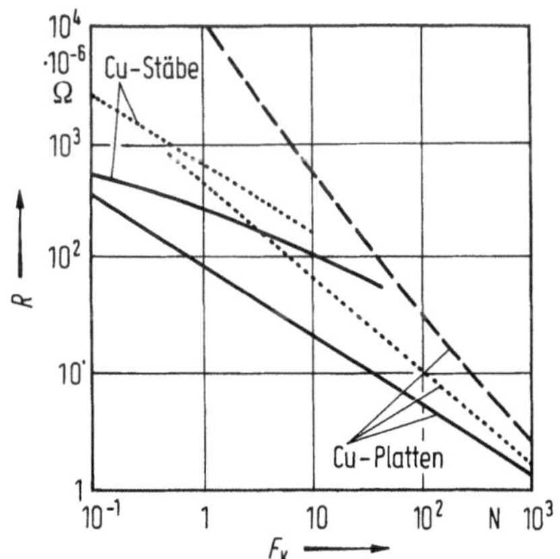

Bild 1.34. Abhängigkeit des Kontaktwiderstandes von der Kontaktlast: —— Kontaktwiderstand für Metalle höchster Reinheit (nur im Labor unter besonderen Vorsichtsmaßnahmen erreichbar), $\alpha = 0{,}63$, ········ Kontaktwiderstand bei Anwesenheit einer Fremdschicht von $(10...20)\cdot 10^{-10}$ m Dicke, die durch den Tunneleffekt überbrückt wird, $\alpha = 0{,}8$, --- Kontaktwiderstand bei Anwesenheit einer Fremdschicht von $100...200\cdot 10^{-10}$ m Dicke (technisch reine Oberflächen), $\alpha = 1{,}2$. Cu-Platten: $A = 1{,}5\cdot 10^{-4}$ m², Dicke $= 3\cdot 10^{-3}$m. Cu-Stäbe: $2r = 5\cdot 10^{-3}$ m gekreuzt. Nach Holm [14]

Plastisch verformte Punktkontakte

Entsprechend ergibt sich bei plastischer Verformung durch große Lasten aus (1.42) und (1.46)

$$R_{\mathrm{Kep}}=\left(\frac{\varrho}{2}\sqrt{\pi H_{\mathrm{B}}}\right)F_{\mathrm{K}}^{-1/2}=C_{\mathrm{K2}}F_{\mathrm{K}}^{-1/2} \tag{1.56}$$

Flächenkontakte (Ebene Kontaktplatten)

Aus Messungen entsprechend Bild 1.34 folgt eine Gleichung, die den Einfluß der mit der Last F_{K} wachsenden Zahl und Größe der Mikrokontaktflächen auf den Kontaktwiderstand bei ebenen Platten beschreibt:

$$R_{\mathrm{KF}}=C_{\mathrm{K3}}F_{\mathrm{K}}^{-\alpha} \tag{1.57}$$

Die Größen α und C_{K3} hängen dabei stark vom Material und von der Dicke der Fremdschichten auf den Kontaktoberflächen ab, s. Bild 1.34.

Kontakt Zylinder gegen Platte, „Linienkontakt" (z.B. bei Fingerkontakten)

Experimentell ergibt sich der Zusammenhang

$$R_{\mathrm{KL}}=C_{\mathrm{K4}}F_{\mathrm{K}}^{-2/3} \tag{1.58}$$

Dabei ist die Konstante C_{K4} material- und oberflächenabhängig.

1.2.5 Erwärmung von Kontakten (und Wänden) durch stromstarke Lichtbögen [5]

Wir betrachten den in Bild 1.35 skizzierten vereinfachten Fall: Die ganze Kontaktoberfläche A_{K} (oder eine kühlende Wand) werde vom Bogen berührt und auf der hohen Temperatur T_{K} – etwa der Schmelztemperatur – gehalten. Es werden nur Temperaturänderungen in x-Richtung, senkrecht zu A_{K} betrachtet. Zur Zeit $t=0$ sei $T=T_{\mathrm{K}}$ für $x=0$, $T=0$ für $x>0$. Für $t\rightarrow\infty$ sei $T=T_{\mathrm{K}}$ für $x\geqq 0$. Bei konstanten mittleren Werten für die spez. Wärmekapazi-

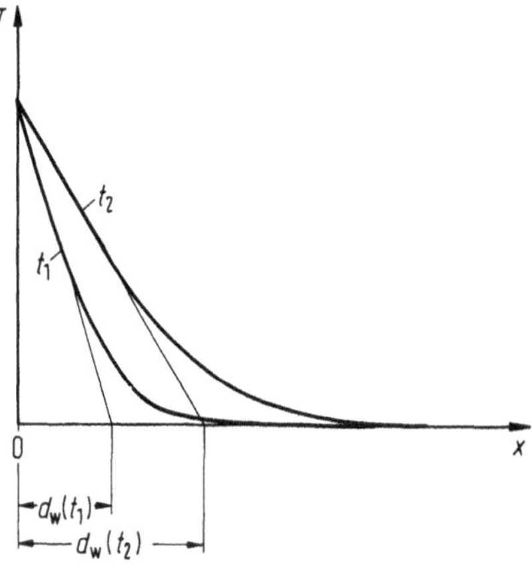

Bild 1.35. Eindringen der Wärme in eine Platte, die an ihrer Oberfläche auf konstanter Temperatur T_{K} gehalten wird

tät $\bar{c}$, die Dichte $\bar{\varrho}$ und die Wärmeleitfähigkeit $\bar{\lambda}$ ergibt sich dann aus der Wärmeleitungsgleichung:

$$\frac{\partial T}{\partial t}=\frac{\bar{\lambda}}{\bar{c}\bar{\varrho}}\frac{\partial^2 T}{\partial x^2} \tag{1.59}$$

die Lösung für den örtlichen und zeitlichen Temperaturverlauf:

$$T(x,t)=T_{\mathrm{K}}\left(1-\frac{2}{\sqrt{\pi}}\int\limits_{\beta=0}^{x/2\sqrt{\bar{\lambda}t/\bar{\varrho}\bar{c}}}\exp(-\beta^2)\mathrm{d}\beta\right). \tag{1.60}$$

Der in das Kontaktstück hineinfließende Wärmestrom wird:

$$\Phi_{\mathrm{W}}=-A_{\mathrm{K}}\bar{\lambda}\left(\frac{\partial T}{\partial x}\right)_{x=0}. \tag{1.61}$$

Aus (1.60) folgt für den Temperaturgradienten am Rand:

$$\left(\frac{\partial T}{\partial x}\right)_{x=0}=-T_{\mathrm{K}}/\sqrt{\pi\bar{\lambda}t/\bar{c}\bar{\varrho}} \tag{1.62}$$

Also:

$$\Phi_{\mathrm{W}}=-A_{\mathrm{K}}T_{\mathrm{K}}\sqrt{\bar{\varrho}\bar{c}\bar{\lambda}}/\sqrt{\pi t} \tag{1.63}$$

Daraus ergibt sich für die bis zur Zeit t in das Material eingedrungene Wärmemenge:

$$Q(t)=\int\limits_0^t\Phi_{\mathrm{W}}(t)\mathrm{d}t=\frac{2}{\sqrt{\pi}}T_{\mathrm{K}}A_{\mathrm{K}}\sqrt{\bar{\varrho}\bar{c}\bar{\lambda}t} \tag{1.64}$$

Aus (1.62) folgt dann für die Eindringtiefe der Wärme näherungsweise:

$$d_{\mathrm{W}}(t)=T_{\mathrm{K}}/\left(\frac{\partial T}{\partial x}\right)_{x=0}=\sqrt{\pi(\bar{\lambda}/\bar{c}\bar{\varrho})t} \tag{1.65}$$

Über die Folgen starker Kontaktaufheizung – Widerstandsänderung, Verschweißen, Abbrand – wird im Abschnitt Kontaktwerkstoffe (1.2.6) berichtet.

1.2.6 Kontaktwerkstoffe [15,83–89]

1.2.6.1 Anforderungen an Kontaktwerkstoffe der Energietechnik

Kontaktstücke elektrischer Schaltgeräte haben mehrere unterschiedliche Aufgaben gleichzeitig zu erfüllen. Die dabei auftretenden Beanspruchungen und die Anforderungen an die Werkstoffe stehen dabei teilweise im Widerspruch zueinander. Sie sind in Tabelle 1.1 schematisch zusammengefaßt. Anforderungen an Kontaktwerkstoffe für Vakuumschalter sind darüberhinaus in Abschnitt 1.1.10.3 behandelt.

Beim Einschalten läßt sich ein mechanischer Prellvorgang mit Abhebeamplituden von ca. 0,1 bis 0,3 mm oft nicht vermeiden. Bei hohen Einschaltströmen (Kurzschluß) kann der dabei entstehende Prellichtbogen zum Auf-

Tabelle 1.1. Beanspruchungen und Anforderungen an Kontaktwerkstoffe

Vorgang	Beanspruchung	Anforderung
Einschalten	Verschweißgefahr beim Einschaltprellen und bei Vordurchschlaglichtbögen	Geringe Schweißneigung, kleine Schweißkräfte
	Abbrand durch Einschaltlichtbögen	Geringer Einschaltabbrand
Stromführung im geschlossenen Zustand	Erwärmung unter Betriebsbedingungen	Geringer Kontaktwiderstand
	Erwärmung und Verschweißgefahr bei Kurzschlußstrombelastung	Geringer Kontaktwiderstand, kleine Schweißkräfte
	Dynamisches Abheben bei Kurzschlußstrombelastung, Verschweißgefahr durch Abhebelichtbögen	Geringe Schweißneigung
Ausschalten	Abbrand durch Ausschaltlichtbögen	Geringer Ausschaltabbrand
	Verharrneigung der Bogenfußpunkte	Kurze Verweilzeit
	Bogenlöschung	Rasche Wiederverfestigung
	Stromabriß bei kleinen induktiven Strömen (insbesondere Vakuumschalter)	Niedriger Abreiß- (Chopping-) Strom
	Reaktion mit dem Umgebungsmedium bei Bogenbeanspruchung, Erhöhung des Kontaktwiderstandes	Geringe Neigung zur Fremdschichtbildung, Fremdschichten leicht zerstörbar
Geöffneter Zustand	Fremdschichtbildung durch Reaktion mit Umgebungsmedium	Geringe Neigung zur Fremdschichtbildung, Fremdschichten leicht zerstörbar

schmelzen der Fußpunktgebiete und zum Verschweißen beim endgültigen Schließen der Kontakte führen. Auch die Entstehung von Vordurchschlagslichtbögen bei Annäherung unter dem Einfluß der über den offenen Kontakten anliegenden Spannung hat eine ähnliche Wirkung. Außer von den thermischen Eigenschaften der Werkstoffe wird die Verschweißneigung wesentlich von der Prellichtbogenspannung – sie beträgt materialabhängig zwischen ca. 10 und 20 V – und damit vom Leistungsumsatz im Prellichtbogen sowie von den Festigkeitseigenschaften der Verschweißung oder Verklebung beeinflußt.

Im eingeschalteten Zustand bewirkt insbesondere der Engewiderstand der Kontaktstelle sowie ggf. der Fremdschichtwiderstand (Abschnitte 1.2.2 und 1.2.3) eine Erwärmung. Bei Kurzschlußströmen können die Temperaturen in den Engestellen so hoch werden, daß Verschweißung eintritt. Maßgebende Werkstoffparameter sind hierbei u.a. der spezifische Widerstand, die Wärmeleitfähigkeit, die Schmelztemperatur sowie wiederum die mechanische Festigkeit der Schweißstelle. Ein Verschweißen geschlossener Kontaktstücke kann auch dann auftreten, wenn die abstoßende Kraft der Stromfäden in der Stromenge (Abschnitt 1.2.4.1) die Kontaktkraft übersteigt. Es erfolgt dann eine dynamische Abhebung mit Lichtbogenbildung. Das Werkstoffverhalten entspricht dann weitgehend dem Verhalten beim Auftreten von Einschaltlichtbögen.

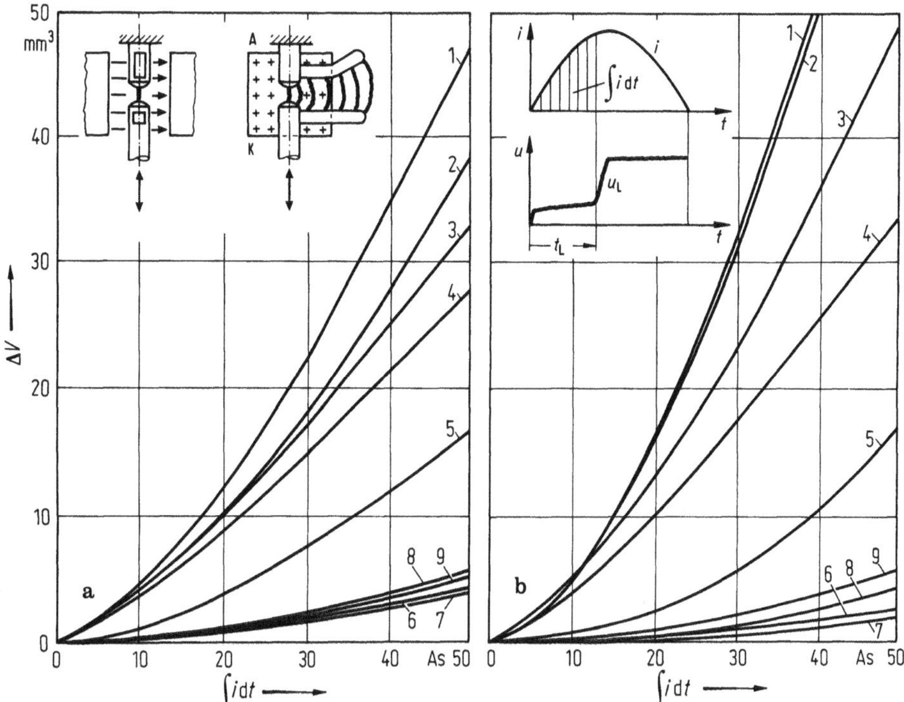

Bild 1.36. Ausschaltabbrand in Abhängigkeit vom Strom-Zeit-Integral [84]. Ausschalt-Wechselstrom (100...1000) A Induktion des magnetischen Blasfeldes (10...100) mT **a** Anode, **b** Kathode, *1* Cu, *2* Ag 1000, *3* AgCu 97/3, *4* AgNi 90/10, *5* AgCdO 90/10 i.ox. (innerlich oxidiert), *6* AgCdO 90/10 gesintert, *7* AgCdO 85/15 i.ox., *8* AgCdO 85/15 gesintert, *9* WAg 70/30

Beim Ausschalten steht vielfach der Ausschaltabbrand im Vordergund, der meist die Lebensdauer eines Schaltgerätes bestimmt. Als Werkstoffparameter spielen einerseits die thermischen Kenngrößen wie Wärmeleitfähigkeit, spezifische Wärme, Schmelz- und Siedetemperatur, Schmelz- und Siedewärme eine Rolle. Andererseits beeinflussen die ebenfalls vom Elektrodenwerkstoff abhängigen Daten des Lichtbogens, insbesondere Anoden- und Kathodenfall oder Stromdichte, den Abbrand, so daß eine einfache theoretische Berechnung schwierig ist. Gesichert ist, daß heterogene Verbundwerkstoffe (Abschnitt 1.2.6.2), die aus mindestens zwei Komponenten mit physikalisch unterschiedlichen Eigenschaften bestehen, im allgemeinen geringeren Abbrand aufweisen als homogene Metalle wie z.B. Cu, Ag, W. Der Unterschied der Siedetemperatur der Komponenten spielt dabei eine große Rolle. Bei WAg oder WCu z.B. dampft die niedrigsiedende Komponente aus, während das hochsiedende W noch fest und somit mechanisch stabil ist. Der Abbrand erfolgt überwiegend dampfförmig. Bei reinem Kupfer oder Silber erfolgt er hingegen weitgehend durch Verlust schmelzflüssigen Materials. Wegen der höheren Siedewärme im Vergleich zur Schmelzwärme ist der Materialverlust bei Verdampfen geringer.

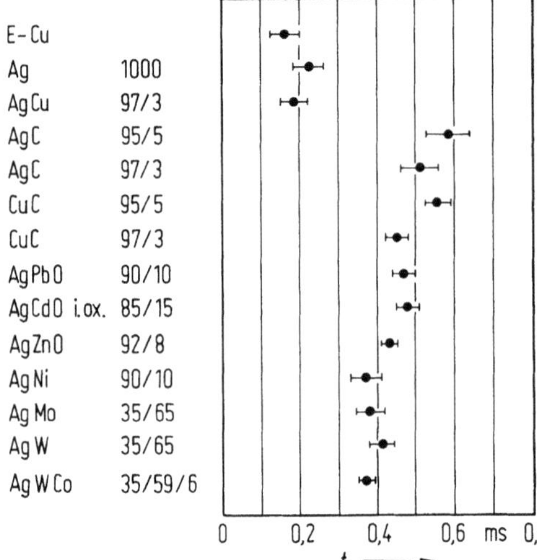

Bild 1.37. Verharrzeit bei unterschiedlichen Kontaktwerkstoffen [87]. Trenngeschwindigkeit 3 m/s, Stromstärke im Trennzeitpunkt 4,5 kA

Bild 1.36 zeigt typische Abbrandkurven für verschiedene Kontaktwerkstoffe [84]. Sie lassen sich häufig durch eine Potenzfunktion des Stromes oder, physikalisch sinnvoller, des Strom-Zeit-Integrals annähern:

$$\Delta V = C\left(\int i\mathrm{d}t\right)^n, \tag{1.66}$$

mit $n = (1...2)$. Unter anderen Bedingungen werden auch sprunghafte Erhöhungen des Abbrandes bei bestimmten Strömen beobachtet [86].

Die Ablenkbarkeit von Lichtbögen durch Magnetfelder hängt ebenfalls stark vom Kontaktwerkstoff ab. Bild 1.37 [87] zeigt ein typisches Beispiel für die Verharrzeiten in Leitungsschutzschalter-Kontaktsystemen. Verbundwerkstoffe aus unterschiedlichen Komponenten weisen eine deutlich stärkere Verharrneigung auf. Dies ist zumindest teilweise auf steifere, schwerer ablenkbare Plasmastrahlen zurückzuführen, die von den Fußpunkten dieser Werkstoffe ausgehen.

Der Einfluß des Kontaktwerkstoffes auf die Löschung ist in den Abschnitten 1.1.9.2 und 1.1.7.3 behandelt.

1.2.6.2 Kontaktwerkstoffe der Energietechnik und ihre Anwendung

Tabelle 1.2 enthält eine grobe schematische Zusammenstellung gebräuchlicher Kontaktwerkstoffe für Nieder- und Hochspannungsschalter.

Kupfer als bevorzugter Leiterwerkstoff der Elektrotechnik eignet sich nur in sauerstofffreier Umgebung (Öl, SF_6, Vakuum) als Kontaktwerkstoff oder Basis für Kontaktwerkstoffe, da es sowohl bei der Lagerung als auch bei Lichtbogenbeanspruchung der Oxidation unterliegt. Für Schaltgeräte mit Luft als Schaltmedium – dies sind u.a. nahezu alle Niederspannungsschaltgeräte – werden hochsilberhaltige Kontaktwerkstoffe eingesetzt. Das Edelmetall Silber zeigt ein wesentlich besseres Korrosionsverhalten. Seine Korrosionsprodukte werden zudem unter den in Schaltgeräten der Energietechnik

Tabelle 1.2. Gruppen gebräuchlicher Kontaktwerkstoffe. Alle Angaben in Masse – %

Bezeichnung	Werkstoffart
Cu Ag 1000 AgCu (3...10% Cu)	reine Metalle oder Legierungen
AgNi (10...40% Ni) AgMeO (8...15% CdO, SnO_2, ZnO) AgC (2...5% C)	Verbundwerkstoffe auf Silberbasis
WAg, WCAg, MoAg (20...60% Ag) WCu (10...40% Cu)	Verbundwerkstoffe auf Basis hochschmelzender Metalle oder Verbindungen

vorliegenden Bedingungen leicht mechanisch oder thermisch zerstört. Reines Silber (Feinsilber Ag 1000) oder schmelzmetallurgisch hergestellte Legierungen des Silbers mit Unedelmetallen, insbesondere Cu, werden zumeist nur bei Schaltern kleinerer Leistungen eingesetzt, da sie bei höheren Strömen zu geringe Abbrand- und Verschweißfestigkeiten aufweisen. Hier hat sich eine Palette spezieller Verbundwerkstoffe bewährt.

Bei diesen Werkstoffen, deren Komponenten im flüssigen und im festen Zustand nicht ineinander löslich sind, werden durch besondere Herstellverfahren, z.B. Sintern oder innere Oxidation, auf die hier nicht näher eingegangen werden soll, die Komponenten gleichmäßig innerhalb des Werkstoffes verteilt. Die Größe der einzelnen Partikel liegt typisch zwischen <1 und 100 µm.

Silber-Nickel- und Silber-Metalloxid-Verbundwerkstoffe nehmen einen breiten Raum bei Niederspannungsschaltern für mittlere Stromstärken (Schaltströme einige 10 A bis einige kA) ein. Von letzteren ist AgCdO am weitesten verbreitet, jedoch erfolgt aus Umweltgründen zunehmend Ersatz durch $AgSnO_2$. Silber-Graphit AgC findet wegen seiner hohen Verschweißsicherheit überwiegend in Niederspannungsschaltgeräten für Kurzschlußströme (Leistungsschalter, Leitungsschutzschalter) Verwendung, Verbundwerkstoffe auf der Basis von Wolfram oder anderen hochschmelzenden Komponenten zeichnen sich durch hohe thermische Festigkeit aus und werden, mit Ag als weiterem Bestandteil, teilweise in Niederspannungsleistungsschaltern verwendet. Ihrer Neigung zur Bildung von Deckschichten durch Reaktion im Bogen mit dem Luftsauerstoff muß durch konstruktive Maßnahmen Rechnung getragen werden. WCu gilt als abbrand- und verschweißfester Standardwerkstoff für Hochspannungsschaltgeräte mit nichtoxidierendem Löschmedium (Öl, SF_6).

Neben den genannten Werkstoffen ist eine Vielzahl ähnlicher, z.T. auch mehrkomponentiger Materialien üblich, die sich je nach Zusammensetzung, Herstellverfahren und Art der Beanspruchung oft deutlich in ihren Eigen-

Tabelle 1.3. Verhalten von Kontaktwerkstoffen. + günstige Eigenschaften, – ungünstige Eigenschaften, 0 mittlere Eigenschaften

	Verhalten von Kontaktwerkstoffen				
	Verschweißen bei geschlossenen Kontakten	Einschalt-schweißen	Abbrand	Verweilzeit	Kontaktwiderstand nach Lichtbogen-beanspruchung
Cu	+	–	–	+	–
Ag 1000	+	–	–	+	+
AgCu	+	–	–	+	+
AgNi	0	–	0	0	+
AgMeO	0	0	+	0	0
AgC	+	+	–	–	+
WAg	–	+	+	–	–
WCu	–	+	+	–	–

schaften unterscheiden. Vergleichende Aussagen über Kontaktwerkstoffverhalten können deshalb nur sehr pauschal sein und bedürfen der experimentellen Überprüfung im Einzelfall.

Tabelle 1.3 zeigt eine vergleichende Zusammenstellung der Eigenschaften von Kontaktwerkstoffen im Hinblick auf die im Abschnitt 1.2.6.1 genannten Beanspruchungen.

Durch unterschiedliche Kontaktwerkstoffe auf beiden Seiten einer Kontaktpaarung („unsymmetrische Paarung" [88]) lassen sich die positiven Eigenschaften verschiedener Werkstoffe miteinander kombinieren.

Bei Schaltgeräten für größere Leistungen kann eine Funktionstrennung zwischen Dauerkontaktgabe und Lichtbogenbeanspruchung vorteilhaft sein. So kann bei Niederspannungsschaltgeräten die Dauerstromführung durch Hauptkontaktstücke mit geringem Kontaktwiderstand, z.B. aus versilbertem Kupfer oder aus Silberverbundwerkstoffen, übernommen werden, während dazu parallel angeordnete Kontaktstücke aus abbrandfestem Material, z.B. WCu, die beim Ausschalten nach- und beim Einschalten voreilen, der Lichtbogenbeanspruchung standhalten. Bei einer Reihe von Hochspannungs-SF_6-Doppeldüsenschaltern bestehen z.B. die Löschdüsen aus Graphit, das sich hierfür als besonders abbrandfest erwiesen hat, während die Stromführung durch niederohmige WCu-Kontaktstücke erfolgt [89].

Die Tabelle 1.4 gibt einen Überblick über die verschiedenen Einsatzgebiete von Kontaktwerkstoffen der Niederspannungs-Energietechnik (nach [84]). Tabelle 1.5 [90] ist eine vergleichende Zusammenstellung einiger typischer Vakuumschalter-Werkstoffe. Die beiden ersten werden schmelzmetallurgisch hergestellt, die übrigen sind Verbundwerkstoffe, die durch Sinter- und/oder Tränkprozesse im Vakuum gefertigt werden. Reines gasarmes Kupfer (OFHC – Cu) eignet sich wegen seiner starken Schweißneigung kaum für Vakuumschalter. Durch Zulegieren geringer Mengen Bi wird der Werkstoff versprödet und erreicht Verschweißfestigkeiten, die ihn für Leistungsschalter geeignet machen. Als in vielerlei Hinsicht optimale Werkstoffe für Vakuum-

Tabelle 1.4 Auswahl von Kontaktwerkstoffen für Niederspannungsschaltgeräte, nach [84]

Gerätetyp	Nennstrom	Schaltstrom	bevorzugt verwendeter Kontaktwerkstoff (!) = besonders empfohlen
Hilfsstromschalter	bis 1 A	bis 11 A	Ag, Fk (Feinkorn) – Ag (!), AgCu (3...10% Cu)
	1...10 A	bis 110 A	AgNi 90/10% (!), AgNi 80/20%, AgCdO 90/10% bei Neigung des Gerätes zum Verschweißen, AgCd (seltener)
Leer-, Last- und Motorschalter (insbesondere Schütze)	Lastschalter bis 10 A, Motorschalter bis 1 A	bis ca. 10 A	Ag, Fk – Ag (!), AgCu (3...10% Cu)
Leer-, Last- und Motorschalter (insbesondere Schütze)	Lastschalter bis 50 A, Motorschalter bis 6 A	ca. 10...50 A	AgNi 90/10% (!), Fk – Ag, AgCu (3...10% Cu)
	Lastschalter 10...100 A, Motorschalter 2...20 A	ca. 25...100 A	AgNi 90/10% (!), AgCu (3...10% Cu), AgCdO 90/10% bei Neigung des Gerätes zum Verschweißen
	Lastschalter ab 100 A, Motorschalter ab 25 A	ab 100 A	AgCdO 90/10%, AgCdO 88/12% (meist optimal), AgCdO 85/15% in Sonderfällen bei starkem Einschaltprellen
Leistungsschalter ohne Vor- und Abbrand-Kontaktstücke	bis 63 A ab 100 A	bis 3.000 A bis 100.000 A	AgCdO (10...15% CdO) Unsymmetrisch AgNi (10...40% Ni) gegen AgC (3...5% C) (!) Symmetrisch AgZnO 92/8%, AgW (50...70% W), AgMo (50...70% Mo), AgWC (40...70% WC)
Leistungsschalter mit Vor- und Abbrand-Kontaktstücken	ab 250 A	ab 15.000 A	Haupt-Kontaktstücke Ag, AgNi 90/10%, AgCdO 90/10% Vor- und Abbrand-Kontaktstücke AgW (70...90% W), CuW (70...90% W), Cu, Cu-Bronzen
Schalter für Hausgeräte	bis 1 A	bis 10 A	Ag, Fk – Ag, AgCu (3...10% Cu)

Tabelle 1.4 (Fortsetzung)

Gerätetyp	Nennstrom	Schaltstrom	bevorzugt verwendeter Kontaktwerkstoff (!) = besonders empfohlen
Schalter für Hausgeräte	bis 6 A ab 10 A	bis 60 A über 60 A	AgNi 90/10% (!), AgNi 80/20%, AgCdO 90/10%
Lichtschalter	bis 6 A ab 6 A	bis 10 A bis 20 A bei Normallast, bei hohen Stromspitzen	Ag,Fk – Ag, AgCu (3...10% Cu) AgCdO 90/10%
Leitungs-Schutzschalter	bis 63 A	bis 1.500 A	Unsymmetrisch AgC (3...5% C) gegen Cu (!) Symmetrisch AgCdO 90/10%, selten AgW, AgWC
	bis 63 A	bis 30.000 A	Unsymmetrisch AgC (3...5% C) gegen Cu (!) oder AgW 60/40% Selten symmetrisch AgC (3...5% C), AgW, AgWC
Fehlerstrom-Schutzschalter	bis 100 A	Prüfstrom bis 200 A	Symmetrisch AgNi 90/10% Unsymmetrisch AgCdO 90/10% gegen Ag, Fk – Ag oder AgNi
	bis 100 A	Prüfstrom über 200 A	Unsymmetrisch AgC (3...5% C) gegen Cu oder AgNi 90/10% Symmetrisch AgCdO 90/10%, AgZnO 92/8%

Tabelle 1.5. Verhalten von Vakuumschalter-Kontaktwerkstoffen [90]

Kontaktwerkstoff	Chopping	Ausschalt-Abbrand	Löschung	Einschalt-Abbrand	Einschalt-Schweißen
OFHC – Cu	●	●	●●●●●●●●	–	●
Cu Bi 99,5/0,5	●	●	●●●●●●●●	●	●●●●●●●●
Cu Cr 75/25	●●●	●●●●	●●●●●●●●	–	●●
Cu Cr 44/56	●●●●	●●●●●	●●●●●●●●	–	●●●●
Cu Cr 33/67	●●●●	●●●●●●●●	●●●●●●●	●●●●●	●●●●●●
W Cu 90/10	●●●●●●	●●●●●●●●	●	●●●●●●●●	●●●●●●●●
Mo Cu 80/20	●●●●	●●●●●●●●	●	●●●●●●	●

●●●●●●●● sehr gut; ●●●●●● gut; ●●●● weniger gut; ● schlecht

Leistungsschalter haben sich CuCr-Werkstoffe erwiesen. Die Verbundwerkstoffe auf der Basis hochschmelzender Metalle (W,Mo) werden, z.T. mit weiteren Zusätzen zur Absenkung des Abreißstromes, in Schaltern für große Schaltzahlen und nicht zu hohe Ausschaltströme, insbesondere in Schützen, eingesetzt. Eine besonders ausgeprägte Senkung des Abreißstromes bei allerdings reduziertem Ausschaltvermögen erhält man durch konzentrierte Einlagerungen niedrigsiedender Komponenten (z.B. Sb, Zn, Cd) in Rillen oder Bohrungen eines hochschmelzenden Tägerwerkstoffes (z.B. Mo).

Literatur zu Kapitel 1

Bücher

1 Finkelnburg, W.; Maecker,H.: In: Handbuch der Physik (Hsg. Flügge,S.) Bd.22. Berlin, Göttingen, Heidelberg: Springer 1956

2 Mierdel, G.: Elektrophysik. Berlin: Verlag Technik 1970

3 Rieder, W.: Plasma und Lichtbogen. Braunschweig: Vieweg 1967

4 v. Rziha, E.: Starkstromtechnik. 8.Aufl. Berlin: Ernst & Sohn 1960

5 Kesselring, F.: Theoretische Grundlagen zur Berechnung der Schaltgeräte. Berlin: de Gruyter 1968

6 Erk, A., Schmelzle, H.: Grundlagen der Schaltgerätetechnik. Berlin, Heidelberg, New York: Springer 1974

7 Taschenbuch Elektrotechnik (Hrsg. Philoppow, E.) Bd.5. München: Hanser 1980

8 Ragaller, K.: Current interruption in high-voltage networks. New York, London: Plenum Press 1977

9 Lee, Th.H.: Physics and engineering of high power switching devices. Cambridge, Massachusetts.: MIT Press 1975

10 Flurscheim, C.H.: Power circuit breaker: Theory and design. Stavenage, England: Peregrinus 1975

10a Browne Jr., T.E.: Circuit Interruption: Theory and techniques. New York, Basel: Marcel Dekker 1984.

11 Maller, V.N.; Naidu, M.S.: Advances in high voltage insulation and arc interruption in SF_6 and vacuum. Oxford: Pergamon 1980

12 Slamecka, E.: Prüfung von Hochspannungs-Leistungsschaltern. Berlin, Göttingen, Heidelberg: Springer 1966

13 Lafferty, J.M.: Vacuum arcs. New York Wiley 1980

14 Holm, R.: Electric contacts. 4. Aufl. Berlin, Heidelberg, New York: Springer 1967

15 Keil, A.; Merl, W.A.; Vinaricky, E.: Elektrische Kontakte und ihre Werkstoffe. Berlin, Heidelberg, New York, Tokyo: Springer 1984

16 Schmidt, E.: Einführung in die technische Thermodynamik. Berlin, Göttingen, Heidelberg: Springer 1963

16a Landau, C.D.; Lifschitz, E.M.: Lehrbuch der theoretischen Physik, Bd.6, Hydrodynamik. Berlin: Akademie Verlag 1966

Zeitschriften – Veröffentlichungen, Tagungsbeiträge

17 Jones, G.R.; Fang, M.T.C.: The physics of high-power arcs. Rep. Prog. Phys. 43 (1980), 1415–1465

18 Maecker, H.: Messung und Auswertung von Bogencharakteristiken (Ar, N_2). Z. Physik 158 (1960) 392–404

19 Maecker, H.: Fortschritte in der Bogenphysik. In: Proc. V. Internat. Conf. Ionisation Phenomena in Gases. München, 1961. Amsterdam: North Holland 1962, 1793–1810

20 Hertz, W.; Motschmann, H.; Wittel, H.: Investigations of the properties of SF_6 as an arc quenching medium. Proc. IEEE. 59 (1971) 485–492

21 Pratl, J.: Zum Problem der Grenzstromstärke des Düsenschalters. Dissertation T.H. Wien, 1960
22 Lowke, J.J.: Characteristics of radiation-dominated electric arcs. J. Appl. Phys. 41 (1970) 2588–2600
23 Hermann, W.; Schade, E.: Radiative energy balance in cylindrical nitrogen arcs. J. Quant. Spectroscop. Radiat. Transfer 12 (1972) 1257–1282
24 Burhorn, F.: Berechnung und Messung der Wärmeleitfähigkeit von Stickstoff bis 13000 K. Z. Phys. 155 (1959) 42–58
25 Motschmann, H.: Prüfung der Plasmaentmischung und Bestimmung einiger Materialfunktionen mittels Temperaturmessungen am 100-A-Kaskadenbogen. Z. Phys. 214 (1968) 42–56
26 Frie, W.: Berechnung der Gaszusammensetzung und der Materialfunktionen von SF_6. Z. Phys. 201 (1967) 269–299
27 Frost, L.S.; Liebermann, R.W.: Composition and transport properties of SF_6 and their use in a simplified enthalpy flow arc model. Proc. IEEE. 59 (1971) 474–484
28 Burhorn, F.; Wienecke, R.: Plasmazusammensetzung, Plasmadichte, Enthalpie und spez. Wärme von Wasserstoff und Wasser bei 1,3,10 und 30 atm im Temperaturbereich zwischen 100 und 30000°K. Z. Physikal Chemie 215 (1960) 285–292
29 Hertz, W.: Messung und Deutung des Leitwertabklingens zylindrischer Bögen. Z. Phys. 245 (1971) 106–125
30 Andriessen, F.J.: High current discharges in a forced gas flow. Dissertation T.H. Eindhoven, 1973
31 Niemeyer, L.; Plessl, A.: The Influence of flow geometry on gas blast arc interruption. IEE Conf. Paper (Edinburgh), 55–58, 1980
32 Frind, G.: Über das Abklingen von Lichtbögen I, II. Z. angew. Phys. 12 (1960) 231–237; 515–521
33 Kopplin, H.; Motschmann, H.; Rolff, K.P.; Zückler, K.: Study of the arc and of the interaction between arc and operating mechanism in SF_6 puffer breakers. IEEE Trans. PS, Vol. PS–8 (1980) 331–338
34 Cassie, A.M.: A new theory of rupture and circuit severity. CIGRE–Rep. 102, 1939
35 Mayr, O.: Beiträge zur Theorie des statischen und dynamischen Lichtbogens. Arch. Elektrotech. 37 (1943) 589–608
36 Kopplin, H.; Schmidt, E.: Beitrag zum dynamischen Verhalten des Lichtbogens in ölarmen Hochspannungs-Leistungsschaltern. ETZ–A 80 (1959) 805–811
37 Rieder, W.; Urbanek, J.: New aspects of current-zero research on circuit breaker reignition: A theory of thermal non-equilibrium arc conditions. CIGRE Rep. 107, 1966
38 Schwarz, J.: Berechnung von Schaltvorgängen mit einer zweifach modifizierten Mayr-Gleichung. ETZ–A, 93 (1972) 386–389
39 Hermann, W.; Ragaller, K.: Theoretical description of the current interruption in HV gas blast breakers. IEEE Trans. PAS 96 (1977) 1546–1555
40 Swanson, B.W.: Nozzle arc interruption in supersonic flow. IEEE Trans. PAS 96 (1977) 1697–1706
41 Swanson, B.W.: Theoretical models for the arc in the current zero regime. In: [8], 137–184
42 Welly, J.D.: Ein Verfahren zur Berechnung der Kenngrößen von Schaltlichtbögen. ETZ Arch. 43 (1979) 87–90
43 Kopplin, H.: Mathematische Modelle des Schaltlichtbogens. ETZ Arch. 2 (1980) 209–213
44 Ruffer, J.: Physikalische Begründung technischer Gleichungen für instationäre Lichtbögen. Siemens Forschungs- und Entwicklungsber. 3 (1974) 373–376
45 Myers, T.W.; Roman, W.C.: Survey of investigations of electric arc interactions with magnetic and aerodynamic fields. Aerospace Research Laboratories, Office of Aerospace Research, Project No. 7063, Wright-Patterson Air Force Base, Ohio 1966.
46 Guile, A.E.; Lewis, T.J.; Secker, P.E.: The motion of cold-cathode arcs in magnetic fields. Proc. IEE 108 (1961) 463–470
47 Maecker, H.: Principles of arc motion and displacement. Proc. IEEE 59 (1971) 439–449
48 Rieder, W.: Interactions between magnet-blast arcs and contacts. 26th Holm Conference on Electrical Contacts, Chicago 1980

49 Michal, R.: Theoretical and experimental determination of the self-field of an arc. 26th Holm Conference on Electrical Contacts, Chicago 1980
50 Gessner, K.L.: Die Unterteilung wandernder Gleichstromlichtbögen durch Bleche quer zur Bogenachse. Diss. TH Darmstadt 1962
51 Amft, D.: Über die Lichtbogenwanderung im Bereich geringer Geschwindigkeiten. 5. Internationale Tagung über elektrische Kontakte, München 1970. Berlin: VDE-Verlag 1970
52 Unger, G.: Verharrungszeit der Fußpunkte von Gleichstromlichtbögen und Abbrand bei verschiedenen Kontaktwerkstoffen. ETZ-A 88 (1967), 33–39
53 Schröder, K.-H.: Das Abbrandverhalten öffnender Kontaktstücke bei Beanspruchung durch magnetisch abgelenkte Starkstromlichtbögen. Diss. TH Braunschweig 1967
54 Burkhardt, G.: Die Vorgänge an der Kathode eines Lichtbogens zwischen Metallelektroden und ihre theoretische und experimentelle Deutung. Habilitationsschrift TH Ilmenau 1971
55 Amft, D.: Die Lichtbogenwanderung als Ergebnis unterschiedlicher Bewegungsereignisse und mit besonderer Berücksichtigung der Vorgänge an den Elektroden. Habilitationsschrift TH Ilmenau 1975
56 Ragaller, K.: Plasmastrahlen in Wissenschaft und Technik. Scientia Electrica 17 (1971) 1–14
57 Zückler, K.: Beitrag zum Rückstauproblem in Hochspannungs-Leistungsschaltern. ETZ A 90 (1969) 711–714
58 Zückler, K.; Huhse, P.; Kopplin, H.; Rolff, K.P.: Hochstromplasmen und Gasströmungen. BMFT-FBT 78–07, 1–115, 1978
59 Kopplin, H.; Zückler, K.: Neue physikalische Untersuchungen zur Weiterentwicklung der Siemens-BK-Schalter. Siemens Energietechnik 3 (1981) 42–49
60 Slepian, J.: Extinction of an ac arc. Trans. AIEE 47 (1928) 1398–1407
61 Slepian, J.: Theory of the de-ion circuit breaker. Trans. AIEE 48 (1929) 523–527
62 Hoyaux, M.F.: Post-arc phenomena in high-current switches. Proc. of the Holm Seminar on Electric Contact Phenomena, Chicago 1968
63 Schmelzle, M.: Grenzen der Selbstlöschung kurzer Lichtbogenstrecken bei Wechselstrombelastung. Diss. TU Braunschweig, 1968
64 Berndt, H.: Untersuchungen über das Löschverhalten bei Niederspannungs-Wechselstrom-Schaltlichtbögen in Kammern aus Isolierstoffwänden mittels Stromnulldurchgangsmessungen. Diss. TH Ilmenau, 1965
65 Amsinck, R.: Das Löschverhalten von Wechselstromlichtbögen in Schützen bei Ausnutzung der Säulenkühlung. Diss. TU Braunschweig, 1978
66 Studtmann, G.: Über die Beanspruchung kleiner Niederspannungsschalter durch die Einschwingspannung bei der natürlichen Abschaltung induktiver Wechselströme. Diss. TU Hannover, 1969
67 Burkhard, G.: Über das Lichtbogenverhalten in Löschblechkammern und deren Bemessung. Diss. TH Ilmenau, 1962
68 Lindmayer, M.: Über die Vorgänge bei der Lichtbogenlöschung in kompakten Löschblechkammern bei Wechselströmen zwischen 2,5 und 8,5 kA. Diss. TU Braunschweig, 1972
69 Keitel, J.: Über die Löschvorgänge des Niederspannungs-Wechselstrom-Lichtbogens in Isolierstoffspaltkammern. Diss. TH Ilmenau, 1970
70 Frind, G.: Time constants of flat arcs cooled by thermal conduction. IEEE Trans. PAS 84 (1965) 1125–1131
71 Reece, M.P.: The vacuum switch. Proc. IEE 110 (1963) 793–802; 803–811
72 Ecker, G.: Theoretical aspects of the vacuum arc. In: [13], 228–320
73 Mitchell, G.R.: High current vaccum arcs. Proc. IEE 117 (1970) 2315–2326; 2327–2332
74 Althoff, F.D.: Über die Elektrodenerrosion beim Schalten großer Wechselströme in Hochvakuum. Diss. TU Braunschweig, 1970
75 Althoff, F.D.: Forschungsarbeiten auf dem Gebiet elektrischer Vakuumschalter für große Ströme. ETZ-A (92) (1971) 538–543
76 Gebel, R.; u.a.: Physikalische Untersuchungen zur Entwicklung von Vakuumschaltröhren. Siemens Energietech. 3 (1981) 9–12
77 Yanabu, S.; u.a.: Novel electrode structure of vacuum interrupter and its practical application. IEEE Trans. PAS 100 (1981) 1966–1974

78 Kopplin, H.; Rolff, K.P.; Zückler, K.: Study of the effects of gas flow on the performance of gas-blast circuit breakers. Proc. IEEE 59 (1971) 518–524
79 Rolff, K.P.: Untersuchung von angeströmten Schaltlichtbögen mit Hilfe einer Schlierenzeitlupenkamera. Diss. TU Berlin, 1970
80 Jakob, T.; Schade, E.; Schaumann, R.: Selbstbeblasung: ein neues wirtschaftliches Schaltprinzip für SF_6 Schalter. Elektrizitätsverwertung 53 1/2, (1978) 10–11
81 Ueda, Y.; u.a.: Self-flow generation phenomena in a gas circuit breaker without puffer action. IEEE Trans. PAS 100 (1981) 3887–3898
82 Vermij, L.: The voltage across a fuse during the current interruption process. IEEE Trans. PAS 100 (1981) 461–468
83 Schreiner, H.: Sinterwerkstoffe für elektrische Kontaktstücke der Energietechnik und ihre Eigenschaften. Z. f. Werkstofftechnik 7, (1975) 217–222
84 Schröder, K.-H.: Kontaktverhalten und Schalten in der elektrischen Energietechnik: Grundlagen und Anwendungstechnik. 7. VDE-Seminar Kontaktverhalten und Schalten, Karlsruhe 1983
85 Stöckel, D. (Hrsg.): Werkstoffe für elektrische Kontakte. Grafenau/Württ.: Expert-Verlag 1980
86 Turner, H.; Turner, C.: Discontinuous contact erosion. Proceedings of 3rd Symposium on Electrical Contact Phenomena, Orono/Maine 1966.
87 Behrens, N.: Lichtbogenwanderung in Leitungsschutzschaltern. Diss. TU Braunschweig 1980.
88 Lindmayer, M.; Schröder, K.-H.: The effect of unsymmetrical material combination on the contact and switching behavior. IEEE Trans. CHMT–2 (1979) 70–75
89 Kaminski, J.H.: Lichtbogenverhalten und Elektrodenerosion beim Ausschalten großer Wechselströme in strömendem SF_6. Diss. TU Braunschweig 1977
90 Reininghaus, U.: Schaltverhalten unterschiedlicher Kontaktwerkstoffe im Vakuum. Diss. TU Braunschweig 1983

2 Beanspruchungen und Anforderungen

2.1 Schaltvorgänge

2.1.1 Anforderungen an Schaltgeräte

Generell lassen sich drei Gruppen von Schaltanforderungen unterscheiden:
a) Schalten von Kurzschlußströmen;
b) Schalten von Nennströmen bzw. Lastströmen;
c) Schalten von kleinen, fast rein induktiven und kapazitiven Strömen.

Die Schaltgeräte werden nach den Schaltanforderungen, die sie beherrschen, klassifiziert (vgl. Abschnitte 3 und 4).

Darüber hinaus wird zwischen Wechsel- und Gleichstromschaltern unterschieden. Während ein Wechselstrom in seinem natürlichen Stromnulldurchgang dem Schalter Gelegenheit zum Unterbrechen des Stromkreises gibt, muß im Gleichstromkreis ein solcher Nulldurchgang erzwungen werden (siehe Abschnitt 2.6).

Die Anwendung des Gleichstrom-Löschprinzips, insbesondere der relativen Erhöhung der Lichtbogenspannung, führt in Wechselstromkreisen zum strombegrenzenden Schalten: die in diesem Fall relativ hohe Impedanz des Schaltlichtbogens verhindert, daß der Kurzschlußstrom nach der Kontakttrennung noch seinen vollen Wert erreicht. Es wird ein vorzeitiger Nulldurchgang des Stromes erzwungen, der zur Stromunterbrechung ausgenutzt werden kann.

In den folgenden Betrachtungen, die sich allein auf das Schalten von Wechselströmen beziehen, wird der Einfluß der Lichtbogenspannung auf den Stromverlauf vernachlässigt. Während des Stromflusses stellt der Lichtbogen dementsprechend einen Widerstand Null dar, der nach der Stromunterbrechung auf den Wert Unendlich springt.

Das bedeutet speziell beim Ausschalten von Wechselströmen:

- Der Strom wird in seinem natürlichen Nulldurchgang unterbrochen und hat bis zu diesem Zeitpunkt einen unverändert sinusförmigen Verlauf.
- Nach erfolgter Ausschaltung ist der Kreis, in dem der Schalter liegt, stromlos. An den Kontakten tritt, sofern nicht anders angegeben, die Nennspannung des Netzes auf.

Das Produkt aus Ausschaltstrom und Nennspannung wird als Ausschaltleistung – bei Kurzschlußströmen als Kurzschlußleistung – bezeichnet.

Wenn auch Schaltgeräte vorwiegend in Drehstromnetzen, d.h. dreiphasigen Netzen, eingesetzt werden, so sollen die einzelnen Schaltfälle der Übersichtlichkeit halber doch zunächst am einphasigen Kreis untersucht werden. Soweit erforderlich werden die gewonnenen Ergebnisse auf die Verhältnisse im dreiphasigen System übertragen.

2.1.2 Einschalten eines Kurzschlußkreises

Während der Einschaltbewegung wird die offene Schaltstrecke ständig verkleinert. Es erfolgt in dem Zeitpunkt ein Überschlag, in dem die dielektrische Festigkeit der Schaltstrecke geringer wird als der Momentanwert der anliegenden Spannung. Der äußere Kreis ist also schon vor der galvanischen Berührung der Kontakte über den Einschaltlichtbogen geschlossen. Für den Stromverlauf ist außer den Daten des Kreises auch der Einschaltzeitpunkt zu berücksichtigen.

Die Verhältnisse beim Einschalten zum beliebigen Zeitpunkt t_0 zeigt Bild 2.1. Durch die Spannung u und die Elemente L und R des Kreises ist der Verlauf des stationären Wechselstromes i_w vorgegeben. Da der Strom zum Einschaltaugenblick nur mit dem Wert Null beginnen kann, überlagert sich dem Wechselstrom i_w als Ausgleichsstrom ein abklingender Gleichstrom i_g, der zum Zeitpunkt t_0 entgegengesetzt gleich dem Momentanwert von i_w ist.

Wechsel- und Gleichstrom addieren sich zu dem Gesamtstrom

$$i = \frac{U_{\curlywedge}\sqrt{2}}{\sqrt{R^2 + (\omega L)^2}} \sin(\omega t - \varphi) + \frac{U_{\curlywedge}\sqrt{2}}{\sqrt{R^2 + (\omega L)^2}} \sin(\varphi_E - \varphi) \cdot \exp\left(-\frac{R}{L} \cdot t\right) \tag{2.1}$$

mit dem Scheitelwert der Wechselstromkomponente

$$\hat{i} = I_w\sqrt{2} = \frac{U_{\curlywedge}\sqrt{2}}{\sqrt{R^2 + (\omega L)^2}} = \frac{u_m}{\sqrt{R^2 + (\omega L)^2}}, \tag{2.2a}$$

dem Anfangswert des Gleichstromgliedes

$$i_{g0} = \frac{U_{\curlywedge}\sqrt{2}}{\sqrt{R^2 + (\omega L)^2}} \sin(\varphi_E - \varphi) \tag{2.2b}$$

und dessen Abklingzeitkonstante $\tau = L/R$.

Der Anfangswert des Gleichstromgliedes i_{g0} richtet sich nach dem Einschalt- bzw. Vorüberschlagszeitpunkt t_0 im Bezug auf den Momentanwert der anstehenden Spannung. Betrachtet man im Kurzschlußfall das betroffene Netz als einen rein induktiven Kreis, so erreicht i_{g0} entsprechend Bild 2.2 als

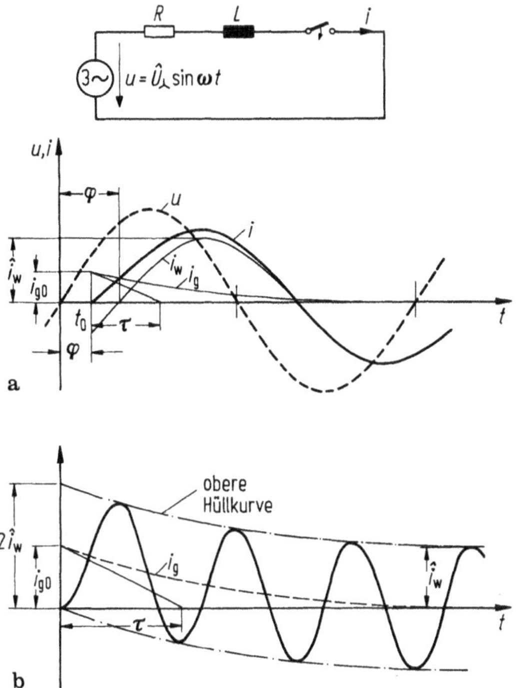

Bild 2.1. Einschalten eines induktiven Kreises mit ohmschem Widerstand. **a** Stromverlauf für $\varphi_E < \varphi$ bzw. $i_{g0} < \hat{i}_{w1}$ **b** Stromverlauf bei vollem Gleichstromglied: $i_{g0} = \hat{i}_w$

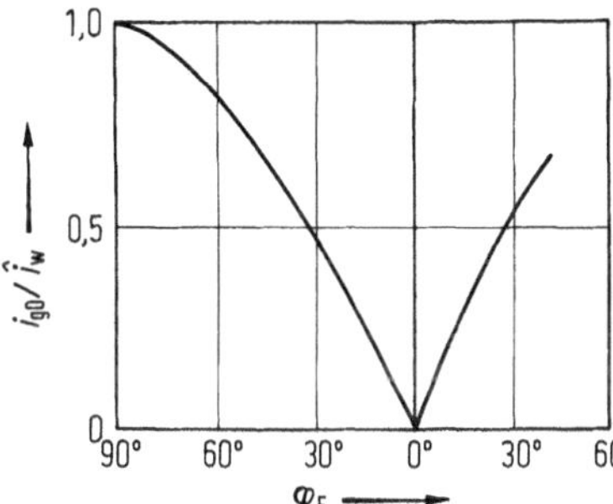

Bild 2.2. Anfangswert des Gleichstromgliedes i_{g0} in Abhängigkeit vom Einschaltmoment

Maximum den Scheitelwert des Wechselstromes, wenn im Spannungs-Nulldurchgang eingeschaltet wird ($\varphi_E = \pm 90°$), während beim Einschalten im Spannungs-Scheitelwert ($\varphi_E = 0$) das Gleichstromglied Null wird.

In vermaschten Netzen über 1 kV, bei denen ein wesentlicher Teil des Kurzschlußstromes über Freileitungen oder Kabel in die Kurzschlußstelle eingespeist wird, rechnet man mit einer Gleichstromzeitkonstante $\tau = 45$ ms. Da, wie Bild 2.1b zeigt, beim Einschalten im Spannungs-Nulldurchgang nahezu eine Halbperiode vergeht, bis der Strom seinen Scheitelwert erreicht hat, ist der tatsächlich auftretende maximale Scheitelwert kleiner als $2\sqrt{2} I_w$. Man rechnet im 50-Hz-Netz mit $2{,}5 \cdot I_w$, im 60-Hz-Netz mit $2{,}7 \cdot I_w$.

Diese Angaben gelten sowohl für den einphasigen Kreis als auch für jede Phase im mehrphasigen System. Die Summe von Gleich- und Wechselstromglied ist zum Einschaltzeitpunkt in jeder der Phasen gleich Null. Da die Wechselstromglieder aller Phasen sich zu Null addieren, ist auch die Summe der Anfangswerte der Gleichstromglieder aller Phasen Null.

Für die Beanspruchung eines Schalters während des Ausschaltvorganges ist der Momentanwert i_g des Gleichstromgliedes zum Zeitpunkt der Kontakttrennung maßgebend.

In der Praxis wird der Wert des Gleichstromgliedes auf den Scheitelwert $I_w\sqrt{2}$ der Wechselstromkomponente bezogen und durch den Unsymmetriefaktor β ausgedrückt:

$$\beta = \frac{i_g}{I_w\sqrt{2}} \quad \text{mit } 1 \geqq \beta > 0.$$

Die Gleichung für den Effektivwert des Gesamtstromes lautet dann

$$I_{ges} = I_w\sqrt{1+2\beta^2}. \tag{2.3}$$

2.1.3 Ausschalten eines Kurzschlusses

2.1.3.1 Einphasiger Klemmenkurzschluß

Bild 2.3 zeigt das Ersatzschaltbild eines Stromkreises für den Fall des Klemmenkurzschlusses. Der Kurzschluß ist unmittelbar an den der Speisesei-

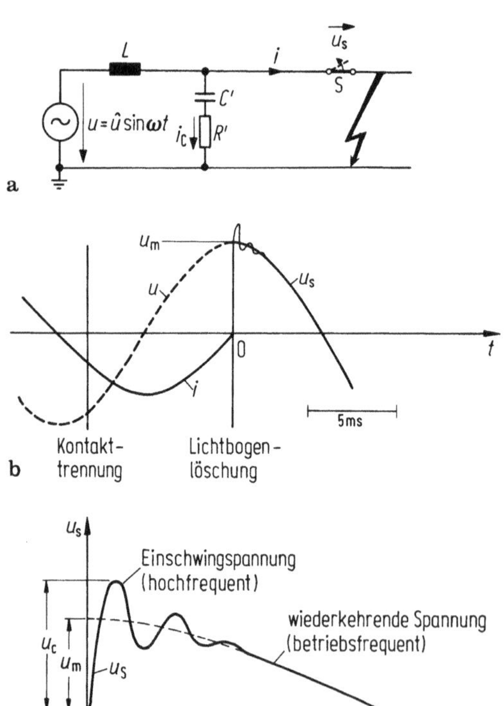

Bild 2.3. Klemmenkurzschluß.
a Ersatzschaltbild, **b** Strom- und Spannungsverlauf im rein induktiven Kreis, **c** Verlauf der Spannung an den Schalterklemmen

te abgewandten Schalterklemmen aufgetreten. Es fließt der durch Gl. (2.1) beschriebene Strom. Ist die Zeit t vom Eintritt des Kurzschlusses bis zur Trennung der Schaltkontakte, die durch die Ansprechzeit des Netzschutzes (Relaiszeit) und die mechanische Eigenzeit des Schalters bestimmt wird, gegeben, so erhält man den den Schalter beanspruchenden Unsymmetriefaktor

$$\beta = \exp(-t/\tau). \tag{2.4}$$

In den Spannungsebenen ab 3 kV wird im allgemeinen eine Gleichstromzeitkonstante $\tau = 45$ ms zugrunde gelegt.

Unter der Annahme einer Relaiszeit von 10 ms und einer mechanischen Eigenzeit des Schalters von 40 ms führt dies zu einem Unsymmetriefaktor von 33%.

Für Niederspannungs-Schaltgeräte ist eine Prüfung des Ausschaltvermögens nur mit dem auf den stationären Wert eingeschwungenen Wechselstrom

$$i = \frac{U_{\curlywedge}\sqrt{2}}{\sqrt{R^2 + (\omega L)^2}} \sin(\omega t - \varphi) \tag{2.5}$$

gefordert, da die zu schaltenden Kreise immer einen relativ hohen Wirkwiderstand, und damit eine verhältnismäßig kleine Abklingzeitkonstante des Gleichstromgliedes, aufweisen.

Zur Betrachtung des Verlaufs der Einschwingspannung am Schalter nach der Stromunterbrechung wird von einem rein induktiven Wechselstrom ausgegangen, d.h. $R=0$ und $\varphi=90°$. Dies ist in Netzen >1 kV in guter Näherung der Fall.

Im speiseseitigen Stromkreis ist bei dieser Betrachtung nur die Induktivität L vorhanden, die durch die Leitungsinduktivität und die Streuinduktivität von Generatoren und Tranformatoren gebildet wird (Bild 2.3a). Neben der Induktivität L ist die Kapazität C' gegen Erde wirksam, die sich aus den Kapazitäten gegen Erde der Leitungen, Kabel, aber auch der Transformator- und Generatorwicklungen zusammensetzt. Dazu addieren sich die Kapazitäten gegen Erde der in Schaltanlagen eingebauten Geräte, wie z.B. Trennschalter, Überspannungsableiter, Meßwandler und der Leistungsschalter selbst. R' ist ein stets vorhandener Dämpfungswiderstand.

Mit der Stromunterbrechung $(t=0)$ beginnt ein Ausgleichsvorgang, der zum Aufladen des Kondensators C' führt. Wäre die Kapazität C' nicht vorhanden, so würde die Spannung bei der Stromunterbrechung auf den Scheitelwert $U_{\curlywedge}\sqrt{2}$ der treibenden Netzspannung springen. Das Aufladen des Kondensators auf diesen Wert führt zu einer gedämpften Schwingung (Einschwingvorgang) in dem aus L, C' und R' gebildeten Schwingkreis, bis schließlich am Kondensator als stationärer Wert die Netzspannung ansteht.

Für den Verlauf der am Kondensator C' und damit auch über die offenen Kontakte des Schalters S einschwingenden Spannung gilt

$$u_s = U_{\curlywedge}\sqrt{2}\left[1 - \exp(-t/\tau)\left(\cos\omega_0 t + \frac{1}{\tau\omega_0}\sin\omega_0 t\right)\right]. \qquad 2.6)$$

Diese „Einschwingspannung“ hat die Frequenz

$$f_e = \frac{1}{2\pi}\sqrt{\frac{1}{LC'} - \left(\frac{R'}{2L}\right)^2}. \tag{2.7}$$

Hat der Dämpfungswiderstand einen sehr kleinen Wert

$$R' \ll 2\sqrt{\frac{L}{C'}},$$

so vereinfacht sich Gl. (2.6) zu

$$u_s = U_\curlywedge \sqrt{2}(1 - \exp(-t/\tau)\cos\omega_0 t). \tag{2.8}$$

Die Spannung über die Schaltstrecke schwingt dann erheblich über den Scheitelwert $\hat{u}$ der Generatorspannung hinaus; sie kann im Extremfall ($R' = 0$) den doppelten Wert von $\hat{u}$ erreichen.

Für endliches R' ergibt sich angenähert für den Scheitelwert u_c der Einschwingspannung

$$u_c = \frac{U_\curlywedge \sqrt{2}}{R'}\sqrt{\frac{L}{C'}}. \tag{2.9}$$

Der Ausdruck $D = R'\sqrt{\frac{C'}{L}}$ wird als Dämpfungsfaktor bezeichnet.

Die Einschwingfrequenz f_e ist, wie die Gleichung zeigt, abhängig vom Aufbau des den Kurzschluß speisenden Netzes und damit auch abhängig von der Nennspannung und der Kurzschlußleistung dieses Netzes. In Niederspannungsnetzen liegt die Einschwingfrequenz, je nach Aufbau des Netzes, und damit nach der Höhe des abzuschaltenden Stromes, bei 20 bis 200 kHz. In Mittelspannungsnetzen (3 kV bis 30 kV) treten Einschwingfrequenzen von 10 bis 20 kHz auf, in Hoch- und Höchstspannungsnetzen ($\geqq 110$ kV) betragen sie einige hundert Hz bis einige kHz.

Da die Einschwingfrequenz groß ist gegen die Netzfrequenz von 50 Hz bzw. 60 Hz, kann die Netzspannung während des Ausgleichsvorganges als nahezu konstant angesehen werden. Die an den Schaltkontakten auftretende resultierende Spannung zeigt den in Abb. 2.3c dargestellten Verlauf. Das Verhältnis vom Scheitelwert der Einschwingspannung u_c zum Scheitelwert der Netz- bzw. Generatorspannung $u_m = U_\curlywedge \sqrt{2}$ wird durch den Überschwingfaktor

$$\gamma = \frac{u_c}{U_\curlywedge \sqrt{2}} = \frac{1}{D} \tag{2.10}$$

charakterisiert.

Ist der Wechselstromkomponente des Kurzschlußstromes ein Gleichstrom überlagert, so schwingt der Strom nicht symmetrisch zur Nullinie. Für einen solchen unsymmetrischen Strom fällt der Stromnulldurchgang nicht mit dem Scheitelwert der betriebsfrequenten Spannung zusammen, wie es beim Schalten eines symmetrischen Stromes im rein induktiven Kreis der Fall ist

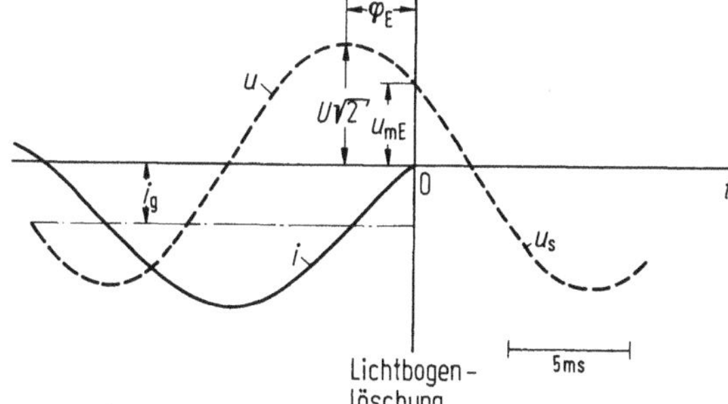

Bild 2.4. Abschalten eines unsymmetrischen Kurzschlußstromes: Reduktion des Anfangswertes u_m der betriebsfrequenten Spannung als Funktion des Unsymmetriegrades des abgeschalteten Stromes

(Bild 2.4). Die nach der Stromunterbrechung an den erst- und letztlöschenden Polen auftretende betriebsfrequente Spannung ändert sich entsprechend gegenüber der bisherigen Betrachtung.

Der beschriebene Einschwingvorgang überlagert sich beim Abschalten eines unsymmetrischen Stromes also nicht dem Scheitelwert $U_{\curlywedge}\sqrt{2}$ der betriebsfrequenten Spannung, sondern dem Momentanwert u_{mE} zum Zeitpunkt der Stromunterbrechung, der gegenüber dem Scheitelwert um φ_{E} phasenverschoben ist:

$$u_{\mathrm{mE}} = U_{\curlywedge}\sqrt{2}\cos(\omega t + \varphi_{\mathrm{E}}). \tag{2.11}$$

Der Scheitelwert der Einschwingspannung u_{c} verringert sich also mit zunehmendem Unsymmetriegrad des Stromes im Verhältnis $u_{\mathrm{mE}}/U_{\curlywedge}\sqrt{2}$. Da der Überschwingfaktor γ und die Einschwingfrequenz f_{e} gegenüber der Unterbrechung eines symmetrischen Stromes gleich bleiben, bleibt der qualtitative Verlauf der Einschwingspannung unverändert.

2.1.3.2 Klemmenkurzschluß in Drehstromkreisen

Überträgt man die Vorgänge, die beim Ausschalten auftreten, vom einphasigen auf den dreiphasigen Kreis, so ist als treibende Spannung die Phasenspannung (Leiter-Erd-Spannung) $U_{\curlywedge}$ der einzelnen Phasen einzusetzen. Die Stromnulldurchgänge im symmetrisch belasteten Drehstromnetz treten um $60°_{\mathrm{el}}$ versetzt auf. Sieht man von sog. Synchronschaltern ab, so bewegen sich die Kontakte eines dreipoligen Schalters gleichzeitig. Nach Erreichen der Mindestlöschdistanz wird der Lichtbogen in der Phase gelöscht, in der nun als erster der Strom durch Null geht (erstlöschender Pol). In den beiden anderen Phasen fließt der Strom zunächst noch weiter.

Wird im einphasigen Kreis der Lichtbogen in einem Stromnulldurchgang nicht gelöscht, z.B. weil die Kontakte die zur Löschung erforderliche Mindestlöschdistanz noch nicht erreicht haben, so ergibt sich die nächste Gelegenheit zur Lichtbogenlöschung erste ein Halbschwingung später. Im dreiphasigen Kreis hat ein anderer Schalterpol bereits 1/3 Halbschwingung später wieder eine Chance, als erstlöschender Pol den Strom seiner Phase zu unterbrechen.

Der Verlauf der Einschwingspannung ist weitgehend unabhängig davon, ob die treibenden Spannungen im einphasigen oder im mehrphasigen Kreis wirken. Die die Einschwingspannung definierenden Größen Überschwingfaktor, Einschwingfrequenz und Dämpfungsfaktor können in guter Näherung für beide Kreise als gleich eingesetzt werden.

Die folgenden Betrachtungen beschränken sich daher auf den Verlauf der betriebsfrequenten wiederkehrenden Spannung in Abhängigkeit von der Netzkonfiguration – ungeerdetes Netz, d.h. mit freiem Sternpunkt, und geerdetes Netz – und dem Fehlerfall. Es wird jeweils vorausgesetzt, daß die strombegrenzenden Induktivitäten in allen drei Phasen gleich sind, daß sie nur auf der, vom Schalter her gesehen, Seite des speisenden Netzes liegen (Klemmenkurzschluß), und daß demzufolge die Kurzschlußströme zunächst in allen Phasen gleich groß sind.

Netz mit ungeerdetem Sternpunkt

Dreipoliger Kurzschluß ohne Erdberührung (Bild 2.5)

Zum Zeitpunkt „1" trennen die Kontakte. In allen drei Phasen wird ein Lichtbogen gezogen. Eine Stromunterbrechung ist zum Zeitpunkt „2" noch nicht möglich, da die Kontakte noch nicht ihre Mindestlöschentfernung erreicht haben. Dies ist jedoch beim nächsten Stromnulldurchgang der Fall, so daß zum Zeitpunkt „3" der Strom in der ersten Phase abgeschaltet wird.

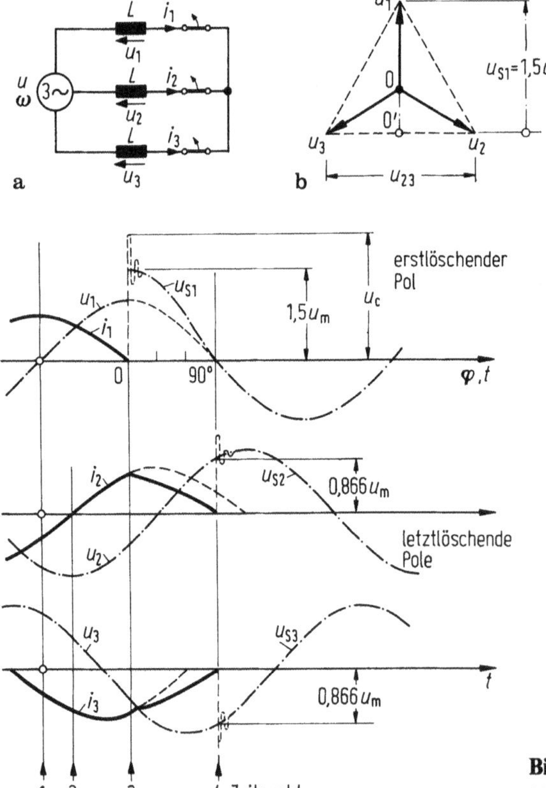

Bild 2.5. Ungeerdetes Netz: Dreipoliger Kurzschluß ohne Erdberührung

Bis zu diesem Zeitpunkt hatte der Kurzschlußstrom in allen drei Phasen den Wert

$$I=\frac{U_{\curlywedge}}{\omega L}.$$

Nach dem Abschalten der ersten Phase besteht in den anderen beiden Phasen ein zweipoliger Kurzschluß weiter. Demzufolge verschiebt sich der Sternpunkt 0, wie Bild 2.5b zeigt, im Spannungsdiagramm nach 0′ auf die Verbindungslinie u_{23}. An den Kontakten des erstlöschenden Poles tritt bei einem dreipoligen Kurzschluß im Netz mit ungeerdetem Sternpunkt die 1,5-fache Phasenspannung auf.

In der Zeitspanne zwischen „3" und „4" wirkt in dem verbleibenden zweiphasigen Kurzschlußkreis die verkettete Spannung u_{23}. In diesem Kreis sind die Induktivitäten der Phasen *2* und *3* in Reihe geschaltet, so daß der Kurzschlußstrom zum Zeitpunkt „3" auf den Wert

$$I_2=-I_3=\frac{u_{23}}{2\omega L}$$

springt. Gegenüber den ursprünglichen Phasenspannungen u_2 und u_3 des dreiphasigen Kreises ist die verkettete Spannung u_{23} um + bzw. $-30°_{\text{el}}$ versetzt. Die Phasenlage der Ströme I_2 bzw. I_3 ändert sich zum Zeitpunkt „3" entsprechend (Phasensprung). Die Zeit bis zum nächsten Stromnulldurchgang verkürzt sich in der einen Phase, während sie sich in der anderen im gleichen Maß verlängert. Der nächste Stromnulldurchgang tritt daher eine halbe Halbwelle nach der Stromunterbrechung in der erstlöschenden Phase auf (Zeitpunkt „4"). Hier wird der Strom endgültig unterbrochen.

Die treibende Spannung U_{23} in jeder der letztlöschenden Phasen ist zu diesem Zeitpunkt des $\sqrt{3}/2$fache der Phasensprung.

Zusammenfassung:

$$\begin{aligned}&\text{Erstlöschender Pol} && U_{\text{S1}} =1{,}5\ U_{\curlywedge},\\ & && I_1 =I\end{aligned} \qquad (2.12)$$

$$\begin{aligned}&\text{Letztlöschender Pol} && U_{\text{S2,3}} =\frac{\sqrt{3}}{2}U_{\curlywedge}=0{,}866\ U_{\curlywedge},\\ & && I_{2,3} =\frac{\sqrt{3}}{2}I=0{,}866\ I.\end{aligned}$$

Zweipoliger Kurzschluß

Strom- und Spannungsverläufe entsprechen denen der letztlöschenden Pole im Fall des dreipoligen Kurzschlusses.

Doppelerdschluß

Als Doppelerdschluß wird der Fall bezeichnet, daß in zwei verschiedenen Leitern Erdschlüsse auftreten und der Schalter zwischen diesen Erdschlußpunkten liegt. Der ungünstigste Fall liegt dann vor, wenn die beiden Erdschlüsse dicht beieinander, aber auf verschiedenen Seiten des Schalters

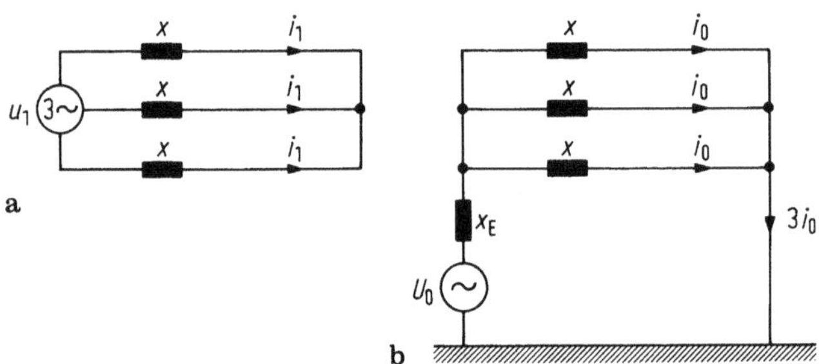

Bild 2.6. Zur Definition der Mit- und Nullreaktanz. **a** Mitsystem, **b** Nullsystem

liegen. Vernachlässigt man die Nullreaktanz, so ist der Doppelerdschlußstrom so groß wie der zweipolige Kurzschlußstrom, die wiederkehrende Spannung gleich der Leiter-Leiter-Spannung.

Netz mit geerdetem Sternpunkt

Für die in den drei Phasen und über die Erdverbindung fließenden Stromkomponenten sind verschiedene Reaktanzen wirksam, die nach der Theorie der symmetrischen Komponenten als Mit-, Gegen- und Nullreaktanz bezeichnet werden.

Da Mit- und Gegenreaktanz lediglich bei Generatoren unterschiedlich, bei allen anderen Netzelementen jedoch gleich sind, wird zur Ermittlung des Strom- und Spannungsverlaufes beim Abschalten eines Kurzschlusses im geerdeten Netz nur zwischen Mit- und Nullreaktanz unterschieden.

Die Mitreaktanz ist die Phasenreaktanz X eines symmetrisch belasteten Netzes bei symmetrischer Lage des Sternpunktes. Sie ist damit identisch mit der im ungeerdeten symmetrischen Netz wirksamen Reaktanz (Bild 2.6a).

Die Nullreaktanz wird entsprechend Bild 2.6b ermittelt: Eine einphasige Wechselspannung wirkt auf die drei parallel geschalteten Phasen des Drehstromsystems und auf die Reaktanz X_E der Erdverbindung. Die resultierende Reaktanz, durch die die Ströme i_0 in den drei Phasen bestimmt werden, ist die Nullreaktanz X_0:

$$X_0 = X + 3X_E = \omega L + 3X_E$$

Das Verhältnis der Nullreaktanz X_0 zur Mitreaktanz X bestimmt die Größe des Kurzschlußstromes und der wiederkehrenden Spannung.

Dreipoliger Kurzschluß

Der Kurzschlußstrom beträgt, ebenso wie im ungeerdeten Netz, in jeder Phase

$$I_{k3} = \frac{U_\curlywedge}{\omega L} = \frac{U_\curlywedge}{X}.$$

Bei einem dreipoligen Kurzschluß mit Erdberührung ergibt sich für die wiederkehrende Spannung am erstlöschenden Pol:

$$u_m = U_\curlywedge \sqrt{2}\,\frac{3(X_0/X)}{1+2(X_0/X)}. \tag{2.13}$$

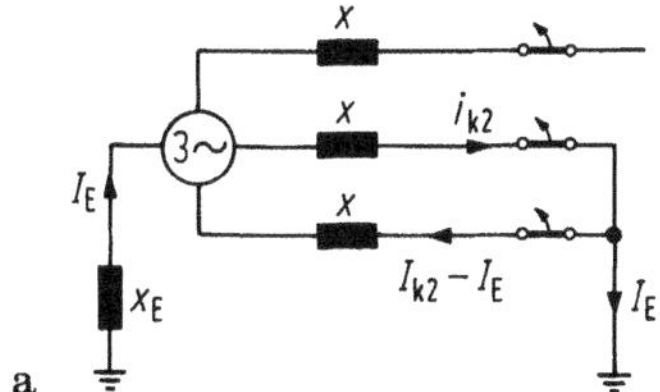

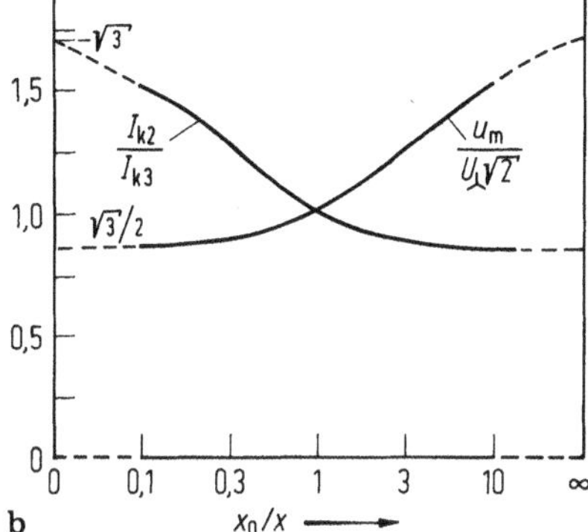

Bild 2.7. Netz mit geerdetem Sternpunkt. Zweipoliger Kurzschluß mit Erdberührung.
a Ersatzschaltbild, **b** Kurzschlußstrom und betriebsfrequente wiederkehrende Spannung des erstlöschenden Poles

Im praktischen Betrieb kann X_0/X den Wert 3 erreichen, so daß am erstlöschenden Pol die 1,3-fache Phasenspannung auftritt.

Zweipoliger Kurzschluß mit Erdberührung (Bild 2.7)

Der Kurzschlußstrom verteilt sich gemäß Bild 2.7a auf die beiden betroffenen Phasen mit Effektivwerten

$$I_{K2}=\sqrt{\left(\frac{3U_\perp}{2X}\right)^2+\left(\frac{3}{2}\frac{U_\perp}{X+2X_0}\right)^2},$$

$$I_E=\frac{1}{3}\frac{U_\perp}{X+2X_0}. \tag{2.14}$$

und ist also vom Verhältnis X_0/X abhängig (Bild 2.7b).

Im Gegensatz zum zweipoligen Kurzschluß ohne Erdberührung bzw. im erdfreien Netz gehen die Ströme in den beiden Schalterpolen nicht gleichzeitig durch Null. Im vorliegenden Fall wurde mit I_{K2} der Strom durch den erstlöschenden Pol bezeichnet.

Nach seiner Unterbrechung tritt zwischen den Kontakten eine wiederkehrende Spannung auf von

$$u_m=U_\perp\sqrt{2}\,\frac{1+2(X_0/X)}{2+X_0/X}\,\frac{I_{K2}}{I_{K3}}. \tag{2.15}$$

Einpoliger Kurzschluß mit Erdberührung

Während im ungeerdeten Netz eine einpolige Verbindung mit Erdpotential keinen Kurzschluß darstellt, bedeutet jeder Erdschluß im Netz mit geerdetem Sternpunkt auch einen einpoligen Erdkurzschluß. Auch beim Ausschalten eines drei- oder zweipoligen Kurzschlusses mit Erdberührung schaltet der letztlöschende Pol schließlich einen einpoligen Erdkurzschluß.

Der Kurzschlußstrom beträgt

$$I_{K1} = \frac{U_{\curlywedge}}{X} \frac{3}{2+X_0/X}. \tag{2.16}$$

Die wiederkehrende Spannung hat stets den Wert der Phasenspannung.

2.1.3.3 Abstandskurzschluß in Hoch- und Mittelspannungsnetzen (Bild 2.8)

Im Fall eines Abstandskurzschlusses entsteht der Kurzschluß nicht unmittelbar an den Schalterklemmen, sondern auf der an den Schalter angeschlossenen Freileitung in einer Entfernung von einigen hundert Metern bis zu einigen

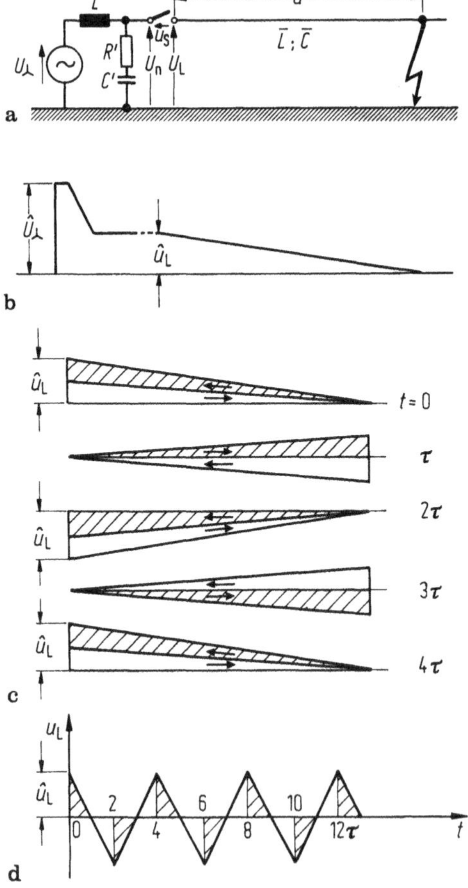

Bild 2.8. Abstandskurzschluß.
a Schaltplan, **b** Spannungsverteilung im Moment des Stromnulldurchganges,
c Wanderwellen auf der Leitung zu verschiedenen Zeiten,
d Leitungsspannung nach der Stromunterbrechung

Kilometern. Beim Abschalten dieses Kurzschlußstromes treten auf der Leitung hochfrequente Ausgleichsvorgänge auf, die sich der Einschwingspannung des speisenden Netzes überlagern.

Bild 2.8a zeigt das Schaltbild für einen einpoligen Erdkurzschluß auf einer Freileitung in der Entfernung a vom Leistungsschalter. Die kurzgeschlossene Leitung hat eine gleichmäßige verteilte Induktivität $\bar{L}$ und Kapazität $\bar{C}$ pro Längeneinheit. Der Kurzschlußstrom I_L wird begrenzt durch die speiseseitige Induktivität L und die Induktivität der Leitung, seine Höhe ist daher abhängig von der Entfernung zwischen Leistungsschalter und Kurzschluß:

$$I_L = \frac{U_{\curlywedge}}{\omega(L + \bar{L} \cdot a)} = I \frac{L}{L + \bar{L} \cdot a}. \tag{2.17}$$

Während des Stromflusses verteilt sich der Spannungsabfall im Verhältnis der Reaktanz auf das Netz und die Leitung (Bild 2.8b). Der kurzgeschlossene Leitungsabschnitt übernimmt dabei die Spannung

$$U_L = I_L \omega \bar{L} a = U_{\curlywedge} (1 - I_L/I). \tag{2.18}$$

Die Beanspruchung des Leistungsschalters im Fall eines Abstandskurzschlusses wird durch das Verhältnis I_L/I definiert. Bei einem 90%-Abstandskurzschluß beträgt der Kurzschlußstrom I_L das 0,9fache des Klemmenkurzschlußstromes des speisenden Netzes. Der Spannungsabfall auf der kurzgeschlossenen Leitung ist dementsprechend das 0,1fache der anstehenden Phasenspannung des Netzes. Die Länge a des kurzgeschlossenen Leitungsabschnittes ist für den einzelnen Fehlerfall, z.B. 90%-Abstandskurzschluß, abhängig von der Netzspannung und der Höhe des Klemmenkurzschlußstromes.

Auch beim Abstandskurzschluß handelt es sich wie im Fall des Klemmenkurzschlusses um einen praktisch rein induktiven Strom.

Zum Zeitpunkt des Stromnulldurchganges tritt daher an der leitungsseitigen Klemme des Schalters der Scheitelwert

$$\hat{u}_L = U_L \sqrt{2} = U_{\curlywedge} \sqrt{2} \left(1 - \frac{I_L}{I}\right) \tag{2.19}$$

der Spannung zwischen Leitungsabschnitt und Erde auf.

Auf der Seite des speisenden Netzes tritt der Einschwingvorgang auf, wie er für den Fall des Klemmenkurzschlusses beschrieben worden ist. Von dem Wert $\hat{u}_L$ aus schwingen die Spannungen an beiden Schalterklemmen unabhängig voneinander auf ihren stationären Endwert ein. Ihre Differenz ergibt die über die geöffneten Schaltkontakte wirksame Einschwingspannung.

Der Verlauf der leitungsseitigen Einschwingspannung auf der homogenen Leitung wird durch zwei gleiche Wanderwellen bestimmt, die nach der Stromunterbrechung unabhängig voneinander in entgegengesetzte Richtungen laufen. Sie werden an den offenen Schaltkontakten positiv und am kurzgeschlossenen Leitungsende negativ reflektiert. Bild 2.8c zeigt die Lage der Wanderwellen zu verschiedenen Zeiten nach der Stromunterbrechung ($t=0$). Die Laufzeit τ jeder Welle über die Leiterlänge a beträgt

$$\tau = \frac{a}{v},$$

wobei die Ausbreitungsgeschwindigkeit v einer Welle auf einer Freileitung annähernd gleich der Lichtgeschwindigkeit ist ($v = 290$ m/µs). Der Wanderwellenzyklus wiederholt sich, wie das Bild weiterhin angibt, nach der vierfachen Laufzeit. Die leitungsseitige Einschwingspannung hat daher einen dreiecksförmigen Verlauf mit der Frequenz

$$f_L = \frac{1}{4\tau}. \tag{2.20}$$

Die Steilheit der leitungsseitigen Einschwingspannung ist über den Wellenwiderstand Z mit der Stromänderung $\mathrm{d}i/\mathrm{d}t$ unmittelbar vor dem Stromnulldurchgang, in dem der Strom unterbrochen wird, verknüpft:

$$\frac{\mathrm{d}u_L}{\mathrm{d}t} = Z \cdot \frac{\mathrm{d}i}{\mathrm{d}t},$$

mit (2.21)

$$\frac{\mathrm{d}i}{\mathrm{d}t} = 2\pi f I_L \sqrt{2}.$$

Bei der Prüfung unter den Bedingungen des Abstandskurzschlusses wird ein Wellenwiderstand von $Z = 450\ \Omega$ zugrundegelegt. Die leitungsseitige Einschwingspannung schwingt auf einen Scheitelwert

$$u_L^x = k\hat{u}_L$$

um, wobei $k < 2$ ist. Dieser Faktor k berücksichtigt eine Frequenzabhängigkeit der leitungsseitigen Induktivität.

Bei unverändertem Klemmenkurzschlußstrom des speisenden Netzes steigt mit wachsender Länge der kurzgeschlossenen Leitung der Scheitelwert der leitungsseitigen Einschwingspannung, während der Kurzschlußstrom sowie Steilheit und Frequenz der leitungsseitigen Einschwingspannung kleiner werden.

Entsprechend ändert sich auch die Beanspruchung des Schalters. Schalter mit verschiedenen Löschmedien und -systemen können auf Abstandskurzschlüsse mit unterschiedlichen Längen der kurzgeschlossenen Leitung verschieden reagieren, je nachdem, ob z.B. für einen Schalter der Kurzschlußstrom, die Steilheit oder der Scheitelwert der leitungsseitigen Einschwingspannung die schärfste Beanspruchung darstellt. Die Prüfvorschriften für Hochspannungs-Leistungsschalter tragen dem Rechnung, indem sie Prüfungen unter den Bedingungen verschiedener %-Werte des Abstandskurzschlusses vorschreiben.

2.1.3.4 Kurzunterbrechung

Tritt, etwa infolge eines Blitzeinschlages, ein Überschlag auf einer Freileitung auf, so verschwindet der Fehler in vielen Fällen mit dem Ausschalten des Kurzschlusses: Er ist selbstheilend. Die Freileitung kann anschließend wieder in Betrieb gehen.

Für den Schutz von Freileitungen werden daher Leistungsschalter eingesetzt, die für Kurzunterbrechungen geeignet sind. Im Fehlerfall wird der

Schalter ausgelöst und etwa 0,3 s später wieder zugeschaltet. Bei einem selbstheilenden Überschlag reicht diese Zeit aus, um die vom Lichtbogen erzeugte Wolke heißen Gases abzukühlen und zu verwehen. Die Kurzunterbrechung war erfolgreich. Ist der Fehler nach dem Zuschalten noch vorhanden, so schaltet der Leistungsschalter endgültig ab. Die Kurzunterbrechung ist erfolglos geblieben.

Aus diesem Ablauf leiten sich folgende Forderungen an Schalter ab, die kurzunterbrechungsfähig sind: 0,3 s nach der Abschaltung des Nennkurzschlußstromes muß auf einen Kurzschluß eingeschaltet werden können. Gemäß Abschnitt 2.1.2 beträgt bei 50 Hz der Scheitelwert des Einschaltstromes 2,5 I_w. Möglichst kurze Zeit danach – in der Praxis nach weiteren 0,1 bis 0,15 s – muß der Schalter in der Lage sein, seinen Nennkurzschluß-Ausschaltstrom erneut zu unterbrechen.

Daraus ergeben sich nicht nur entsprechende Bedingungen für die Gestaltung der Kontakte und an die Löschmittel-Bereitstellung, sondern auch an Antriebe und mechanische Übertragungselemente. Im Antrieb muß die Energie für die Schaltfolge Aus-Ein-Aus gespeichert sein, da die kurzen Zeiten nicht ausreichen, den Kraftspeicher nachzuladen. Antrieb und Übertragungselemente müssen in der Lage sein, die Kraftspitzen beim mehrfachen Beschleunigen und Abbremsen aufzunehmen.

Die Anwendung der Kurzunterbrechung führt zu einer wesentlich höheren Verfügbarkeit der Freileitungen, da die erfolgreichen Kurzunterbrechungen weitaus überwiegen.

Kurzunterbrechungen können einpolig und dreipolig durchgeführt werden. Einpolige Kurzunterbrechungen beeinträchtigen die Stabilität des Netzes nicht; sie sind aber bei Nennspannungen über 500 kV und großen Leitungslängen wegen der auf den unterbrochenen Leiter kapazitiv und induktiv eingekoppelten Ströme nur in Verbindung mit Zusatzmaßnahmen möglich. Mittelspannungsschalter werden nur mit dreipoliger Kurzunterbrechung versehen. In vermaschten Netzen müssen die Leistungsschalter an beiden Leitungsenden gleichzeitig eingreifende Einrichtungen zur Kurzunterbrechung erhalten.

2.1.3.5 Phasenopposition

Im Fall eines Kurzschlusses oder bei Überlastung sowie durch das Zusammenschalten ungenügend synchronisierter Netze oder durch andere Schaltungsfehler können Netzteile außer Tritt fallen. Vollständige Phasenopposition liegt vor, wenn die Spannungen zweier speisender Netzteile sich in Gegenphase befinden, d.h. wenn die Polräder der Generatoren sich um 180°_{el} gegeneinander verdreht haben.

Der Ablauf einer solchen Störung läßt sich folgendermaßen vorstellen: Im Abzweig einer Kuppelleitung besteht ein Kurzschluß, der, da die Wirkbelastung der Generatoren entfällt, das Auseinanderlaufen der beiden speisenden Netze verursacht (Bild 2.9). Der Kurzschlußstrom I_K im Abzweig ist die Summe der Kurzschlußströme I'_K und I''_K der beiden Netze.

Nachdem der Schalter im Abzweig den Strom I_K unterbrochen hat, fließt der Strom I_{opp} über den Kuppelschalter. Abhängig vom Grad des Auseinan-

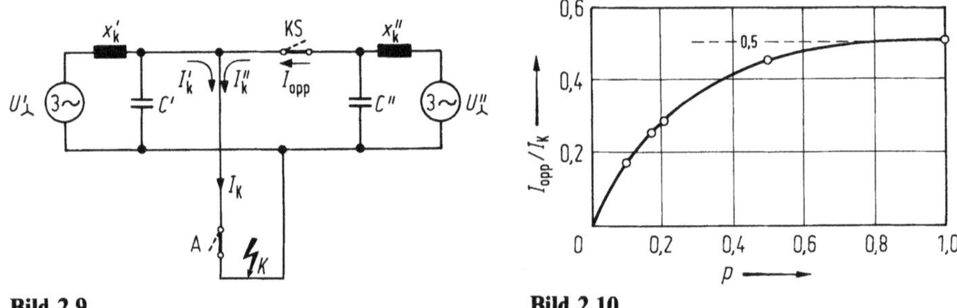

Bild 2.9 **Bild 2.10**

Bild 2.9. Kurzschluß im Abzweig einer Verbindungsleitung zwischen zwei Netzen: Ersatzschaltbild. *KS* Kuppelschalter, *K* Kurzschlußstelle, *A* Abzweig

Bild 2.10. Strom I_{opp} bei Phasenopposition in Abhängigkeit vom Verhältnis *p* der Kurzschlußimpedanzen. $\frac{I_{\text{opp}}}{I_{\text{K}}} = \frac{2p}{(1+p)^2}$, $p = \frac{X'_{\text{K}}}{X''_{\text{K}}} = \frac{I''_{\text{K}}}{I'_{\text{K}}}$

derlaufens der beiden Netze tritt eine Differenzspannung auf, die, zusammen mit der Summe der Kurzschlußreaktanzen $X'_{\text{K}} + X''_{\text{K}}$ der beiden Netze die Höhe des Stromes I_{opp} bestimmt.

Hat der Kuppelschalter gerade im Augenblick voller Phasenopposition seine Löschdistanz erreicht, so wirkt als treibende Spannung die doppelte Phasenspannung $2U_{\curlywedge}$:

$$I_{\text{opp}} = 2U_{\curlywedge} \frac{1}{X'_{\text{K}} + X''_{\text{K}}}. \tag{2.22}$$

Bei verschiedenartigen speisenden Netzen bestimmt also weitgehend das Netz mit der größeren Kurzschlußreaktanz die Größe des vom Kuppelschalter zu unterbrechenden Stromes (Bild 2.10). Der größte Wert für den Strom I_{opp} ergibt sich, wenn zwei gleichartige Netze ($X'_{\text{K}} = X''_{\text{K}}$) in voller Phasenopposition stehen.

Nach der Unterbrechung des Stromes I_{opp} schwingen die Spannungen in den beiden Netzen unabhängig voneinander ein. An den Kontakten des Kuppelschalters erscheint die Differenz dieser Spannungen. Bei voller Phasenopposition verdoppelt sich die Spannung, d.h. die betriebsfrequente Spannung über den erstlöschenden Pol erreicht im ungeerdeten Netz den Wert der 3,0fachen Phasenspannung, während in Netzen mit geerdetem Sternpunkt die 2,0 bis 2,6fache Phasenspannung auftritt. Bild 2.11 verdeutlicht diese Verhältnisse.

Im allgemeinen sind die Kapazitäten *C'* und *C''* nicht gleich, so daß auch die Einschwingfrequenzen f'_{e} und f''_{e} der beiden Netze sich unterscheiden. Daher werden auch die Scheitelwerte der Einschwingspannungen nicht gleichzeitig erreicht. Die an den Kontakten auftretende resultierende Einschwingspannung hat in diesem Fall einen mehrfrequenten Verlauf und einen kleineren Überschwingfaktor (etwa 1,25) gegenüber dem Normalfall in Hochspannungsnetzen ($\gamma = 1{,}4$).

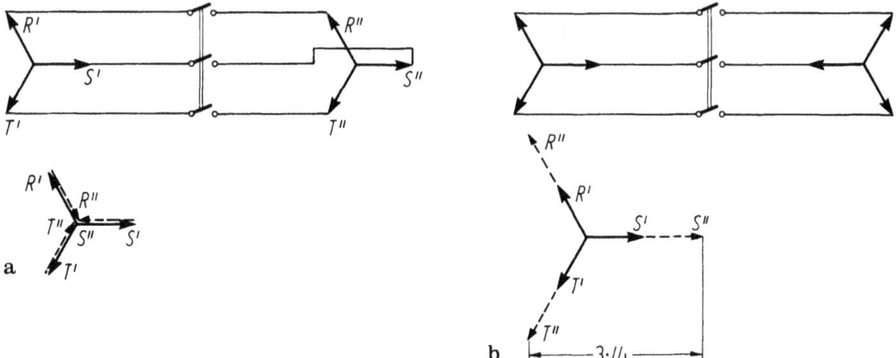

Bild 2.11. a Synchrone Netze: Spannungsdifferenz am Kuppelschalter Null, **b** Asynchrone Netze: Spannungsdifferenz am Kuppelschalter max. $3U_{\curlywedge}$

Das Auftreten einer vollständigen Phasenopposition sowie das Außer-Tritt-Fallen zweier gleich großer Netze sind Extremfälle mit äußerst geringer Wahrscheinlichkeit. In den Vorschriften werden daher Prüfungen mit 2,0- bzw. 2,5-facher Phasenspannung, jedoch nur 0,25-fachem Nennausschaltstrom des Leistungsschalters verlangt.

2.1.4 Ausschalten kleiner induktiver Ströme

Der Begriff „kleine induktive Ströme“ faßt alle Stromstärken zusammen, die klein sind im Verhältnis zum Kurzschlußstrom. Eine eindeutige Grenze ist dabei nicht gegeben. Sie treten auf beim Schalten induktiver Lasten, wie Motoren, induktiv belasteter Transformatoren sowie als Magnetisierungsströme beim Ausschalten unbelasteter Transformatoren.

Beim Ausschalten dieser Ströme erlischt der Lichtbogen oft nicht im natürlichen Nulldurchgang des Stromes, sondern der Strom wird schon vor seinem Nulldurchgang unterbrochen. Ursache dafür ist ein instabiles Verhalten des Lichtbogens bei kleinen Strömen in Verbindung mit dem äußeren elektrischen Kreis. Diese Instabilität führt zu einem hochfrequenten Ausgleichsstrom, der sich dem betriebsfrequenten Strom überlagert und ihn vorzeitig zu Null werden läßt (Bild 2.12). Der ganze Vorgang wird als „Abkippen“ oder „Abreißen“ des Stromes bezeichnet.

Das Abreißen des Stromes führt zu einer Schwingung auf der Lastseite, bei der die in der Induktivität L_L gespeicherte magnetische Energie in elektrische Energie umgesetzt wird. Letztere wird von den lastseitigen Streukapazitäten C_L aufgenommen. Dabei treten Überspannungen auf, die zu Schäden an der Isolation auf der Lastseite führen können und auch die Schaltstrecke erhöht beanspruchen.

Bezeichnet man den Momentanwert, von dem aus der betriebsfrequente Strom abgerissen wird, als i_0, so wird unter Berücksichtigung des Momentanwertes der betriebsfrequenten Spannung zum Zeitpunkt der Stromunterbre-

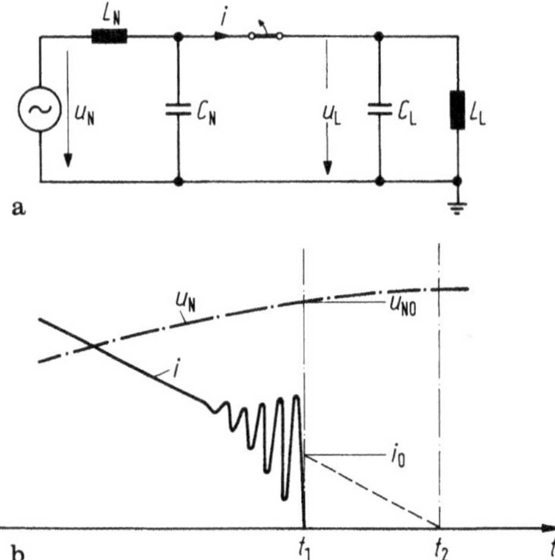

Bild 2.12. Abschalten kleiner induktiver Ströme. **a** Ersatzschaltbild, **b** Vorzeitige Stromunterbrechung durch Stromabriß, t_1 Stromunterbrechung, t_2 natürlicher Strom-Nulldurchgang

chung u_{N0} der Maximalwert der auftretenden Spannung auf der Lastseite

$$u_{Lmax} = \sqrt{\frac{L_L}{C_L}(i_0)^2 + u_{N0}^2}. \tag{2.23}$$

Das Verhältnis dieser Spannung zum Scheitelwert der betriebsfrequenten Spannung wird als Überspannungsfaktor

$$k = \frac{u_{Lmax}}{U_{\curlywedge}\sqrt{2}} \tag{2.24}$$

bezeichnet.

Mit wachsendem Abreißstrom nimmt die Überspannung zu, da die gespeicherte magnetische Energie steigt. Andererseits verliert der Lichtbogen mit größer werdendem betriebsfrequentem Strom die Tendenz zur Instabilität – auch bei Annäherung an den Nulldurchgang – so daß der Wert des Abreißstromes zurückgeht. Daraus folgt, daß die maximale Höhe der Überspannung und der Strom, bei dem dieser Maximalwert auftritt, eine jedem Schalter spezifische Eigenart ist.

Gleichung (2.23) berücksichtigt keine Dämpfung der Überspannung. Dies ist nur für den Fall gerechtfertigt, daß es sich bei L_L um eine Luftinduktivität handelt. Ist die Induktivität eisenbehaftet, wie z.B. in einem Transformator, so wird ein großer Teil der magnetischen Energie im Eisen in Wärme umgesetzt. Dementsprechend treten beim Ausschalten von Magnetisierungsströmen unbelasteter Transformatoren erheblich kleinere Überspannungen auf, als Gl. (2.23) angibt.

2.1.5 Kapazitiver Stromkreis

2.1.5.1 Einpolige Ausschaltung, Rückzündung und Wiederzündung

Kapazitive Ströme sind nicht nur beim Abschalten von Kondensatorbatterien, sondern auch beim Schalten unbelasteter Freileitungen und Kabel zu

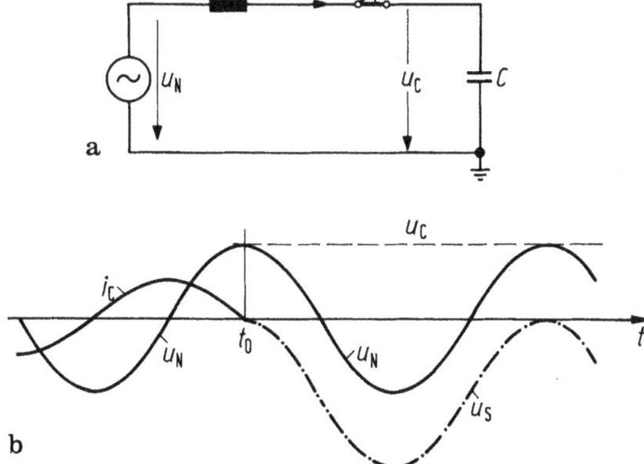

Bild 2.13. Ausschalten kapazitiver Ströme: **a** Einpoliges Ersatzschaltbild, **b** Spannungs- und Stromverlauf beim einpoligen Schalten kapazitiver Ströme ohne Rückzündung, t_0 Ausschaltzeitpunkt

unterbrechen. In den beiden letztgenannten Fällen handelt es sich um das Ausschalten der Ladeströme, deren Größe durch die Eigenkapazität und die Länge der Freileitung bzw. des Kabels bestimmt werden. Für alle diese Fälle gilt das gleiche einpolige Ersatzschaltbild (Bild 2.13).

Der Strom wird im natürlichen Nulldurchgang rückzündungsfrei unterbrochen. Die Spannung am Kondensator, die dem Strom um 90° vorauseilt, ist bis zu diesem Augenblick stets gleich der treibenden Spannung gewesen, da der Spannungsabfall an L vernachlässigt werden kann.

Nach der Stromunterbrechung bleibt der Kondensator auf dem Scheitelwert der Netzspannung aufgeladen, während die Netzspannung mit der Betriebsfrequenz weiterschwingt (Bild 2.13b). An den Kontakten des Schalters liegt die Differenz aus beiden Spannungen in Form einer voll verlagerten Cosinuskurve:

$$u_S = u_C + u_N = U_{\curlywedge} \sqrt{2}(1 - \cos\omega t). \qquad (2.25)$$

Sie beginnt zum Zeitpunkt der Löschung mit dem Wert Null und erreicht eine Halbschwingung später den zweifachen Scheitelwert der speisenden Spannung. Der Schalter vermag, da auch die Spannungssteilheit zunächst Null ist, annähernd bei galvanischer Trennung den Lichtbogen zu löschen. Es ist jedoch dafür zu sorgen, daß der Anstieg der Spannungsfestigkeit der Schaltstrecke auch bei diesen kleinen Kontaktabständen schnell genug vor sich geht, damit der Schalter der dielektrischen Beanspruchung durch die ansteigende Spannung standhält.

Bricht die dielektrische Festigkeit der Schaltstrecke zusammen (Zeitpunkt t_1 in Bild 2.14) so führt diese Durchzündung zu einer Umladung der kapazitiven Last C über die speiseseitige Induktivität L. Dabei fließt erneut ein Strom über die Schaltstrecke, der, je nach Frequenz und Löschvermögen des Schalters, im nächsten, spätestens übernächsten Stromnulldurchgang unterbrochen wird.

Diese Durchzündung entspricht dem Einschalten eines kapazitiven Kreises mit L und R.

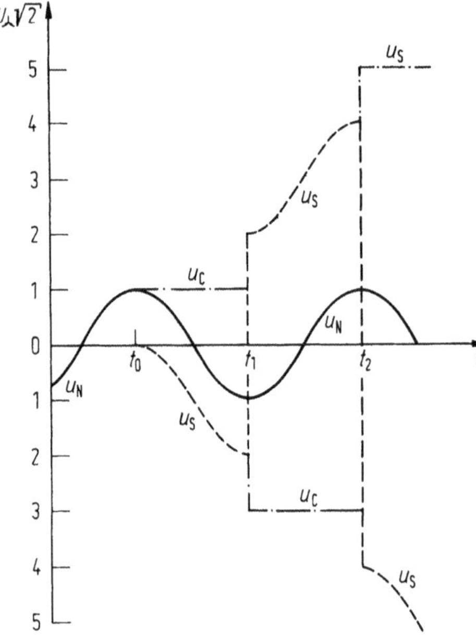

Bild 2.14. Spannungs- und Stromverlauf beim einpoligen Schalten mit Rückzündung. u_N Netzspannung, u_C Spannung am Kondensator C, u_S Spannung über Schaltstrecke, t_0 Löschung, t_1 1. Rückzündung, t_2 2. Rückzündung

Während der ersten Hälfte der Halbschwingng des Ausgleichsstromes i wird der Kondensator C entladen und auf den jetzt herrschenden Wert der Netzspannung geführt. Während der zweiten Hälfte der Halbschwingung wird der Kondensator entgegengesetzt aufgeladen. (Elektrische Energie des Kondensators umgesetzt in magnetische Energie in L, schwingt wieder zurück in C.)

Tritt die Durchzündung, wie gezeichnet, im Scheitelwert der Netzspannung u_N auf und wird die Dämpfung vernachlässigt, so liegt nach der Unterbrechung des Ausgleichsstromes der Scheitelwert der dreifachen Netzspannung – $3U_\curlywedge\sqrt{2}$ – am Kondensator.

Nach der weiteren Halbschwingung der betriebsfrequenten Spannung erreicht die Spannung u_S über die Schaltstrecke den vierfachen Scheitelwert der Netzspannung $U_\curlywedge$. Würde sich der Vorgang der Durchzündung jetzt wiederholen, so würde der Kondensator die Spannung $u_C = 5U_\curlywedge\sqrt{2}$ annehmen. Dies zeigt die Gefahr, die derartige Durchzündungen für die Spannungsfestigkeit von Kondensatoren darstellen. Gleichzeitig steigt die Amplitude der Ausgleichsströme, die schließlich zu einer hohen dynamischen Beanspruchung führen.

Durchzündungen, die wie im beschriebenen Beispiel später als eine Viertelperiode nach der ursprünglichen Stromunterbrechung auftreten, werden als „Rückzündung“ bezeichnet. Tritt eine Durchzündung vor Ablauf der Viertelperiode, d.h. vor dem ersten auf die Löschung folgenden Nulldurchgang der Netzspannung u_N auf, so ist dies eine „Wiederzündung“. Wegen des geringen Momentanwertes der an den Schalterkontakten anstehenden Spannung führen Wiederzündungen nur zu Kondensatorspannungen, die nicht höher als der doppelte Scheitelwert der treibende Spannung werden.

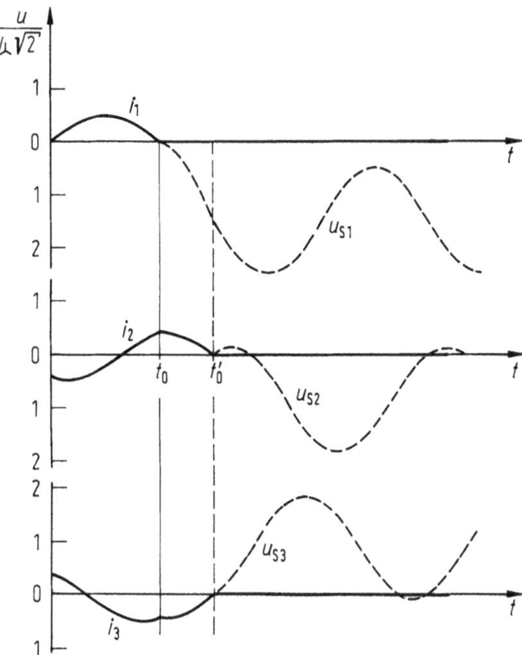

Bild 2.15. Abschalten kapazitiver Ströme. Strom- und Spannungsverlauf beim dreipoligen Schalten mit ungeerdetem Sternpunkt. t_0 Stromunterbrechung in Phase *1*, t_0' Stromunterbrechung in Phasen *2* und *3*

2.1.5.2 Dreipolige Ausschaltung (Bild 2.15)

Sind sowohl der Netz- als auch der Kondensatorsternpunkt geerdet, so wird der Strom in allen drei Phasen unabhängig voneinander mit 1/6 Periode Abstand im natürlichen Stromnulldurchgang unterbrochen. Jede Phase verhält sich wie ein eigener einpoliger Kreis.

Ist jedoch der Netzsternpunkt oder der Kondensatorsternpunkt erdfrei, oder sind beide Sternpunkte nicht geerdet, so tritt, ähnlich wie beim Schalten induktiver Ströme, bei der Stromunterbrechung im erstlöschenden Pol eine Sternpunktverschiebung auf.

Bis zur gleichzeitigen Unterbrechung der Ströme in den beiden letztlöschenden Phasen erhält man an den Kontakten des erstlöschenden Poles demzufolge eine Erhöhung der wiederkehrenden betriebsfrequenten Spannung auf das 1,5-fache.

Für den Zeitraum nach der Stromunterbrechung in den letztlöschenden Polen ergibt sich bei nicht geerdetem Sternpunkt für die drei Phasen der Spannungsverlauf:

$$\begin{aligned} u_{S1} &= U_\perp \sqrt{2}\left[\frac{3}{2}\,\frac{1}{1-\omega^2 LC} - \cos\omega t\right], \\ u_{S2} &= U_\perp \sqrt{2}\left[\frac{\sqrt{3}}{2}\,\frac{1}{1-\omega^2 LC} - \cos(\omega t - 120°)\right], \qquad (2.26) \\ u_{S3} &= -U_\perp \sqrt{2}\left[\frac{\sqrt{3}}{2}\,\frac{1}{1-\omega^2 LC} - \cos(\omega t - 120°)\right]. \end{aligned}$$

In den einzelnen Phasen können also maximal die Scheitelwerte

$$\hat{u}_{S1} = 2{,}5\ U_{\curlywedge} \sqrt{2},$$

$$\hat{u}_{S2} = \hat{u}_{S3} = 1{,}866\ U_{\curlywedge} \sqrt{2}$$

auftreten (Bild 2.15).

2.1.5.3 Einschalten einer Kapazität

Würde im rein kapazitiven Kreis eingeschaltet, d.h. bleiben die Induktivität und der Widerstand der Speiseseite unberücksichtigt, so wäre der Kondensator innerhalb der Zeit Null auf den Momentanwert der treibenden Spannung im Zuschaltaugenblick aufgeladen. Theoretisch träte ein Ausgleichsstrom unendlich großer Amplitude auf, der während einer unendlich kurzen Zeit fließt. In der Praxis bewirkt die auf der Speiseseite stets vorhandene Induktivität L einen Ausgleichsvorgang, der infolge der zwangsläufig vorhandenen ohmschen Widerstände R gedämpft verläuft. Dennoch ist der Ausgleichsstrom im allgemeinen groß gegenüber dem betriebsfrequenten Strom und bestimmt somit die Beanspruchung des Schalters.

Wird im Zeitpunkt t_0 der Stromkreis geschlossen (Bild 2.16), so ergibt sich der Ausgleichsstrom i zu

$$i = (u_{N0} - u_{C0}) \frac{1}{\sqrt{\frac{L}{C} - \frac{R^2}{4}}} \exp\left(-\frac{R}{2L}t\right) \sin \omega_e t, \tag{2.27}$$

a

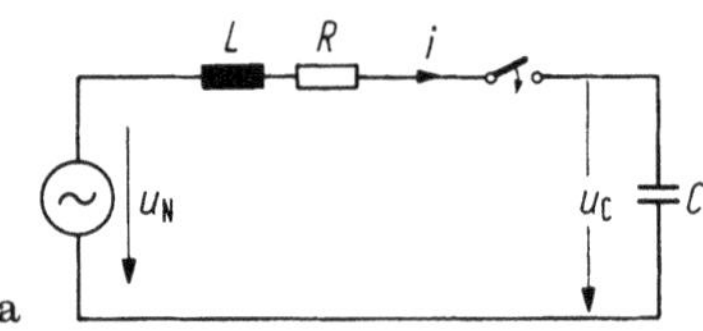

b

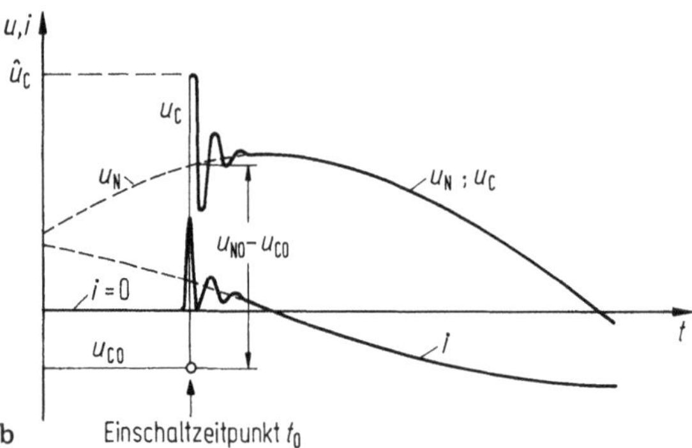

Bild 2.16. Einschalten einer Kapazität im Kreis mit L und R

mit der Eigenfrequenz

$$\omega_e = \sqrt{\frac{1}{LC} - \left(\frac{R}{2L}\right)^2};$$

u_{C0}, Spannung, auf die der Kondensator vor dem Schließen aufgeladen war; u_{N0} Momentanwert der Netzspannung im Zeitpunkt t_0.

In vielen Fällen kann die Dämpfung durch den Widerstand R vernachlässigt werden, so daß allein der Schwingungswiderstand $\sqrt{L/C}$ wirksam bleibt und die Eigenfrequenz den Wert

$$\omega_e \approx \sqrt{\frac{1}{LC}}$$

annimmt. Unter diesen Bedingungen ergibt sich der höchste Wert des Ausgleichsstromes beim Zuschalten im Maximum der treibenden Spannung $\hat{u}_{N0} = U_{\curlywedge}\sqrt{2}$:

$$i = (\hat{u}_{N0} - u_{C0})/\sqrt{L/C}. \qquad (2.28)$$

Durch den Ausgleichsstrom wird die Kapazität C umgeladen. Die Spannung u_C kann dabei, abhängig von der Wirksamkeit der Dämpfung, maximal den doppelten Momentanwert der treibenden Spannung annehmen. Die größte Amplitude der Kondensatorspannung erreicht den Wert

$$\hat{u}_C = (u_{N0} - u_{C0})\left[1 + \exp\left(-\frac{\pi\sqrt{LC}}{\sqrt{(2L/R)^2 - LC}}\right)\right]. \qquad (2.29)$$

Im ungünstigsten Fall, d.h. beim Zuschalten im Maximum der treibenden Spannung, ist dies für $R=0$ der doppelte Scheitelwert.

Um die Amplitude von Überspannungen beim Einschalten einer Kapazität, z.B. einer unbelasteten Freileitung, zu begrenzen, werden Hochspannungs-Leistungsschalter mit Einschaltwiderständen ausgerüstet. In den Kreis wird zunächst über die Hilfsschaltstrecke S_H (Bild 2.17) ein Widerstand R_S eingeschaltet, der auf die Daten des übrigen Kreises abgestimmt ist. Nachdem der Ausgleichsvorgang abgeklungen ist, schließt die Hauptschaltstrecke S. Die Abstimmung des Widerstandes R_S erfolgt so, daß auch beim Schließen von S keine unzulässig hohen Spannungsamplituden auftreten.

Schaltüberspannungen werden auch vermieden durch Zuschalten im Augenblick des Spannungsnulldurchganges. Die Steuerung dieser Synchron-

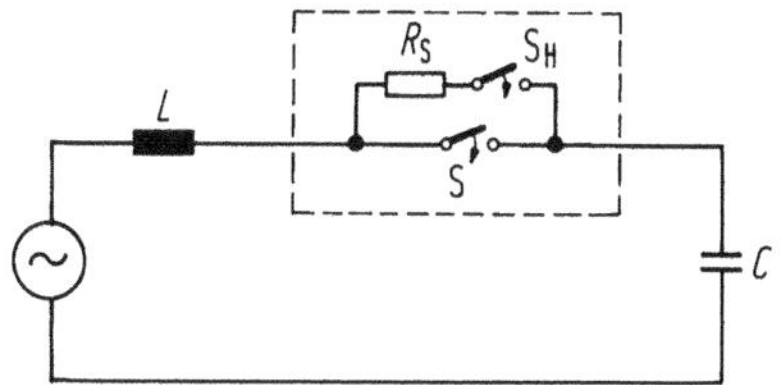

Bild 2.17. Leistungsschalter mit Einschaltwiderstand. S Hauptschaltstrecke, S_H Hilfsschaltstrecke, R_S Einschaltwiderstand

schalter muß jedoch so erfolgen, daß im dreiphasigen Netz jeder einzelne Pol des Schalters im Nulldurchgang seiner Phase einschaltet.

2.1.5.4 Parallelschalten von Kondensatoren

Das Zuschalten weitere Kondensatoren zu einem bestehenden kapazitiven Kreis bringt eine erhöhte Beanspruchung für den Schalter, da der zugeschaltete Kreis im allgemeinen nur eine kleine Induktivität L_2 hat. Die den Ausgleichsstrom begrenzende Wirkung der Netzinduktivität entfällt.

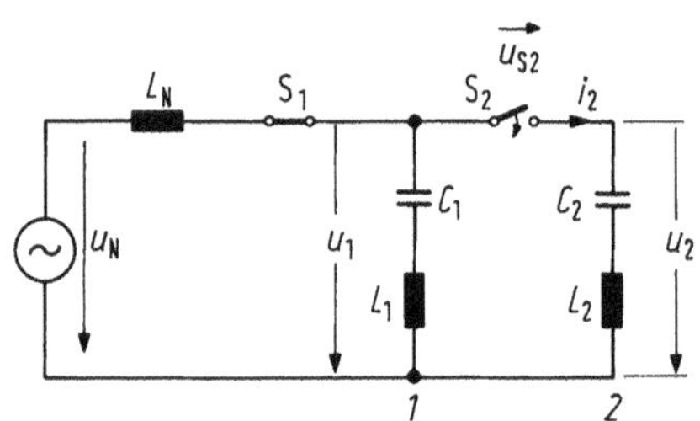

Bild 2.18. Parallelschalten von Kondensatoren zum kapazitiven Kreis

Bild 2.18 zeigt das einpolige Ersatzschaltbild. Die Induktivität L_1, die der Kapazität C_1 zugeordnet ist, ist bei Betrachtung des einfachen kapazitiven Kreises der Netzinduktivität L_N zugeschlagen worden. Da die Induktivitäten L_1 und L_2 klein sind gegenüber der Netzinduktivität L_N, wird in erster Näherung die Kapazität C_2 von der Kapazität C_1 geladen. Der zu betrachtende Ausgleichsvorgang spielt sich zwischen den Zweigen *1* und *2* ab, Dämpfungswiderstände sind kaum wirksam.

Zur Ermittlung der einzelnen Beanspruchungswerte lassen sich unmittelbar die Gleichungen verwenden, die für das Einschalten eines einpoligen kapazitiven Kreises gelten. Die Kapazität C_2 sei vor dem Schließen des Schalters S_2 ungeladen. An seinen Kontakten liegt die Spannung

$$u_{S2} = u_1 = u_N \frac{1}{1-\omega^2 L C_1},$$

mit

$$L = L_N + L_1.$$

Im Augenblick φ_E wird der Zweig *2* zugeschaltet. Im Zuschaltaugenblick hat die Spannung u_{S2} den Wert

$$u_{S20} = u_{S2} \sin \varphi_E.$$

Der Ausgleichsstrom beträgt

$$i_2 = u_{S20} \frac{1}{\sqrt{(L_1+L_2)\left(\frac{1}{C_1}+\frac{1}{C_2}\right)}} \sin \omega_{e2} t, \qquad (2.30)$$

mit der Eigenfrequenz

$$\omega_{e2} = \sqrt{\frac{1}{L_1 + L_2}\left(\frac{1}{C_1} + \frac{1}{C_2}\right)}.$$

Tritt ein Vorüberschlag im Scheitelwert der Spannung u_{S2} auf, so ist $\sin\varphi_E = 1$ und der Ausgleichsstrom hat seine größte Anfangssteilheit und den höchstmöglichen Scheitelwert. Da, wie erwähnt, $(L_1 + L_2) < L_N$, kann in diesem Fall der Scheitelwert des Ausgleichstromes sogar wesentlich größer als der des Netzkurzschlußstromes werden. Eine Reduktion des Ausgleichsstromes ist in praktischen Fällen nur durch Einschalten einer Zusatz-Induktivität zwischen den beiden Kapazitäten C_1 und C_2 möglich.

2.1.6 Strombegrenzende Schalter, Gleichstromschalter

2.1.6.1 Erhöhung der Lichtbogenspannung

Der Lichtbogen mit seinem Spannungsabfall hat auf den im geschalteten Kreis fließenden Strom den gleichen Effekt wie eine zusätzliche Impedanz: der Strom wird entsprechend verringert. Dieser Effekt ist umso ausgeprägter, je höher die Lichtbogenspannung im Verhältnis zur treibenden Spannung des Stromkreises ist. Ist die Lichtbogenspannung höher als die treibende Spannung, so wird der Strom nach Null gezwungen (Bild 2.19a). Im Wechselstromkreis werden damit Amplitude und Dauer des Kurzschlußstromes begrenzt (Bild 2.19b). Im Gleichstromkreis wird auf diese Weise ein Stromnulldurchgang erzwungen, der dem Schalter Gelegenheit zum Unterbrechen des Stromkreises gibt.

Der im Bild 2.19 dargestellte etwa rechteckförmige Verlauf der Lichtbogenspannung u_B wird bei allen strombegrenzenden und Gleichstromschaltern angestrebt. Der im Bild 2.19a gezeigte Stromverlauf läßt sich aus der Beziehung errechnen:

$$i(t) = \frac{u}{R} - \frac{u_B}{R}\left[1 - \exp\left(-\frac{t - t_1}{T}\right)\right]. \tag{2.31}$$

Darin sind: u, treibende Spannung des Stromkreises; R, ohmsche Widerstände im Kreis ohne Schaltlichtbogen; T, Gleichstromzeitkonstante $T = L/R$.

Die Methoden zur Erhöhung der Lichtbogenspannung sind in den Abschnitten 1.1.9 und 1.1.12.4 beschrieben. Sieht man von Sicherungen ab, bei denen eine starke Lichtbogenkühlung durch engen Kontakt mit dem umgebenden Löschsand vorliegt (Abschnitt 3.2.2.4), so bleiben die Löschverfahren zum Gleichstrom-Schalten bzw. zur Kurzschlußstrombegrenzung durch Lichtbogenspannungserhöhung im wesentlichen auf Niederspannungsschalter beschränkt. Dies wird sofort verständlich, wenn man berücksichtigt, daß der Spannungsabfall in der Säule vieler Schaltlichtbögen nur in der Größenordnung 10 bis 50 V/cm liegt und selbst bei starker Löschmittelströmung (Öl) nur auf einige 100 V/cm erhöht werden kann.

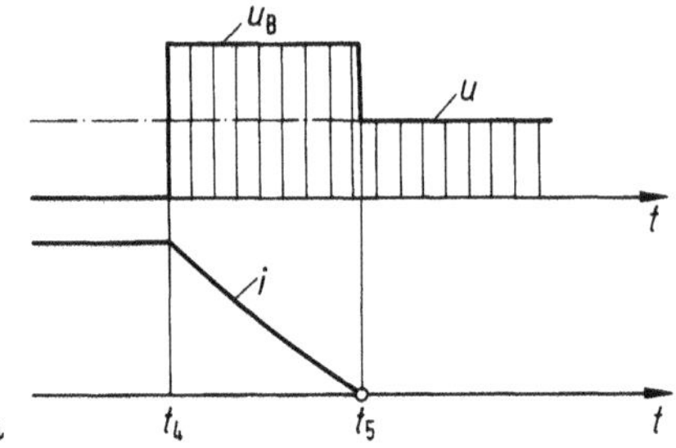

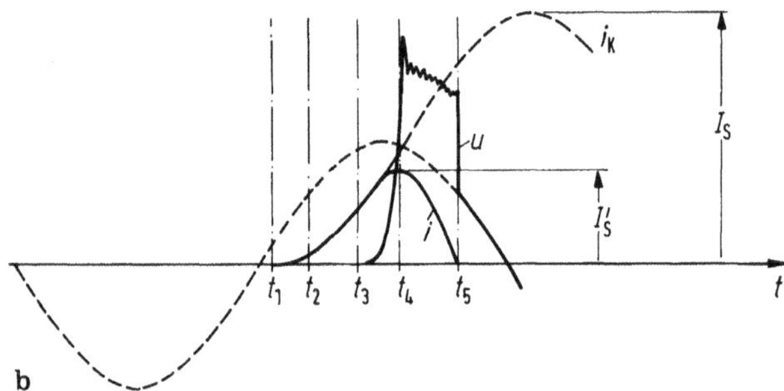

Bild 2.19. Strombegrenzung bzw. Unterbrechen eines Gleichstromes durch Erhöhen der Lichtbogenspannung (nach Erk und Schmelzle). **a** Stromverlauf bei rechteckförmiger Lichtbogenspannung, **b** Ausschaltvorgang (Kurzschlußstrombegrenzung)
u treibende Spannung des Stromkreises, u_B Lichtbogenspannung, i_K unbeeinflußter Strom, i Stromverlauf unter Einfluß der Lichtbogenspannung, I_S unbeeinflußter Wert des Stoßstromes, I'_S von Lichtbogenspannung begrenzter Stoßstrom, t_1 Kurzschlußeintritt, t_2 Auslösung des Schalters, t_3 Kontaktöffnung, t_4 Lichtbogenspannung voll entwickelt, t_5 Stromunterbrechung

2.1.6.2 Schalter mit Parallelzweigen

Für Hochspannungsschalter läßt sich eine Erhöhung des Spannungsabfalls während des Abschaltvorganges durch Einschalten eines Parallelzweiges erreichen. Als Parallelzweig läßt sich ein ohmscher Widerstand oder ein RC-Glied einsetzen. Häufig werden zwei derartige aufeinander abgestimmte Parallelzweige verwendet, um die wirkende Schaltspannung möglichst weit hoch zu treiben.

Anordnung mit Parallelwiderstand (Bild 2.20a)

Vor Beginn der Abschaltung wird der Hilfsschalter s_H, der während des Normalbetriebes geöffnet bleibt, geschlossen. Der Gesamtstrom teilt sich damit auf in

$$i = i_B + i_r = i_B + \frac{u_B}{r}. \tag{2.32}$$

Wird der Strom i_B, der über den Lichtbogen des öffnenden Leistungsschalters S_L fließt, so klein, daß er den Bereich des negativen Verlaufes der Spannungs-

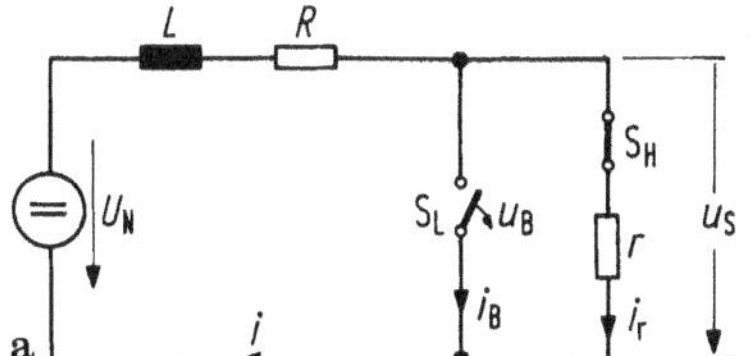

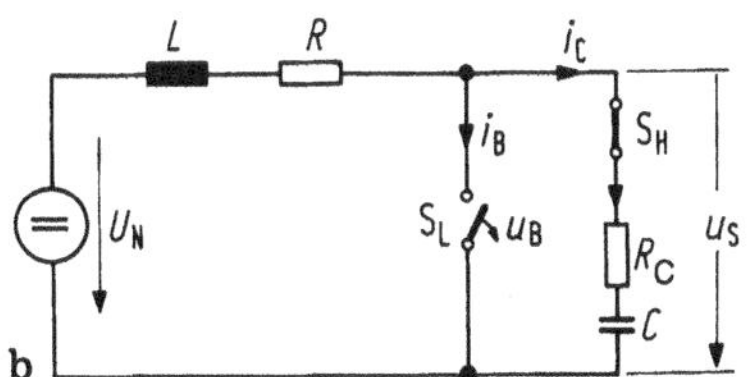

Bild 2.20. Gleichstromschalter mit **a** Parallelwiderstand, **b** Löschkondensator

Strom-Kennlinie des Lichtbogens erreicht, so steigt die Brennspannung u_B an, bis der Strom i_B zu Null geworden ist. Die Größe des Stromes i_r wird durch die Reihenschaltung der Widerstände R und r bestimmt. Dieser Strom muß nun vom Hilfsschalter S_H abgeschaltet werden.

Schalter mit Löschkondensator (Bild 2.20b)

Hier wird dem im Hauptstromkreis fließenden Strom ein Ausgleichsstrom überlagert, so daß der resultierende Strom im Leistungsschalter S_L durch Null geht.

Mit dem Schließen des Hilfsschalters S_H beginnt das Laden des Löschkondensators C. Dieser Vorgang verläuft aperiodisch, wenn die Zeitkonstante

$$\tau = R_C C > 4\frac{L}{R} \tag{2.33}$$

ist. Ist nach der Kontakttrennung des Leistungsschalters S_L die Spannung am Schalter,

$$u_S = U_N \frac{R_C}{R + R_C}, \tag{2.34}$$

kleiner als die dem Strom i_B entsprechende Brennspannung u_B, so unterbricht der Schalter lichtbogenfrei. Anderenfalls verläuft der Vorgang ähnlich dem beim Schalten mit Parallelwiderstand. Bedingung ist jedoch, daß die Kontakttrennung des Schalters S_L vor Ablauf der Zeitkonstante τ erfolgt.

2.1.7 Schaltleistungsprüfung

Die komplexe Natur der Vorgänge bei der Lichtbogenlöschung (vgl. Abschnitt 1) machen eine exakte Berechnung eines Leistungsschalters z.Z. noch unmöglich. Auf theoretischem Wege und in Modellversuchen lassen sich grundlegende Fragen, die die Wechselwirkung des Lichtbogens mit einer Gasströmung, die Löschung des Lichtbogens und die dielektrische Verfestigung der Schaltstrecke im Zusammenhang mit den Daten des elektrischen Kreises betreffen, weitgehend klären. Nach wie vor sind jedoch zur Übertragung der so gewonnenen Ergebnisse auf den Leistungsschalter wesentliche Teile der notwendigen Entwicklungsprüfungen im Originalmaßstab durchzuführen.

Bei der Prüfung von Schaltgeräten sind die gleichen Verhältnisse bezüglich des Strom- und Spannungsverlaufes zu schaffen, wie sie der Schalter bei einem Fehlerfall im Netz vorfindet. Das bedeutet, daß die abzuschaltende Leistung, wie z.B. volle Kurzschlußleistung des Netzes, im Prüffeld bereitzustellen ist. Während dies bei der Prüfung von Niederspannungsschaltern keine grundsätzlichen Schwierigkeiten bringt, müssen zur Prüfung von Mittel- und Hochspannungs-Schaltgeräten Hochleistungsprüffelder mit Generatoren entsprechend hoher Kurzschlußleistung ausgerüstet sein. Die Anschaffung und der Betrieb solcher Generatoren ist mit einem beachtlichen finanziellen Aufwand verbunden. Daraus ergibt sich von selbst, daß direkte Prüfungen unter Verwendung solcher Generatoren nur bis zu einer begrenzten Leistung wirtschaftlich vertretbar sind. Zur Zeit stehen Prüffelder mit einer direkten maximalen dreipoligen Kurzschlußleistung von ca. 8400 MVA zur Verfügung.

Die Prüfung von Leistungsschaltern mit höherem Ausschaltvermögen erfordert den Einsatz „synthetischer“ Prüfschaltungen. Dabei nutzt man folgende physikalische Erscheinungen:

Im Kurzschlußfall wird der Schalter vor der Stromunterbrechung durch Verlauf und Höhe des Kurzschlußstromes, und nach der erfolgreichen Stromunterbrechung durch Steilheit und Scheitelwert der an den Schalterklemmen einschwingenden Spannung beansprucht. Während der Dauer des Kurzschlußstromes tritt an den Schalterklemmen nur die Lichtbogenspannung auf. Nach der Stromunterbrechung kann, abhängig vom Löschsystem des Leistungsschalters, während max. einiger Millisekunden ein Nachstrom fließen, der in der Größenordnung von einigen 100 mA bis wenige Ampere liegt.

Aus Vorstehendem folgt, daß ein synthetischer Prüfkreis mindestens aus zwei Teilkreisen besteht: Dem Hochstromkreis, der den vollen Kurzschlußstrom bei einer relativ kleinen treibenden Spannung liefert, und dem Hochspannungskreis.

Bild 2.21 zeigt den grundsätzlichen Aufbau einer synthetischen Prüfschaltung. Der Hochstromkreis (dick ausgezogen) wird vom Generator G gespeist; als Spannungsquelle des Hochspannungskreises wirkt die Kapazität C, die über die Funkenstrecke F zugeschaltet wird. Die wichtigste Forderung für das Zusammenwirken beider Kreise ist der stetige Übergang von der Phase des Stromflusses zu der der Einschwingspannung. Die Realisierung dieser Forderung führte in der Praxis zu den zwei verschiedenen Prinzipien der synthetischen Prüfschaltungen:

- Schaltungen nach dem Prinzip der Stromüberlagerung (Stromüberlagerungskreis). Hier erfolgt die Zuschaltung des Hochspannungskreises vor der Unterbrechung des Kurzschlußstromes.
- Schaltungen nach dem Prinzip der Spannungsüberlagerung (Spannungsüberlagerungskreis). Hier wird die Einschwingspannung unmittelbar nach der Stromunterbrechung noch vom Hochstromkreis geliefert. Gesteuert von diesem Spannungsverlauf wird definiert der Hochspannungskreis zugeschaltet.

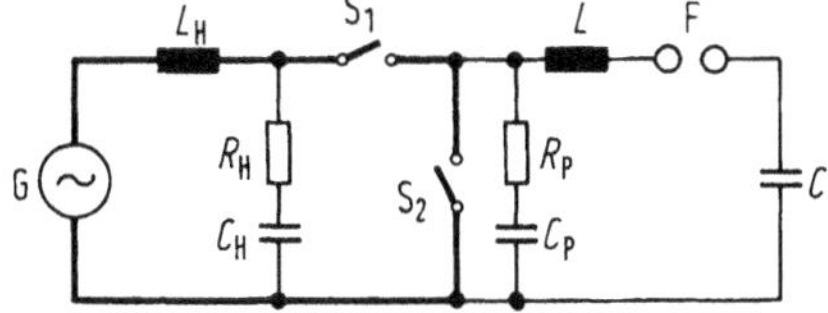

Bild 2.21. Synthetische Prüfschaltung: Prinzipschaltbild

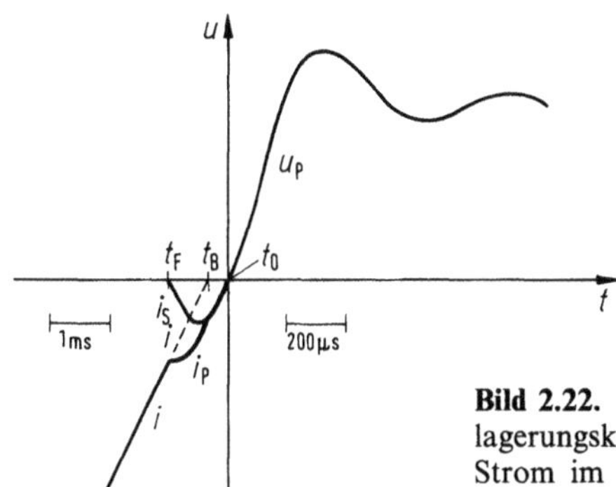

Bild 2.22. Strom- und Spannungsverlauf im Stromüberlagerungskreis parallel zum Prüfschalter S_2. i_p resultierender Strom im Prüfschalter, i Strom des Hochstromkreises, i_s Schwingstrom des Hochspannungskreises, u_p Einschwingspannung am Prüfschalter

Der Verlauf der vom Hochspannungskreis gelieferten Einschwingspannung wird durch die Elemente C, L, C_P und R_P bestimmt. Darüber hinaus sind in der Spannungsüberlagerungsschaltung die Elemente L_H, C_H und R_H des Hochstromkreises für den Anfangsverlauf der Einschwingspannung maßgebend.

Bei jedem der beiden Prinzipien der synthetischen Prüfschaltung kann der Hochspannungskreis parallel oder in Reihe mit dem Prüfschalter liegen. Im ersten Fall ist S_2 der Prüfschalter, währen S_1 als Hilfs- oder Blockierschalter den Hochstromkreis gegen die Spannung des Hochspannungskreises abschirmt. Bei einer Reihenschaltung ist S_1 der Prüfschalter und der Hilfs- oder Blockierschalter S_2 verhindert, daß der Hochspannungskreis sich kurzschließt.

Bild 2.22 zeigt als Beispiel den Strom- und Spannungsverlauf im Stromüberlagerungskreis. Zum Zeitpunkt t_F zündet die Funkenstrecke. Der vom Hochspannungskreis gelieferte Schwingstrom i_S überlagert sich im Prüfschalter dem Strom i des Hochstromkreises. Nachdem der Hilfsschalter den Strom des Hochstromkreises in seinem natürlichen Nulldurchgang zum Zeitpunkt t_B unterbrochen hat, wirkt allein der Hochspannungskreis auf den Prüfschalter. Nach Unterbrechen des resultierenden Stromes i_P tritt an den Klemmen des Prüfschalters die volle Einschwingspannung u_P auf.

Im Spannungsüberlagerungskreis schalten Prüfschalter und Hilfsschalter den Strom des Hauptkreises gleichzeitig (Bild 2.23). Der Hilfsschalter ist mit einer Kapazität (in Bild 2.21 nicht dargestellt) überbrückt, so daß nach der Stromunterbrechung die Spannung u_H an den Klemmen des Prüfschalters einschwingen kann. Nachdem die Funkenstrecke F im Zeitpunkt t_F gezündet hat, liegen Hochstromkreise und Hochspannungskreis in Reihe, so daß sich

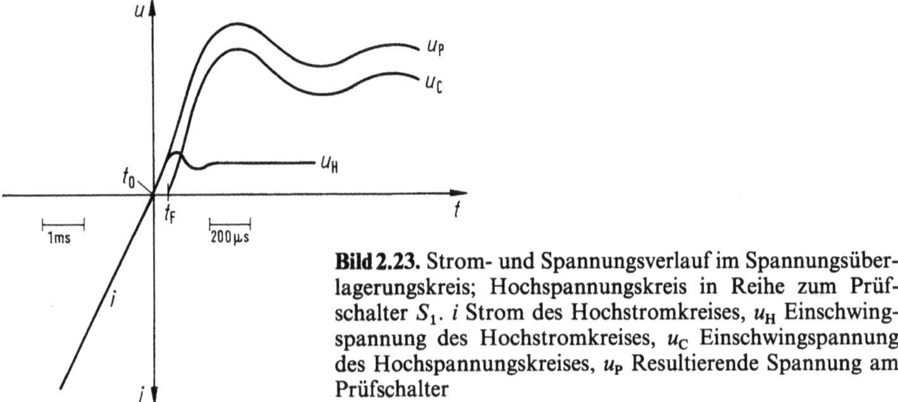

Bild 2.23. Strom- und Spannungsverlauf im Spannungsüberlagerungskreis; Hochspannungskreis in Reihe zum Prüfschalter S_1. i Strom des Hochstromkreises, u_H Einschwingspannung des Hochstromkreises, u_C Einschwingspannung des Hochspannungskreises, u_P Resultierende Spannung am Prüfschalter

ihre Spannungsverläufe u_H und u_C zur resultierenden Einschwingspannung u_P an den Klemmen des Prüfschalters addieren.

2.2 Stromtragfähigkeit und Erwärmung

Die Erwärmung eines Schaltgerätes ist bedingt durch

1. den Strom und den Spannungsabfall in den an der Stromführung beteiligten festen und beweglichen Teilen;
2. den Stromübergang an fest miteinander verbundenen Kontaktflächen;
3. den Stromübergang an Kontaktflächen, die beweglich sein müssen;
4. durch induzierte Ströme in Bauteilen, die die Strombahn ganz oder teilweise umgeben, z.B. in Gehäusen oder Flanschen.

Schaltgeräte werden thermisch im allgemeinen nach ihrer Dauerstrom-Tragfähigkeit (Nennstrom) bemessen. Die zulässigen Übertemperaturen richten sich danach, ob die Temperaturerhöhung

1. eine Vergrößerung des Übergangswiderstandes von Kontaktstellen zur Folge haben kann, wie dies beispielsweise durch Oxidbildung auf Kupfer der Fall ist;
2. Metallteile in ihrer Funktion beeinträchtigen kann. (Ein Beispiel ist das Ausglühen von stromdurchflossenen Federn);
3. Isolierstoffe oder Dichtungselemente beschädigen kann;
4. Isolier- und Löschmedien (Öl oder SF_6) teilweise zersetzen kann.

Dabei sind äußere Einflüsse, wie Sonneneinstrahlung, zu berücksichtigen.

Die Kurzschlußstrom-Tragfähigkeit ist im wesentlichen bedingt durch die Ausbildung und Anzahl der Kontaktflächen sowie durch den örtlichen Kontaktdruck und die Stromführung in den beweglichen Teilen. Es ist anzustreben, daß eine möglichst große Zahl von Kontaktstellen geschaffen wird. Dies kann entweder geschehen durch mehrere parallele Kontakte oder durch eine große wirksame Kontaktfläche, die ihrerseits in viele kleine

Kontaktpunkte aufgeteilt ist. Letzteres wird sowohl durch die Formgebung der Kontaktfläche als auch durch die Größe der Kontaktkraft erreicht.

Die Kurzschlußstrom-Tragfähigkeit wird durch eine Stoßstrom- und eine Kurzzeitstrom-Prüfung nachgewiesen. Bei der Stoßstromprüfung ist bei Schaltern >1 kV das geschlossene Schaltgerät mit einem Strom zu beanspruchen, dessen Scheitelwert gleich dem 2,5-fachen bzw. 2,7-fachen Effektivwert des Nenn-Kurzschlußstromes ist (s. Bild 2.1). In der Kurzzeitstromprüfung fließt der Nenn-Kurzschlußstrom während einer vorgesehenen Zeit, die im allgemeinen für Schaltgeräte und -anlagen 1 s oder 3 s beträgt.

Temperaturanstieg und -abfall eines Geräteteiles verlaufen nach einer Exponentialfunktion. Betrachtet man ein Bauteil näherungsweise als unendlich langen homogenen Körper mit konstantem Querschnitt A, der dementsprechend in allen Teilen gleichmäßig erwärmt wird, so läßt sich aus der Wärmeleitungsgleichung folgende Exponentialfunktion für den Temperaturanstieg ableiten:

$$\Delta\vartheta(t)=\frac{aA}{\alpha s}\left[1-\exp\left(-\frac{\alpha s}{cA}t\right)\right] \tag{2.35}$$

mit α Wärmeübergangszahl, W/cm^{2}K; s Umfang des Leiters, cm; c spezifische Wärmekapazität, Ws/cm^{3}K; a ist die pro Volumen- und Zeiteinheit zugeführte Energie. Handelt es sich um Aufheizung durch Joulesche Wärme, so gilt

$a=j^2\cdot\varrho$, j Stromdichte, A/cm^2; ϱ spezifischer Widerstand, Ωcm.

In der Wärmeübergangszahl α ist die Wärmeabfuhr durch Strahlung und Konvektion zu berücksichtigen.

Aus obiger Gleichung läßt sich die Zeitkonstante der Erwärmungskurve

$$\tau=\frac{cA}{\alpha s} \tag{2.36}$$

und die Endübertemperatur des Bauteils

$$\vartheta_e=\frac{aA}{\alpha s} \tag{2.37}$$

ableiten. Damit ergibt sich für den Zusammenhang zwischen Endübertemperatur und Stromstärke im Dauerbetrieb

$$I=\sqrt{\frac{\alpha A s}{\varrho}\vartheta_e}. \tag{2.38}$$

Bei Belastung durch Kurzzeitströme ($t\ll\tau$) geht Gl. (2.35) über in

$$\Delta\vartheta(t)=(aA/\alpha s)\cdot(t/\tau)=j^2t\cdot(\varrho/c) \tag{2.39}$$

In diesem Fall („adiabate Erwärmung“, Wärmeabfuhr vernachlässigbar) hängt die Übertemperatur von j^2t bzw. bei vorgegebenem Querschnitt von I^2t ab. Bild 2.24 zeigt diesen Zusammenhang für gebräuchliche Materialien unter Berücksichtigung der Temperaturabhängigkeit der Materialwerte. Einer zulässigen Übertemperatur ist ein maximaler I^2t-Wert zugeordnet.

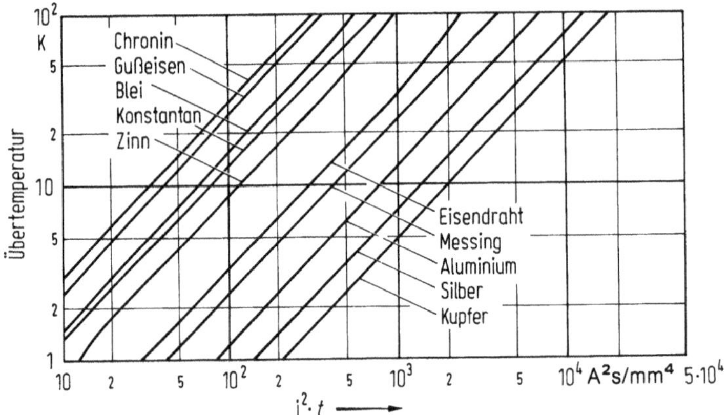

Bild 2.24. Erwärmungskurven der gebräuchlichsten Leiterwertstoffe bei kurzzeitiger Belastung und konstanter Stromstärke

Für die Umrechnung der Kurzzeitstromtragfähigkeit wird von der Beziehung $I^2 \cdot t = \text{const}$ ausgegangen. Damit ergibt sich

$$I_2 = I_1 \cdot \sqrt{\frac{t_1}{t_2}}. \tag{2.40}$$

Bei höheren Frequenzen bzw. bei Kurzschlußströmen mit Stromsteilheiten von mehreren A/µs ist mit zusätzlicher Joulescher Wärme durch Stromverdrängung zu rechnen.

In Eisenteilen, die die Strombahn umschließen, tritt Erwärmung durch Wirbelstromverluste auf:

$$P_\text{w} = \frac{1}{24} \sigma \omega^2 d^2 B_\text{m}^2 V \quad F(x). \tag{2.41}$$

Hier bedeuten: σ elektrische Leitfähigkeit in S/cm; $\omega = 2\pi f$; d Dicke des Eisenringes in cm; V Volumen des Eisenringes in cm^3; $B_\text{m} = \mu_0 \mu_\text{r} H$ Mittelwert der Induktion.

Die Funktion $F(x)$ mit

$$x = d\sqrt{\pi f \sigma \mu_0 \mu_\text{r}} \tag{2.42}$$

ist in Bild 2.25 dargestellt.

Die Erwärmung durch Lichtbögen wird im Abschnitt 1.2.5 behandelt.

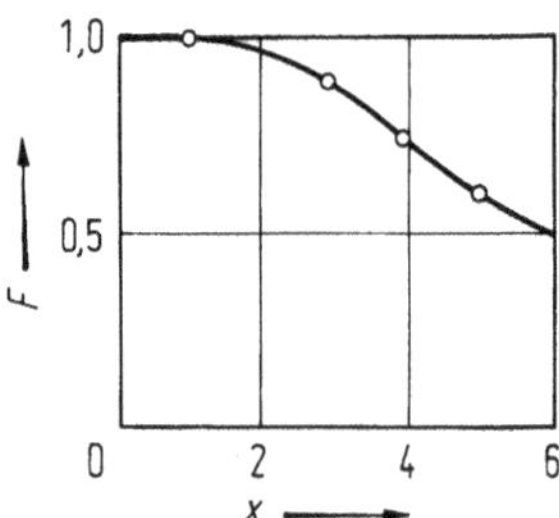

Bild 2.25. Zur Berechnung der Wirbelstromverluste

2.3 Zuverlässigkeit, Fehlerraten

Je komplexer technische Geräte oder Systeme werden, desto wichtiger werden systematische Zuverlässigkeitsuntersuchungen. Im zivilen Bereich ergab sich diese Notwendigkeit erstmals bei Großrechnern, die zunächst infolge der großen Bauelementezahl mittlere ausfallfreie Zeiten von nur wenigen Stunden aufwiesen.

Die Versorgungssicherheit elektrischer Netze erfordert ähnliche Betrachtungen, insbesondere hinsichtlich der Zuverlässigkeit der Schaltgeräte. Hinzu kommt, daß Leistungsschalter gleichzeitig eine Schutzfunktion zu übernehmen haben, und daß es im allgemeinen nicht möglich ist, derartige Geräte redundant einzusetzen, wie dies bei elektronischen Systemen häufig der Fall ist.

Unter der Zuverlässigkeit eines Gerätes versteht man „seine Fähigkeit, eine oder mehrere geforderte Funktionen unter vorgegebenen Bedingungen während einer bestimmten Zeitdauer zu erfüllen". Für Schaltgeräte bedeutet dies, daß sie in der Lage sein müssen, im Rahmen ihrer Nennwerte ordnungsgemäß Ströme einzuschalten, zu tragen oder auszuschalten sowie im geöffneten Zustand, gegen Erde und zwischen den Phasen Spannung zu führen. Die vorgegebenen Bedingungen umfassen darüber hinaus die von Vorschriften und Spezifikationen niedergelegten klimatischen, mechanischen und elektrischen Bedingungen, unter denen Geräte eingesetzt werden dürfen und unter denen sie zu prüfen sind.

Die Definition des Fehlers orientiert sich an dieser Definition der Zuverlässigkeit. Entsprechend einer Festlegung, die von CIGRE getroffen wurde. Unterscheidet man zwischen Schäden (minor failures) und Störungen (major failures).

Störungen sind Fehler, die beim im Betrieb befindlichen Schalter den Verlust von wenigstens einer wesentlichen Funktion des Schalters bedeuten oder die seine Außerbetriebnahme innerhalb von maximal 30 min erfordern,

z.B. schaltet auf Kommando nicht ein oder aus; schaltet ohne Kommando ein oder aus; fällt in Funktionssperre durch Druckverlust; Überschlag gegen Erde usw.

Schäden sind alle im Betrieb festgestellten Fehler, die keine Störungen sind, d.h., die Außerbetriebnahme des Schaltgerätes zur Reparatur ist nicht innerhalb von 30 min erforderlich.

Oft entscheidet allerdings der Betrieb durch seine Handlungsweise, ob ein Fehler als Störung oder als Schaden gezählt werden muß; z.B. langsamer Gasverlust. Weitere typische Schäden sind z.B. Ölundichtigkeit, Fehler an nicht funktionsentscheidenden Konstruktionselementen oder Baugruppen.

Die Fehlerhäufigkeit, die letztlich das Maß für die Zuverlässigkeit eines Gerätes darstellt, wird durch den „mittleren Fehlerabstand" ($MTBF$ = mean time between failures) ausgedrückt. Die $MTBF$ wird in Jahren gemessen. Den Kehrwert $1/MTBF$ bezeichnet man als Ausfallrate λ, mit der Einheit Fehler/(Gerät · Jahr). Eine Ausfallrate von 5% entspricht einer $MTBF = 20$ Jahren für das betreffende Gerät.

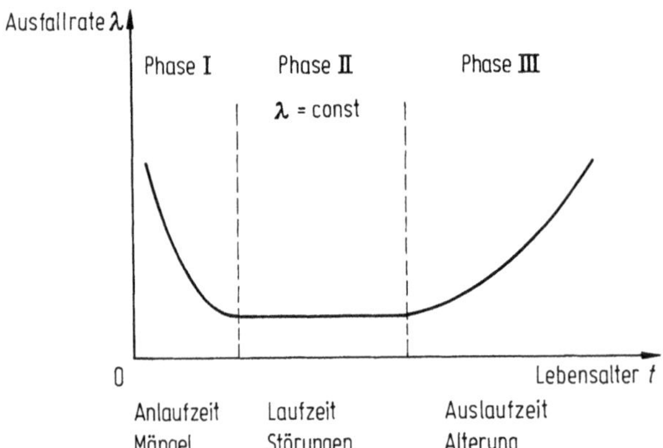

Bild 2.26. Ausfallrate während der Lebenszeit eines Gerätes („Badewannenkurve")

Trägt man die Ausfallrate λ über der Zeit auf, so erhält man die sogenannte „Badewannenkurve" (Bild 2.26).

Man unterscheidet dabei die Bereiche der Frühausfälle (*I*), der Zufallsausfälle (*II*) und der Abnutzungsausfälle (*III*). Der Bereich (*III*) wird erfahrungsgemäß bei Leistungsschaltern nicht erreicht.

Für Schaltaufgaben mit hohen Schaltspielzahlen werden im allgemeinen Schütze eingesetzt. Hier kann die Schaltstücklebensdauer durchaus die die Geräteauswahl bestimmende Größe sein. Während man bei Leistungsschaltern von einigen 10^3 zulässigen mechanischen Schaltspielen oder Nennstromschaltungen ausgeht, liegt die Schaltstücklebensdauer von Schützen – je nach Betriebsweise und zu schaltendem Strom – in der Größenordnung 10^5 bis 10^6.

Im mittleren Teil der „Badewannenkurve" ist die Zuverlässigkeit am größten, die Ausfallrate also am kleinsten und dabei etwa konstant. In diesem Bereich kommen die Ausfälle durch das statistische Zusammenwirken vieler voneinander unabhängiger Faktoren zustande.

In der CIGRE-Studie [11] wurden die Daten von 22000 Leistungsschaltern mit Nennspannungen ab 63 kV mit 78000 Schalterbetriebsjahren ausgewertet. Es ergab sich eine mittlere Ausfallrate von 0,016 Störungen bzw. 0,036 Schäden pro Schalterbetriebsjahr, d.h. die *MTBF* lag bei 60 bzw. 28 Jahren.

Die Störungen waren zu 70% mechanischer Art, zu 19% wurden sie von Hilfs- und Steuerkreisen und zu 11% durch ungenügendes Isolier- oder Schaltvermögen verursacht. Die entsprechende Verteilung für die Schäden lautet 85%, 12% und 3%.

2.4 Zusammenstellung von VDE-Bestimmungen für Schaltgeräte

2.4.1 Bestimmungen für Niederspannungsschaltgeräte

DIN VDE 0660

- Teil 101: Leistungsschalter bis 1000 V Wechselspannung oder 1200 V Gleichspannung
- Teil 102: Schütze bis 1000 V Wechselspannung oder 1200 V Gleichspannung
- Teil 103: Wechselstromschütze über 1000 V bis 12000 V
- Teil 104: Wechselstrom-Motorstarter bis 1000 V zum direkten Einschalten (unter voller Spannung)
- Teil 105: Wechselstrom-Motorstarter über 1000 V bis 12000 V zum direkten Einschalten (unter voller Spannung)
- Teil 106: Wechselstrom-Motorstarter, Zusatzbestimmung für Stern-Dreieck-Starter (für reduzierte Spannung)
- Teil 107: Lastschalter, Trenner, Lasttrenner und Schalter-Sicherungs-Einheiten
- Teil 108: Leistungsschalter; Ergänzende Anforderungen für Gleichstrom-Leistungsschalter über 1200 V bis 3000 V
- Teil 109: Halbleiterschütze
- Teil 110: Zusätzliche Anforderungen an Schütze zur Erstellung eines Prüfzertifikats
- Teil 112: Zusatzbestimmungen für Lasttrenner, Trenner und Lasttrennschalter über 1000 $V_{\sim}$ bis 10.000 $V_{\sim}$ sowie über 1200 $V_{=}$ bis 3000 $V_{=}$
- Teil 200: Hilfsstromschalter, Allgemeine Anforderungen
- Teil 201: Zusatzbestimmung für Drucktaster und ähnliche Hilfsstromschalter
- Teil 202: Zusatzbestimmung für Drehschalter
- Teil 203: Zusatzbestimmung für Hilfsschütze
- Teil 204: Zusatzbestimmung für automatische Hilfsstromschalter mit Pilotfunktion
- Teil 205: Zusatzbestimmung für Leuchtmelder
- Teil 206: Zusatzbestimmung für Positionsschalter mit Zwangsöffnung (Endlagenschalter)
- Teil 207: Zusatzbestimmung für NOT-AUS-Befehlsgeräte
- Teil 208: Zusatzbestimmung für induktive Näherungsschalter
- Teil 301: Niederspannungs-Motorstarter; Widerstands-Läuferanlasser
- Teil 302: Eingebauter Wärmeschutz; Wärmefühler und Steuergeräte in Wärmeschutzsystemen
- Teil 303: Eingebauter Wärmeschutz; Eigenschaften mit den einzelnen austauschbaren Komponenten, PTC-Halbleiterfühler und Steuergeräte
- Teil 304: Eingebauter Wärmeschutz; Wärmeschutzgeräte in Wärmeschutzsystemen
- Teil 500: Bestimmungen für Schaltgerätekombinationen für Niederspannung

- Teil 502: Bestimmungen für Schaltgeräte-Kombinationen bis 1000 V Wechselspannung oder 1200 V Gleichspannung; Zusatzbestimmungen für Schienenverteiler
- Teil 503: Zusatzbestimmung für Kabelverteilerschränke
- Teil 504: Zusatzbestimmung für typgeprüfte Schaltgerätekombinationen, zu deren Bedienung Laien Zutritt haben
- Teil 12: Schutzleiteranschlüsse
- Teil 13: Isolierstoffklassen
- Teil 14: Zusatzbestimmung für Bahnen
- Teil 99: Anschließbare Leiterquerschnitte

  Beiblatt 1 zu DIN VDE 0660/09.82: Schaltgeräte; Verzeichnis der Normen der Reihe DIN VDE 0660

  Beiblatt 2 zu DIN VDE 0660/06.83: Zitierte und weitere Normen in der Reihe DIN VDE 0660

2.4.2 Bestimmungen für Wechselstrom-Schaltgeräte für Spannungen über 1 kV

DIN VDE 0670:
- Teil 1: Hochspannungs-Wechselstrom-Leistungsschalter
- Teil 101: Allgemeines und Begriffe
- Teil 102: Einstufung
- Teil 103: Konstruktion und Bau
- Teil 104: Typ- und Stückprüfungen
- Teil 105: Auswahl von Leistungsschaltern für den Betrieb
- Teil 106: Angaben in Anfragen, Angeboten, Bestellungen sowie Hinweise für Transport, Aufstellung und Wartung
- Teil 107: Prüfung unter Asynchronbedingungen
- Teil 108: Synthetische Prüfung
- A1: Asynchronbedingungen; Änderung 1
- A2: Einschwingspannung; Änderung 2
- A3: Bestimmung für Ein- und Ausschaltprüfungen; Änderung 3
- Teil 1000: Gemeinsame Bestimmungen für Hochspannungsschaltgeräte
- Teil 2: Wechselstromtrennschalter und Erdungsschalter
- Teil 3: Hochspannungs-Lastschalter
- Teil 301: Hochspannungs-Lastschalter unter 52 kV
- Teil 302: Hochspannungs-Lastschalter ab 52 kV
- Teil 4: Sicherungen, Strombegrenzende Sicherungen
- Teil 4 A2: Strombegrenzende Hochspannungssicherungen bezüglich Öldichtheit
- Teil 4 A3: Strombegrenzende Hochspannungssicherungen
- Teil 4 A4: Strombegrenzende Hochspannungssicherungen; Erwärmungsgrenzen
- Teil 4 A5: Anwendungsbereich
- Teil 4 A6: Zusätzliche Anforderungen bezüglich der Haltekraft und der elektrischen Betriebsbedingungen an Schlagvorrichtungen
- Teil 401: Festlegungen für Hochspannungs-Sicherungseinsätze für Motorstromkreise

- Teil 402 Al: Auswahl von Hochspannungssicherungseinsätzen für Transformatorstromkreise; Strom/Zeit-Kennlinien, Auswahl von Sicherungsnennströmen
- Teil 6: Metallgekapselte Hochspannungsschaltanlagen für Spannungen bis 72,5 kV, fabrikfertig, typgeprüft
- Teil 601: Metallgekapselte Hochspannungsschaltanlagen für Spannungen bis 72,5 kV, fabrikfertig, typgeprüft; Prüfung des Verhaltens bei inneren Lichtbögen
- Teil 7: Isolierstoffgekapselte Hochspannungsschaltanlagen für Spannungen bis 36 kV, fabrikfertig, typgeprüft
- Teil 7b: Isolierstoffgekapselte Hochspannungs-Schaltanlagen, Teilentladungsmessungen
- Teil 7 A3: Isolierstoffgekapselte Hochspannungs-Schaltanlagen: Alterungs- und Feuchtigkeitsprüfung
- Teil 8/2.78: Metallgekapselte Hochspannungsschaltanlagen für Nennspannungen von 72,5 kV und darüber, fabrikfertig, typgeprüft
- Teil 801: Kapselungen für gasisolierte Hochspannungsschaltanlagen und zugehörige gasgefüllte Einrichtungen.

Literatur zu Kapitel 2

1 Erk, A.; Schmelzle, M.: Grundlagen der Schaltgerätetechnik. Berlin, Heidelberg, New York: Springer 1974
2 Fehling, H.: Elektrische Starkstromanlagen. Berlin und Offenbach: VDE-Verlag 1983
3 Fleck, B.; Kulik, P.: Hoch- und Niederspannungs-Schaltanlagen. Essen: Girardet 1975
4 Flurscheim, C.H.: Power circuit breaker theory and design. Stavenage, England: Peregrinus 1982
5 Happoldt, H.; Oeding, D.: Elektrische Kraftwerke und Netze. 5.Aufl. Berlin, Heidelberg, New York: Springer 1978
6 Hosemann, G.; Boeck, W.: Grundlagen der elektrischen Energietechnik. Berlin: Springer 1979
7 Kesselring, F.: Theoretische Grundlagen zur Berechnung der Schaltgeräte. Berlin: de Gruyter 1968
8 Küpfmüller, K.: Einführung in die theoretische Elektrotechnik. 10.Aufl. Berlin, Heidelberg, New York: Springer 1973
9 Lee, Th.H.: Physics and engineering of high power switching devices. Cambridge, Mass.: MIT Press 1975
10 Lythall, R.T.: The ISP switchgear book. London: Newnes Butterworths 1972
11 Mazza, G.; Michaca, R.: The first international enquiry on circuit breaker failures and defects in service. Electra No. 79, Dez. 1981, S.21–91
12 Noack, F.: Schalterbeanspruchungen in Hochspannungsnetzen. Berlin: Verlag Technik 1980
13 Röper, R.: Kurzschlußströme in Drehstromnetzen. Erlangen: Siemens-Schuckertwerke AG 1962
14 Rüdenberg, R.: Elektrische Schaltvorgänge. (Hrsg.: H. Dorsch; P. Jacottet) 5.Aufl. Berlin, Heidelberg, New York: Springer 1974
15 Rüdenberg, R.: Elektrische Wanderwellen. Berlin, Göttingen, Heidelberg: Springer 1962
16 Schulze, H.: Technik der Wechselstrom-Hochspannungsschalter. Berlin: Verlag Technik 1965
17 Slamecka, E.: Prüfung von Hochspannungs-Leistungsschaltern. Berlin, Heidelberg, New York: Springer 1966
18 Zühlke, M.: Hochspannungsschaltgeräte. Starkstromtechnik II, Taschenbuch für Elektrotechniker Berlin: W. Ernst & Sohn, 1960

3 Niederspannungsschaltgeräte

3.1 Allgemeines

3.1.1 Einführung

Entsprechend ihrer Nähe zu den verschiedenartigsten Endverbrauchern elektrischer Energie besteht bei den Niederspannungsschaltgeräten im Vergleich zu Hochspannungsschaltgeräten eine größere Vielfalt unterschiedlicher Schaltaufgaben. Es ist deshalb sinnvoll, zunächst die wichtigsten Schaltgerätearten und ihre Kenngrößen zu definieren.

Als Grundlage dienen hierzu im wesentlichen die, an die betreffenden internationalen IEC-Publikationen bzw. CENELEC-Harmonisierungsdokumente angeglichenen, VDE-Bestimmungen DIN VDE 0660 [1].

Niederspannungs-Schaltgeräte sind nach [1] Schaltgeräte bis 1000 V Wechselspannung oder 1200 V Gleichspannung. Daneben beziehen sich einige Teile dieser Bestimmungen (z.B. [1.9,1.14]) auch auf Geräte mit höheren Spannungen, die in ihrer Wirkungsweise und ihren konstruktiven Merkmalen weitgehend den Niederspannungs-Schaltgeräten entsprechen.

Zur weiteren Orientierung über diese sowie andere internationale Bestimmungen und Normen (CSA, NEC) sei auf die Literatur [2] verwiesen.

3.1.2 Einteilung der Niederspannungs-Schaltgeräte

Schaltgeräte dienen zum Verbinden, Unterbrechen und/oder Trennen von Strompfaden. Sie werden nach den VDE-Bestimmungen für Niederspannungs-Schaltgeräte [1] eingeteilt in:

Schalter für Hauptstromkreise

- Leistungsschalter:
  Schalter für betriebsmäßige Bedingungen und abnormale Bedingungen bis zum Kurzschluß.
- Schütze:
  nicht von Hand betätigte Schalter mit nur einer Ruhestellung für normale betriebsmäßige Bedingungen einschließlich Überlast. Beispiel: Schalten von Motoren.
- Wechselstrom-Motorstarter zum direkten Einschalten
- Wechselstrom-Motorstarter; Stern-Dreieck-Starter

- Wechselstrom-Motorstarter; Widerstands-Läuferanlasser
- Lastschalter, Trenner, Lasttrenner und Schalter-Sicherungs-Einheiten
- Halbleiterschütze

Schalter für Hilfsstromkreise (Hilfsstromschalter)

Hilfsstromschalter sind Schalter, die die Betätigung von Schaltgeräten steuern, einschließlich Signalabgabe, elektrischer Verriegelung usw. Man unterscheidet:
- Drucktaster und ähnliche Hilfsstromschalter
- Drehschalter
- Hilfsschütze
- automatische Hilfsstromschalter mit Pilotfunktion
- Leuchtmelder

Schaltgerätekombinationen

- Typgeprüfte Schaltgerätekombinationen (TSK)
- Partiell typgeprüfte Schaltgerätekombinationen (PTSK)

Niederspannungssicherungen

Sicherungsunterteile bzw. -sockel und Sicherungseinsätze [3] können Bestandteile von Schaltgeräten oder Schaltgerätekombinationen sein [1].

In Niederspannungs-Schaltanlagen werden auch Installationsgeräte eingesetzt, die in gesonderten Normen erfaßt sind, insbesondere
- Leitungsschutzschalter [4]
- Fehlerstrom-Schutzschalter [5].

Neben diesen Bezeichnungen sind bei Niederspannungs-Schaltgeräten noch andere Bezeichnungen, z.B. nach Antriebsart (z.B. Nockenschalter), Schaltaufgabe im Stromkreis (z.B. Hauptschalter, Not-Aus-Schalter) gebräuchlich.

3.1.3 Geräteeigenschaften und Kenngrößen

Beim Bemessen und bei der Auswahl von Niederspannungs-Schaltgeräten sind sowohl die Netzdaten als auch die Betriebsarten der zu schaltenden Maschinen und Geräte zu beachten. Den nachfolgenden Ausführungen liegen die Definitionen und Nennwerte nach [1] zugrunde. Herstellerangaben können gegebenenfalls von den in den Normen genannten Normalbedingungen abweichen.

3.1.3.1 Nennspannung und Nennfrequenz

In Dreiphasen- (Drehstrom-) Systemen wird als Nennspannung die verkettete Spannung (Dreieckspannung) angegeben. Für die Nennspannung von Hauptstromkreisen gelten in der Bundesrepublik Deutschland die Normen: DIN 40 001 (<100 V) und DIN 40 002 (100 V bis 380 kV). Tabelle 3.1 zeigt einen Auszug daraus.

Tabelle 3.1. Auszug aus den genormten Nennspannungen nach DIN 40 002. Die Nennfrequenz beträgt 50 Hz

Gleichspannung	110,	220,	440,	600,	750,	1200 V
Wechselspannung	125,	220,	380,	500,	660,	1000 V

Nennbetriebsspannung (U_e)

ist der Spannungswert, der gemeinsam mit einem Nennbetriebsstrom die Verwendbarkeit des Schaltgerätes bestimmt.

Bei Leistungsschaltern und Schützen beziehen sich das Einschalt- und Ausschaltvermögen sowie die Kurzschluß-Kategorie bzw. die Betriebsart und die Gebrauchskategorie auf Nennbetriebsspannung, Nennfrequenz und den Leistungsfaktor (oder die Zeitkonstante). Leistungsschalter und Schütze haben im allgemeinen mehrere Nennbetriebsspannungen, z.B. 380 V, 500 V, 660 V. Dementsprechend ergeben sich unterschiedliche Werte für den Nenndauerstrom und den Nennbetriebsstrom.

Nennspannungen in Steuerstromkreisen von Schützen und Motorstartern

Bei Steuerstromkreisen von Schützen [1.8] und Motorstartern [1.10 und 1.12] wird unterschieden zwischen

- Nennbetätigungsspannung (U_c). Sie ist die Kenngröße, die an der Unterbrechungsstelle im Spulenkreis auftritt und für welche die Isolation des Spulenstromkreises ausgelegt sein muß.
- Nennsteuerspeisespannung (U_s). Auf sie werden die Kenndaten für die Betätigung und die Erwärmung des Steuerstromkreises bezogen. Sie ist der Nennwert der Spannung, die den Anschlußklemmen des Steuerstromkreises eines Gerätes zugeführt wird.

Weicht die Nennbetätigungsspannung von der Spannung des Hauptstromkreises ab, so gelten die Vorzugswerte nach Tabelle 3.2 [1.8].

Tabelle 3.2. Vorzugswerte für die Nennbetätigungsspannung (U_c), wenn sie von der Spannung des Hauptstromkreises abweicht [1.8]

Gleichspannung (V)						Wechselspannung (V)				
24	48	110	125	220	250	24	48	110	127	220

Nennisolationsspannung

Die Nennsiolationsspannung (U_i) ist der Spannungswert, der die Isolationsfestigkeit des Schaltgerätes angibt und auf den sich die Isolationsprüfungen sowie die Kriechstrecken und Luftstrecken beziehen. Falls dafür kein Wert angegeben wird, so gilt als Nennisolationsspannung (U_i) der Wert der höchstzulässigen Nennbetriebsspannung (U_e).

Tabelle 3.3. Zuordnung von Nennisolationsspannung U_i und Prüfspannung zum Nachweis der Isolationsfestigkeit von Niederspannungs-Schaltgeräten nach [1.7 bis 1.22]

Nennisolationsspannung U_i V	Prüfspannung (Effektivwert) V
$U_i \leqq 60$	1000
$60 < U_i \leqq 300$	2000
$300 < U_i \leqq 660$	2500
$660 < U_i \leqq 800$	3000
$800 < U_i \leqq 1000$	3500
$1000 < U_i \leqq 1200$[a])	3500

[a]) Nur für Gleichstrom

Tabelle 3.3 ([1.7 bis 1.22]) zeigt die Zuordnung zwischen Nennisolationsspannung und Prüfspannung.
Für Steuer- und Hilfsstromkreise, die nicht für den Anschluß an die Hauptstromkreise bestimmt sind, gilt nach [1.7,1.8,1.10]:

U_i bis 60 V: Prüfspannung = 1000 V
U_i über 60 V: Prüfspannung $= 2 \cdot U_i + 1000$ V, jedoch mindestens 1500 V

3.1.3.2 Nennströme

Konventioneller thermischer Nennstrom (I_{th})

Der konventionelle thermische Nennstrom (I_{th}) eines Niederspannungs-Schaltgerätes ist der maximale Strom, den das Schaltgerät ohne zwischenzeitliches Schalten, ohne Gehäuse in freier Luft im Acht-Stunden-Betrieb (3.1.3.4)

Tabelle 3.4. Grenzübertemperaturen für isolierte Spulen in Luft und in Öl nach DIN VDE 0660 [1]

Isolierstoffklasse[a]	Grenzübertemperaturen (ermittelt aus der Messung der Widerstandszunahme)	
	Spulen in Luft K	Spulen in Öl K
A	85	60
E	100	60
B	110	60
F	135	–
H	160	–

[a]) Die Klassifikation der Isolierstoffe ist gleich der in Sektion II der IEC-Publikation 85 (s. DIN VDE 0660 Teil 13) „Recommendations for the Classification of Materials for the Insulation of Electrical Machinery and Apparatus in Relation to their Thermal Stability in Service".

Tabelle 3.5. Grenzübertemperaturen für verschiedene Werkstoffe und Teile z.B. von Leistungsschaltern nach [1.7]

Teile	Ausführung oder Werkstoff	Grenzübertemperatur (Messung mit Thermoelementen)
Schaltstücke in Luft (Haupt-, Steuer- und Hilfsschaltglieder)	Kupfer	45 K
	Silber oder Silberauflage*)	[1])
	alle anderen Metalle oder Sintermetalle	[2])
Schaltstücke in Öl		65 K
Metallteile	Blanke Leiter einschl. nicht isolierte Spulen	[1])
	als Federn wirkend	[3])
	in Berührung mit Isolierteilen	[4])
Metall- oder Isolierstoffteile	in Berührung mit Öl	65K
Anschlüsse	für von außen eingeführte isolierte Leiter	70 K[5])
Bedienteile	aus Metall	15 K
	aus Isolierstoff	25 K
Öl	in Schaltgeräten unter Öl (gemessen im oberen Bereich des Öls)	60 K[6])

*) Der Ausdruck „Silberauflage" schließt feste Silberauflagen und elektrolytisch aufgebrachtes Silber ein, vorausgesetzt, daß eine durchgehende Silberschicht nach den Dauer- und Kurzschlußversuchen auf den Schaltstücken bleibt.
Schaltstücke mit Auflagen aus anderem Werkstoff, bei denen sich der Kontaktwiderstand durch Oxydation nicht wesentlich verändert, werden wie Schaltstücke mit Silberauflage behandelt.

[1]) Nur begrenzt durch die Forderung, daß keine Schäden an benachbarten Teilen verursacht werden.

[2]) Entsprechend den Eigenschaften der verwendeten Metalle festzulegen und durch die Forderung begrenzt, daß keine Schäden an benachbarten Teilen verursacht werden.

[3]) Die Temperatur soll keinen Wert erreichen, der die Elastizität des Materials beeinträchtigt. Bei reinem Kupfer bedeutet dies, daß die Grenztemperatur 75°C nicht überschreiten darf.

[4]) Nur begrenzt durch die Forderung, daß keine Schäden an den Isolierteilen verursacht werden.

[5]) Die Grenzübertemperatur 70 K basiert auf der konventionellen Prüfung nach [1.7]. Ein Leistungsschalter, der unter praktischen Betriebsbedingungen verwendet oder geprüft wird, kann mit Leitungen verbunden sein, deren Art, Beschaffenheit und Anordnung von denen abweicht, die für die konventionelle Prüfung festgelegt sind. Daraus können sich abweichende Übertemperaturen der Anschlüsse ergeben; diese können gefordert oder zugelassen werden.

[6]) Darf mit Thermometer gemessen werden.

führen kann, ohne daß die Übertemperatur seiner Bestandteile die Grenzwerte nach den Tabellen 3.4 und 3.5 überschreiten.

Thermischer Nennstrom (I_{the}) eines Schaltgerätes im Gehäuse

Der thermische Nennstrom eines Niederspannungs-Schaltgerätes im Gehäuse (I_{the}) ist der maximale Strom, den das Schaltgerät bei einer anzugebenden Betriebsart (Abschnitt 3.1.3.4) führen kann.

Es ist praktisch nicht möglich, einen einzigen brauchbaren Betriebswert des thermischen Nennstromes zu definieren, da die Installations- und Betriebsbedingungen zu stark variieren.

Nenndauerstrom (I_u) eines Leistungsschalters

Er ist der Stromwert, den der Leistungsschalter im Dauerbetrieb (Abschnitt 3.1.3.4) führen kann.

Nennbetriebsstrom (I_e) oder Nennbetriebsleistung

Der Nennbetriebsstrom (I_e) ist im allgemeinen abhängig von:
- der Nennbetriebsspannung und Nennfrequenz (Abschnitt 3.1.3.1)
- der Nennbetriebsart (Abschnitt 3.1.3.4)
- der Gebrauchskategorie (Abschnitt 3.1.3.7)
- der Lebensdauer (Abschnitt 3.1.3.8)
- der Art des Gehäuses.

Bei Schützen, Motorstartern, Stern-Dreieck-Startern und Motorschaltern für direktes Schalten einzelner Motoren darf statt des Nennbetriebsstromes die bei der jeweiligen Nennbetriebsspannung zulässige größte Leistung des zu schaltenden Motors angegeben werden.

3.1.3.3 Erwärmung

In elektromagnetischen Antriebssystemen, in den Schaltstücken, Leiteranschlüssen und Anschlußleitungen von Niederspannungsschaltgeräten treten bei Erregung des Antriebssystems und bei Strombelastung der Haupt- und Hilfsstromkreise Wirkverluste auf, die Übertemperaturen dieser Teile gegenüber dem Kühlmedium (in den meisten Fällen ist dies die Umgebungsluft) hervorrufen.

Die Grenzübertemperaturen für Spulen sind der Tabelle 3.4 zu entnehmen. Die Grenzübertemperaturen für verschiedene Werkstoffe und Teile sind am Beispiel von Leistungsschaltern in Tabelle 3.5 aufgeführt [1.7].

Die Festlegung der Grenzübertemperaturen nach einigen Bestimmungen bzw. Vorschriften anderer Länder weichen davon zum Teil ab; so werden beispielsweise nach den amerikanischen und kanadischen Bestimmungen NEMA und CEMA die Grenzübertemperaturen für äußere Anschlüsse auf 50 K bzw. 65 K begrenzt gegenüber 70 K nach IEC bzw. den deutschen Bestimmungen. Diese Unterschiede haben keine technische Ursache, sondern sie beruhen auf voneinander abweichender Beurteilung der Brand- und Unfallrisiken. Als Folge dieser unterschiedlichen Ausnutzung haben Schaltgeräte im allgemeinen den jeweiligen Vorschriften angepaßte thermische Nennströme I_{th} bzw. Nenndauerströme I_u.

3.1.3.4 Nennbetriebsarten

Acht-Stunden-Betrieb

Der Acht-Stunden-Betrieb ist eine Nennbetriebsart, bei der die Hauptschaltstücke eines Schaltgerätes unter gleichbleibender Strombelastung so lange geschlossen bleiben, bis die Beharrungstemperatur erreicht ist, jedoch nicht länger als acht Stunden ohne Unterbrechung.

Dauerbetrieb

Bei der Nennbetriebsart Dauerbetrieb bleiben die Hauptschaltstücke eines Schaltgerätes bei gleichbleibender Strombelastung länger als acht Stunden geschlossen (für Wochen, Monate oder sogar Jahre). Diese Nennbetriebsart ist vom Acht-Stunden-Betrieb zu unterscheiden, weil durch Oxidation und Verschmutzung der Kontaktflächen eine fortschreitend zunehmende Erwärmung eintreten kann. Dem kann entweder durch einen Reduktionsfaktor oder durch besondere konstruktive und werkstofftechnische Maßnahmen (z.B. Einsatz von Silberschaltstücken, Tabelle 3.5) Rechnung getragen werden.

Aussetzbetrieb

Beim Aussetzbetrieb wird der durch das Schaltgerät fließende Strom periodisch ein- und ausgeschaltet, wobei die Belastungsdauer und die Pause so kurz sind, daß die Teile des Schaltgerätes ihr thermisches Gleichgewicht weder bei den Erwärmungs- noch bei den Abkühlungsvorgängen erreichen.

Der Aussetzbetrieb wird gekennzeichnet durch den Wert des Stromes, durch die Belastungsdauer und durch die relative Einschaltdauer. Sie wird meist als Prozentsatz angegeben; Vorzugswerte sind 15%, 25%, 40% und 60%.

Beispiel:

Ein Aussetzbetrieb, bei dem alle 10 Minuten ein Strom von 100 A für die Dauer von 4 Minuten fließt, wird bezeichnet als:

„Aussetzbetrieb 100 A, 4 min/10 min“ oder
„Aussetzbetrieb 100 A, 6 Schaltspiele/h, 40%“.

Schaltgeräte für Aussetzbetrieb, z.B. Schütze, werden in Klassen eingeteilt (Tabelle 3.6): Ein Schaltspiel ist ein vollständiger Zyklus, bestehend aus Schließen und Öffnen.

Tabelle 3.6. Klassen des Aussetzbetriebes [1.8]

Klasse	zulässige Schaltspiele pro Stunde
0,03	3
0,1	12
0,3	30
1	120
3	300
10	1.200

Kurzzeitbetrieb

Beim Kurzzeitbetrieb fließt der Strom durch das Schaltgerät nicht so lange, daß die Beharrungstemperatur erreicht wird. Die stromlose Pause nach der Belastungszeit ist jedoch so lang, daß die Temperatur des Schaltgerätes nahezu wieder mit der des Kühlmediums übereinstimmt.

Vorzugswerte für den Kurzzeitbetrieb sind 10, 30, 60 und 90 min Belastungsdauer.

3.1.3.5 Nenneinschalt- und Nennausschaltvermögen

Als Nenneinschaltvermögen eines Schaltgerätes wird der größte Strom bezeichnet, den ein Schaltgerät bei den in den Prüfbestimmungen nach DIN VDE 0660 [1] festgelegten Bedingungen (für Strom, Spannung, Leistungsfaktor, Stromflußdauer, Prüfschaltzahl und -häufigkeit, Gerätebetätigung) einschalten kann.

Als Nennausschaltvermögen eines Schaltgerätes wird der höchste Strom bezeichnet, den ein Schaltgerät bei den in den o.a. Prüfbestimmungen festgelegten Bedingungen (für Nennbetriebsspannung, wiederkehrende Spannung, Leistungsfaktor oder Zeitkonstante) bei einer vorgeschriebenen Anzahl von Schaltungen betriebssicher unterbrechen kann.

Bei Prüfung des Nenneinschalt- und Nennausschaltvermögens dürfen

- keine bleibende Verschweißung der Schaltstücke
- kein unzulässig starker Schaltstückabbrand
- kein zu starker Flammenaustritt
- keine unzulässige Isolationsminderung auftreten.

Das Nenneinschalt- und das Nennausschaltvermögen werden nach DIN VDE 0660 zum Teil für verschiedene Ausführungsarten von Schaltgeräten unterschiedlich definiert:

Leistungsschalter

Das Nennkurzschluß-Einschaltvermögen von Leistungsschaltern wird durch den maximalen Scheitelwert des unbeeinflußten Stromes ausgedrückt. Für das Ausschaltvermögen (I_{cn}) gilt der Wert des unbeeinflußten Stromes (bei Wechselstrom der Effektivwert der Wechselstromkomponente).

Unter dem unbeeinflußten Strom versteht man einen Strom, der in dem Stromkreis fließen würde, wenn jeder Pol des Leistungsschalters durch einen Leiter mit vernachlässigbarer Impedanz ersetzt wäre (ohne Beeinflussung durch Impedanz und Lichtbogenspannung des Schalters).

Bei Wechselstrom-Leistungsschaltern gilt für das Aus- und Einschaltvermögen Tabelle 3.7. Die Werte müssen bis 110% der Nennbetriebsspannung gewährleistet sein.

Bei Gleichstrom-Leistungsschaltern gelten besondere Bestimmungen. Leistungsschalter werden in zwei Kurzschluß-Kategorien (P−1 und P−2) eingeteilt. Sie unterscheiden sich nach dem bei Prüfung des Nennkurzschluß-Ausschalt- und -Einschaltvermögens (Typprüfung) zu absolvieren-

Tabelle 3.7. Zusammenhang zwischen Nennkurzschluß-Ausschaltvermögen, Leistungsfaktor und Mindestwert des Nennkurzschluß-Einschaltvermögens für Wechselstrom-Leistungsschalter nach [1.7]

Nennkurzschluß-Ausschaltvermögen I_{cn} A	Leistungs-faktor cos φ	Mindestwert des Nennkurzschluß-Einschaltvermögens (n mal Nennkurzschluß-Ausschaltvermögen) $n \times I_{cn}$ min.
$I_{cn} \leqq 1\,500$	0,95	$1{,}41 \times I_{cn}$
$1\,500 < I_{cn} \leqq 3\,000$	0,9	$1{,}42 \times I_{cn}$
$3\,000 < I_{cn} \leqq 4\,500$	0,8	$1{,}47 \times I_{cn}$
$4\,500 < I_{cn} \leqq 6\,000$	0,7	$1{,}53 \times I_{cn}$
$6\,000 < I_{cn} \leqq 10\,000$	0,5	$1{,}7 \times I_{cn}$
$10\,000 < I_{cn} \leqq 20\,000$	0,3	$2{,}0 \times I_{cn}$
$20\,000 < I_{cn} \leqq 50\,000$	0,25	$2{,}1 \times I_{cn}$
$50\,000 < I_{cn}$	0,2	$2{,}2 \times I_{cn}$

Anmerkung: Für netzfrequente wiederkehrende Spannungen über 110% der Nennbetriebsspannung, für Leistungsfaktoren kleiner als angegeben (bzw. für größere Nennzeitkonstanten) und für von der Nennfrequenz abweichende Netzfrequenzen gelten die Angaben für das Einschalt- und Ausschaltvermögen nicht.

Tabelle 3.8. Kurzschlußkategorien für Leistungsschalter nach [1.7]

Kurzschluß-Kategorie	Schaltfolge für die Prüfung des Nennkurzschluß-Schaltvermögens	Zustand des Leistungsschalters nach der Kurzschluß-Prüfung
P – 1	O – t – CO	nur für reduzierte Strombelastung nach dem Schaltzyklus geeignet
P – 2	O – t – CO – t – CO	für normalen Betrieb geeignet

O Ausschalten (open)
CO Einschalten, auf die mit unverzögerter oder verzögerter Auslösung sofort eine Ausschaltung erfolgt (closed-open)
t festgelegte Pause: sie beträgt 3 Minuten; falls die Zeitspanne bis zur Wiedereinschaltbereitschaft des Leistungsschalters länger ist, gilt diese verlängerte Zeit (time)

den Schaltzyklus sowie dem zulässigen Zustand des Schalters nach diesem Zyklus (Tabelle 3.8). Wie aus Tabelle 3.8 hervorgeht, müssen Leistungsschalter mehrmals ihre vollen Nennkurzschlußströme schalten.

Für einen Leistungsschalter können für beide Kurzschluß-Kategorien die entsprechenden Wertepaare für das Nennkurzschluß-Ausschalt- und -Einschaltvermögen angegeben werden.

Schütze, Wechselstrom-Motorstarter, Hilfsstromschalter

Einschalt- und Ausschaltvermögen dieser Schaltgeräte werden abhängig von der Gebrauchskategorie gemäß den Tabellen 3.9 bis 3.11 festgelegt. Im Gegensatz zu Leistungsschaltern wird auch das Einschaltvermögen als Strom-

Tabelle 3.9. Gebrauchskategorien und typische Anwendungsfälle für Schütze und Hilfsstromschalter, [1.8] und [1.16]

Stromart	Gebrauchs-kategorie	Typischer Anwendungsfall
Schütze		
Wechselstrom	AC – 1	Nicht induktive oder schwach induktive Last. Widerstandsöfen
	AC – 2	Schleifringläufermotoren: Anlassen, Gegenstrombremsen[1]) und Reversieren[1])
	AC – 3	Käfigläufermotoren: Anlassen, Ausschalten während des Laufes.
	AC – 4	Käfigläufermotoren: Anlassen, Gegenstrombremsen[1]), Reversieren[1]), Tippen[2])
Gleichstrom	DC – 1	Nicht induktive oder schwach induktive Last-Widerstandsöfen
	DC – 2	Nebenschlußmotoren: Anlassen, Ausschalten während des Laufes
	DC – 3	Nebenschlußmotoren: Anlassen, Gegenstrombremsen[1]), Reversieren[1]), Tippen[2])
	DC – 4	Reihenschlußmotoren: Anlassen, Ausschalten während des Laufes
	DC – 5	Reihenschlußmotoren: Anlassen, Gegenstrombremsen[1]), Reversieren[1])
Hilfsstromschalter		
Wechselstrom	AC – 11	Schalten von Wechselstrom-Elektromagneten
Gleichstrom	DC – 11	Schalten von Gleichstrom-Eletromagneten

[1]) Gegenstrombremsen oder Reversieren des Motors ist das schnelle Bremsen oder Umkehren der Drehrichtung durch Vertauschen von zwei Zuleitungen bei laufendem Motor.

[2]) Unter Tippen versteht man das einmalige oder wiederholte kurzzeitige Einschalten eines Motors, um kleine Bewegungen von Maschinen zu bewirken.

Anmerkung: Für die Verwendung von Schützen zum Schalten von Läuferstromkreisen, Kondensatoren oder Glühlampen, sollen sich Hersteller und Anwender verständigen.

Effektivwert angegeben. Für Wechselstrom-Motorstarter gelten die gleichen Gebrauchskategorien wie für Schütze; die Zuordnung des Nennein- und Nennausschaltvermögens erfolgt dagegen in zwei Gruppen $I_e < 100$ A und $I_e \geqq 100$ A mit jeweils gleichen Werten wie sie nach Tabelle 3.10 für Schütze festgelegt sind [1.8,1.11].

Bei Prüfungen zum Nachweis des Nennein- und Nennausschaltvermögens (Typprüfung) sind je nach Schaltgeräteart und Gebrauchskategorie jeweils zwischen 20 und 100 Schaltungen durchzuführen.

Für Hilfsstromschalter wird zusätzlich ein bedingter Nennkurzschlußstrom von 1000 A (unbeeinflußter Wert) für den Kurzschlußschutz gefordert. Diese Angabe entspricht dem Einsatz von Hilfsstromschaltern hinter Steuertransformatoren. Nähere Einzelheiten sind [1.17 – 1.21] zu entnehmen.

Tabelle 3.10. Bedingungen für das Einschalten und Ausschalten entsprechend den Gebrauchskategorien für Schütze. Nachweis des Nenneinschalt- und Nennausschaltvermögens [1.8]

Stromart	Gebrauchs-kategorie	I_e A	Einschalten			Ausschalten		
			I/I_e [1]	U/U_e	$\cos\varphi$ [2]	I_c/I_e	U_r/U_e	$\cos\varphi$ [2]
Wechselstrom	AC-1	Alle Werte	1,5	1,1	0,95	1,5	1,1	0,95
	AC-2	Alle Werte	4	1,1	0,65	4	1,1	0,65
	AC-3	$I_e \leqq 17$	10	1,1	0,65	8	1,1	0,65
		$17 \leqq I_e \leqq 100$	10	1,1	0,35	8	1,1	0,35
		$I_e > 100$	8 [3]	1,1	0,35	6 [4]	1,1	0,35
	AC-4	$I_e \leqq 17$	12	1,1	0,65	10	1,1	0,65
		$17 \leqq I_e \leqq 100$	12	1,1	0,35	10	1,1	0,35
		$I_e > 100$	10 [5]	1,1	0,35	8 [3]	1,1	0,35
Stromart	Gebrauchs-kategorie	I_e A	I/I_e	U/U_e	L/R [6] ms	I_c/I_e	U_r/U_e	L/R [6] ms
Gleichstrom	DC-1	Alle Werte	1,5	1,1	1	1,5	1,1	1
	DC-2	Alle Werte	4	1,1	2,5	4	1,1	2,5
	DC-3	Alle Werte	4	1,1	2,5	4	1,1	2,5
	DC-4	Alle Werte	4	1,1	15	4	1,1	15
	DC-5	Alle Werte	4	1,1	15	4	1,1	15

I Einschaltstrom, I_c Ausschaltstrom, I_e Nennbetriebsstrom (Abschnitt 3.1.3.2), U Spannung vor dem Einschalten, U_e Nennbetriebsspannung (Abschnitt 3.1.3.1), U_r wiederkehrende Spannung zwischen den Eingangsanschlüssen des Schützes

[1]) Die Einschaltbedingungen werden bei Wechselstrom als Effektivwert ausgedrückt, wobei der Scheitelwert des unsymmetrischen Stroms je nach dem Leistungsfaktor des Stromkreises einen höheren Wert annehmen kann (dazu [1.8], Abschnitt 4.3.5.1, Anmerkung)

[2]) Zulässige Abweichungen für $\cos\varphi$: $\pm 0{,}05$

[3]) Jedoch mindestens 1000 A

[4]) Jedoch mindestens 800 A

[5]) Jedoch mindestens 1200 A

[6]) Zulässige Abweichungen für L/R: $\pm 15\%$

Tabelle 3.11. Bedingungen für das Einschalten und Ausschalten entsprechend den Gebrauchskategorien für Hilfsstromschalter. Nachweis des Nenneinschalt- und Nennausschaltvermögens [1.16]

Stromart	Gebrauchs-kategorie	Normale Gebrauchsbedingungen						Anomale Gebrauchsbedingungen					
		Einschalten			Ausschalten			Einschalten			Ausschalten		
Wechsel-strom	AC-11	I/I_e 10	U/U_e 1	$\cos\varphi$ 0,7[1])	I_c/I_e 1	U_r/U_e 1	$\cos\varphi$ 0,4[1])	I/I_e 11	U/U_e 1,1	$\cos\varphi$ 0,7[1])	I_c/I_e 11	U_r/U_e 1,1	$\cos\varphi$ 0,7[1])
Gleich-strom	DC-11	I/I_e 1	U/U_e 1	$t_{0,95}$ $6 \cdot P$[2])	I/I_e 1	U_r/U_e 1	$t_{0,95}$ $6 \cdot P$[2])	I/I_e 1,1	U/U_e 1,1	$t_{0,95}$ $6 \cdot P$[2])	I/I_e 1,1	U_r/U_e 1,1	$t_{0,95}$ $6 \cdot P$[2])

I Einschaltstrom, I_c Ausschaltstrom, I_e Nennbetriebsstrom, U Spannung vor dem Einschalten, U_e Nennbetriebsspannung, U_r wiederkehrende Spannung, $t_{0,95}$ Zeit in Millisekunden, bis 95% des stationären Stromes erreicht sind, $P = U_e \cdot I_e$ Nennleistung in Watt

[1]) Die angegebenen Leistungsfaktoren ($\cos\varphi$) sind konventionelle Werte und gelten für Prüfstromkreise, die elektrische Kenndaten von Spulenstromkreisen nachahmen. Beim Stromkreis mit Leistungsfaktor $\cos\varphi = 0{,}4$ (normale Gebrauchsbedingungen) werden Nebenschlußwiderstände verwendet, um den Dämpfungseffekt der Wirbelstromverluste des tatsächlichen Elektromagneten zu simulieren.

[2]) Der Wert „$6 \cdot P$" ergibt sich aus einem empirischen Verhältnis, das den meisten Gleichstrom-Magnetlasten bis zum oberen Grenzwert $P = 50$ W entspricht, wobei 6 [ms]/[W] P [W] = 300 [ms] ist. Dabei wird vorausgesetzt, daß Einzellasten mit einer Nennleistung über 50 W nicht vorkommen, und bei größeren Nennleistungen die Last sich aus kleinen parallel liegenden Lasten zusammensetzt. Deshalb sind 300 ms eine obere Grenze.

Tabelle 3.12. Gebrauchskategorien und typische Anwendungsfälle für Lastschalter, Trenner, Lasttrenner und Schalter-Sicherungs-Einheiten [1.13]

Stromart	Gebrauchskategorie	Typische Anwendungsfälle
Wechselstrom	AC-20	Schließen und Öffnen ohne Last
	AC-21	Schalten von ohmscher Last einschließlich geringer Überlast
	AC-22	Schalten von gemischter ohmscher und induktiver Last einschließlich geringer Überlast
	AC-23	Schalten von Motoren oder anderer hochinduktiver Last
Gleichstrom	DC-20	Schließen und Öffnen ohne Last
	DC-21	Schalten von ohmscher Last einschließlich geringer Überlast
	DC-22	Schalten von gemischter ohmscher und induktiver Last einschließlich geringer Überlast (z. B. Nebenschluß-Motoren)
	DC-23	Schalten von hochinduktiver Last (z. B. Reihenschluß-Motoren)

Anmerkung: Über das Schalten von Kondensatoren oder Glühlampen sollen sich Hersteller und Anwender verständigen.

Lastschalter, Trenner, Lasttrenner und Schalter-Sicherungs-Einheiten

Die für diese Schaltgeräte geltenden Gebrauchskategorien sind in Tabelle 3.12 aufgeführt; Einschalt- und Ausschaltvermögen werden abhängig von diesen Gebrauchskategorien gemäß Tabelle 3.13 festgelegt [1.13]. Diese Festlegungen gelten nicht für ein Schaltgerät, das betriebsmäßig zum Ingangsetzen, auf Nenndrehzahl bringen und/oder zum absichtlichen Ausschalten von einzelnen Motoren verwendet wird.

Für diese Betriebsbedingungen gelten die Gebrauchskategorien sowie die zugeordneten Werte des Einschalt- und Ausschaltvermögens nach Anhang C zur Bestimmung DIN VDE 0660 Teil 107 [1.13]; sie sind identisch mit den Festlegungen bzw. Forderungen für Schütze nach den Tabellen 3.9 und 3.10, [1.8].

3.1.3.6 Überlastfestigkeit von Schützen

Ein Schütz muß die thermischen Anforderungen beim Anlassen und Beschleunigen eines Motors auf seine Nenndrehzahl und bei dessen betriebsmäßiger Überlast erfüllen. Schütze für die Gebrauchskategorien AC – 2, AC – 3 und AC – 4 müssen den 8-fachen Wert des maximalen Nennbetriebsstromes der Gebrauchskategorie AC – 3 führen können ($8 \times I_{emax}$/AC – 3).

Die Prüfdauer beträgt 10 s für Nennbetriebsströme bis 630 A. Für Anlaufströme kleiner als $8 \times I_{emax}$/AC – 3 und einer Anlaßzeit größer als 10 s gilt, daß der $I^2\,t$-Wert nicht größer ist als der entsprechende Wert für $8 \times I_{emax}$/AC – 3 während 10 s. Für Nennbetriebsströme über 630 A darf die Prüfdauer kürzer als 10 s sein; in diesem Fall muß der Hersteller die Prüfdauer angeben [1.8].

3.1.3.7 Gebrauchskategorien

Der Verwendungszweck und die Beanspruchung (im Normalfall und unter erschwerten Bedingungen) von Niederspannungsschaltgeräten (ausgenommen Leistungsschalter) werden durch folgende Angaben beschrieben:

- Gebrauchskategorie
- Nennspannung
- Nennbetriebsstrom oder Nennbetriebsleistung

Jede Gebrauchskategorie ist durch die in den Bestimmungen DIN VDE 0660 angegebenen Werte der Ströme und Spannungen – ausgedrückt als Vielfache des Nennbetriebsstromes und der Nennbetriebsspannung – und durch Werte des Leistungsfaktors (Wechselstrom) oder der Zeitkonstante (Gleichstrom) des Stromkreises gekennzeichnet sowie durch weitere Bedingungen, die sich aus den Definitionen für das Nenneinschalt- und Nennausschaltvermögen (siehe Abschnitt 3.1.3.5) ergeben. Die für Schütze und Hilfsstromschalter geltenden Gebrauchskategorien und ihre typischen Anwendungsfälle sind in Tabelle 3.9 aufgeführt.

Die Anforderungen für die Gebrauchskategorien in Tabelle 3.10 für Schütze und in Tabelle 3.11 für Hilfsstromschalter entsprechen im wesentlichen den in Tabelle 3.9 aufgeführten Anwendungsfällen.

Tabelle 3.13. Bedingungen für das Einschalten und Ausschalten entsprechend den Gebrauchskategorien für Trenner, Lasttrenner und Schalter-Sicherungs-Einheiten. Nachweis des Nenneinschalt- und Nennausschaltvermögens [1.13]

Stromart	Gebrauchs-kategorie	I_e A	Einschalten			Ausschalten		
			I/I_e [1]	U/U_e	$\cos\varphi$	I_c/I_e	U_r/U_e	$\cos\varphi$
Wechselstrom	AC-20	Alle Werte	[2]	1,1	[2]	[2]	1,1	[2]
	AC-21	Alle Werte	1,5	1,1	0,95	1,5	1,1	0,95
	AC-22	Alle Werte	3	1,1	0,65	3	1,1	0,65
	AC-23	$\leqq 17$	10	1,1	0,65	8	1,1	0,65
		$17 < I_e \leqq 100$	10	1,1	0,35	8	1,1	0,35
		>100	8 [3]	1,1	0,35	6 [4]	1,1	0,35
Stromart	**Gebrauchs-kategorie**	**I_e A**	**I/I_e**	**U/U_e**	**L/R ms**	**I_c/I_e**	**U_r/U_e**	**L/R ms**
Gleichstrom	DC-20	Alle Werte	[2]	1,1	[2]	[2]	1,1	[2]
	DC-21	Alle Werte	1,5	1,1	1	1,5	1,1	1
	DC-22	Alle Werte	4	1,1	2,5	4	1,1	2,5
	DC-23	Alle Werte	4	1,1	15	4	1,1	15

I Einschaltstrom, I_c Ausschaltstrom, I_e Nennbetriebsstrom (siehe Abschnitt 3.1.3.2), U Spannung vor dem Einschalten, U_e Nennbetriebsspannung (siehe Abschnitt 3.1.3.1), U_r wiederkehrende Spannung (zwischen den Eingangsanschlüssen des Schaltgerätes)

[1]) Bei Wechselstrom werden die Einschaltbedingungen als Effektivwerte ausgedrückt, wobei der Scheitelwert des unsymmetrischen Stromes je nach dem Leistungsfaktor des Stromkreises einen höheren Wert annehmen kann.

[2]) Hat das Schaltgerät ein Einschalt- und/oder Ausschaltvermögen, so müssen die Werte des Stromes und des Leistungsfaktors (Zeitkonstante) vom Hersteller angegeben werden.

[3]) Jedoch mindestens 1000 A.

[4]) Jedoch mindestens 800 A.

Die für Lastschalter, Trenner, Lasttrenner und Schalter-Sicherungs-Einheiten geltenden Gebrauchskategorien sind in Tabelle 3.12 aufgeführt. Die Anforderungen für diese Gebrauchskategorien in Tabelle 3.13 entsprechen den in Tabelle 3.12 aufgeführten Anwendungsfällen.

Für Schaltgeräte zum Schalten von Motoren gelten hingegen Anforderungen, die im wesentlichen mit den Gebrauchskategorien für Schütze übereinstimmen (vergleiche Tabellen 3.9 und 3.10).

3.1.3.8 Lebensdauer und Schalthäufigkeit

Die Lebensdauer eines Schaltgerätes ist die Schaltzahl, die ein Gerät bei einer festgelegten Belastung erreicht, wobei es nach beendeter Prüfung noch Mindestanforderungen (Funktion, Schaltvermögen) genügen muß. Je nach dem Einsatzfall werden Schaltgeräte mehr oder weniger oft geschaltet. Während man Anlagenteile für Überholungs- und Wartungsarbeiten nur selten vom Netz trennt, schaltet man Arbeitsmaschinengruppen bei Betriebspausen jede Woche oder täglich ab. Von Hand bediente Arbeitsmaschinen werden stündlich wenige Male ein- und ausgeschaltet. Im Gegensatz dazu werden bei automatisch gesteuerten Arbeitsmaschinen stündlich bis zu 3.000 Schaltspiele gefordert. Es ist daher sehr wichtig, Schaltgeräte einzusetzen, die für die geforderte Schalthäufigkeit geeignet sind und eine ausreichende Lebensdauer aufweisen.

Wegen unvermeidlicher Streuungen werden Lebensdauerangaben nur aus Großzahlversuchen mit Hilfe statistischer Methoden abgeleitet. Daher gilt nach IEC und DIN/VDE als Nennwert der Lebensdauer die Grenzschaltzahl, die von 90% der geprüften Geräte bei Nennbedingungen erreicht bzw. überschritten wird.

Bild 3.1 zeigt eine Lebensdauerermittlung anhand von Summenhäufigkeitsverteilungen. Bei dieser Darstellungsart werden die Gauß-Verteilungen durch eine entsprechende Wahl der Maßstäbe von Abszisse und Ordinate durch Geraden abgebildet. Bei gleichem Nennwert haben Geräte mit kleiner Streuung der Lebensdauer (Kurve *1*) eine höhere Qualität als solche mit großer Streuung (Kurve *2*), da die Häufigkeit von Betriebsstörungen durch Frühausfälle mit wachsender Streubreite zunimmt.

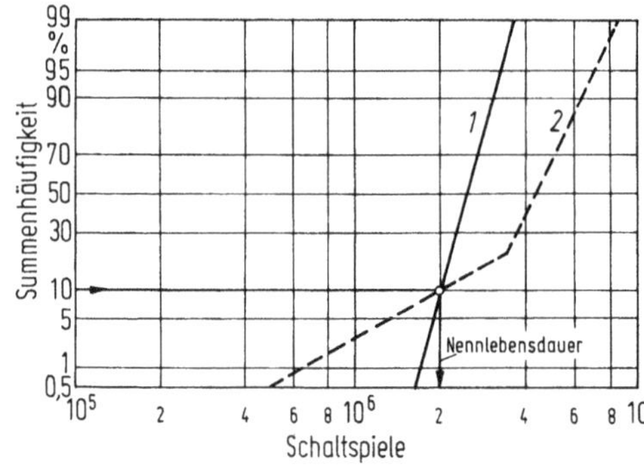

Bild 3.1. Summenhäufigkeitsverteilungen der elektrischen Lebensdauer am Beispiel von Schützen. *1* Kollektiv mit geringer Lebensdauerstreuung, *2* Kollektiv mit großer Lebensdauerstreuung und Frühausfällen (Mischverteilung)

Mechanische Lebensdauer und Schalthäufigkeit

Die mechanische Lebensdauer kennzeichnet die Verschleißfestigkeit eines Schaltgerätes. Sie ist durch die Schaltspiele ohne Strombahnbelastung bestimmt. Nach Beendigung der Prüfung müssen noch bestimmte Funktionsprüfungen (Einhalten der jeweiligen Betätigungs- und Ansprechbedingungen) bestanden werden. Die Vorzugswerte der mechanischen Lebensdauer sind in den jeweiligen VDE-Bestimmungen angegeben [1.7 – 1.22].

Wird vom Hersteller keine mechanische Lebensdauer für ein Schaltgerät genannt, so sind nach den VDE-Bestimmungen folgende Werte vorgesehen:

Schütze und Wechselstrom-Motorstarter

Bei Angabe einer Klasse des Aussetzbetriebes (siehe Abschnitt 3.1.3.4) wird eine mechanische Mindestlebensdauer verlangt, die einer Betriebsdauer von 8.000 Stunden bei der höchstzulässigen Anzahl von Schaltspielen je Stunde (Schalthäufigkeit) für diese Klasse entspricht.

Lastschalter, Trenner, Lasttrenner und Schalter-Sicherungs-Einheiten

Die Anzahl der Schaltspiele, falls nicht anderweitig angegeben, ist vom Nennbetriebsstrom abhängig und aus Tabelle 3.14 zu entnehmen.

Tabelle 3.14. Anzahl der Schaltspiele für Lastschalter, Trenner, Lasttrenner und Schalter-Sicherungs-Einheiten [1.13]

Nennbetriebsstrom I_e	Anzahl der Schaltspiele
$0\ \text{A} < I_e \leqq 63\ \text{A}$	10000
$63\ \text{A} < I_e \leqq 250\ \text{A}$	3000
$250\ \text{A} < I_e \leqq 800\ \text{A}$	1000
$800\ \text{A} < I_e$	300

Tabelle 3.15. Mechanische Lebensdauer und Schalthäufigkeit unter Last für Hilfsstromschalter [1.16]

Klasse mechanische Lebensdauer Schaltspiele 10^6	Schalthäufigkeit unter Last h^{-1}
0,01	12
0,03	12
0,1	12
0,3	30
1	120
3	300
10	1200
30	3600
100	12000

Hilfsstromschalter

Für diese Schaltgeräte sind Vorzugswerte in Klassen für die mechanische Lebensdauer festgelegt, denen maximal zulässige Schalthäufigkeiten unter Last zugeordnet sind (Tabelle 3.15).
Die vorzusehende Klasse der mechanischen Lebensdauer ist in den Zusatzbestimmungen für die jeweiligen Hilfsstromschalter angegeben [1.17 – 1.21].

Für von Hand betätigte Hilfsstromschalter mit Drehantrieb (Drehschalter) gelten zusätzliche Anforderungen [1.18].

Elektrische Lebensdauer

Die elektrische Lebensdauer (Schaltstücklebensdauer) kennzeichnet die Widerstandsfähigkeit eines Schaltgerätes gegen elektrischen Verschleiß. Sie ist durch die Anzahl der Schaltspiele unter Last bestimmt, die das Schaltgerät ohne Instandsetzung oder Ersatz von Teilen ausführen kann.

Die elektrische Lebensdauer wird begrenzt durch vom Lichtbogen erzeugten Kontaktstückabbrand, Verdampfen und schmelzflüssiges Verspritzen des Kontaktwerkstoffes (siehe Abschnitt 3.1.3.5), und die unzulässig verringerte Spannungsfestigkeit der Strombahnen (infolge leitender Ablagerungen von Abbrandprodukten und/oder Wegbrennens der Isolierstoffe).

Einflußgrößen: Kontaktstückvolumen und Strombelastung

Die elektrische Lebensdauer (Schaltstücklebensdauer) ist in erster Näherung dem Kontaktstückvolumen proportional; bei dünner Kontaktstückauflage wird sie oft überproportional kleiner infolge des Schäleffektes und des Ausbrennens von Löchern im Kontaktstück. Sie wird mit steigendem Strom kleiner, da die von den Lichtbögen an die Kontaktstücke und an das Löschsystem abgegebene Energie zunimmt.

Für den Nachweis der elektrischen Lebensdauer sind in den Bestimmungen DIN VDE 0660 [1] die Einschalt- und Ausschaltbedingungen für die Gebrauchskategorien des betreffenden Schaltgerätes festgelegt. Als Beispiel sind diese Bedingungen für einige Schaltgeräte auszugsweise wiedergegeben:

Schütze

In den VDE-Bestimmungen [1.8] ist festgelegt, daß die elektrische Lebensdauer eines Schützes bei den Gebrauchskategorien AC – 3, DC – 2 und DC – 4 mindestens 1/20 der mechanischen Lebensdauer des Schützes betragen muß, wenn der Hersteller keinen anderen Wert angibt.

Der Nachweis der elektrischen Lebensdauer erfolgt nach den in Tabelle 3.16 festgelegten Prüfbestimmungen [1.8].

Lastschalter, Trenner, Lasttrenner und Schalter-Sicherungs-Einheiten.

Bei allen Gebrauchs-Kategorien mit Ausnahme von AC – 20 und DC – 20 muß die elektrische Lebensdauer mindestens 1/20 der mechanischen Lebensdauer betragen, wenn der Hersteller keine anderen Werte angibt.

Der Nachweis der elektrischen Lebensdauer erfolgt nach den in Tabelle 3.17 festgelegten Bedingungen.

Tabelle 3.16. Bedingungen für das Einschalten und Ausschalten entsprechend den Gebrauchskategorien für Schütze. Nachweis der elektrischen Lebensdauer [1.8]

Stromart	Gebrauchs-kategorie	I_e A	Einschalten			Ausschalten		
			I/I_e [1]	U/U_e	$\cos\varphi$ [2]	I_c/I_e	U_r/U_e	$\cos\varphi$ [2]
Wechselstrom	AC-1	Alle Werte	1	1	0,95	1	1	0,95
	AC-2	Alle Werte	2,5	1	0,65	2,5	1	0,65
	AC-3	$I_e \leqq 17$	6	1	0,65	1	0,17	0,65
		$I_e > 17$	6	1	0,35	1	0,17	0,35
	AC-4	$I_e \leqq 17$	6	1	0,65	6	1	0,65
		$I_e > 17$	6	1	0,35	6	1	0,35
Stromart	Gebrauchs-kategorie	I_e A	I/I_e	U/U_e	L/R [3] ms	I_c/I_e	U_r/U_e	L/R [3] ms
Gleichstrom	DC-1	Alle Werte	1	1	1	1	1	1
	DC-2	Alle Werte	2,5	1	2	1	0,10	7,5
	DC-3	Alle Werte	2,5	1	2	2,5	1	2
	DC-4	Alle Werte	2,5	1	7,5	1	0,30	10
	DC-5	Alle Werte	2,5	1	7,5	2,5	1	7,5

I Einschaltstrom, I_c Ausschaltstrom, I_e Nennbetriebsstrom (Abschnitt 3.1.3.2), U Spannung vor dem Einschalten, U_e Nennbetriebsspannung (Abschnitt 3.1.3.1), U_r wiederkehrende Spannung zwischen den Eingangsanschlüssen des Schützes

[1]) Bei Wechselstrom werden die Einschaltbedingungen als Effektivwert ausgedrückt, wobei der Scheitelwert des unsymmetrischen Stromes je nach dem Leistungsfaktor des Stromkreises einen höheren Wert annehmen kann ([1.8], Abschnitt 4.3.5.1, Anmerkung).

[2]) zulässige Abweichungen für $\cos\varphi$: $\pm 0{,}05$

[3]) zulässige Abweichungen für L/R: $\pm 15\%$

Tabelle 3.17. Bedingungen für das Einschalten und Ausschalten entsprechend den Gebrauchskategorien für Trenner, Lasttrenner und Schalter-Sicherungs-Einheiten. Nachweis der elektrischen Lebensdauer [1.13].

Stromart	Gebrauchs-kategorie	I_e A	Einschalten			Ausschalten		
			I/I_e [1])	U/U_e	$\cos\varphi$	I_c/I_e	U_r/U_e	$\cos\varphi$
Wechselstrom	AC-21	Alle Werte	1	1	0,95	1	1	0,95
	AC-22	Alle Werte	1	1	0,65	1	1	0,65
	AC-23	≦17 A	1	1	0,65	1	1	0,65
		>17 A	1	1	0,35	1	1	0,35
Stromart	Gebrauchs-kategorie	I_e A	I/I_e	U/U_e	L/R ms	I_c/I_e	U_r/U_e	L/R ms
Gleichstrom	DC-21	Alle Werte	1	1	1	1	1	1
	DC-22	Alle Werte	1	1	2	1	1	2
	DC-23	Alle Werte	1	1	7,5	1	1	7,5

I Einschaltstrom, I_c Ausschaltstrom, I_e Nennbetriebsstrom (Abschnitt 3.1.3.2), U Spannung vor dem Einschalten, U_e Nennbetriebsspannung (Abschnitt 3.1.3.1), U_r wiederkehrende Spannung (zwischen den Eingangsanschlüssen des Schaltgerätes)

[1]) Bei Wechselstrom werden die Einschaltungen als Effektivwerte ausgedrückt, wobei der Scheitelwert des unsymmetrischen Stromes je nach dem Leistungsfaktor des Stromkreises einen höheren Wert annehmen kann.

Hilfsstromschalter

Die Bedingungen für den Nachweis der elektrischen Lebensdauer sind festgelegt in [1.16–1.21].

Mechanische und elektrische Standfestigkeit von Leistungsschaltern

Für Leistungsschalter nach DIN VDE 0660 werden im Unterschied zu allen anderen Schaltgerätearten die Lebensdauer und die Schalthäufigkeit zum einheitlichen Begriff „Standfestigkeit" zusammengefaßt [1.7]. Ein Leistungsschalter muß für eine vorgegebene mechanische und elektrische Standfestigkeit geeignet sein, d.h. er muß in der Lage sein, eine vorgegebene Anzahl von Schaltspielen je Stunde (Schalthäufigkeit) und eine Anzahl von Schaltspielen (mechanische und elektrische Lebensdauer) durchzuführen. Ein Schaltspiel besteht aus einem Schließvorgang mit nachfolgendem Öffnungsvorgang (Prüfung der mechanischen Standfestigkeit) oder einem Einschaltvorgang mit nachfolgendem Ausschaltvorgang (Prüfung der elektrischen Standfestigkeit mit thermischem Nennstrom bei Nennbetriebsspannung).

Tabelle 3.18 gibt die festgelegten Werte der mechanischen und elektrischen Standfestigkeit wieder.

Tabelle 3.18. Mechanische und elektrische Standfestigkeit für Leistungsschalter [1.7]

1	2	3	4	5	6	7
Thermischer Nennstrom	Anzahl der Schaltspiele je Stunde [1])	Anzahl der Schaltspiele				
		Alle Leistungsschalter	Leistungsschalter			
			Die für Wartung vorgesehen sind [3])		Die nicht für Wartung vorgesehen sind	
		Mit Strom ohne Wartung [2])	Ohne Strom	Gesamt	Ohne Strom	Gesamt
A		n	n'	$n+n'$	n''	$n+n''$
$I_{th} \leqq 100$	240	4000	16000	20000	4000	8000
$100 < I_{th} \leqq 315$	120	2000	18000	20000	6000	8000
$315 < I_{th} \leqq 630$	60	1000	9000	10000	4000	5000
$630 < I_{th} \leqq 1250$	30	500	4500	5000	2500	3000
$1250 < I_{th} \leqq 2500$	20	100	1900	2000	900	1000
$2500 < I_{th}$	10	(Nach Vereinbarung zwischen Hersteller und Anwender)				

[1]) Falls die wirkliche Anzahl der Schaltspiele je Stunde von den Werten in Spalte 2 abweicht, ist dies im Prüfprotokoll anzugeben.

[2]) Bei jedem Schaltspiel soll der Leistungsschalter höchstens 2 Sekunden geschlossen bleiben.

[3]) Der Hersteller hat detaillierte Anweisungen für die Justierungen oder Wartung zu geben, die notwendig sind, damit der Leistungsschalter die Anzahl der Schaltspiele nach Spalte 5 durchführen kann.

3.1.3.9 Einsatzgrenzen

Elektrische Einsatzgrenzen für die Betätigung von Schaltgeräten

Durch obere und untere Grenzwerte für die Betätigung von Schaltgeräten mit elektromagnetischem oder elektropneumatischem Antrieb werden Arbeitsbereiche festgelegt, die eine sichere Funktion des Schaltgerätes bei üblichen Schwankungen der Steuerspeisespannung U_s gewährleisten, z.B. in DIN VDE 0660 Teil 102 für Schütze (Tabelle 3.19) [1.8].

Tabelle 3.19. Grenzwerte für die Betätigung von Schützen [1.8]

Betätigung	Arbeitsbereich bei Umgebungstemperatur zwischen -5°C und $+40$°C
Schließen	$(0{,}85...1{,}1)\cdot U_s$
Öffnen	$(0{,}75...0{,}1)\cdot U_s$

Bei zu kleiner Betätigungsspannung ist das sichere Einschalten des Schaltgerätes nicht gewährleistet, bei überhöhter Spannung ist die mechanische Lebensdauer beeinträchtigt, und ferner wird die Übertemperatur des Antriebes bzw. dessen Erregerwicklung unzulässig hoch. (In beiden Fällen bei wechselstrombetätigten Schaltgeräten Gefahr des Verbrennens der Spule!)

Mechanische Einsatzgrenzen

Beim Einsatz auf Fahrzeugen (Schiffen, Bahnen, Kränen) und manchen Maschinen sind Schaltgeräte mechanischen Schwingungen, Stößen und unter Umständen auch starken Lageänderungen ausgesetzt.

Während bei Schwingungen eine ständige mechanische Beanspruchung vorliegt, tritt beim Stoß oder Schock eine einzelne, u.U. wiederholte, abklingende Beanspruchung auf. Der Schock wird durch die Schockform (sägezahn-, trapez-, rechteck- oder halbsinusförmiger Schock), die maximale Beschleunigung und durch die Schockdauer beschrieben.

Angaben über die Rüttelsicherheit der Schaltgeräte in den drei Raumachsen sind in den meisten Herstellerkatalogen enthalten.

Atmosphärische Einsatzgrenzen

Die Betriebs- und Umgebungsbedingungen in [1] enthalten Angaben, bei denen die Schaltgeräte einwandfrei funktionieren müssen:

- Umgebungstemperatur (-5 bis $+40$°C, Mittelwert über 24 h nicht höher als 35°C)
- Höhenlage des Verwendungsortes (nicht über 2000 m über *NN*)
- relative Feuchte der Umgebungsluft (50% r.F. bei $+40$°C bzw. 90% r.F. bei $+20$°C sollen nicht überschritten werden).

Aufstellungshöhen über 2000 m über *NN* bringen für Schaltgeräte folgende Probleme mit sich [2]:

- Die geringere Luftdichte hat eine verminderte Wärmeabgabe zur Folge. Damit erniedrigt sich die zulässige Belastbarkeit.
- Die geringere Luftdichte führt zu einer verminderten Durchschlagfestigkeit und damit zu einer geringeren Spannungsfestigkeit.
- Das Schaltvermögen verringert sich im allgemeinen.
- Bei Vakuumschaltern verändert sich der mechanische Kraftverlauf und damit u.U. die Funktionsfähigkeit.

Schutzarten

In allen Bestimmungen werden Anforderungen an die Gehäuse, Abdeckungen und dergleichen von Schaltgeräten, Schaltanlagen und von Verteilern im Hinblick auf

- Berührungsschutz und Fremdkörperschutz
- Wasserschutz

durch Vorgabe einer entsprechenden IP-Schutzart erhoben.

Die Beschreibung des geforderten Schutzgrades erfolgt für die vorgegebene IP-Schutzarten-Kennzeichnung in DIN 40 050/07.80 [6].

Die Schutzarten werden durch ein Kurzzeichen angegeben, das sich aus den zwei stets gleichbleibenden Kennbuchstaben IP (International Protection) und zwei nachfolgenden Kennziffern für die Schutzgrade zusammensetzt (nach [6], Tabelle 1 und 2).

1. Kennziffer. Der Schutzgrad für „Berührungs- und Fremdkörperschutz" umfaßt den Bereich von 0 (kein besonderer Schutz) bis 6 (Schutz gegen Eindringen von Staub/staubdicht).

2. Kennziffer. Der Schutzgrad für „Wasserschutz" umfaßt den Bereich von 0 (kein besonderer Schutz) bis 8 (das Betriebsmittel ist geeignet zum dauernden Untertauchen in Wasser bei Bedingungen, die durch den Hersteller beschrieben sind).

Beispiele

Schutzart nach DIN 40 050 – IP 44. Ein Betriebsmittel oder Schaltgerät mit dieser Bezeichnung ist gegen das Eindringen von festen Fremdkörpern über 1 mm Durchmesser und gegen Spritzwasser geschützt.

Schutzart nach DIN 40 050 – IP 65. Ein Betriebsmittel in dieser Schutzart ist gegen das Eindringen von Staub (staubdicht, vollständiger Berührungsschutz) und gegen einen Wasserstrahl aus einer Düse, der aus allen Richtungen gegen das Gehäuse gerichtet wird, geschützt. Diese Anforderungen bedeuten jedoch nicht, daß ein solches Gehäuse bzw. Betriebsmittel für die Aufstellung im Freien geeignet ist.

Die Schutzarten bestimmen weitgehend die Konstruktionsmerkmale der Geräteumhüllungen. Im übrigen sei bezüglich weiterer Details auf die Literatur [2] und auf die Normen [5 – 9] verwiesen.

Besondere Anforderungen werden an Schaltgeräte gestellt, die für elektrische Anlagen in explosionsgefährdeten Bereichen bestimmt sind. Für diesen speziellen Anwendungsfall wird auf die einschlägigen Bestimmungen verwiesen, [10–12].

3.2 Aufbau und Wirkungsweise ausgewählter Niederspannungsschaltgeräte

3.2.1 Grundsätzlicher Aufbau von Schaltgeräten

Alle Schaltgeräte lassen sich trotz ihrer unterschiedlichen, der jeweiligen Anwendung angepaßten konstruktiven Gestaltung auf die in Bild 3.2 dargestellte Grundform zurückführen [3].
Sie bestehen demnach mindestens aus:

- Schaltgliedern
- Antrieb
- Leiteranschlüssen
- Sockel oder Grundrahmen

Zum Erreichen bestimmter Eigenschaften sind Schaltgeräte mit zusätzlichen Baugruppen ausgerüstet. Bild 3.3 zeigt am Beispiel eines Leistungsschalters die Anordnung solcher Baugruppen.

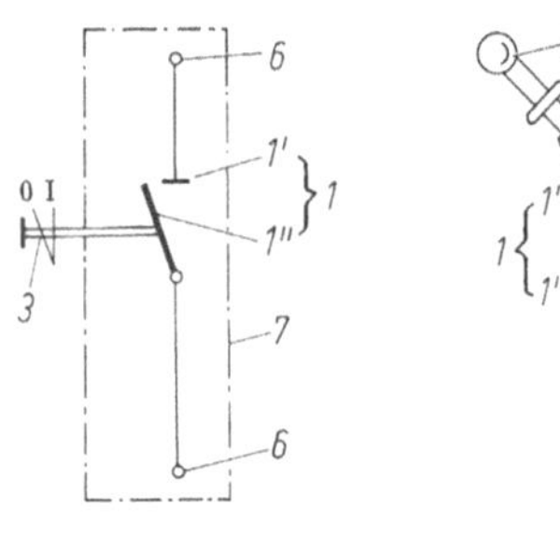

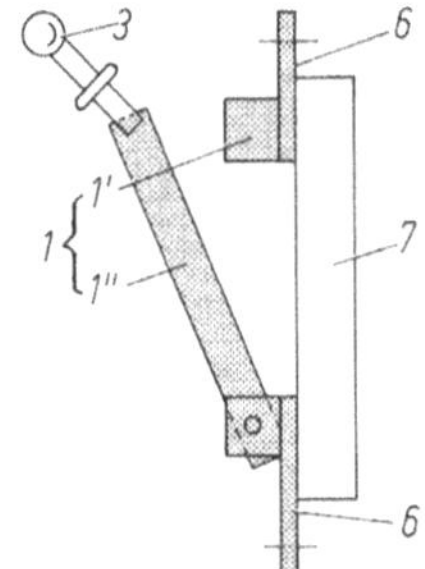

Bild 3.2. Grundform eines Schalters. *1* Schaltglieder, *1'* festes Schaltstück, *1''* bewegliches Schaltstück, *3* Antrieb, *6* Leiteranschlüsse, *7* Grundrahmen

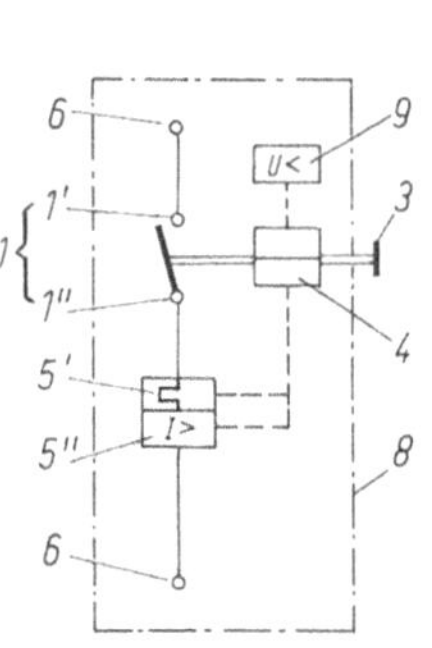

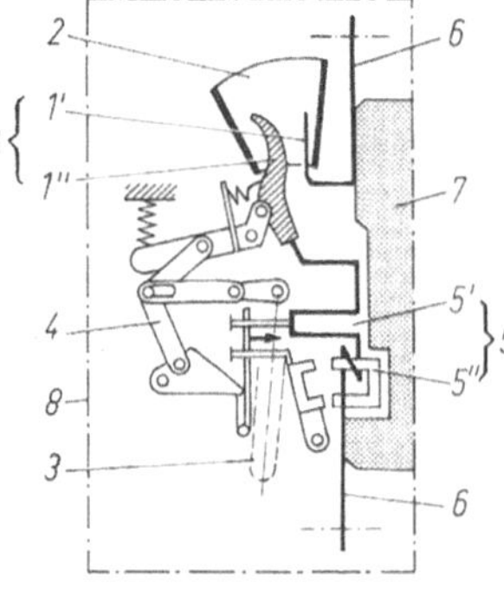

Bild 3.3 Grundform eines Leistungsschalters. *1* Schaltglieder, *1'* festes Schaltstück, *1''* bewegliches Schaltstück, *2* Lichtbogen-Löscheinrichtung, *3* Antrieb, *4* Schaltschloß, *5* Auslöseglieder, *5'* Stromabhängig verzögerter (thermischer) Überlastauslöser, *5''* Unverzögerter (elektromagnetischer) Überstromauslöser, *6* Leiteranschlüsse, *7* Grundrahmen, *8* Geräteumhüllung, *9* Unterspannungsauslöser

3.2.2 Schaltgeräte für Hauptstromkreise

Neben der Einteilung der Schaltgeräte nach den VDE-Bestimmungen sind eine Vielzahl weiterer Schaltgerätebezeichnungen gebräuchlich, die sich z.B. nach Art der Betätigung, Antriebsart oder Schaltaufgabe gliedern. Außerdem können Schaltgeräte für verschiedene Zwecke eingesetzt werden. Im folgenden sind die in [1] erfaßten Schaltgeräte für Hauptstromkreise nach ihrem Schaltvermögen gegliedert. Daneben werden auch die unter 3.2.4 behandelten „Schutzgeräte" in Hauptstromkreisen eingesetzt.

3.2.2.1 Trenner, Lastschalter, Lasttrenner

Die Hauptaufgabe der Trenner ist es, eine Trennstrecke für Sicherheitszwecke (z.B. Arbeiten in einer Anlage) herzustellen. Sie müssen in der Offenstellung eine zuverlässige Schaltstellungsanzeige und eine Trennstrecke entsprechend [1.13] haben.

Trennschalter brauchen kein Schaltvermögen zu besitzen, dürfen dann aber nur stromlos betätigt werden.

Auch wenn diese Schalter nicht zum Schalten von Strömen geeignet sind, so müssen sie doch Kurzschlußströme so lange führen können, bis ein dafür vorgesehenes Schutzorgan abschaltet. Hierzu muß die Schalterstrombahn den erforderlichen Querschnitt aufweisen. Damit die Schaltstücke infolge der Stromkräfte (durch Stromschleifen und Kontaktengstellen) nicht abheben und nicht verschweißen, werden Trenner meist so konstruiert, daß die Stromkräfte kontaktkraftverstärkend wirken. Dies geschieht z.B. durch zwei parallele Schaltmesser, die sich unter dem Einfluß der Stromkräfte anziehen. Bild 3.4 zeigt einen 2000-A-Trenner, der nach diesem Prinzip gebaut ist.

Lastschalter dienen zum Stromführen sowie zum Schalten unter normalen Bedingungen und festgelegten Überlastbedingungen. Moderne Trenner werden als „Lasttrenner" gebaut, die die Merkmale beider Arten – Trennstrecke und Lastschaltvermögen – miteinander vereinen. Ihr Schaltvermögen reicht vom Nennbetriebsstrom bei großen Baugrößen (ca. 4000 A) bis zum Motorschaltvermögen bei Schaltern mit niedrigeren Nennbetriebsströmen (ca. 200 A).

Bild 3.4. 2.000 A Trenner mit Motorantrieb und angebauten Hilfsschaltern

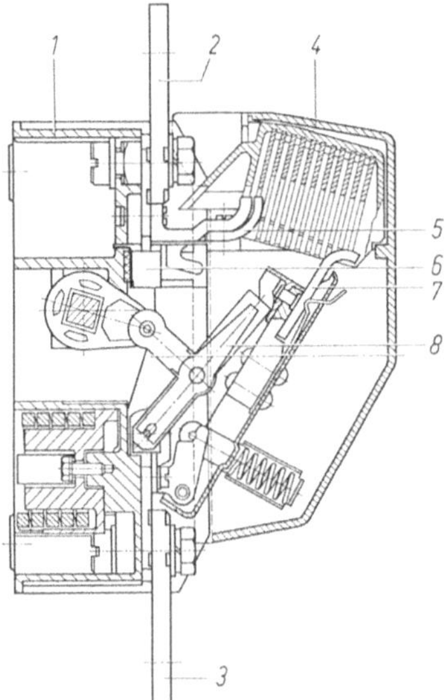

Bild 3.5. Schnittbild eines Lasttrenners für 630 A Nennbetriebsstrom. *1* Grundrahmen, *2* Anschlußstück oben, *3* Anschlußstück unten, *4* Lichtbogenkammer, *5* Lichtbogenschaltstück fest, *6* Hauptschaltstück fest, *7* Lichtbogenschaltstück beweglich, *8* Hauptschaltstück beweglich

Bild 3.5 zeigt einen Lasttrenner in einer Bauform für 250 bis 1000 A Nennbetriebsstrom.

Von Lasttrennern erwartet man nicht nur eine hohe Stromtragfähigkeit, sondern auch ein hohes Nenneinschaltvermögen, da im Betrieb ein Einschalten auf einen bestehenden Kurzschluß nicht ausgeschlossen werden kann.

Der im Bild 3.5 gezeigte Lasttrenner kann Ströme bis 60 kA Scheitelwert und mit vorgeschalteten 630-A-Sicherungen bis 100 kA Scheitelwert einschalten. Das Einschalten und „Stromführen" erfolgt durch Hauptschaltstücke in Form von 2 parallelen Schaltmessern (in Bild 3.5, Pos. *8*). Das Ausschalten übernehmen die dafür vorgesehenen, parallel zu den Schaltmessern angeordneten Lichtbogenschaltstücke. Sie öffnen und schließen zeitlich nach den Hauptschaltstücken. Zur Lichtbogenlöschung (Nullpunktlöschung) dient eine Lichtbogenkammer mit Löschblechen.

3.2.2.2 Motorschalter

Motorschalter sind zum betriebsmäßigen Schalten geeignet. Sie können Anlaufströme von Drehstrommotoren ein- und ausschalten. Die Anforderungen an Motorschalter sind in [1.8 und 1.10] festgehalten. Die Anforderungen an das Schaltvermögen zeigt die Tabelle 3.10.

Handbetätigte Nockenschalter für Hauptstromkreise

Nockenschalter stellen die einfachste Art von Motorschaltern dar. Sie besitzen Handantrieb ohne Sprungmechanismus. Den Schnitt eines Nockenschalters zeigt Bild 3.6.

Auf einer über einen Knebel oder Griff betätigten Schaltwelle sitzen Nocken, die Kontaktschieber mit Brückenschaltstücken anheben (Doppelunterbrechung). Als Löschhilfe dienen meist einige Löschbleche.

Bild 3.6. Nockenschalter.
1 Leiteranschluß mit Festkontakt,
2 Kontaktbrücke, *3* Kontaktschieber,
4 Schaltwelle, *5* Nockenwelle,
6 Lichtbogenlöscheinrichtung

Nockenschalter besitzen keine Überlastauslösung und können fern weder ein- noch ausgeschaltet werden.

Die übliche Bauform von Nockenschaltern, die Aneinanderreihung von einzelnen Schaltelementen, ermöglicht den Aufbau von Programmschaltern wie Sterndreieckschaltern, Wendeschaltern, Polumschaltern usw.

Kleine Nockenschalter (Nennstrom bis 10 A, Nennspannung bis 380 oder 500 V) werden auch als Hilfsstromschalter z.B. zum Schalten von Schützen eingesetzt.

Schütze als Motorschalter

Schütze werden besonders häufig als Motorschalter eingesetzt. Sie werden im folgenden Abschnitt 3.2.2.3 gesondert behandelt.

3.2.2.3 Schütze

Definition, Aufgabe und Einteilung

Schütze sind (gemäß [1.8]) Schalter mit nur einer Ruhestellung, die nicht von Hand betätigt werden. Damit ist gemeint, daß zur Betätigung keine äußeren Kräfte auf den Schalter einwirken, sondern ein geräteeigener Antrieb vorhanden ist.

Die wichtigsten Merkmale zur Einteilung der Schütze sind:

Antriebssystem
- elektromagnetisch (häufigste Antriebsart)
- pneumatisch (ohne elektrische Hilfsmittel)
- elektropneumatisch (mit elektrisch betätigten Ventilen)
- mit Verklinkung. (Die Verklinkung hält das Schütz nach Aufhören der Erregung in einer zweiten Ruhestellung. Obwohl diese Eigenschaft der Verklinkung der Schützdefinition „eine Ruhestellung" widerspricht, werden diese Geräte zu den Schützen gerechnet, da die übrigen Anforderungen übereinstimmen.)

Stromart
- Wechselstromschütze (vorwiegend zum Schalten von Asynchron-Drehstrommotoren, aber auch anderen induktiven, kapazitiven und ohmschen Verbrauchern)
- Gleichstromschütze (vorwiegend zum Schalten von Gleichstrommotoren).

Methode der Stromunterbrechung
- Lichtbogenlöschung in Luft (häufigste Ausführung), im Vakuum, in Öl (in modernen Schützen kaum noch angewendet)
- Sperren von Leistungshalbleitern.

Dreipolige Wechselstromschütze

Dreipolige Wechselstromschütze werden entsprechend ihrer Hauptanwendung als Motorschalter auch „Motorschütze" genannt.

Der weitaus größte Teil der Schütze wird in Kompaktbauweise ausgeführt. Hierbei sind der Magnetantrieb und die als Doppelunterbrechung ausgebildeten Kontakt- und Lichtbogenlöschsysteme der drei Phasen in einem Block integriert. Daneben werden im Bereich hoher Nennströme (über 630 A) auch sog. Barrenschütze verwendet. Sie bestehen aus einer Aneinanderreihung des Antriebs und der einzelnen, meist einfach unterbrechenden Pole auf einer gemeinsamen Welle.

Anhand des in Bild 3.7 gezeigten Aufbaus eines modernen Schützes in Kompaktbauweise ist dessen prinzipielle Wirkungsweise erkennbar.

Das feststehende Magnetjoch *1* zieht bei Erregung der Spule *2* den beweglichen Magnetanker *3* an. Dabei wird der durch einen Riegel *4* mit dem Magnetanker verbundene Kontaktträger *5* mit den beweglichen Schaltstücken *6* in die Schließrichtung bewegt. Vor dem vollständigen Schließen der Magnetteile *1* und *3* berühren die beweglichen Schaltstücke *6* die feststehenden Schaltstücke *7*.

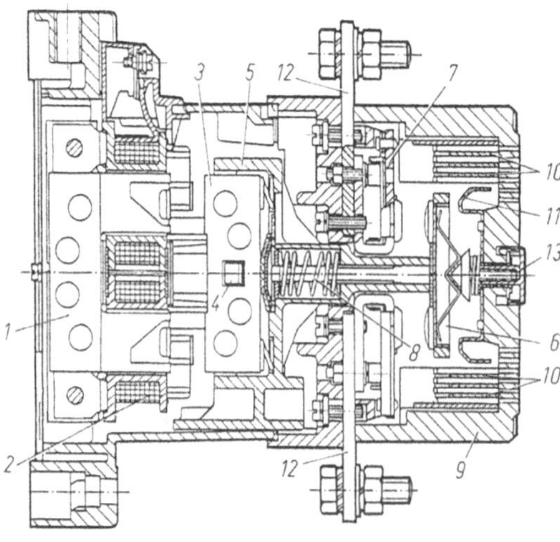

Bild 3.7. Schnittbild eines Motorschützes für einen Nennbetriebsstrom von 400 A. *1* feststehendes Magnetjoch, *2* Erregerspule, *3* beweglicher Magnetanker, *4* Riegel zur Verbindung von *3* und *5*, *5* Kontaktträger, *6* bewegliches Schaltstück, *7* feststehendes Schaltstück, *8* Kontaktfeder, *9* Lichtbogenkammer, *10* Deion-Löschbleche, *11* Leitblech, *12* Leiteranschluß, *13* Schaltstellungsanzeige

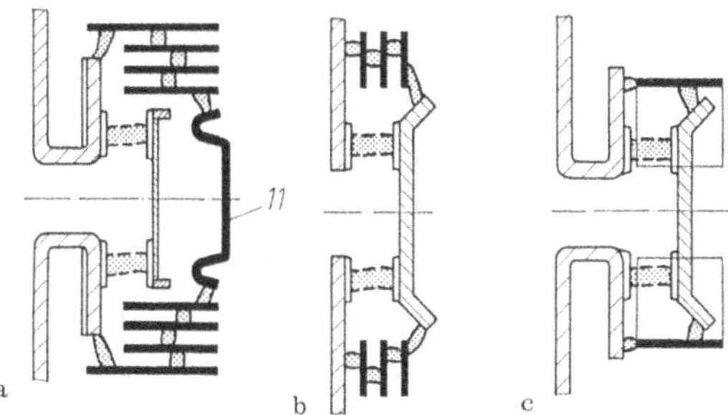

Bild 3.8. Schematische Darstellungen typischer Kontakt- und Lichtbogenlösch-Systeme von Schützen, Erläuterungen im Text

Auf dem verbleibenden Magnetweg erreicht die Anfangskontaktkraft der vorgespannten Kontaktfedern *8* ihren Endwert.

Zusätzlich zu den Kontaktfedern *8* werden (nicht dargestellt) Rückdruckfedern gespannt, die nach dem Ausschalten der Erregung den Magnetanker *3*, den Kontaktträger *5* und die beweglichen Schaltstücke *6* wieder in die AUS-Stellung bewegen.

Das Kontakt- und Löschsystem des Konstruktionsbeispiels Bild 3.7 ist in Bild 3.8a schematisiert dargestellt. U-förmige, feststehende Schaltstücke erzeugen ein durch zusätzliche Eisenteile noch verstärktes Magnetfeld, das die bei der Kontakttrennung entstehenden Lichtbögen (gestrichelt) zu den Deion-Löschblechen *10* ablenkt. Dort werden sie so unterteilt, daß sie nach dem Nulldurchgang des Stromes nicht mehr wiederzünden können.

Diese Lichtbogenlage ist in Bild 3.8a ebenfalls schematisiert. Bei dieser Konstruktion kommutieren die Lichtbogenfußpunkte außerdem von den Brückenkontakten auf das Leitblech *11*. Hierdurch wird die Kontaktbrücke thermisch entlastet.

Bild 3.8b zeigt schematisch eine andere Ausführungsform, die einige von Bild 3.8a abweichende Merkmale aufweist. Die Lichtbögen fassen auf geeignet gestalteten Bereichen der Kontaktbrücke Fuß. Die Löschbleche liegen parallel zur Kontaktstückoberfläche. Da die feststehenden Schaltstücke gerade ausgeführt sind, muß das für die Bogenablenkung erforderliche Blasfeld durch andere Maßnahmen erzeugt werden, z.B. zusätzliche Eisenteile, geeignete Form der Eisenlöschbleche.

Der Einsatz von Löschblechkammern mit mehreren Blechen je Unterbrechungsstelle beschränkt sich auf größere Schütze ab ca. $I_e = 45$ A bei $U_e = 660$ V. Bei kleinen Nennströmen (bis ca. $I_e = 10$ A bei $U_e = 660$ V) genügt zur Löschung die Wiederverfestigung der im wesentlichen zwischen den Kontaktstücken verharrenden Lichtbögen. In einem Übergangsbereich ($I_e = 16$ A bis 30 A bei $U_e = 660$ V) sind einfache Löschkammeranordnungen mit nur einem Löschblech, z.B. in Form einer von der Strombahn isoliert angeordneten Blechauskleidung, gebräuchlich (Bild 3.8c). Ihre Wirkung besteht weniger in der Kühlung als in der Erzeugung eines zweiten Teillichtbogens je Unterbrechungsstrecke.

Zur Anpassung von Schützen an die Frequenz und Spannung von Steuerstromkreisen ist beim Antriebssystem ein Bausteinprinzip üblich, dessen Funktionsmerkmale in Tabelle 3.20 aufgeführt sind.

Tabelle 3.20. Funktionsmerkmale von Schützantrieben

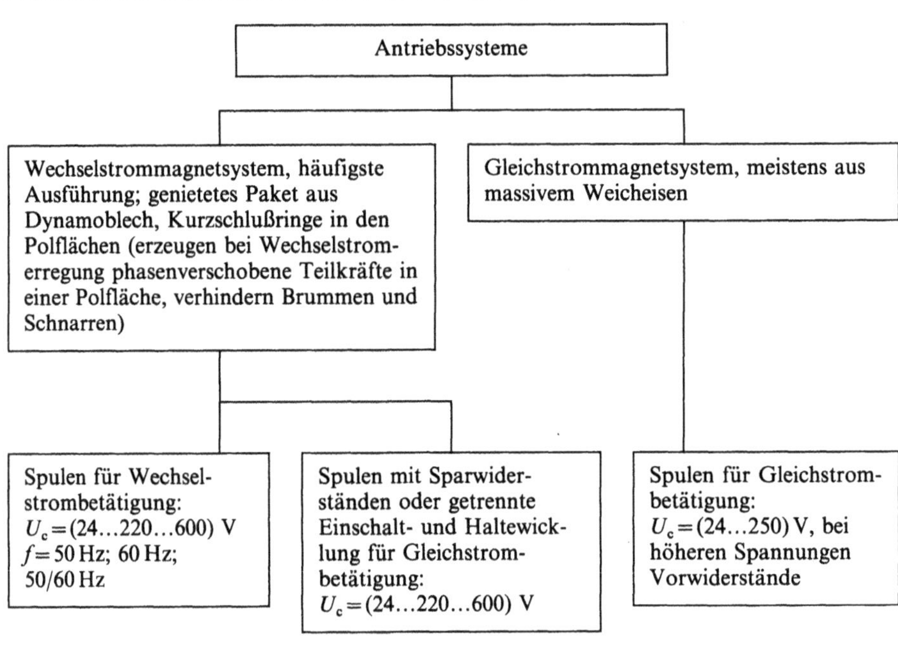

Die wesentlichen Eigenschaften von typischen Motorschützen sind in Tabelle 3.21 zusammengefaßt.

Zweipolige Gleichstromschütze

Zweipolige Gleichstromschütze werden hauptsächlich zum Schalten von Gleichstrommotoren eingesetzt.

Das wesentliche Unterscheidungsmerkmal gegenüber den Wechselstromschützen ist die den Anforderungen der Gleichstrom-Abschaltung entsprechende Lichtbogenlöscheinrichtung. Bei der Ausführung der Magnet-Antriebe wird dagegen auch das bei Wechselstromschützen geschilderte Bausteinprinzip angewandt.

Bild 3.9 zeigt den konstruktiven Aufbau eines Gleichstromschützes mit einem Gleichstrom-Magnetsystem. Da der mechanische Ablauf eines Schaltspieles prinzipiell mit dem für Wechselstromschütze geschilderten übereinstimmt, wird auf eine Beschreibung an dieser Stelle verzichtet.

Das Prinzip einer Löschanordnung für Gleichstromlichtbögen ist im Bild 3.10 dargestellt:

Die Bedingung für das Löschen eines Gleichstromlichtbogens ist, daß die Lichtbogenspannung größer wird als die Netzspannung. Dies wird durch Längung und Kühlung des durch ein magnetiches Blasfeld angetriebenen Lichtbogens erreicht.

Das Blasfeld wird durch eine vom Hauptstrom durchflossene Blasspule *1* mit einem Eisenkern und seitlich an der Lichtbogenkammer angeordneten

Tabelle 3.21. Eigenschaften von Motorschützen

Funktionsmerkmale	typische Werte
hohe Schalthäufigkeit	1000 bis 2000 h^{-1} bei AC-1-Betrieb 500 bis 1000 h^{-1} bei AC-2-AC-3-Betrieb 250 h^{-1} bei AC-4-Betrieb kleinere Schalthäufigkeit bei Schützen größerer Leistung
hohe elektrische Lebensdauer (Schaltstücklebensdauer)	abhängig vom Ausschaltstrom, Diagramme in Hersteller-Katalogen. Richtwert: bei AC-3-Betrieb mindestens 1/20 der jeweiligen mechanischen Nenn-Lebensdauer
hohe mechanische Lebensdauer	$10 \cdot 10^6$ Schaltspiele
Hauptstrombahnen leicht zugänglich für Inspektion und Auswechseln der Schaltstücke	Zweimaliger Schaltstückwechsel möglich, um die mechanische Lebensdauer auch bei Schaltströmen über etwa $0{,}25 \cdot I_e$ voll auszunützen.
kein Schaltvermögen für Kurzschlußströme	Angabe eines geeigneten Schutzgerätes (Sicherung, Leistungsschalter) durch den Hersteller
großer Arbeitsbereich des Magnetantriebes	$(0{,}85...1{,}1) \cdot U_s$
hohe Schockfestigkeit gegen ungewollte Schalthandlungen infolge von mechanischen Stößen	Rechteckstoß: zulässige Beschleunigung 10 g für $t = 5$ ms, 5 g für $t = 10$ ms
Hilfsschalter für Verriegelung, Steuerung, Überwachung	2 Schließer + 2 Öffner, Erweiterungen möglich

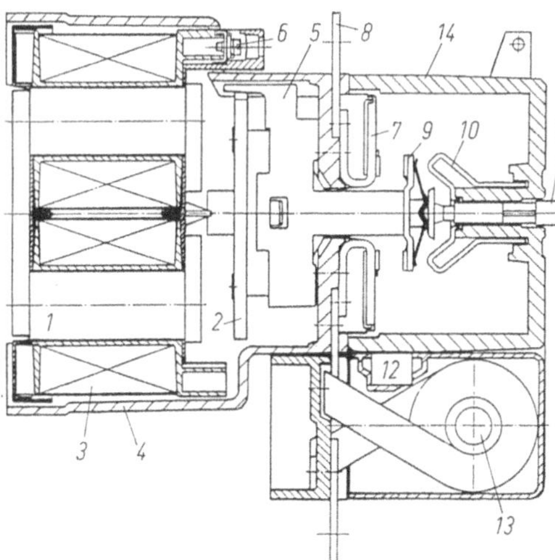

Bild 3.9. Schnittbild eines Gleichstromschützes für einen Nennbetriebsstrom von 220 A. *1* Magnetjoch, *2* Magnetanker, *3* Erregerspule, *4* Gehäuseunterteil, *5* Kontaktträger, *6* Spulenanschluß, *7* festes Schaltstück, *8* Anschlußschiene, *9* bewegliches Schaltstück, *10* Lichtbogen-Leitblech, *11* Schaltstellungsanzeige, *12* Dauermagnet, *13* Blasspule mit Eisenkern, *14* Lichtbogenkammer

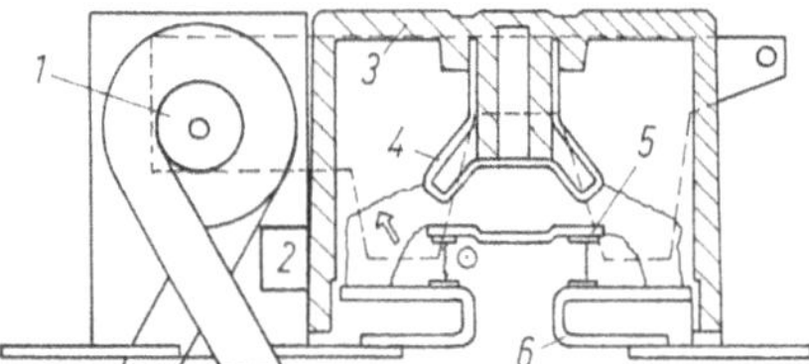

Bild 3.10. Lichtbogen-Löscheinrichtung bei einem Gleichstromschütz. *1* Blasspule mit Eisenrückschluß, *2* Dauermagnet, *3* Schaltkammer, *4* Leitblech, *5* bewegliches Schaltstück, *6* festes Schaltstück. Kraftrichtung der Blasspule (in Bildebene), Kraftrichtung des Dauermagneten (senkrecht zur Bildebene je nach Stromrichtung)

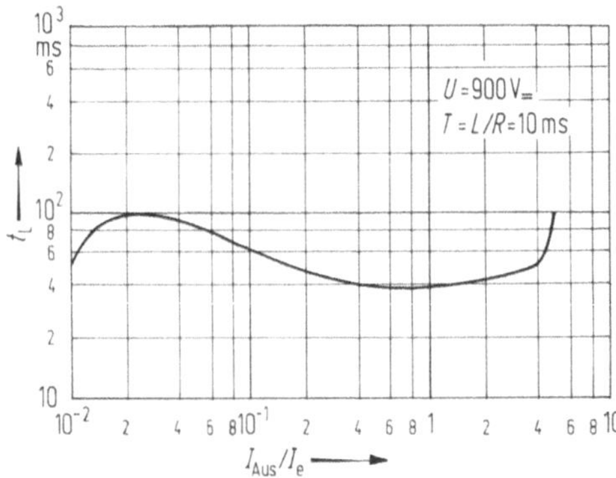

Bild 3.11. Abhängigkeit der mittleren Lichtbogenlöschzeit vom Ausschaltstrom bei einem Gleichstromschütz

Magnetblechen erzeugt. Bei großen Strömen treibt dadurch ein starkes selbsterregtes Magnetfeld den Lichtbogen schnell in der dargestellten Art von den Unterbrechungsstellen in die Lichtbogenkammer.

Bei kleinen Strömen reicht jedoch das selbsterregte Blasfeld nicht aus, um den Lichtbogen in die Lichtbogenkammer zu lenken. Ein Permanentmagnet *2* drückt den Lichtbogen je nach Stromrichtung an eine der Lichtbogenkammerwände. Durch die dabei auftretende Kühlung wird die Lichtbogenspannung erhöht und der Lichtbogen gelöscht.

Infolge der Stromabhängigkeit des Blasfeldes ergibt sich auch eine Abhängigkeit der Lichtbogenlöschzeit vom Ausschaltstrom. Bild 3.11 zeigt ein typisches Beispiel hierfür.

Das Löschprinzip des in den Bildern 3.9 und 3.10 dargestellten Gleichstromschützes beruht auf der Bogenspannungserhöhung durch Lichtbogenverlängerung und Kühlung an den Kammerwänden. Andere Konstruktionen benutzen zur Spannungserhöhung eine größere Anzahl von Löschblechen, zumeist ebenfalls in Verbindung mit magnetischen Blaseinrichtungen.

Vakuumschütze (für Hoch- und Niederspannung)

Wegen des prinzipiell gleichartigen Aufbaus und der vergleichbaren Anwendung werden Hochspannungsschütze [1.9] zusammen mit den Niederspannungsschützen (Nennspannung bis 1000 V Wechselspannung) behandelt.

Auf dem Gebiet der Hochspannungsschütze haben sich im Verlauf der letzten 10 Jahre Vakuumschütze durchgesetzt, bei denen die einfach unterbrechenden Schaltstellen im Vakuum innerhalb einer Schaltröhre angeordnet sind. Diese Geräte sind für eine hohe Schalthäufigkeit bei wartungsfreiem Betrieb geeignet. Sie finden ihre Hauptanwendung in Netzen mit 3 kV bis 24 kV, weil dort die geringen Abmessungen der Schaltröhren im Vergleich zu den Lichtbogenkammern entsprechender Luftschütze vorteilhaft sind. Daneben werden sie auch in Niederspannungsnetzen eingesetzt, besonders wenn das Schalten im gekapselten Raum (kein Lichtbogenaustritt) erwünscht ist (z.B. im Bergbau).

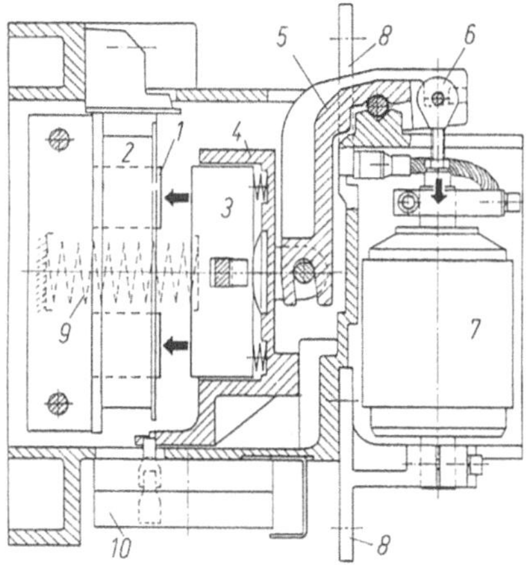

Bild 3.12. Schnittbild eines 1000 V-Vakuumschützes für einen Nennbetriebsstrom 400 A. *1* feststehendes Magnetjoch, *2* Erregerspule, *3* beweglicher Magnetanker, *4* Träger, *5* Schalthebel, *6* Gelenkstangenköpfe, *7* Schaltröhre, *8* Leiteranschluß, *9* Rückdruckfedern, *10* Hilfsschalter

Anhand der Schnittzeichnung Bild 3.12 werden Aufbau und Wirkungsweise eines Vakuumschützes erläutert. Bei nicht erregtem Magneten halten die beiden Rückdruckfedern *9* über den Träger *4* und den Schalthebel *5* die Schaltstücke *6* und *8* gegen die Kraft des äußeren Luftdrucks getrennt.

Bei erregtem, geschlossenem Magnetsystem werden die Gelenkstangenköpfe *6* der Schaltröhren freigegeben, so daß der äußere Luftdruck die beweglichen Schaltstücke auf die feststehenden drücken kann.

Der prinzipielle Aufbau eines Vakuumpols für Schütze entspricht dem von Vakuumleistungsschaltern. Wegen des geringeren Schaltvermögens genügen meist einfache zylindrische Kontakte. Als Kontaktwerkstoff finden abbrandfeste edelmetallfreis Materialien wie W/Cu oder Cr/Cu Verwendung.

Beim Schalten kleiner induktiver Ströme können Überspannungen durch vorzeitigen Stromabriß („Chopping") auftreten und die Isolation (z.B. von Motoren) schädigen. Es empfiehlt sich daher eine Beschaltung mit Spannungsbegrenzern (z.B. ZnO-Varistoren) oder RC-Kombinationen.

In sog. „Low-Chop"-Schützen wird der Abreißstrom durch Einlagerungen von Komponenten mit hohem Dampfdruck, z.B. Sb-Legierungen, die in Vertiefungen des abbrandfesten Grundwerkstoffes eingebracht sind, herabgesetzt.

Halbleiter- und Hybrid-Halbleiterschütze

Halbleiterschütze

Die Funktion eines Schützes kann nicht nur mit mechanischen Kontakten, sondern auch mit Leistungshalbleitern erfüllt werden. Derartige Halbleiterschütze ([1.15 und 1.22]) zeichnen sich unter anderem aus durch

- wartungs- und verschleißfreien Betrieb,
- hohe zulässige Schalthäufigkeit,
- kurzen Ein- und Ausschaltverzug,
- geräuschlose Arbeitsweise.

Diesen Vorteilen stehen als Hauptnachteile gegenüber

- hohe Kosten,
- relativ hohe Durchlaßverluste im EIN-Zustand,
- geringe Überlastbarkeit,
- keine galvanische Trennung im AUS-Zustand
- relativ große Abmessungen

Die hohen Durchlaßverluste erfordern eine sehr sorgfältige Dimensionierung der Kühleinrichtungen; die Zusammenhänge zwischen zulässigem Laststrom, Überlastbarkeit, Einschaltdauer, Schalthäufigkeit und Umgebungstemperatur können umfangreichen Lastdiagrammen entnommen werden.

Werden mit dem Halbleiterschütz dreiphasige Lasten ohne angeschlossenen Sternpunkt geschaltet, so können Verluste und Kosten durch eine Beschränkung auf zweipoliges Schalten verringert werden. Da eine galvanische Trennung im AUS-Zustand ohnehin nicht gegeben ist, bringt diese Betriebsweise keine wesentlichen Nachteile mit sich.

Die von mechanischen Schützen gewohnte Zwangsführung zwischen den Schaltgliedern der Haupt- und Hilfsstromkreise ist beim Halbleiterschütz nur mit sehr großem Aufwand nachzubilden. Fragen des Schutzes vor Überspannungen und -strömen sowie der elektromagnetischen Verträglichkeit nehmen bei der Auslegung betriebssicherer Halbleiterschütze einen breiten Raum ein [1.15,22 und 23]. Beim konstruktiven Aufbau sind die Anforderungen an die Luft- und Kriechstrecken besonders zu beachten [23 und 24].

Halbleiterschütze werden z.Z. nur dort eingesetzt, wo ihre speziellen Vorteile gegenüber konventionellen Schützen betrieblich sehr hoch bewertet werden. Als Entwicklungstendenz zeichnet sich ab, die steuerbaren Leistungshalbleiter zur kontinuierlichen Beeinflussung der Lastspannung mit zu benutzen (Wechsel- bzw. Drehstromsteller). Anwendungen sind z.B. das Speisen von Schweißtransformatoren oder der Sanftanlauf von Asynchronmotoren.

Hybrid-Halbleiterschütze für Wechselstrom

Ein wesentlicher Nachteil reiner Halbleiterschütze – hohe Verluste im eingeschalteten Zustand – wird bei Hybrid-Halbleiterschützen vermieden.

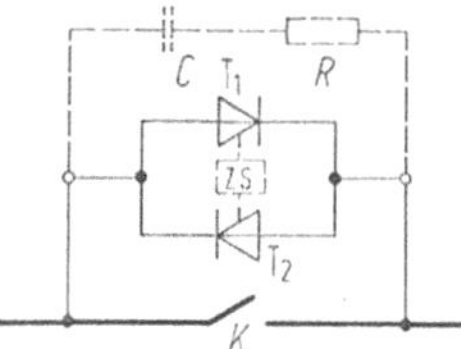

Bild 3.13. Schema eines Hybrid-Halbleiterschützes. *K* Kontaktsystem, *T1*, *T2* antiparallele Thyristoren, *ZS* Zündschaltung, *C*, *R* Beschaltung der Thyristoren

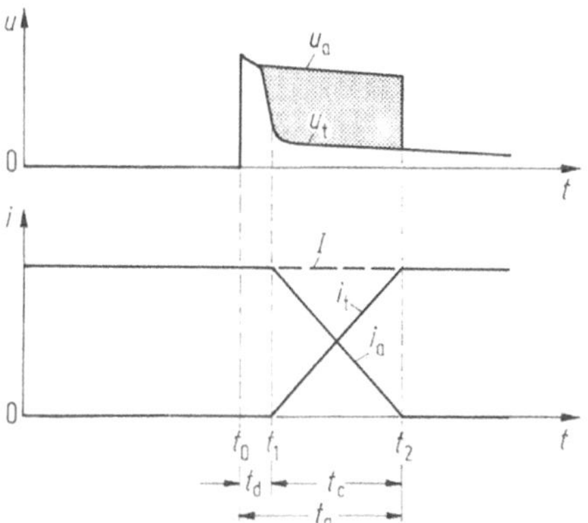

Bild 3.14. Kommutierungsvorgang in einem Hybridschütz. u_a Lichtbogenspannung, u_t Thyristorspannung, t_0 Kontakte öffnen, t_1 Kommutierung beginnt, t_2 Kommutierung beendet, t_a Lichtbogenzeit, t_c Kommutierungszeit, t_d Zündverzögerungszeit, i_a Lichtbogenstrom, i_t Thyristorstrom, *I* Gesamtstrom

Sie bestehen je Strombahn aus einem metallischen Kontaktsystem zur Stromführung im geschlossenen Zustand und dazu parallelgeschalteten Halbleitern, z.B. antiparallelen Thyristoren, die die Aus- und z.T. auch die Einschaltfunktion übernehmen (Bild 3.13). Ein Lichtbogenlöschsystem kann entfallen.

Beim Öffnen der Schaltstücke entsteht zwischen diesen zunächst ein Lichtbogen. Ist der Halbleiter angesteuert, kommutiert der Strom, getrieben durch die Lichtbogenspannung, innerhalb von einigen 10 µs – abhängig vom Strom und der Kommutierungsinduktivität – auf den Thyristor, wo er im nächsten Stromnullpunkt abgeschaltet wird (Bild 3.14). Zur Zündung kann z.B. die Spannung über den Schaltstücken (Lichtbogenspannung bzw. Leerlaufspannung) ausgenutzt werden. Durch eine geeignete Schaltung, im einfachsten Fall einen Hilfskontakt, muß sie nach erfolgter Zündung wieder von der Zündelektrode getrennt werden. Eine intensive Kühlung der Leistungshalbleiter ist wegen der kurzen Stromflußzeiten nicht erforderlich.

Wegen der kurzen „Lichtbogenzeit“ ist der Schaltstückabbrand wesentlich geringer als bei einem herkömmlichen Schütz. Er verringert sich auf Werte unter 1%. Die Lebensdauer eines Hybrid-Halbleiterschützes ist deshalb hauptsächlich durch die mechanische Lebensdauer des verwendeten konventionellen Geräteteils bestimmt.

Der Einsatz von Hybrid-Halbschützen ist wegen der hohen Kosten für die zusätzlichen Halbleiter z.Z. auf wenige Anwendungsfälle beschränkt, bei denen extrem hohe Schaltzahlen und Schalthäufigkeiten bei niedrigen Durchlaßverlusten gefordert werden.

3.2.2.4 Leistungsschalter

Leistungsschalter (nach [1.7]) dienen neben dem Schalten von betriebsmäßigen Strömen in erster Linie als Kurzschlußschutz.

Je nach Ausstattung können Leistungsschalter zusätzliche Aufgaben erfüllen, wie Überlastschutz von Leitungen und Anlagen, Motorschutz und Erdschlußschutz. Die meisten Leistungsschalter können auch als Trenner sowie als Haupt- und Notausschalter eingesetzt werden.

Leistungsschalter werden als Schloßschalter gebaut. Beim Einschalten wird ein Federkraftspeicher gespannt, der nach Lösen einer Verklinkung die Öffnung des Kontaktapparates bewirkt.

Bezüglich der Wirkungsweise unterscheidet man bei Leistungsschaltern zwei Prinzipien:

- Leistungsschalter mit hoher Stromtragfähigkeit, für die zur selektiven Staffelung eine Verzögerung der Kurzschlußauslöser zulässig ist. Solche Schalter mit Nenndauerströmen von 630 A bis 4000 A werden zumeist in offener Bauweise als Nullpunktlöscher aufgeführt. Bild 3.15 zeigt als typisches Beispiel den Schnitt eines 1250-A-Schalters.
- Leistungsschalter mit sehr schnell arbeitenden Kurzschlußauslösern, die strombegrenzend wirken. Diese Schalter mit Nennströmen von 16 bis 630 A werden im allgemeinen in kompakter Bauform ausgeführt (Bild 3.16). Da die elektromagnetischen Überstromauslöser dieser strombegrenzenden Schalter nicht verzögert werden dürfen, werden sie meistens in Verbrauchernähe eingesetzt.

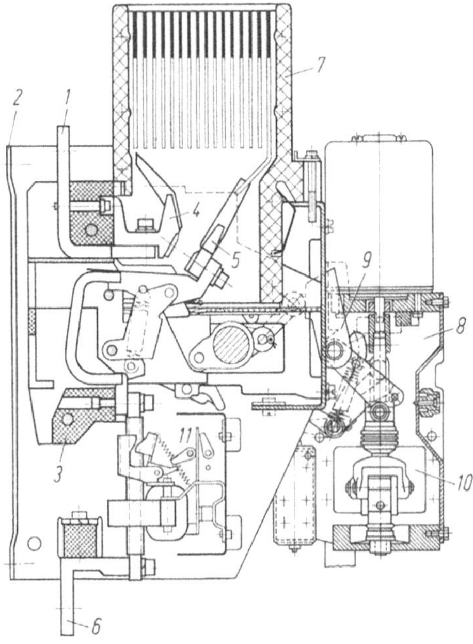

Bild 3.15. Leistungsschalter in offener Bauweise für 1250 A Nenndauerstrom. *1* oberer Leiteranschluß, *2* Stahlblechrahmen, *3* Isolierstoffplatte, *4* feststehendes Schaltstück, *5* bewegliches Schaltstück, *6* unterer Leiteranschluß, *7* Lichtbogenkammer, *8* Motorantrieb, *9* Kurvenscheibe, *10* Fliehkraftgewichte, *11* Überstromauslöser

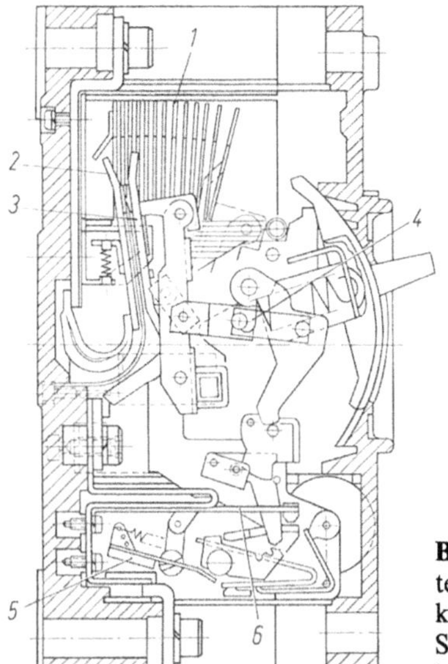

Bild 3.16. Strombegrenzender Leistungsschalter in kompakter Bauform für 225 A Nenndauerstrom. *1* Lichtbogenkammer, *2* feste Schaltstücke, *3* bewegliche Schaltstücke, *4* Schaltschloß, *5* unverzögerter Überstromauslöser, *6* Überlastauslöser

Tabelle 3.22. Baugruppen von Leistungsschaltern

Baugruppen		Bestandteile oder Varianten der Baugruppen	
Gehäuse oder Grundplatte		Gehäuseunterteil mit -deckel oder Abdeckungen, Tragwinkel und -bleche mit Abdeckungen	
Kontaktsystem		feste und bewegliche Kontaktstücke	
Lichtbogenlösch-einrichtung		Lichtbogenkammer, Löschbleche oder Keramikkeile, Lichtbogenleitbleche, Dämm- und Siebplatten, Blasspulen und Blasbleche	
Strombahnen und Anschlüsse		starre und flexible Verbindungsleitungen, Anschlußstücke oder -klemmen, Trennkontaktleisten	
Schaltschloß		Schloßmechanik, Ein- und Ausschaltfedern, Verklinkungsmechanismus	
Antrieb	Handantrieb	Knebel, Hebel oder ähnliches	
	Fernantrieb	Motor- oder Magnetantrieb (Druckluftantriebe sind nicht mehr üblich)	
Auslöser	Stromaus-löser	stromabhängig verzögerte Überlastauslöser unverzögerte Überstromauslöser, kurzverzögerte Überstromauslöser, Fehlerstromauslöser	je nach Einsatzzweck
	Spannungs-auslöser	Unterspannungsauslöser, Nullspannungsauslöser, Arbeitsstromauslöser	je nach Einsatzzweck
Hilfsstromschalter		abhängig von der Stellung	der Hauptschaltstücke des Antriebes der Klinke

Auch eine Kombination beider Prinzipien in einem Gerät ist gebräuchlich: Stromtragfähigkeit bis zu einem bestimmten Kurzschlußstrom mit zulässiger Verzögerung der Kurzschlußauslöser und darüber unverzögerte Auslösung.

Aufbau von Leistungsschaltern Leistungschalter bestehen aus mehreren Baugruppen, die zum Teil auch als Bausteine kombiniert werden können.

Die einzelnen Baugruppen von Leistungsschaltern sind in Tabelle 3.22 zusammengestellt.

Funktionen der Baugruppen von Leistungsschaltern Ein Gehäuse oder ein Grundrahmen ist das tragende Element für die Strombahnen mit den Stromauslösern, das Schaltschloß, die Anschlüsse und die Hilfsschalter.

Die in offener Bauweise ausgeführten Schalter werden mit einem Grundrahmen aus Stahlblech gebaut (Bild 3.15).

Moderne kompakte Leistungsschalter besitzen ein tragendes Kunststoffgehäuse. Im amerikanischen Sprachraum werden sie als Molded Case Circuit Breaker (MCCB) bezeichnet (Bild 3.16).

Der Kontaktapparat – bei der Mehrzahl der Leistungsschalter in Einfachunterbrechung ausgeführt – besteht aus den mit dem Gehäuse oder dem Grundrahmen verbundenen festen Schaltstücken und den vom Schaltschloß über eine Schaltwelle oder einen Schieber angetriebenen beweglichen Schaltstücken mit flexiblen Stromzuleitungen. Bei Nullpunktlöschern mit hoher Kurzschlußstromtragfähigkeit ist die Strombahn im Kontaktbereich so ausgebildet, daß die Stromkräfte auf die beweglichen Schaltstücke möglichst kontaktkraftverstärkend wirken.

Bild 3.17 zeigt schematisch eine Schaltstückanordnung, bei der die abstoßende Kraft einer Stromschleife über einen Drehpunkt zur Kontaktkrafterhöhung ausgenützt wird.

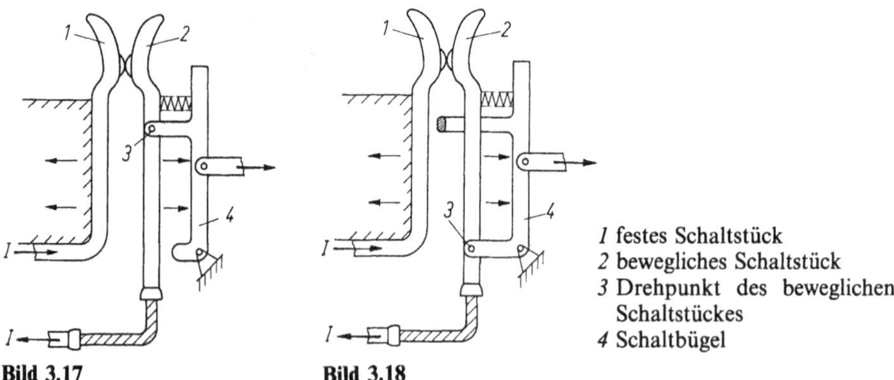

Bild 3.17. Kontaktkraftverstärkung durch Ausnützung der abstoßenden Stromkräfte im Schaltstückbereich

Bild 3.18. Schaltstücköffnung durch Ausnützung der abstoßenden Stromkräfte im Schaltstückbereich

Bei strombegrenzenden Leistungsschaltern werden, zusätzlich zum Antrieb durch die Ausschaltfeder, die Stromkräfte ausgenützt, um die beweglichen Schaltstücke bei Kurzschlußströmen möglichst schnell zu öffnen (Bild 3.18).

Durch enge Schleifenführung wird eine hohe Abstoßkraft der Kontaktglieder erreicht. Zusätzlich kann durch entsprechend gestaltete Eisenumschlüsse die von der Strombahn erzeugte magnetische Kraft weiter erhöht werden. Bei kleinen Leistungsschaltern (z.B. bei Leitungsschutzschaltern, Abschnitt 3.2.2.6) sind die Kurzschlußschnellauslöser so angeordnet, daß sie nach dem Entklinken des Schaltschlosses die beweglichen Schaltstücke direkt aufschlagen.

Lichtbogenlöscheinrichtung Zur Wechselstrom-Lichtbogenlöschung wird in modernen Leistungsschaltern, sowohl bei nullpunktlöschenden als auch bei strombegrenzenden Geräten, der bei der Schaltstücköffnung entstehende Lichtbogen durch eigenmagnetische Blasung über Lichtbogenhörner und -leitbleche in eine Lichtbogenkammer mit Löschblechen getrieben.

Bei Lichtbogenkammern mit Löschblechen sind grundsätzlich zwei Löschprinzipien zu unterscheiden:

– Nullpunktlöschung. Aufteilung des Lichtbogens in so viele Teillichtbögen, daß nach einem natürlichen Stromnulldurchgang die erforderliche Wiederzündspannung größer ist als die wiederkehrende Spannung (siehe Abschnitt 1.1.12.4 und Bild 1.29). Der ohmsche Widerstand des Lichtbogens vergrößert den cos φ des Stromkreises und bewirkt eine Vorverlagerung des Stromnulldurchganges und somit eine Verminderung der wiederkehrenden Spannung.
– Strombegrenzung. Der Lichtbogen wird in so viele Teillichtbögen aufgeteilt, daß die Summe der Brennspannungen aller Teillichtbögen größer ist, als die treibende Spannung.

In beiden Fällen umgeben ferromagnetische Löschbleche die Kontaktstellen meist U-förmig und bewirken dadurch eine Zugkraft auf den entstehenden Lichtbogen in dem Blechschlitz (Bild 3.19).

Zur Gleichstrom-Lichtbogenlöschung muß in der Löschkammer eine Lichtbogenspannung erzeugt werden, die höher als die Netzspannung ist. Diese Bogenspannung kann in einer Löschblechkammer erzeugt werden, ähnlich wie bei strombegrenzenden Wechselstromschaltern, oder in Keramikkammern, in denen der Lichtbogen gelängt und an Keilen intensiv gekühlt wird (Bild 3.20).

Schaltschloß und Antrieb Das Schaltschloß erfüllt zwei Funktionen:

– Beim Einschalten überträgt es die Energie des Antriebes auf das Kontaktsystem. Gleichzeitig wird eine „Ausschaltfeder“ gespannt.
– Beim Ausschalten wird die in der „Ausschaltfeder“ gespeicherte Energie freigegeben und öffnet das Kontaktsystem. Die „Freigabe“ erfolgt durch den Antrieb oder durch Lösen einer Verklinkung.

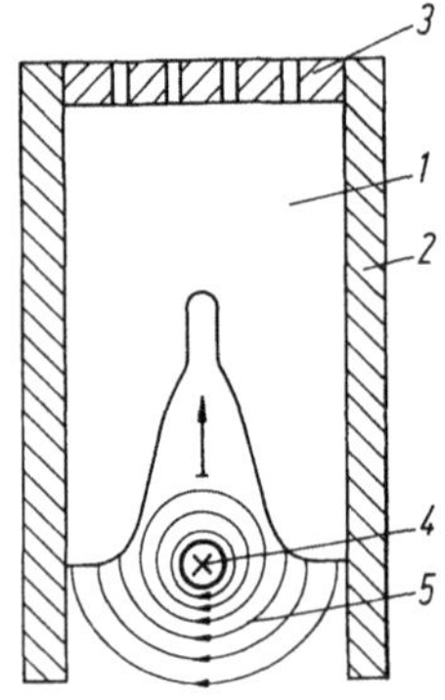

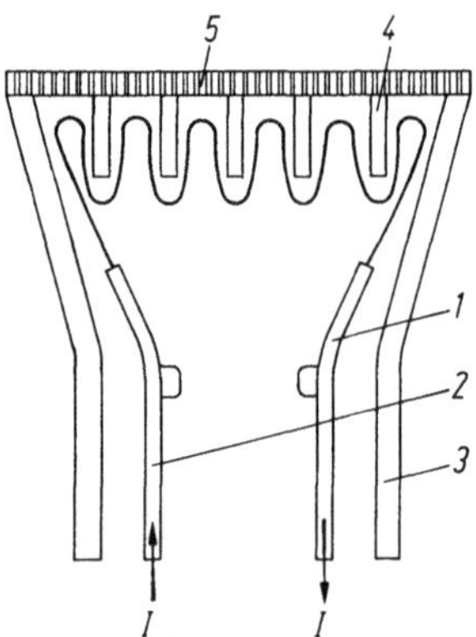

Bild 3.19 **Bild 3.20**

Bild 3.19. Kraftwirkung auf den Lichtbogen in einer Löschblechkammer. *1* ferromagnetisches Löschblech, *2* Kammerwand, *3* Dämmplatte, *4* Lichtbogen, *5* magnetische Feldlinien

Bild 3.20. Lichtbögenlöschkammer für Gleichstrom. *1* festes Schaltstück, *2* bewegliches Schaltstück, *3* Lichtbogenkammer, *4* Keramikkeile, *5* Dämmplatte

Auslöser Auslöser überwachen Ströme oder Spannungen und entklinken das Schaltschloß, wenn bestimmte Werte über- oder unterschritten werden (Stromauslöser siehe 3.2.2.6, Schutzschalter).

Hilfsstromschalter Hilfsstromschalter von Leistungsschaltern werden betätigt in Abhängigkeit von der Stellung der Hauptschaltstücke, des Antriebes, der Klinke oder des Auslösers.

Neben den frei verfügbaren Hilfsstromschaltern enthalten größere Leistungsschalter meistens zusätzliche Hilfsstromschalter für die interne Steuerung. Anforderungen an Hilfsstromschalter siehe Abschnitt 3.2.3.

3.2.2.5 Sicherungen für Nieder- und Hochspannung

Sicherungen werden in Nieder- und Hochspannungsnetzen als Kurzschlußschutz und bei geeignetem Schaltvermögen gleichzeitig auch als Überlastschutz für Leitungen und andere Betriebsmittel eingesetzt.

Als Sicherung bezeichnet man gemäß [19] ein Schutzorgan, das dazu dient, durch Abschmelzen eines (oder mehrerer) Schmelzleiter den Stromkreis zu öffnen, in dem es eingesetzt ist, und den Strom zu unterbrechen, wenn dieser einen gegebenen Wert während einer bestimmten Zeit überschreitet.

Sicherungen bestehen aus Sicherungsunterteil und Sicherungseinsatz.

Das Sicherungsunterteil ist der fest einzubauende Teil einer Sicherung, der die Anschlüsse, die Kontaktstücke, isolierende Elemente und ggf. Abdeckungen enthält.

Der Sicherungseinsatz muß nach jedem Ansprechen ausgewechselt werden. Er enthält zwischen den Kontaktstücken in einer Umhüllung (aus Keramik oder Formstoff) einen (oder mehrere) zum Abschmelzen bestimmte Schmelzleiter (aus Cu oder Ag), ein Löschmittel (Quarzsand) und eine den Schaltzustand anzeigende Vorrichtung (Anzeiger).

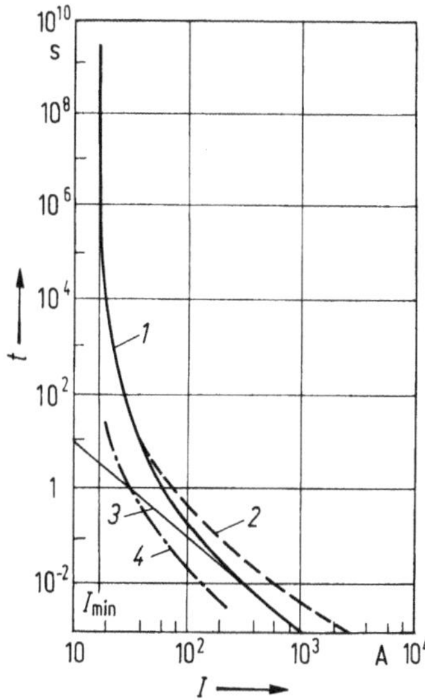

Bild 3.21. Kennlinien einer NH-Sicherung, Nennstrom 16 A, Betriebsklasse gL. I_{min} kleinster Schmelzstrom, *1* Schmelzzeit-Strom-Kennlinie, *2* Ausschaltzeit-Strom-Kennlinie, *3* I^2t-Gerade für adiabatisches Erwärmen und Schmelzen, *4* Haltelinie, ohne irreversible Vorgänge am Schmelzleiter

Die Form der Schmelzleiter (mit Stufen und Engstellen) bestimmt wesentlich das Ausschaltvermögen, die Abschaltüberspannung, die Strombegrenzung, die Höhe des kleinsten Ausschaltstromes und den Verlauf der Strom-Zeit-Kennlinien des Sicherungseinsatzes.

Bild 3.21 zeigt typische Kennlinien am Beispiel einer Niederspannungssicherung.

Wenn die Sicherung einen Kurzschlußstrom führt, schmelzen und verdampfen die Schmelzleiter zuerst an den Engstellen. Die dabei entstehenden Lichtbögen brennen zunächst im Metalldampf des Schmelzleiters, schmelzen und verdampfen dann den umgebenden Sand und werden dadurch gekühlt.

Die durch den Energieentzug bedingte hohe Lichtbogenspannung beeinflußt den Kurzschlußstrom und bewirkt bei ausreichender Größe seine Unterbrechung. Dabei entsteht ein deutlich abgegrenzter Sinterkörper aus Löschsand und Schmelzleitermaterial.

Im Bereich der Kurzschlußströme mit Schmelzzeiten im Millisekunden-Bereich ist nur der Querschnitt der Engstelle für die Schmelzzeit-Strom-Kennlinie maßgeblich, da die Wärmeabfuhr aus der Engstelle vernachlässigt werden kann (adiabatische Erwärmung). Es gilt angenähert

$$\int_0^{t_s} i^2 \mathrm{d}t = c \cdot A,$$

t_s Schmelzzeit, A Engstellenquerschnitt, c Konstante.

Die Konstante ist vom Schmelzleiterwerkstoff abhängig und beinhaltet Dichte, spezifischen Widerstand, spezifische Wärmekapazität, Schmelzwärme und Schmelztemperatur.

Beim kleinsten Strom, den ein Sicherungseinsatz ohne Abschmelzen führen kann, hat die Kennlinie eine Asymptote. Sie ist dadurch gekennzeich-

Tabelle 3.23. Einteilung der Niederspannungssicherungen nach Bauarten

Bauart	Schraubsicherungen			Sicherungen mit Messerkontakten	
Bezeichnung	D-System		DO-System	NH-System	
Nennstrom Nennspannung	2…100 A 500 V≃	2…63 A 660 V≃ 600 V–	2…100 A 380 V≃ 250 V–	6…1250 A 500 V≃ 440 V–	6…800 A 660 V≃
Sicherungseinsatz hinsichtlich Nennstrom	unverwechselbar durch Paßschrauben			verwechselbar	
Berührungsschutz	gegeben			nicht gegeben	
Betätigung durch	Laien			Fachpersonal	

Tabelle 3.24. Einteilung der Niederspannungssicherungen nach Funktionsmerkmalen

Funktionsklasse			Betriebsklasse	
Bezeichnung	Dauerstrom bis	Ausschaltstrom	Bezeichnungen	Schutz von
Ganzbereichssicherungen (General purpose fuses) für Überlast- und Kurzschlußschutz				
g	I_N	I_{nf}	gL gR gB	Kabeln und Leitungen Halbleitern Bergbauanlagen
Teilbereichssicherungen (Accompanied fuses) nur für Kurzschlußschutz				
a	I_N	$= 4\ I_N$ $= 2{,}7\ I_N$	aM aR	Schaltgeräten Halbleitern

net, daß im Beharrungszustand ($t \rightarrow \infty$) bei diesem Strom gerade die Schmelztemperatur erreicht wird.

Um auch kleinere Überlastströme (bis zu etwa $(4...8) \times I_N$) bei relativ niedriger Schmelztemperatur bzw. kleiner erforderlicher Verlustleistung sicher abschalten zu können, sind die Schmelzleiter zahlreicher träger und mittelträger Sicherungseinsätze mit einer Lotmenge versehen, die als Lotbrücke oder als Lotauftrag ausgebildet sein kann. Das Lot (Sn oder Sn-Legierung) hat eine niedrigere Schmelztemperatur als der Schmelzleiter. Nach Überschreiten der Schmelztemperatur des Lotes löst das flüssige Lot durch Diffusionsvorgänge den Schmelzleiter. Dadurch nimmt gleichzeitig der spezifische Widerstand der flüssigen Lotlegierung zu und der Querschnitt des gut leitenden Schmelzleiters ab, bis zur Unterbrechung des überlasteten Schmelzleiters.

Die wichtigsten Eigenschaften von Sicherungseinsätzen werden angegeben durch Betriebsklasse, Schmelzzeit-Strom-Kennlinie (ggf. zusätzlich Ausschaltzeit-Strom-Kennlinie und Haltelinie), Durchlaßstrom-Kennlinie und Ausschaltvermögen.

Niederspannungssicherungen

Niederspannungssicherungen werden gemäß [19] nach Bauarten (Tabelle 3.23), Funktionsklassen und Betriebsklassen (Tabelle 3.24) eingeteilt.

Bild 3.22 zeigt typische Querschnitte von D- und NH-Sicherungen. Für eine Sicherungsreihe mit unterschiedlichen Nennstromstärken sind die bereits in Bild 3.21 erläuterten Schmelzzeit-Strom-Kennlinien in Bild 3.23 dargestellt.

Die Durchlaßstromkennlinie (Bild 3.24) kennzeichnet die Abhängigkeit des Durchlaßstromes (Scheitelwert), auf den die Sicherung den Strom begrenzt, vom Effektivwert des unbeeinflußten Kurzschlußstromes. Während bei kleinen Strömen wegen der längeren Schmelzzeiten keine Begrenzung stattfindet (Geraden mit 45° Steigung), tritt bei hohen Kurzschlußströmen mit Schmelzzeiten im ms-Bereich eine Begrenzung auf. Sie ist umso wirkungsvoller, je niedriger der Sicherungs-Nennstrom liegt, da dann das Ansprechen früher erfolgt.

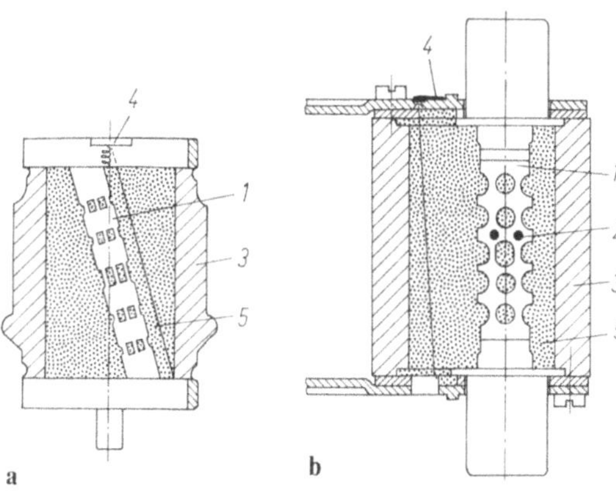

Bild 3.22. Schnittbild von Sicherungseinsätzen der Bauarten D- und NH- (Niederspannungs-Hochleistungs)-System *1* Schmelzleiter mit Engstellen, *2* Lotbrücke bzw. Lotdepot, *3* Sicherungskörper, *4* Anzeigevorrichtung, *5* Quarzsand. **a** Leitungsschutzsicherung, D-Sicherung mit Druckkontakten, **b** Niederspannungs-Hochleistungs-Sicherung, NH-Sicherung mit Kontaktmessern

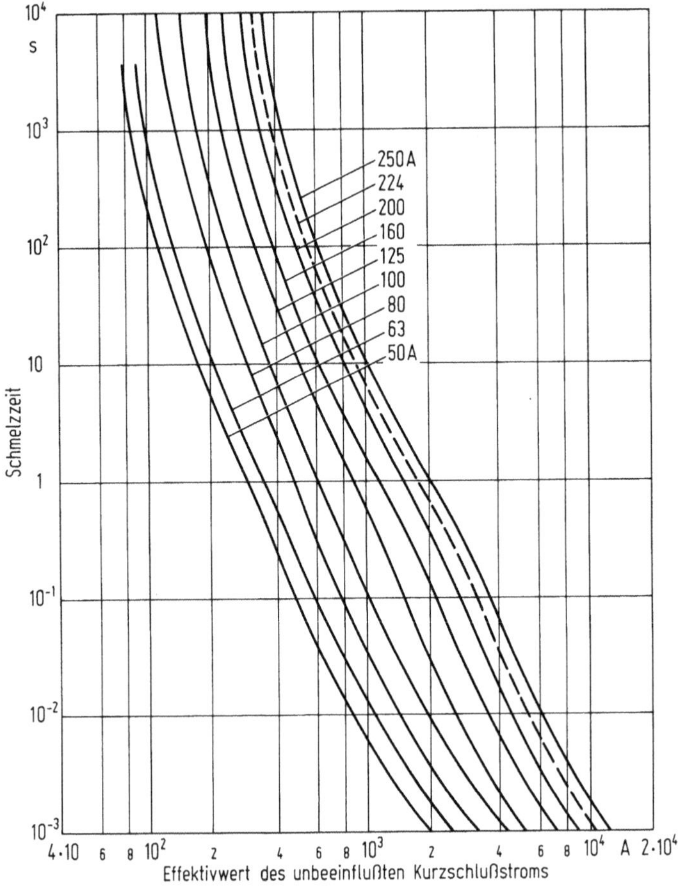

Bild 3.23. Schmelzzeit/Strom-Kennlinien von NH-Sicherungen der Betriebsklasse gL für Nennströme von 50...250 A

Hochspannungssicherungen

Hochspannungssicherungen (Beispiel in Bild 3.25) schützen in Hochspannungsnetzen mit Betriebsspannungen bis zu 36 kV Netzkomponenten wie Transformatoren, Motoren, Vakuumschütze, Kondensatoren und Leitungsabzweige vor der dynamischen und thermischen Wirkung hoher Kurzschlußströme. Für den Überlastschutz sind sie im allgemeinen nicht geeignet, da sie oft nur Ströme über dem kleinsten Ausschaltstrom entsprechend 2,5- bis 3-fachem Nennstrom abschalten können (Bild 3.26).

Die Abmessungen der Sicherungsunterteile und -einsätze sind in [20] und [21] genormt.

Sicherungslasttrenner (für Niederspannung)

NH-Sicherungslasttrenner sind in Verbindung mit NH-Sicherungseinsätzen zum Überlast- und Kurzschlußschutz, zum Trennen und zum gefahrlosen

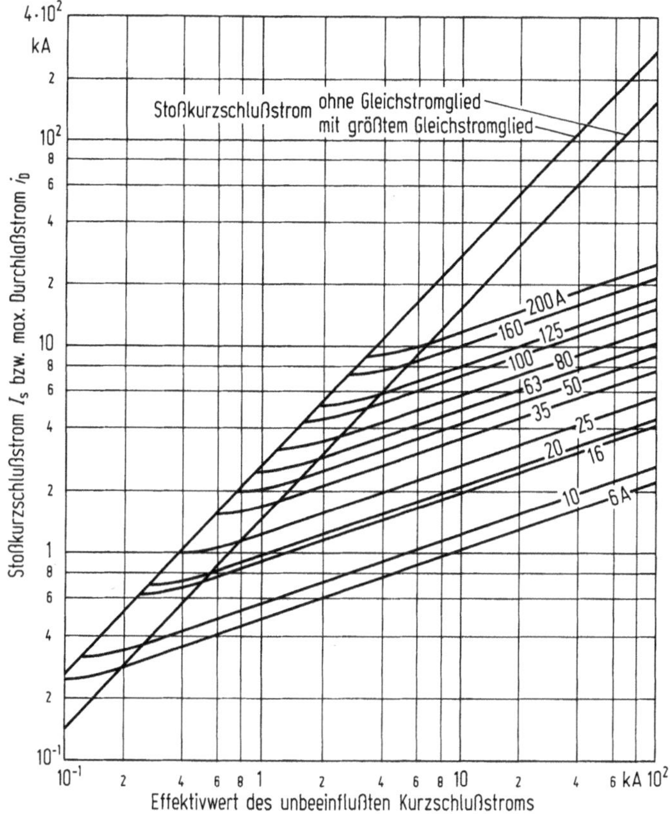

Bild 3.24. Durchlaßstromkennlinien von NH-Sicherungen der Betriebsklasse gL für Nennströme von 6...200 A bei einer Prüfspannung von 725 V (1,1·660 V) und cos $\varphi = 0{,}1...0{,}7$

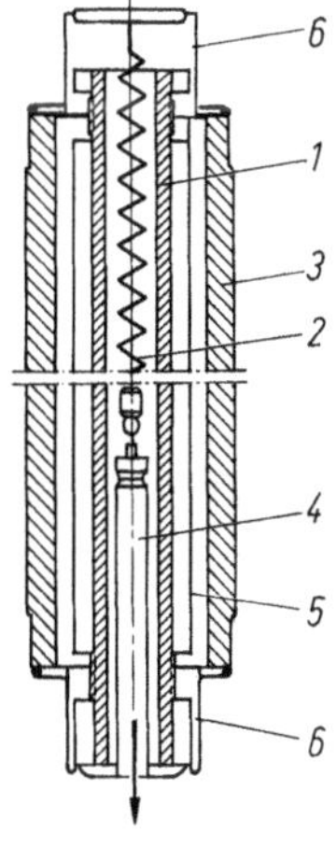

Bild 3.25. Schnittbild eines HH (Hochspannungs-Hochleistungs)-Sicherungseinsatzes. *1* Innenrohr mit Rippen, auf dem die Hauptschmelzleiter (mehrere parallelgeschaltete Bandleiter mit Engstellen) aufgewickelt sind, *2* Nebenschmelzleiter, der beim Abschmelzen der Hauptschmelzleiter verdampft und eine Druckfeder zur Betätigung des Schlagstiftes freigibt, *3* Sicherungsrohrkörper aus glasiertem Prozellan, *4* Schlagstift tritt nach dem Ansprechen (mit genormter Kraft) etwa 30 mm aus einer Kontaktkappe *6* und dient damit zur Anzeige des Schaltzustandes oder zur Betätigung z.B. eines Lasttrennschalters, *5* Quarzsand, *6* Kontaktkappen

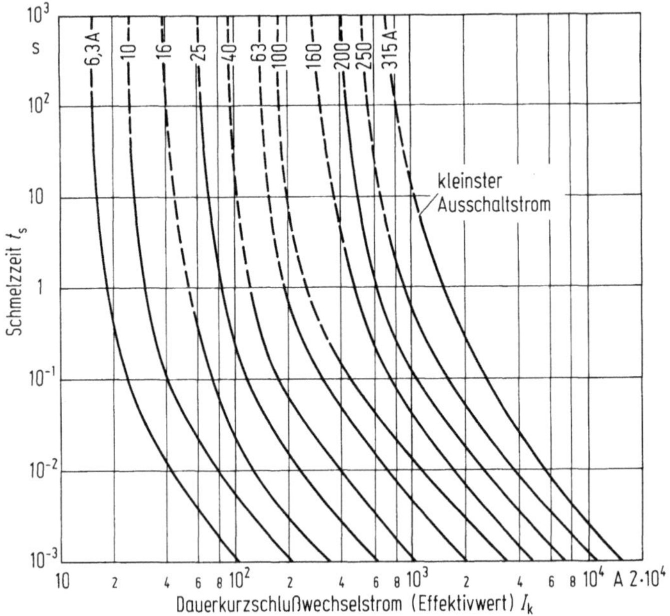

Bild 3.26. Schmelzzeit/Strom-Kennlinien von HH-Sicherungen für Nennspannungen von 3/3,6...30/36 kV und Nennströmen von 6,3...315 A

Tabelle 3.25. Eigenschaften von Sicherungslasttrennern

Funktionsmerkmale	typische Werte
hohes Einschaltvermögen beim Schalten auf Kurzschluß – erreichbar durch Rastfedern, die die Einschaltgeschwindigkeit vom Bedienenden unabhängig machen (Schnelleinschaltung)	50 kA (Effektivwert)
Ausschaltvermögen für Ströme mit Sicherungsschmelzzeiten von etwa 1 Sekunde	(8...10) × Nennstrom
Schaltstücklebensdauer:	
bei Nennstrom	1000 Schaltspiele
bei (seltener) maximaler Ausschaltbelastung	10 bis 20 Schaltspiele

(nicht häufigen) Schalten der nachgeschalteten elektrischen Verbraucher im gestörten und ungestörten Betrieb geeignet. Die Messerkontakte der Sicherungseinsätze dienen dabei als bewegliche Schaltstücke. Typische Eigenschaften von Sicherungslasttrennern sind in Tabelle 3.25 zusammengefaßt.

Aufbau (Bild 3.27)

Grundrahmen mit Lyrakontaktstücken für die Kontaktmesser der NH-Sicherungseinsätze und Lichtbogenkammern, Griffplatte zur Aufnahme der NH-Sicherungseinsätze.

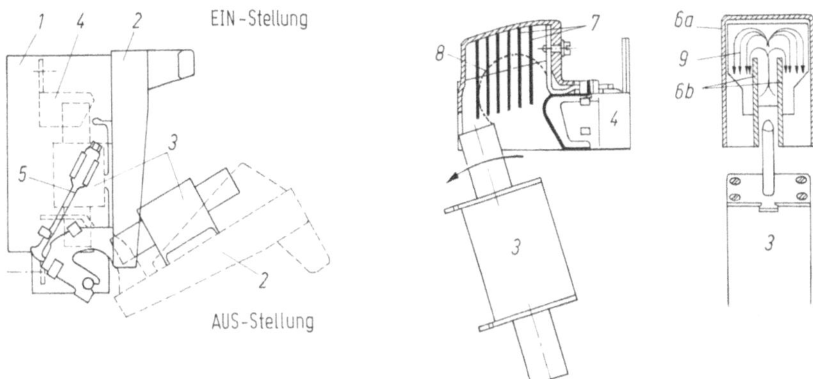

Bild 3.27. Aufbau und Wirkungsweise der Lichtbogenkammer eines Sicherungslasttrenners. *1* Grundrahmen, *2* Griffplatte, *3* NH-Sicherungseinsatz, *4* Lyrakontaktstücke, *5* Rastfeder, *6a* äußere Lichtbogenkammer, *6b* innere Lichtbogenkammer, *7* Deion-Löschbleche, *8* Lichtbogen, *9* Schaltgase

Die Lichtbogenkammern bestehen aus einer Innenkammer mit Löschblechen, in der durch das bewegte Schaltmesser des Sicherungseinsatzes der Schaltlichtbogen gezogen wird, und einer Außenkammer, die die vom Lichtbogen erzeugten Schaltgase nach unten umlenkt und so vom Bedienenden und von den Geräteanschlüssen fernhält.

3.2.2.6 Schutzgeräte

Schutzgeräte schützen durch selbsttätiges Ansprechen Menschen, Nutztiere und Sachwerte vor Gefahren und Schäden durch den elektrischen Strom.

Man unterscheidet zwischen Schutzschaltern und Schutzrelais.

Schutzschalter überwachen Betriebszustände mit Hilfe der eingebauten Auslöser und schalten gefährdete oder beschädigte Anlagenteile selbsttätig ab.

Schutzrelais arbeiten ähnlich wie Schutzschalter, sie schalten jedoch nicht den Strom in den Hauptstrombahnen ab, sondern bewirken über einen Hilfsstromkreis die Abschaltung durch einen Schütz oder einen Leistungsschalter.

Schutzschalter

Schutzschalter sind Schloßschalter, die im allgemeinen von Hand ein- und ausgeschaltet werden können. Wenn ein eingebauter Auslöser anspricht, entklinkt er das Schaltschloß, und der Schutzschalter schaltet ab. Um einen vollständigen Schutz von Betriebsmitteln und Anlagen im gesamten Bereich vom Nennstrom bis zum Kurzschlußstrom zu erreichen, ist eine Kombination von Überlast- und Kurzschlußschutz erforderlich. Die Auslösekennlinien einer solchen Kombination zeigt Bild 3.28.

Überlastauslöser

Ein Überlastauslöser überwacht Betriebsströme und bewirkt die Auslösung und damit die Abschaltung, wenn ein Überstrom zu lange fließt. Bild 3.28 zeigt

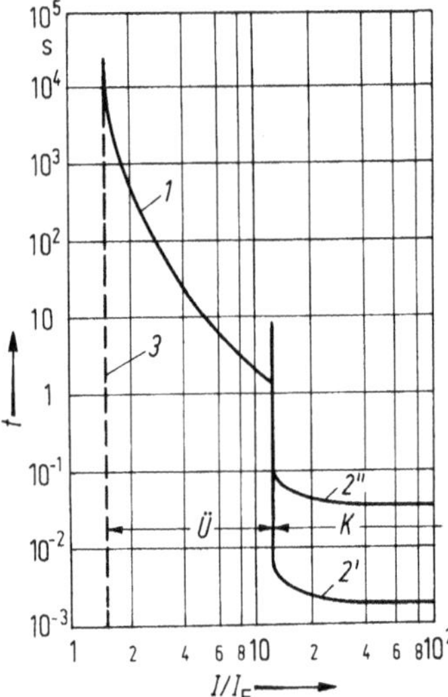

Bild 3.28. Auslösekennlinien für Überlastschutz und Kurzschlußschutz. *1* Überlastauslöser, *2'* Kurzschlußauslöser unverzögert, *2''* Kurzschlußauslöser kurzzeit-verzögert, *3* Grenzauslösestrom des Überlastauslösers, *Ü* Überlastbereich, *K* Kurzschlußbereich

als Beispiel eine Auslösekennlinie eines Überlastauslösers für Motorschutz. Sie gilt für den Schalter ohne Vorbelastung, also aus kaltem Zustand. Die detaillierten Anforderungen sind in [1.10] festgelegt.

Für die Betrachtung einer Auslösekennlinie für den Überlastschutz sind zwei Gebiete von Bedeutung:

Das Grenzstromgebiet, das ist der Bereich knapp über dem eingestellten Strom I_E mit dem Grenzauslösestrom, der senkrechten Asymptote der Kennlinie. Er ist der kleinste Strom, der gerade noch zur Auslösung führt.

Das Überstromgebiet im Bereich der Anlaufströme von Drehstromasynchronmotoren. Ein Maß für die „Trägheit" einer Kennlinie für den Motorschutz ist ihre Auslösezeit beim 6-fachen Nennstrom. Anläufe und damit Auslösezeiten beim 6-fachen Strom bis zu etwa 8 Sekunden gelten als normale Anlaufbedingungen. Längere Anlaufzeiten infolge großer zu beschleunigender Massen werden als „Schweranlauf" bezeichnet.

Aufbau von stromabhängig verzögerten Überlastauslösern

Überlastauslöser werden in drei Bauformen ausgeführt:

1. Thermische Überlastauslöser

mit Thermobimetallstreifen, die von stromdurchflossenen Heizwicklungen erwärmt werden. Sie stellen die häufigste Bauart dar.

2. Hydraulisch gedämpfte Überlastauslöser

Sie werden vereinzelt, hauptsächlich von japanischen Herstellern, eingesetzt.

3. Elektronische Überlastauslöser

2 Bauformen sind am Markt:

Analoge Meßwertverarbeitung. Ein Kondensator mit Entladewiderstand wird über Gleichrichter stromabhängig aufgeladen. Seine Spannung stellt ein

Abbild der Motorerwärmung dar. Bei Überschreiten eines festgelegten Grenzwertes erfolgt die Auslösung.

Digitale Meßwertverarbeitung. Die von einem Stromwandler erfaßten analogen Meßwerte werden in digitale Werte umgewandelt und einem Mikroprozessor zugeführt. Der Mikroprozessor bewirkt die Auslösung, wenn der Dauerstrom einen bestimmten Wert überschreitet oder ein Überstrom länger fließt, als in einer „programmierten" Auslösekennlinie festgelegt ist.

Kurzschlußschutz

Kurzschlußströme werden so schnell wie möglich abgeschaltet, wenn nicht wegen einer selektiven Staffelung eine Kurzverzögerung erforderlich ist. Der Kurzschlußschutz kann nur von Schaltgeräten übernommen werden, die ein ausreichendes Schaltvermögen besitzen. Neben Leistungsschaltern sind Sicherungen und Leitungsschutzschalter für den Kurzschlußschutz geeignet.

Die Überwachung des Stromes und Erfassung eines Kurzschlußstromes erfolgt bei Schaltern durch Kurzschlußschnellauslöser. Sie werden fast ausschließlich als elektromagnetische Auslöser ausgeführt. Ein Magnetsystem mit einem festen Joch und einem beweglichen Anker wird durch eine vom Hauptstrom direkt oder über Wandler gespeiste Spule erregt. Beim Überschreiten des Ansprechwertes wird der Anker angezogen und bewirkt die Entklinkung des Schaltschlosses und damit die Abschaltung des Kurzschlußstromes durch den Leistungsschalter.

Der Ansprechwert des elektromagnetischen Auslösers wird durch eine Ankerrückzugfeder eingestellt. Er ist entweder fest eingestellt oder einstellbar.

Bei Leistungsschaltern mit Überlastauslösern für den Motorschutz sind Kurzschlußschnellauslöser mit Ansprechwerten von 6- bis 12-fachem Nennstrom üblich. Der Ansprechwert muß so hoch liegen, damit der Auslöser bei hohen betriebsmäßigen Strömen (Motoranlauf, Einschaltstromspitzen) nicht anspricht.

Leitungsschutz

Leitungsschutzschalter (LS-Schalter) schützen Kabel und Leitungen vor Überlast- und Kurzschlußströmen, die zu einer unzulässigen Erwärmung und damit Gefährdung deren Isolation führen würden. Darüber hinaus schalten sie in genullten und geerdeten Anlagen ab, wenn berührbare Metallteile infolge von Isolationsfehlern für Mensch und Tiere gefährliche Berührungsspannungen annehmen. Sie sind auch zum Freischalten von Abzweigen geeignet.

Leitungsschutzschalter sind Leistungsschalter mit festeingestellten Überlast- und Kurzschlußauslösern. Ihre Auslösecharakteristiken sind den zulässigen Belastbarkeiten der Leitungen angepaßt. Die Ansprechwerte der Kurzschlußauslöser liegen, mit Rücksicht auf den Berührungsschutz, mit 3 bis $5 \times I_N$ sehr viel niedriger als bei Schaltern für den Motorschutz. Kleine Leitungsschutzschalter für den Installationsbereich mit Nennströmen bis 63 A werden auch als „Sicherungsautomaten" bezeichnet. Die Anforderungen dafür sind in [4] festgelegt.

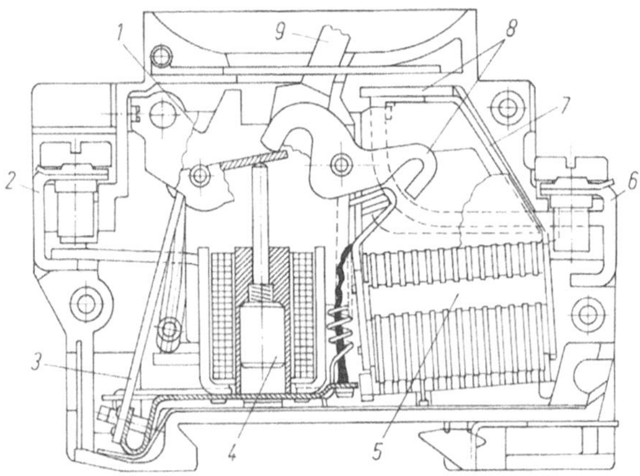

Bild 3.29. Leitungsschutzschalter für Installationsbereich („Sicherungsautomat"). Nenndauerstrom 50 A, Nennschaltvermögen 10 kA bei 360 V. *1* Schaltschloß, *2* Leiteranschluß, *3* thermischer Überlastauslöser (Bimetall), *4* elektromagnetischer Überstromauslöser, *5* Lichtbogenlöschkammer (13 Löschbleche), *6* Leiteranschluß, *7* Lichtbogenleitblech, *8* Schaltstücke, *9* Kipphebel

Das Nennschaltvermögen der Leitungsschutzschalter ist mit Werten von 3000, 6000 und 10000 A (prospektiver Kurzschlußstrom) genormt. In der Praxis sind Werte von 6000 A (Hausinstallation) bis 30000 A (Industrieanlagen) gebräuchlich. Im Kurzschlußstrombereich sind maximal zulässige Stromdurchlaßintegrale $\left(\int i^2 \mathrm{d}t\text{-Werte}\right)$ festgelegt. Damit können einerseits die Leitungsschutzschalter der thermischen Belastbarkeit der zu schützenden Leitungen im Kurzschlußfall zugeordnet werden. Andererseits wird durch das Integral die Selektivität zu vorgeschalteten Schmelzsicherungen bestimmt.

Moderne Leitungsschutzschalter sind so konstruiert, daß sie im Kurzschlußbereich sehr stark strombegrenzend wirken. Ihre Hauptmerkmale – wie Aufschlagen des beweglichen Schaltstückes und schneller Aufbau einer hohen Lichtbogenspannung – entsprechen deshalb den strombegrenzenden Leistungsschaltern (Abschnitt 3.2.2.4)

Bild 3.29 zeigt ein Schnittbild eines Sicherungsautomaten.

Fehlerstromschutz

Die Fehlerstromschutzschaltung bewirkt das allpolige Abschalten einer Anlage (einschließlich des Neutralleiters) beim Auftreten von Erdschlüssen, z.B. durch Isolationsfehler in elektrischen Betriebsmitteln. Die Auslösung und Abschaltung erfolgt im allgemeinen innerhalb von 10 bis 30 Millisekunden, wenn ein Strom zur Erde abfließt, der größer ist als 50% bis 100% des Nenn-Fehlerstromes ($I_{\Delta N}$). Bild 3.30 zeigt die Schaltung eines vierpoligen Fehlerstromschutzschalters (FI-Schalter) in einem Drehstromnetz mit geerdetem Sternpunkt und Schutzerdung der Betriebsmittel (TT-Netz). Andere Netzformen siehe [5].

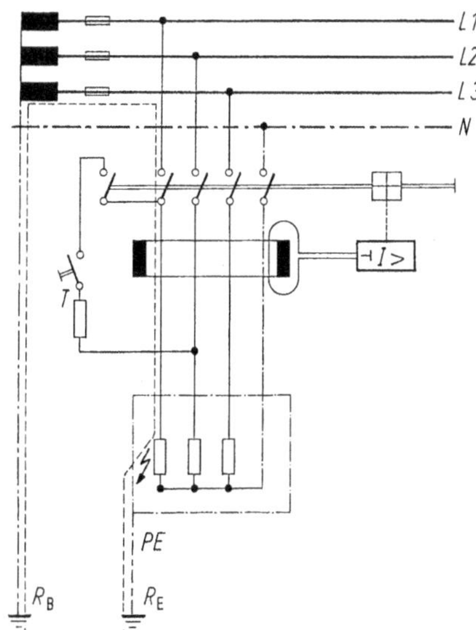

Bild 3.30. Prinzip des Fehlerstromschutzes in einem TT-Netz

Bei bekanntem Schutzerdungswiderstand einer Verbraucheranlage wird über den Nennfehlerstrom sichergestellt, daß die dauernd anstehende Berührungsspannung bei Isolationsfehlern 50 V nicht überschreitet,

$$I_{\Delta N} \leqq \frac{50\ \text{V}}{R_E}.$$

Der Fehlerstromschutzschalter enthält einen Summenstromwandler, durch den alle betriebsmäßig stromführenden Leitungen (die Außenleiter und der Neutralleiter) geführt werden. Im ungestörten Betrieb wird der Eisenkern nicht erregt, da die Summe aller Ströme (auch bei unsymmetrischer Belastung) gleich Null ist.

Im Störungsfall (Isolationsfehler im Verbraucher) fließt ein Fehlerstrom über den Schutzleiter (PE) und die Erde des Verbrauchers (R_E) zur Betriebserde (R_B) des Transformators. Der Eisenkern des Summenstromwandlers wird durch den Fehlerstrom erregt. In der Sekundärwicklung des Summenstromwandlers wird eine Spannung induziert und der angeschlossene Auslöser (Haltemagnet) löst das Schaltschloß aus. Zur Funktionsprüfung eines Fehlerstromschutzschalters dient eine Prüfeinrichtung, die bei Betätigung im Summenstromwandler einen „Fehlerstrom“ simuliert.

Die Anforderungen an Fehlerstromschutzschalter sind in [5] festgelegt.

Vorzugswerte für Nenn-Fehlerströme ($I_{\Delta N}$) sind: 0,01; 0,03; 0,1; 0,3; 0,5; 1 A.

Fehlerstromschutzschalter mit $I_{\Delta N} \leqq 0{,}03$ A bieten zusätzlichen Schutz bei unterbrochenem Schutzleiter, da sie schon bei Fehlerströmen ansprechen, die unterhalb der Gefahrenschwelle für den menschlichen Körper liegen.

Da Fehlerströme gleichzeitig mit Kurzschlußströmen auftreten können, ist für FI-Schalter ein Kurzschlußschaltvermögen vorgeschrieben. Die genormten Kurzschlußströme betragen 3000, 6000 und 10000 A. Die Kombination von Leitungsschutzschalter und Fehlerstromschutzschalter in einem Gerät ist ebenfalls üblich.

Schutzrelais

Schutzrelais sind Schaltgeräte, die entweder direkt im Leitungszug des zu schützenden Stromkreises eingebaut sind (Primärrelais), oder die über Wandler angeschlossen werden (Sekundärrelais). In beiden Fällen überwachen sie Betriebszustände und veranlassen über Hilfsstromkreise die Abschaltung gefährdeter Anlagenteile durch andere Schaltgeräte (Schütze oder Leistungsschalter).

Überlastrelais

Überlastrelais arbeiten im Strombereich von Nennstrom bis zum etwa 10-fachen Nennstrom, ähnlich wie der Überlastschutz von Leistungsschaltern (3.2.2.4).

Überstromrelais für den Kurzschlußschutz sind weniger üblich. Der Kurzschlußschutz wird meistens von Leistungsschaltern mit Kurzschlußauslösern übernommen.

Die Anforderungen an Überlastrelais sind in [1.10] festgelegt.

Bild 3.31 zeigt die Ansicht eines thermischen Überlastrelais ohne Abdeckung.

Ein Formstoffgehäuse ist in vier Kammern unterteilt. In drei Kammern sind Streifen aus Thermobimetall eingebaut. An den Bimetallstreifen sind Heizwicklungen angebracht, die von den Strömen der drei Phasen (z.B. Motorströme) durchflossen werden. Die drei Bimetallstreifen stellen annähernd thermische Abbilder der Motorwicklungen dar. In der 4. Kammer befindet sich der Auslösemechanismus und der Raumtemperaturkompensationsstreifen. Letzterer besteht, ebenso wie die drei Hauptstreifen, aus Thermobimetall; er kompensiert weitgehend den Einfluß der Umgebungstemperatur auf die drei Hauptstreifen.

Das Kontaktsystem moderner thermischer Überlastrelais besitzt galvanisch getrennte Öffner und Schließer. Der Öffner unterbricht den Spulenstrom eines vorgeschalteten Schützes oder eines Spannungsauslösers, der einen Leistungsschalter auslöst. Der Schließer wird meistens zur Meldung der Auslösung eingesetzt. Das Kontaktsystem besitzt Sprungschaltung; es schaltet auch dann sprungartig von einer Stellung in die andere um, wenn es durch die Bimetallstreifen sehr langsam betätigt wird. Die Kontaktsysteme von thermischen Überstromrelais sind meistens umstellbar für den Schützbetrieb mit Tasterkommando oder für Dauerkommando. Beim Betrieb mit Tasterkommando geht das Kontaktsystem nach dem Auslösen selbsttätig in die betriebsbereite Stellung zurück. Beim Betrieb mit Dauerkommando bleibt das Überlastrelais nach dem Auslösen in der Ausgelöst-Stellung. Durch Betätigung der Entriegelungstaste wird es wieder betriebsbereit gemacht.

Moderne Überlastrelais besitzen „Phasenausfallschutz“. Da Drehstrommotoren bei Unterbrechung einer Zuleitung thermisch höher belastet werden, lösen solche Relais bei 2-poligem Betrieb früher aus, als bei 3-poliger

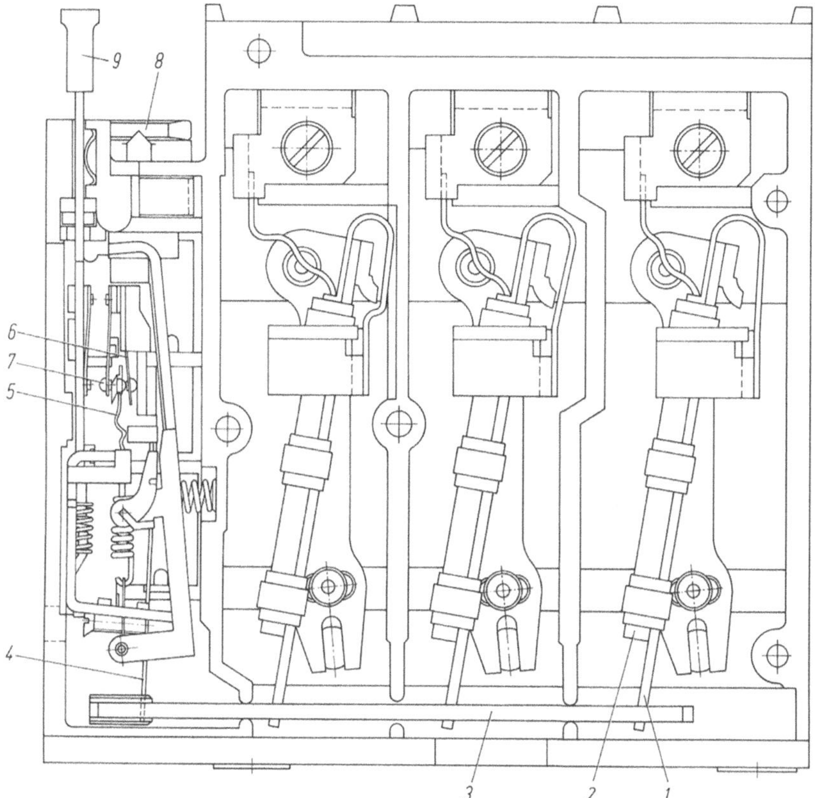

Bild 3.31. Thermisches Überlastrelais für 170 A Nennbetriebsstrom.
1 Thermobimetallsteifen, *2* Heizwicklung, *3* Auslöseschieber,
4 Raumtemperatur-Kompensationsstreifen, *5* Kontaktwippe, *6* Öffnerkontakt,
7 Schließerkontakt, *8* Einstellskale, *9* Entriegelungstaste

Belastung. Bild 3.32 zeigt die Auslösekennlinien eines Überlastrelais bei 3- und 2-poliger Belastung. Die bei 2-poliger Belastung frühere Auslösung als bei 3-poliger Belastung wird durch ein Differentialschiebersystem erreicht.

Motorschutz mit Temperaturfühlern

Die vorstehend behandelten Überlastschutzgeräte erfassen nur den Strom in der Zuleitung. Der von diesem Strom beheizte Thermobimetallstreifen stellt ein thermisches Abbild des zu schützenden Betriebsmittels (z.B. einer Motorwicklung) dar, wobei die Abbildungstreue wegen der recht unterschiedlichen Zeitkonstanten von Original und Abbild nicht genau sein kann.

Schutzgeräte mit Temperaturfühlern in Verbrauchern überwachen hingegen die Temperatur des zu schützenden Objektes direkt. Sie schützen daher auch Motoren sicher bei hoher Schalthäufigkeit, bei Aussetzbetrieb, schwankender Belastung und zu hoher Kühlmitteltemperatur. Außerdem ermöglichen sie eine bessere Ausnutzung des geschützten Objektes, da sie keine zu

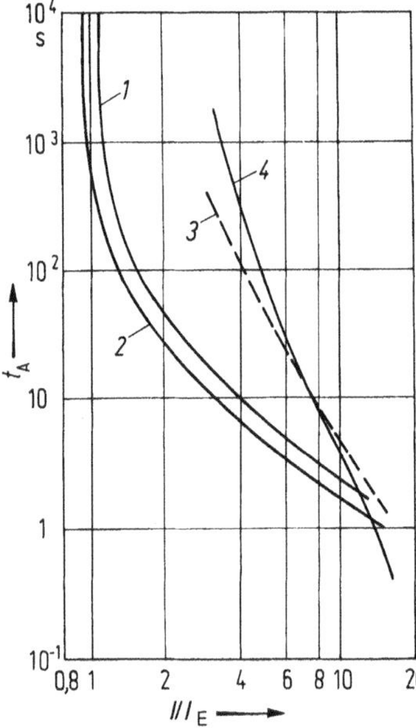

Bild 3.32. Kennlinien eines thermischen Überlastrelais mit Einstellbereich 32...50 A. I_E Einstellstrom, t_A Auslösezeit. Mittlere Auslösekennlinien aus kaltem Zustand für Einstellung auf beliebigem Einstellstrom.
1 bei dreipoliger Belastung, *2* bei zweipoliger Belastung (mittlerer Bimetallstreifen infolge Phasenausfall unbeheizt), *3* Zerstörungskennlinie, *4* Schmelzzeitkennlinie der Vorschaltsicherung NH 100 A

frühe Abschaltung bewirken und die frühestzulässige Wiedereinschaltung ermöglichen.

Überlastschutzgeräte mit Temperaturfühlern bestehen aus den Temperaturfühlern, die in den Wicklungen der zu überwachenden Maschinen eingebaut sind, und einem Auslösegerät.

Die Temperaturfühler müssen eine möglichst kleine Masse besitzen und an die zu schützende Wicklung mit einem geringen Wärmeübergangswiderstand angekoppelt sein. Elektrisch müssen sie gegenüber der Wicklung entsprechend der Isolationsklasse der Maschine isoliert sein.

Als Temperaturfühler verwendet man Halbleiter (Heißleiter oder Kaltleiter), deren Widerstände sich in Abhängigkeit von ihrer Temperatur ändern (Bild 3.33).

Heißleiter (NTC) haben im kalten Zustand einen hohen ohmschen Widerstand, der mit zunehmender Temperatur stetig abnimmt. (NTC = Negative Temperature Coefficient)

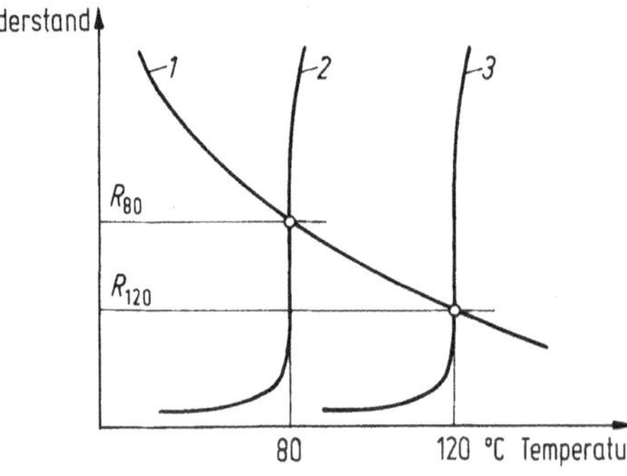

Bild 3.33. Widerstandskennlinien von Temperaturfühlern.
1 Heißleiter (NTC), *2* Kaltleiter (PTC) mit Nenn-Ansprechtemperatur 80° C, *3* Kaltleiter (PTC) mit Nenn-Ansprechtemperatur 120°C

Kaltleiter (PTC) haben im kalten Zustand einen niedrigen Widerstandswert, der sich in einem schmalen Temperaturbereich sprungartig erhöht. (PTC=Positive Temperature Coefficient)

Auslösegeräte überwachen die Widerstände der Temperaturfühler und damit die Temperatur der zu schützenden Objekte. In Auslösegeräten für Heißleiterfühler kann nachträglich die gewünschte Ansprechtemperatur noch verändert werden.

Bei Schutzeinrichtungen mit Kaltleiterfühlern ist die Ansprechtemperatur festgelegt durch den Temperaturwert, bei dem der Widerstand steil zunimmt (Nenn-Ansprechtemperatur). Eine Veränderung der Ansprechtemperatur ist nur mit einem anderen Fühlertyp möglich.

Kaltleiterfühler werden vorwiegend in Serienmotoren eingebaut, nachdem durch Messungen an Prototypen die zweckmäßige Nennansprechtemperatur der Temperaturfühler ermittelt wurde. Heißleiterfühler baut man ein, wenn wegen einer geringen Stückzahl, oder aus anderen Gründen, Messungen an Prototypen nicht möglich sind. Bei Auslösegeräten für Heißleiter besteht die Möglichkeit, eine Warneinrichtung einzubauen, die anspricht, bevor das Schutzobjekt abgeschaltet werden muß.

Auslösegeräte für Kaltleiterfühler erfordern, wegen der sprungartigen Widerstandsänderung in einem engen Temperaturbereich, einen geringeren schaltungstechnischen Aufwand als solche für Heißleiter.

Fehlerstromrelais

Fehlerstromrelais arbeiten ähnlich wie Fehlerstromschutzschalter. Sie bestehen aus zwei Komponenten, dem Summenstromwandler und dem Auslöserelais, die meistens getrennt voneinander aufgebaut sind. Das Auslöserelais besitzt einen Hilfsschalter, der nach dem Ansprechen des Relais ein vorgeschaltetes Hauptstromschaltgerät auslöst. Das Hauptstromschaltgerät muß die Zuleitung allpolig (einschließlich des Mittelpunktleiters) abschalten. Nach dem Ansprechen muß das Auslöserelais durch Betätigung der Entriegelungstaste wieder betriebsbereit gemacht werden. Eine Prüfeinrichtung ermöglicht die gelegentliche Prüfung der elektrischen und mechanischen Funktionssicherheit des Summenstromwandlers und des Auslöserelais. Die Anforderungen an Fehlerstromrelais sind in [1.24] festgelegt.

3.2.2.7 Selektivität zwischen Schaltgeräten

Die Zusammenarbeit von Schaltgeräten in einem Netz nennt man selektiv, wenn bei einem Störungsfall nur der gestörte Teil des Netzes abgeschaltet wird. Bild 3.34 zeigt eine einfache Verteilung.

In einem nicht selektiven Netz würden bei einer Störung im Abzweig *5* die Schalter *5,4* und *1* ansprechen, und die gesamte Verteilung wäre ohne Spannung. In einem selektiven Netz wird nur der Abzweig *5* vom Netz getrennt und alle anderen Netzteile bleiben in Betrieb.

Selektivität von Sicherungen untereinander. Sicherungen gleicher Bauart sind meist untereinander selektiv, wenn sie sich um mindestens zwei Nennstromstärken unterscheiden.

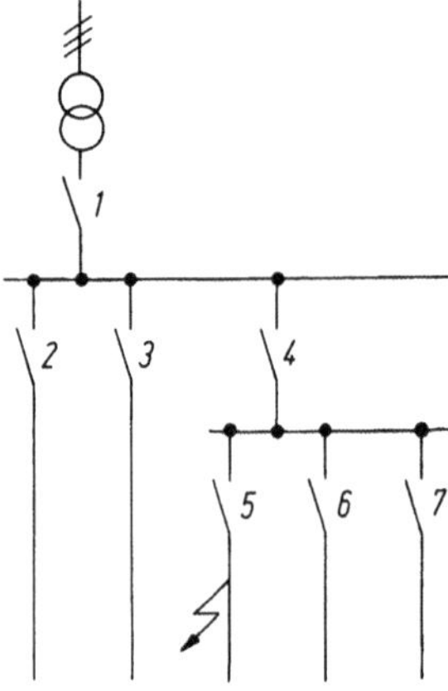

Bild 3.34. Verteilung mit in Reihe geschalteten Leistungsschaltern *1*...*7* Leistungsschalter

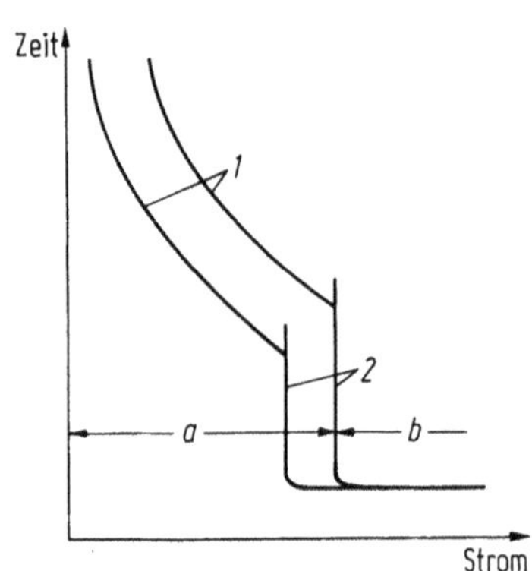

Bild 3.35. Selektivität von in Reihe geschalteten Leistungsschaltern mit unverzögerten Kurzschlußauslösern. *1* Überlastauslöser, *2* unverzögerte Kurzschlußauslöser, *a* Selektivität durch unterschiedliche Ansprechwerte, *b* keine Selektivität

Selektivität von in Reihe geschalteten Überlastrelais und -auslösern ist möglich, wenn sich die Einstellströme um mindestens 20% unterscheiden und wenn die Auslösecharakteristiken (Trägheit) ähnlich verlaufen (Bild 3.35).

Selektivität von in Reihe geschalteten Leistungsschaltern mit unverzögerten Kurzschlußauslösern ist nur bis zum Ansprechwert des jeweils vorgeschalteten Schalters gegeben (Bild 3.35).

Um auch im Bereich der Kurzschlußauslöser Selektivität zu erzielen, werden die Kurzschlußauslöser der vorgeschalteten Schalter kurzzeitverzögert. Bild 3.36 zeigt ein Beispiel mit einer Verzögerungszeit von ca. 100 ms.

Für die zeitliche Staffelung von zwei Leistungsschaltern muß nachstehende Bedingung erfüllt werden: Die Ausschaltzeit (einschließlich der Lichtbogenzeit) des nachgeschalteten Schalters muß kürzer sein, als die Befehlsmindestdauer des vorgeschalteten Schalters.

Die moderne Mikroelektronik bietet eine neue Möglichkeit, die selektive Zusammenarbeit von Schaltgeräten zu realisieren: In den einzelnen Geräten werden die Betriebsströme erfaßt und an einen zentralen Rechner gemeldet. Der Rechner entscheidet und veranlaßt, welches oder welche Geräte ausschalten sollen. Diese Methode vermeidet die langen Kurzschlußstromflußzeiten

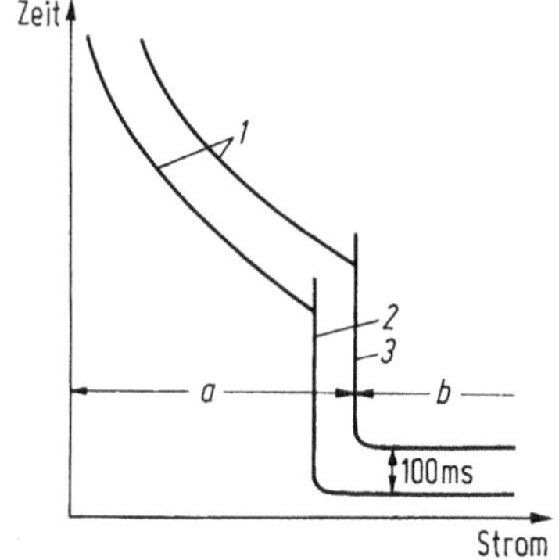

Bild 3.36. Selektivität von in Reihe geschalteten Leistungsschaltern mit kurzzeitverzögerten Kurzschlußauslösern. *1* Überlastauslöser, *2* unverzögerter Kurzschlußauslöser, *3* kurzzeitverzögerter Kurzschlußauslöser, *a* Selektivität durch unterschiedliche Ansprechwerte, *b* Selektivität durch Zeitverzögerung

bei der Zeitstaffelung. Auch die Kommunikation von Schaltern untereinander, also ohne Zentralrechner, ist möglich.

3.2.2.8 Not-Aus-Einrichtung und Hauptschalter

Bearbeitungs- und Verarbeitungsmaschinen müssen mit Not-Aus-Einrichtungen und Hauptschaltern versehen werden [18].

Not-Aus-Einrichtung

Um Gefahren für Personen und Maschinen zu vermeiden, ist für jede Maschine eine Not-Aus-Einrichtung vorgeschrieben, mit der sie im Gefahrenfall stillgesetzt werden kann. Stillsetzen heißt nicht, daß die gesamte Anlage ausgeschaltet werden muß. Einzelne Aggregate (z.B. magnetische Spannplatten oder bestimmte Lüfter) dürfen im Gefahrenfall nicht ausgeschaltet werden.

Not-Aus-Einrichtungen können mechanisch oder elektrisch betätigt werden. Ihre Schaltstücke müssen mit dem Antrieb zwangsläufig gekoppelt sein. Die Handhabe der Not-Aus-Einrichtung muß leicht, schnell und gefahrlos erreichbar sein. Sie muß von roter Farbe sein und sich innerhalb einer gelben Fläche befinden. Nach Betätigung der Not-Aus-Einrichtung darf die Maschine erst nach Entriegeln oder Rückstellen der Handhabe wieder eingeschaltet werden können.

Das Schaltvermögen der Not-Aus-Einrichtung muß mindestens der Summe aller Verbraucherströme entsprechen, wenn der größte Motor der Maschine festgebremst ist. Sie muß daher Motorschaltvermögen besitzen.

Hauptschalter

Mit einem Hauptschalter wird die gesamte Anlage für Reparaturarbeiten usw. vom Netz getrennt.

Der Hauptschalter muß handbetätigbar sein und darf nur je eine Aus- und Ein-Stellung besitzen. Er muß eine sichtbare Trennstelle oder eine Schaltstellungsanzeige haben und muß in der Aus-Stellung verschließbar sein.

Wird als Hauptschalter und als Not-Aus-Einrichtung nur ein einziges Schaltgerät verwendet, so muß dieses die Anforderungen an beide Geräte erfüllen. Als Not-Aus-Einrichtung und Hauptschalter können z.B. Leistungsschalter, Lastschalter oder Schütze im Zusammenwirken mit mehreren Befehlsgeräten (Abschnitt 3.2.3.1) eingesetzt werden.

3.2.3 Schaltgeräte für Hilfsstromkreise

Hilfsstromschalter sind für Befehls-, Melde-, Steuer- und Verriegelungsstromkreise in Schaltgeräten, Maschinensteuerungen und Anlagen bestimmt. Sie haben meistens keine Trennereigenschaften und können daher nur dann als Hilfsstromtrenner eingesetzt werden, wenn sie die besonderen Anforderungen in [1.16] erfüllen.

Hilfsstromschalter lassen sich hinsichtlich ihrer Betätigungsart einteilen in:

- manuell betätigte Hilfsstromschalter, z.B. Drucktaster, Drehschalter
- elektromagnetisch betätigte Hilfsstromschalter, z.B. Hilfsschütze
- automatisch betätigte Hilfsstromschalter, z.B. druck- und temperaturabhängige Schalter
- Positionsschalter, z.B. durch ein Maschinenteil betätigte Hilfsstromschalter.

Die Festlegungen für Hilfsstromschalter gelten auch für die vom Anwender unabhängig verwendbaren Hilfsschaltglieder andere Schalter, z.B. Hilfsschalter von Schützen und Leistungsschaltern.

Entsprechend ihrer Hauptanwendung (Schalten von elektromagnetischen Antrieben) werden die Gebrauchsbedingungen von Hilfsstromschaltern im allgemeinen durch Angabe von Nennbetriebsspannungen U_e und zugehörigen Nennbetriebsströmen I_e für die Gebrauchskategorien AC-11 und DC-11 (siehe Tabelle 3.9) beschrieben.

Für mehrpolige Hilfsstromschalter wird oft auch das Motorschaltvermögen für kleine Drehstrommotoren (z.B. 380 V, 4 kW) vom Hersteller angegeben.

Die Zwangsöffnung der Öffnerschaltglieder und häufig auch die Zwangsführung der Schaltglieder untereinander wird für Hilfsstromschalter gefordert, die der Sicherheit von Personen, Anlagen und/oder Prozessen dienen.

Zwangsöffnung liegt nach [1.16] vor, wenn die Betätigungskraft auf die Öffnerschaltstücke wenigstens auf dem wesentlichen Teil ihres Betätigungsweges ohne Zwischenschaltung elastischer Antriebsglieder formschlüssig übertragen wird. Damit muß sichergestellt sein, daß alle öffnenden Schaltglieder in der Offenstellung sind, wenn das Bedienteil in der seiner Offenstellung entsprechenden Stellung ist.

Die Zwangsführung der Schaltglieder bewirkt, daß die Schließer eines Gerätes auch im Störungsfall erst schließen, wenn die Öffner sicher geöffnet haben und umgekehrt. Damit läßt sich z.B. die Funktion der Öffner durch Schließer derselben Geräte überwachen.

Die meisten Hilfsstromschaltgeräte besitzen Schaltglieder mit Einfach- oder Doppelunterbrechung ohne zusätzliche Lichtbogenlöscheinrichtungen wie z.B. Löschbleche (typischer Nennstrom $I_{e,AC-11} = 6$ A bei $U_e = 220$ V).

Zur Erhöhung der Kontaktzuverlässigkeit in Hilfsstromkreisen mit niedrigen Spannungen und Strömen (z.B. 5 bis 30 V und 1 bis 50 mA) werden Hilfsstromschalter vorteilhaft mit redundanter Kontaktgabe (z.B. durch zwei parallele bewegliche Schaltstücke) ausgerüstet.

Es gibt auch kontaktlose Hilfsstromschaltgeräte mit Transistoren, Triacs oder Thyristoren als Schaltelemente (typische Belastbarkeit bis zu 0,5 A bei 220 V).

3.2.3.1 Drucktaster und Leuchtmelder

Drucktaster sind Schalter zur manuellen Befehlseingabe in Hilfsstromkreise für den Einbau in Steuertafeln und Gehäuse mit Frontplatten- oder Bodenbefestigung. In [1.17] sind die Zusatzbestimmungen für Drucktaster und ähnliche Hilfsstromschalter enthalten.

Leuchtmelder haben keine Schaltelemente sondern zeigen den Schaltzustand von Schaltgeräten oder den Betriebszustand von Betriebsmitteln an [1.21].

Leuchttaster sind die Kombination aus Drucktaster und Leuchtmelder. Die Farb- und Bildkennzeichnung der Geräte ist in [13] und [14] angegeben.

Die Einbaumaße für Einlochbefestigung sind in [15] genormt. Die Einbaudurchmesser betragen 30,5; 22,5; 16,2; 12,1 mm. Innerhalb einer Gerätereihe für einen oder zwei Einbaudurchmesser sind verschiedene Betätigungs-, Schalt- und Leuchtelemente frei kombinierbar.

Die wichtigsten Elemente eines derartigen Bausteinsystems von Befehlsgeräten sind:

- *Betätigungselemente*: Neben Druckknöpfen verschiedener Höhen, Formen und Farben gibt es noch Schwenkhebel, Knebel, Kipphebel und Schlüsselantriebe mit Tast- und/oder Rastfunktion für zwei oder mehr Stellungen.
- *Schaltelemente* mit einem oder zwei Schaltgliedern (Öffner und/oder Schließer), die einzeln oder zu mehreren von einem Betätigungselement betätigt werden.
- *Lampenfassungen* ohne oder mit eingebauten Einrichtungen zur Reduzierung der Lampenspannung (z.B. Transformator, Widerstand, Kondensator).
- *Leuchtmelder-Linsen* in vielen Farben und Formen.
- *Bezeichnungsschilder*.

An Drucktaster mit NOT-AUS-Funktion werden besondere Anforderungen gestellt (s. auch 3.2.2.8):

- Das Bedienteil für die Handbetätigung muß pilzförmig gestaltet und auffällig rot gefärbt sein. Die Fläche unter dem Bedienteil am Einbauort muß gelb sein.
- Das Gerät muß zwangsläufig öffnende Öffnerschaltglieder und darf zusätzliche Schließerschaltglieder haben. Die Schaltglieder müssen galvanisch voneinander getrennt sein und dürfen keine überlappende Kontaktgabe haben.

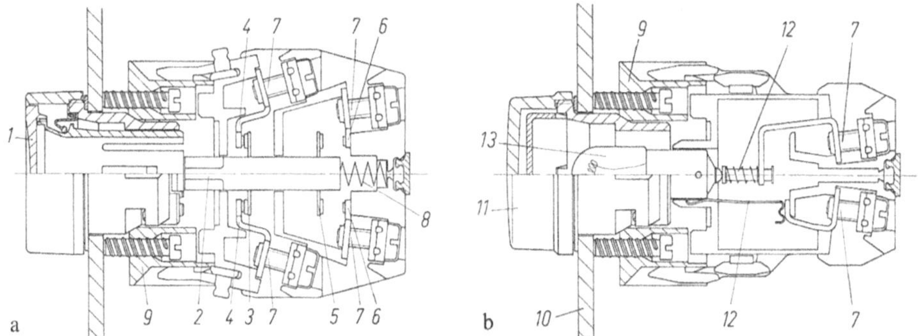

Bild 3.37. Drucktaster (a) und Leuchtmelder (b) für Fronttafelbefestigung. *1* Druckknopf, *2* Kontaktschieber von *1* bestätigt, *3* bewegliches Doppel-Schaltstück für Öffner, *4* feststehendes Doppel-Schaltstück für Öffner, *5* bewegliches Doppel-Schaltstück für Schließer, *6* feststehendes Doppel-Schaltstück für Schließer, *7* Leiteranschluß, *8* Rückstellfeder, *9* Gerätehalter für Frontplattenbefestigung, *10* Frontplatte, *11* Linse, *12* Kontaktierungsteile der Lampenfassung, *13* Lampe

– Das Bedienteil muß in der betätigten AUS-Stellung so verriegeln, daß die Öffner sicher geöffnet und ggf. die Schließer geschlossen bleiben. Die Entriegelung erfolgt von Hand.

NOT-AUS-Befehlsgeräte unterbrechen bei Betätigung die Spulenstromkreise von Schützen oder Unterspannungsauslösern größerer Leistungsschalter und ermöglichen damit eine schnelle NOT-AUS-Funktion mit geringem Kraftaufwand.

Bild 3.37 zeigt einen Drucktaster und einen Leuchtmelder für Frontplattenbefestigung, bei denen das Schalt- bzw. Leuchtelement durch Schnappverbindungen an einem Gerätehalter hinter der Frontplatte befestigt wird.

3.2.3.2 Positionsschalter

Mit Positionsschaltern werden mechanische Positionen von Maschinen- und Anlageteilen oder anderen Gegenständen in elektrische Signale umgewandelt. Sie lassen sich hinsichtlich ihrer Art der Betätigung (mit Berührung oder berührungslos) und der Schaltglieder (mechanisch oder elektronisch) unterscheiden. Im folgenden wird nur auf die am häufigsten eingesetzten Gerätearten eingegangen.

Mechanische Positionsschalter

In mechanischen Positionsschaltern (Bild 3.38) werden mechanische Schaltglieder über ein Betätigungssystem von Nocken, Anschlägen, Schaltlinealen o.ä. angetrieben.

Für häufig eingesetzte Ausführungen sind in [16] und [17] Anbau- und Funktionsmaße sowie Antriebsformen festgelegt. Daneben werden Positionsschalter mit nicht genormten Gehäuseabmessungen und Antriebsformen

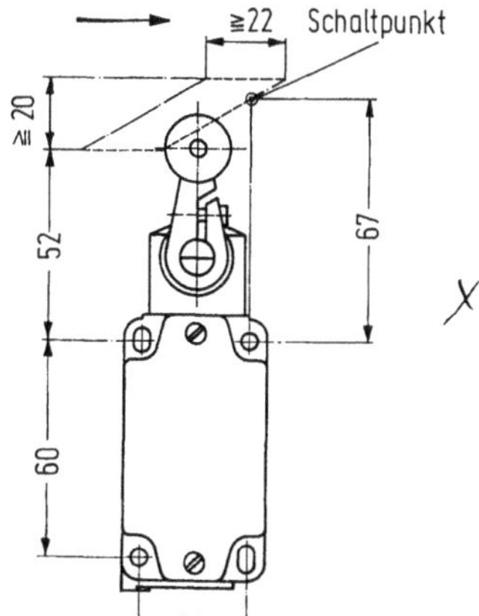

Bild 3.38. Gekapselte Positionsschalter mit Anbau- und Funktionsmaßen sowie Antriebsformen. Gehäuse und Antriebsformen A,B,C,D nach [17], Antriebsform „Rollenhebel" ungenormt

eingesetzt. Besonders die Ausführung „Rollenhebel" ist trotz begrenzter Einsatzmöglichkeiten weit verbreitet.

Für Maschinensteuerungen sind auch ungekapselte Positionsschalter gebräuchlich. Bei den Schaltelementen der Positionsschalter werden nach der Art der Schaltgliedbewegung Sprungschaltglieder und Schleichschaltglieder unterschieden. Die wesentlichen Eigenschaften sind in Tabelle 3.26 gegenübergestellt. Bild 3.39 zeigt als Beispiel einen Positionsschalter mit Sprungschaltgliedern.

Tabelle 3.26. Eigenschaften von Schaltelementen der Positionsschalter

Funktionsmerkmale	Schleichschaltglieder	Sprungschaltglieder
Geschwindigkeit der Kontaktgabe von Stößelbewegung	direkt abhängig	weitgehend unabhängig
minimale Betätigungsgeschwindigkeit in Hubrichtung	0,015 m/s bei Gleichstrom 0,001 m/s bei Wechselstrom	0,0001 m/s
maximale Betätigungsgeschwindigkeit	0,5 bis 7,5 m/s je nach Antriebsform	
Art der Schaltglieder	1 Öffner + 1 Schließer mit/ohne Überschneidung mit/ohne verlängertem Hub	
mechanisch zuverlässiges Öffnen der Öffnerschaltglieder bei Einsatz in Sicherheitsstromkreisen nach [18]	durch Form des Kontaktschiebers praktisch immer gegeben	nur durch besondere konstruktive Maßnahmen gewährleistet (Bild 3.39)
hohe Nennbetriebsströme und -spannungen nach Gebrauchskategorie AC-11	$I_e = (6...10)$ A bei $U_e \leqq 220$ V $I_e = (4...6)$ A bei 220 V $< U_e \leqq 380$ V $I_e = (3...4)$ A bei $U_e = 500$ V	

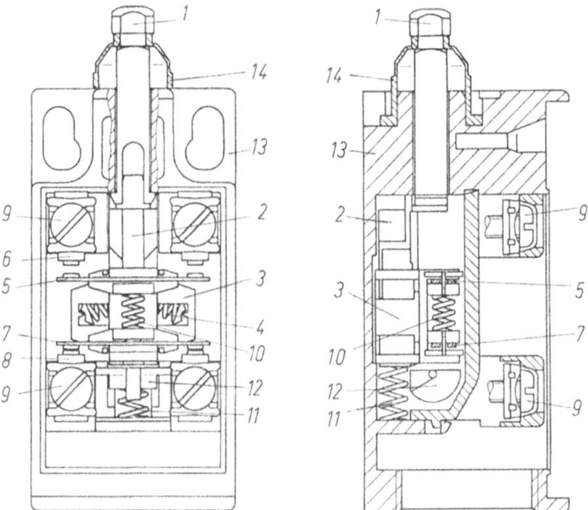

Bild 3.39. Gekapselter Positionsschalter mit Sprungschaltgliedern und Zwangsöffnung des Öffners nach [18]. *1* Betätigungsstößel, *2* Schieber zur Sprungbetätigung des Trägers *3* der beweglichen Schaltstücke *5* und *7*, *3* Träger der beweglichen Schaltstücke, *4* Druckfedern zur Sprungbetätigung des Trägers *3*, *5* bewegliches Doppel-Schaltstück für Schließer, *6* feststehendes Doppel-Schaltstück für Schließer, *7* bewegliches Doppel-Schaltstück für Öffner, *8* feststehendes Doppel-Schaltstück für Öffner, *9* Leiteranschluß, *10* Kontaktdruckfeder für konstante Kontaktkraft bis zum Umspringen von Träger *3*, *11* Rückdruckfeder, *12* Hebel für Zwangsöffnung, *13* Gehäuse, *14* Membrandichtung

Berührungslose Positionsschalter

Berührungslose Positionsschalter werden eingesetzt, wo mechanisch betätigte Positionsschalter durch sehr große Anfahrgeschwindigkeiten, große Anlauftoleranzen, Lebensdauerforderungen oder atmosphärische Umwelteinflüsse überfordert sind.

Je nach Werkstoff und Entfernung des zu erfassenden Gegenstandes werden unterschiedliche Prinzipien angewendet:

- Induktive Näherungsschalter sind die am häufigsten eingesetzten Geräte. Sie werden weiter unten näher beschrieben.
- Kapazitive Näherungsschalter reagieren auf Änderungen eines elektrostatischen Feldes durch die Anwesenheit des zu erfassenden Gegenstandes aus einem beliebigen Werkstoff (fest, pulverförmig oder flüssig) bei einem maximal erreichbaren Abstand von etwa 30 mm.
  Sie werden vor allem dort verwendet, wo nichtmetallische Gegenstände den Einsatz der induktiven Näherungsschalter nicht zulassen.
- Ultraschall-Näherungsschalter senden getaktete Ultraschallwellen aus und reagieren auf das von hinreichend schallreflektierenden Gegenständen kommende Echo. Durch Auswertung der Laufzeiten kann zusätzlich zur Erfassung des Gegenstandes im gesamten Ansprechbereich auch eine Entfernungsmessung (Erfassung in einem definierten Abstandsbereich)

erfolgen. Die Reichweite dieser Geräte liegt maximal bei etwa 40 m, typisch bei etwa 8 m.

– Optische Näherungsschalter senden getaktetes Infrarotlicht aus und werten das von Gegenständen reflektierte Licht aus.
  Die Reichweite hängt stark vom Reflexionsvermögen des erfaßten Gegenstandes ab. Typische Werte liegen bei 1 m.

Induktive berührungslose Näherungsschalter sind elektronische Signalgeber, die durch elektrisch (und vorzugsweise auch magnetisch) leitende Körper betätigt werden. In der „Wechselspannungsausführung" übernehmen sie direkt die Funktion konventioneller, kontaktbehafteter Positionsschalter (Bild 3.40). Von der „Gleichstromausführung" werden Signale für die direkte Eingabe in elektronische Steuerungen erzeugt.

Induktive Näherungsschalter bestehen im wesentlichen aus einem Schwingungserzeuger (Oszillatorspule in offenem Ferrit-Schalenkern), einem Kippverstärker und einem Schaltelement (Transistoren oder Thyristoren).

Bei Anschluß an die Stromversorgung bildet sich über dem offenen Ferritkern ein hochfrequentes magnetisches Wechselfeld aus. Der Näherungsschalter ist nicht betätigt (Bild 3.41).

Tritt ein leitender Körper in das Wechselfeld ein, entzieht er dem Oszillator durch Wirbelstromverluste so viel Energie, daß die Schwingungsamplitude verändert wird. Der Näherungsschalter ist betätigt. Die Zustände „Schwingung vorhanden" bzw. „... nicht vorhanden" bestimmen (nach Auswertung im Kippverstärker) den Zustand der Ausgangsschaltelemente je nach Ausführung entsprechend einem Öffner- oder Schließerschaltglied.

Betätigungselemente sind Metallteile, mit denen die Näherungsschalter betriebsmäßig betätigt werden. Bei Metallen mit maximalem Produkt aus elektrischer Leitfähigkeit und relativer Permeabilität wird der größte Schaltabstand erreicht. Am besten eignet sich Stahl, gefolgt von Kupfer, Aluminium und Messing.

Die statischen Ansprechkennlinien kennzeichnen das Ansprechverhalten (Beispiel: Bild 3.42).

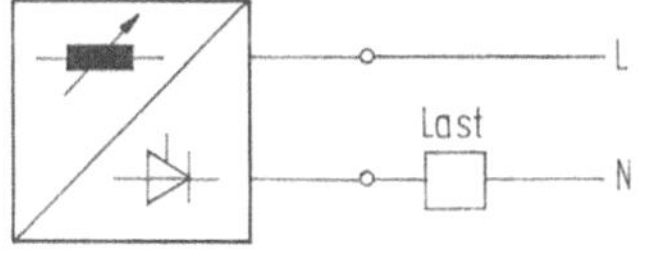

Bild 3.40. Schaltungsbeispiel für die Wechselspannungsausführung eines induktiven Näherungsschalters

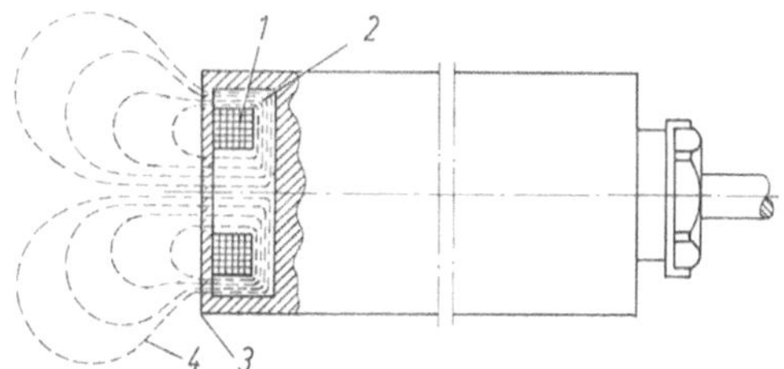

Bild 3.41. Induktiver Näherungsschalter mit Wechselfeld. *1* Oszillatorspule, *2* offener Ferrit-Schalenkern, *3* Ansprechfläche, *4* magnetische Feldlinien

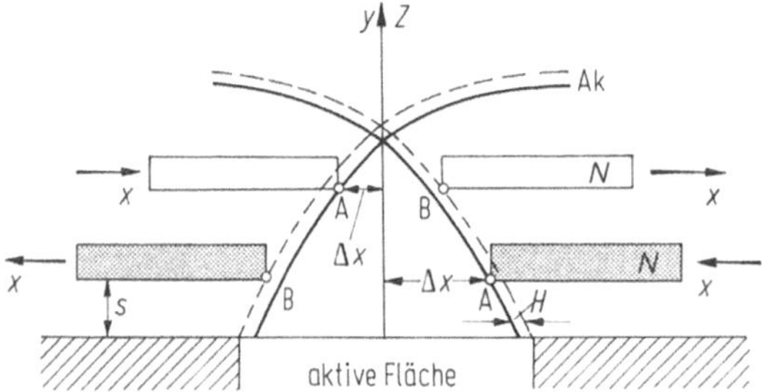

Bild 3.42. Definition der statischen Ansprechkennlinien von induktiven Näherungsschaltern. *Y* Abstand zum Näherungsschalter, *A* Ansprechpunkt, *B* Rückkippunkt, *x* Bewegungsrichtung, *Δx* Auslösedistanz, *Ak* Ansprechkennlinie, *H* Schalthysterese, *s* Schaltabstand, *Z* Bezugsachse, *N* Normbetätigungselement

Bei hochwertigen induktiven Näherungsschaltern ist der Verstärker als integrierter Schaltkreis ausgeführt, der durch geeignete Beschaltung eine hohe Stör- und Zerstörsicherheit erhält: Verpolungsschutz, Überspannungsschutz, Kurzschlußfestigkeit, Unterdrückung von Fehlimpulsen beim Einschalten der Stromversorgung.

Bauformen Für die häufigsten Bauformen von berührungslosen induktiven Näherungsschaltern sind Abmessungen, Einbaurichtlinien, Schaltabstände und Mindestwerte von Ausgangsstrom, Schalthäufigkeit und zulässiger Stoß- und Rüttelbeanspruchung von CENELEC genormt:

Ausführung für	Gleichspannung	Wechselspannung
zylindrische Bauform A	DIN EN 50 008	DIN EN 50 036
Quaderbauform C	DIN EN 50 025	DIN EN 50 037
Quaderbauform D	DIN EN 50 026	DIN EN 50 038

3.2.3.3 Hilfsschütze

Hilfsschütze sind nach [1.19] Schütze [1.8] für den Einsatz als Hilfsstromschalter. Sie führen in kontaktbehafteten Steuerungen die logischen Verknüpfungen der (von Drucktastern, Steuerschaltern, Positionsschaltern und Hilfsschaltern) eingegebenen Signale aus und steuern Stellorgane (Hauptstromkreis-Schütze, Ventile, Stellmotoren) und Meldegeräte.

Die Wirkungsweise der Hilfsschütze stimmt prinzipiell mit der im Abschnitt 3.2.2.3 bei Schützen geschilderten überein (Bild 3.43). In Tabelle 3.27 sind die wesentlichen Eigenschaften von Hilfsschützen zusammengestellt. Zur Anpassung an Frequenz und Spannung von Steuerstromkreisen ist beim Antriebssystem ein Bausteinprinzip üblich (Tabelle 3.20).

Hilfsschütze arbeiten meistens unverzögert, d.h. „ohne beabsichtigte Verzögerung". Für bestimmte Anwendungsfälle gibt es auch ansprech- und abfallverzögerte Hilfsschütze, bei denen durch elektrische oder pneumatische Mittel das Anziehen (Verzögerung „e") oder Abfallen (Verzögerung „d") des Antriebssystems verzögert wird. Typische Verzögerungszeiten sind 0,1 bis 5 s.

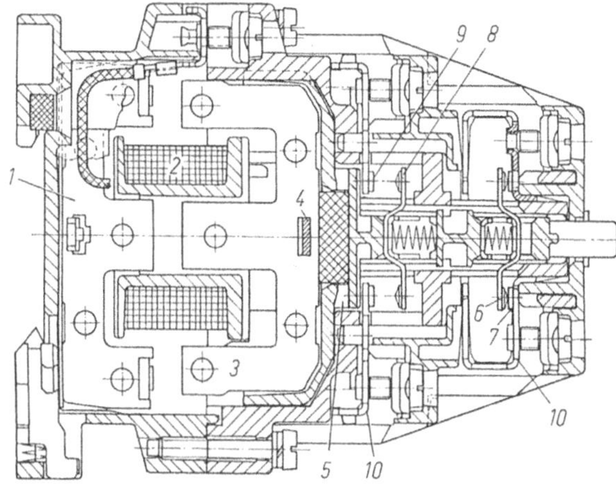

Bild 3.43. Schnittbild eines Hilfsschützes. *1* feststehendes Magnetjoch, *2* Erregerspule, *3* beweglicher Magnettanker, *4* Riegel zur Verbindung von *3* und *5*, *5* Kontaktträger, *6* bewegliches Schaltstück für Öffner, *7* feststehendes Schaltstück für Öffner, *8* bewegliches Schaltstück für Schließer, *9* feststehendes Schaltstück für Schließer, *10* Leiteranschluß

Für Sonderaufgaben sind verklinkte Hilfsschütze gebräuchlich, die nach dem Einschalten in der EIN-Stellung mechanisch verklinken und daher auch nach dem Abschalten der Erregung eingeschaltet bleiben. Sie werden durch Entriegeln der Veklinkung mittels eines zusätzlichen Signals ausgeschaltet.

Tabelle 3.27. Eigenschaften von Hilfsschützen

Funktionsmerkmale	typische Werte
hohe mechanische Lebensdauer	$30 \cdot 10^6$ Schaltspiele
große zulässige Schalthäufigkeit	3000 h^{-1} bei I_e
hohe elektrische Lebensdauer	abhängig vom Ausschaltstrom, Richtwert: $30 \cdot 10^6$ Betätigungen eines gleichartigen Hilfsschützes bei $U_s = 220$ V
großer Arbeitsbereich des Magnetantriebes	$(0{,}8...1{,}1) \cdot U_s$
hohe Kontaktzuverlässigkeit	abhängig von elektrischen und atmosphärischen Einsatzbedingungen
große Nennbetriebsströme und -spannungen, z.B. zur gleichzeitigen Betätigung mehrerer großer Schütze (Spulenströme werden mit wachsender Spannung kleiner)	$I_e = (6...10)$A bei $U_e \leqq 380$ V $I_e = (4...6)$A bei 380 V $< U_e \leqq 500$ V $I_e = 2$A bei $U_e = 660$ V
kleine Leistungsaufnahme des Magnetantriebes, (kleiner Steuertransformator)	$S = (50...70)$ VA beim Einschalten $S = 8$ VA beim Halten
genormte Befestigungsmaße und Anschlußbezeichnungen	DIN EN 50002 DIN EN 50011

3.2.3.4 Zeitrelais

Zeitrelais sind nach [26] verzögerte Schaltrelais mit Einstellskale. Sie führen definiert einstellbare, zeitverzögerte Schaltfunktionen in Hilfsstromkreisen aus. Sie werden nach der Art der Laufzeiterzeugung (elektromechanisch durch Synchronmotor oder elektronisch durch analoge oder digitale

Tabelle 3.28. Eigenschaften von Zeitrelais

	typische Werte	
	motorische Zeitrelais	eletronische Zeitrelais
Zeitbereich für – Anzugsverzögerung – Rückfallverzögerung	 150 ms bis 60 h nicht üblich	 60 ms bis 60 min 60 ms bis 15 s
Einstellgenauigkeit Fernbedienung	1 bis 2% nicht möglich	1 bis 25% mit Fernpotentiometer möglich
Wiederholgenauigkeit	0,2 bis 1% (niedrigere Werte bei langen Laufzeiten)	
Wiederbereitschaftszeit	0,2 bis 0,5 s	30 ms
Betätigungsspannung	24 bis 440V 50 und/oder 60 Hz	24 bis 440 V 0 bis 50/60 Hz
Zeitaddition (Gerät fällt bei Spannungsausfall nicht in die Ausgangsstellung zurück)	möglich	nicht üblich
Schaltglieder	1 bis 2 verzögerte Wechsler und zusätzlich 1 unverzögerter Schließer	

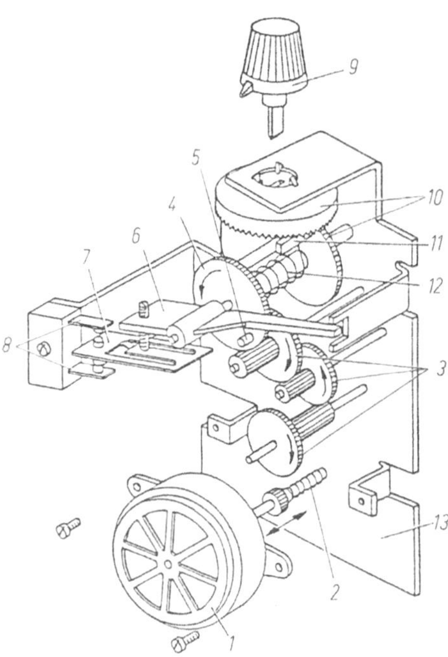

Bild 3.44. Funktionsprinzip eines motorischen Zeitrelais. *1* Motor mit Schiebeanker als Kupplung zwischen erregtem Motor und Getriebe, *2* Rückstellfeder zum Auskuppeln des nicht erregten Motors, *3* Untersetzungsgetriebe zum Antrieb des Schaltrades *4*, *4* Schaltrad mit Schaltnocken *5* zur Betätigung der Umschaltwippe *6* und damit des beweglichen Wechsler-Schaltstückes *7*, *5* Schaltnocken, *6* Umschaltwippe, *7* bewegliches Wechsler-Schaltstück, *8* feststehende Wechsler-Schaltstücke, *9* Einstellknopf für die Ablaufzeit, *10* Winkelgetriebe zur Einstellung des die Ablaufzeit bestimmenden Anschlages *11*, *11* Anschlag, *12* Rückdrehfeder des Getriebes *3* bei ausgekuppeltem Motor *1*, *13* Relaisplatine als Einschub in ein (nicht dargestelltes) Gehäuse

Schaltkreise), der Zeiteinstellung (analog oder digital) und der Schaltglieder (elektromechanisches Relais oder Thyristoren bzw. Triac) unterschieden. Es gibt Zeitrelais für folgende Funktionen:

- anzugsverzögert
- rückfallverzögert
- blinkend (z.B. für Störungsmeldungen)
- wischend (z.B. zur zeitlichen Begrenzung eines Dauerbefehls)
- Sterndreieck-Relais zur zeitlichen Steuerung des Umschaltvorganges von Schütz-Sterndreieckschaltern

Da die Zeitrelais direkt mit den übrigen Hilfsstromschaltgeräten zusammenarbeiten, ist es gebräuchlich, die Eigenschaften der Schaltglieder nach [1.16] zu definieren (z.B. Nennbetriebsströme für die Gebrauchskategorien AC-11 und DC-11). Typische Eigenschaften von Zeitrelais sind in Tabelle 3.28 enthalten.

An Hand von Bild 3.44 sind Aufbau und Wirkungsweise eines motorischen Zeitrelais für einen Zeitbereich und ohne die Möglichkeiten der Zeitaddition zu erkennen.

Literatur, Bestimmungen und Normen zu Kapitel 3

1 DIN VDE 0660 Teil 1/8.69, Teil 1b/9.74: VDE-Bestimmungen für Schaltgeräte; Niederspannungs-Schaltgeräte. Herausgeber: Deutsche Elektrotechnische Kommision im DIN und VDE (DKE))

1.1 Beiblatt 1 zu DIN VDE 0660/9.82: Schaltgeräte; Verzeichnis der Normen der Reihe DIN VDE 0660/9.82

1.2 Beiblatt 2 zu DIN VDE 0660/6.83: Zitierte und weitere Normen für die Reihe DIN VDE 0660/6.83

1.3 Teil 12/9.82 Schutzleiteranschlüsse

1.4 Teil 13/9.82: Isolierstoffklassen

1.5 Teil 14/9.82: Zusatzbestimmungen für Bahnen

1.6 Teil 99/9.82: Anschließbare Leiterquerschnitte

1.7 Teil 101/9.82: Leistungsschalter

1.8 Teil 102/9.82: Schütze

1.9 Teil 103/3.84: Wechselstrom-Schütze über 1000 V bis 12000 V

1.10 Teil 104/9.82: Niederspannungs-Motorstarter; Wechselstrom-Motorstarter bis 1000 V zum direkten Einschalten (unter voller Spannung)

1.11 Teil 105/3.84: Wechselstrom-Motorstarter über 1000 V bis 12000 V zum direkten Einschalten (unter voller Spannung)

1.12 Teil 106/9.82: Niederspannungs-Wechselstrom-Motorstarter; Stern-Dreieck-Starter

1.13 Teil 107/9.82: Lastschalter, Trenner, Lasttrenner und Schalter-Sicherungs-Einheiten

1.14 Teil 108/9.82: Leistungsschalter; Ergänzende Anforderungen für Gleichstrom-Leistungsschalter über 1200 V bis 3000 V

1.15 Teil 109/Entwurf 10.79: Halbleiterschütze (DIN IEC 17 B (CO) 106)

1.16 Teil 200/9.82: Hilfsstromschalter; Allgemeine Anforderungen

1.17 Teil 201/9.82: Hilfsstromschalter; Zusatzbestimmungen für Drucktaster und ähnliche Hilfsstromschalter

1.18 Teil 202/9.82: Hilfsstromschalter; Zusatzbestimmungen für Drehschalter

1.19 Teil 203/9.82: Hilfsstromschalter; Zusatzbestimmungen für Hilfsschütze

1.20 Teil 204/9.82: Hilfsstromschalter; Zusatzbestimmungen für automatische Hilfsstromschalter mit Pilotfunktion

1.21 Teil 205/9.82: Hilfsstromschalter; Zusatzbestimmungen für Leuchtmelder.
1.22 Teil 301/9.82: Niederspannungs-Motorstarter; Widerstands-Läuferanlasser
1.23 Teil 500/11.84: Niederspannungs-Schaltgerätekombinationen
1.24 Teil 111: (Vorlage 05.84) Zusatzbestimmungen für Fehlerspannungs- und Fehlerstromauslöser
2 Schmelcher, Th.: Handbuch der Niederspannung: Projektierungshinweise für Schaltgeräte, Schaltanlagen und Verteiler. Siemens AG 1982
3 DIN VDE 0636 Teil 1/12.83: Niederspannungssicherungen; Allgemeine Festlegungen
4 DIN VDE 0461/06.78: Leitungsschutzschalter bis 63 A Nennstrom, 415 V Wechselspannung
5 DIN VDE 0664 Teil A 1/2.84: Fehlerstrom-Schutzeinrichtungen; Fehlerstrom-Schutzschalter bis 500 V Wechselspannung und bis 63 A Nennstrom
6 DIN 40050/07.80: IP-Schutzarten; Berührungs-, Fremdkörper- und Wasserschutz für elektrische Betriebsmittel
7 DIN 40 052/07.80: IP-Schutzarten; Prüfung des Fremdkörperschutzes; Staubkammer
8 DIN 40 053 Teil 1 bis 5/07.80: IP-Schutzarten; Prüfung des Wasserschutzes
8.1 Teil 1: – –; Tropfgeräte
8.2 Teil 2: – –; Schwenkrohr
8.3 Teil 3: – –; Spritzbrause
8.4 Teil 4: – –; Strahldüse
8.5 Teil 5: – –; Tropfwasserbrause
9 DIN VDE 0470 Teil 1/12.84: Prüfgeräte und Prüfverfahren; Prüfung des Berührungsschutzes; IEC-Prüffinger
10 DIN VDE 0165/09.83: Errichten elektrischer Anlagen in explosionsgefährdeten Bereichen
11 VDE 0170/0171/02.61: Vorschriften für schlagwettergeschützte elektrische Betriebsmittel. Vorschriften für explosionsgeschützte elektrische Betriebsmittel.
12 – –; Änderung 1, Teil A 1/0980: Allgemeine Bestimmungen
12.2 DIN EN 50 015/VDE 0170/0171, Teil 2/05.78: – –; Ölkapselung „o"
12.3 DIN EN 50 016/VDE 0170/0171, Teil 3/05.78: – –; Überdruckkapselung „p"
12.4 DIN EN 50 017/VDE 0170/0171, Teil 4/05.78: – –; Sandkapselung „p"
12.5 DIN EN 50 018/VDE 0170/0171, Teil 5/05.78: – –; Druckfeste Kapselung „d"
12.6 DIN EN 50 018/VDE 0170/0171, Teil 6/05.78: – –; Erhöhte Sicherheit „e"
12.7 DIN EN 50 020/VDE 0170/0171, Teil 7/05.78: – –; Eigensicherheit „i"
12.8 DIN EN DIN EN 50 039/VDE 01700171, Teil 10/04.82: – –; Eigensichere elektrische Systeme „i"
13 DIN IEC 73/VDE 0199/02.78: Kennfarben für Leuchtmelder und Druckknöpfe
14 DIN 30 600: Bildzeichenübersicht
15 DIN EN 50 007/6.83: Industrielle Niederspannunsschaltgeräte; Einlochbefestigte Befehlsgeräte und Leuchtmelder; Einbaumaße
16 DIN EN 50 047/7.83: Industrielle Niederspannungs-Schaltgeräte; Hilfsstromschalter; Positionsschalter 30 × 55, Maße und Kennwerte
17 DIN EN 50 041/7.83: Industrielle Niederspannungs-Schaltgeräte; Hilfsstromschalter; Positionsschalter 42,5 × 80
18 DIN VDE 0113/12.73: Elektrische Ausrüstung von Bearbeitungs- und Verarbeitungsmaschinen für Nennspannungen bis 1000 V
19 VDE 0636 Teil 1/12.83: Niederspannungssicherungen
20 DIN 43 624/8.71: Hochspannungssicherungen; Nennspannungen 3/3,6 kV bis 30/36 kV (einpolige Sicherungsunterteile)
21 DIN 43 625/11.83: Hochspannungssicherungen; Nennspannungen 3/3,6 kV bis 30/36 kV (Sicherungseinsätze)
22 IEC 158 – 2/1982: Niederspannungsschaltgeräte; Halbleiterschütze
23 VDE 0160/11.81: Ausrüstung von Starkstromanlagen mit elektronischen Betriebsmitteln
24 VDE 0110/11.72: Bestimmungen für die Bemessungen der Luft- und Kriechstrecken elektrischer Betriebsmittel
25 DIN VDE 0100/5.73: Errichten von Starkstromanlagen mit Nennspannung bis 100 V
26 VDE 0435/9.62: Regeln für elektrische Relais in Starkstromanlagen

4 Hochspannungsschaltgeräte

4.1 Dielektrische Beanspruchungen [1 – 41]

Schaltgeräte für Spannungen über 1 kV haben, wie alle anderen Betriebsmittel in elektrischen Anlagen und Netzen, bestimmte Anforderungen in bezug auf ihr Isolationsvermögen zu erfüllen. In diesem Abschnitt werden die Bemessungsgrößen und Prüfanordnungen behandelt, die durch die dielektrischen, d.h. rein spannungsmäßigen Beanspruchungen der Isolation bedingt sind.

4.1.1 Definitionen und Prüfanordnungen [7,10,11,15]

4.1.1.1 Arten der Isolation

Äußere Isolation

Luftstrecken und Oberflächen fester Isolationen von Betriebsmitteln in Luft, die Spannungsbeanspruchungen, atmosphärischen Einwirkungen und anderen äußeren Einflüssen wie Verschmutzung, Feuchtigkeit und Ungeziefer ausgesetzt sind.

Innere Isolation

Feste, flüssige oder gasförmige Teile der Isolation im Inneren von Betriebsmitteln, die vor atmosphärischen Einflüssen und anderen äußeren Einflüssen wie Verschmutzung, Feuchtigkeit und Ungeziefer geschützt sind.

Äußere Isolation für Innenraum-Betriebsmittel

Äußere Isolation, die für den Betrieb im Inneren von Gebäuden bemessen und daher keinen Freiluftbedingungen ausgesetzt ist.

Äußere Isolation für Freiluft-Betriebsmittel

Äußere Isolation, die für den Betrieb außerhalb von Gebäuden bemessen und daher Freiluftbedingungen ausgesetzt ist.

Selbstheilende Isolation

Isolation, die nach einem Durchschlag bei der Spannungsprüfung ihr Isoliervermögen vollständig wiedererlangt.

Nichtselbstheilende Isolation

Isolation, die nach einem Durchschlag bei der Spannungsprüfung ihr Isoliervermögen verliert oder nicht vollständig wiedererlangt.

4.1.1.2 Arten der Spannungsbeanspruchung

Nach zunehmender Höhe geordnet können folgende Arten der Spannungsbeanspruchung auftreten:

Höchste Spannung für Betriebsmittel U_m nach DIN VDE 0111 und DIN 40200. Effektivwert der höchsten Leiter-Leiter-Spannung, für die ein Betriebsmittel im Hinblick auf seine Isolation bemessen ist. Hinsichtlich der Isolation ist sie die höchste Betriebsspannung, für die das Betriebsmittel verwendet werden darf.

Für Schaltgeräte ist hierfür nach DIN VDE 0670 und DIN 40 200 der Begriff Bemessungsspannung U (früher Nennspannung) festgelegt.

Zeitweilige Spannungserhöhung. An einer bestimmten Stelle des Netzes auftretende schwingende, ungedämpfte oder nur schwach gedämpfte Leiter-Erde- oder Leiter-Leiter-Überspannung von relativ langer Dauer.

Zeitweilige Spannungserhöhungen werden in der Regel durch Schalthandlungen oder Fehler (z.B. Lastabwurf oder einpolige Fehler) und/oder von Nichtlinearitäten (Ferroresonanzerscheinungen, Harmonische) hervorgerufen. Sie können durch ihre Amplitude, ihre Schwingungsfrequenzen und durch ihre Gesamtdauer oder ihr logarithmisches Dekrement beschrieben werden.

Schaltüberspannung. Leiter-Erde- oder Leiter-Leiter-Überspannung an einer bestimmten Stelle des Netzes, die durch einen Schaltvorgang, einen Fehlerfall oder durch eine andere Ursache hervorgerufen wird und deren zeitlicher Verlauf im Hinblick auf die Isolationskoordination ähnlich dem der genormten Stoßspannung (4.1.1.4) bei Schaltstoßspannungsprüfungen angesehen werden kann. Solche Überspannungen sind normalerweise stark gedämpft und von kurzer Dauer.

Blitzüberspannung. Leiter-Erde- oder Leiter-Leiter-Überspannung an einer bestimmten Stelle des Netzes, die durch eine Blitzentladung oder durch eine andere Ursache entstanden ist und deren zeitlicher Verlauf im Hinblick auf die Isolationskoordination ähnlich dem der genormten Stoßspannung (4.1.1.4) bei Blitzstoßspannungsprüfungen angesehen werden kann. Solche Überspannungen sind normalerweise unipolar und von sehr kurzer Dauer.

Jede der genannten möglichen Spannungsbeanspruchungen ist, abhängig von der Höhe der Betriebsspannung, der Art der Isolation und den Umweltbedingungen, mehr oder weniger maßgebend für die Isolationsbemessung.

Statistische Steh-Schalt-(Blitz-)stoßspannung. Scheitelwert einer Schalt-(Blitz-)stoßspannung, dem eine Isolation unter festgelegten Bedingungen mit einer Wahrscheinlichkeit standhält, die gleich einer festgelegten Bezugswahrscheinlichkeit ist. Diese Bezugswahrscheinlichkeit ist in den Bestimmungen zu 90% gewählt [7].

Der Begriff der statistischen Steh-Stoßspannung ist nur für selbstheilende Isolation anwendbar.

Konventionelle Steh-Schalt-(Blitz-)stoßspannung. Scheitelwert einer Schalt-(Blitz-)stoßspannung, bei der eine Isolation nicht durchschlagen darf, wenn sie mit einer festgelegten Anzahl von Stoßspannungsbeanspruchungen unter festgelegten Bedingungen geprüft wird. Dieser Begriff ist im besonderen bei nichtselbstheilender Isolation anwendbar.

4.1.1.3 Isolationskoordination

Isolationskoordination umfaßt die Auswahl der Isolationspegel von Betriebsmitteln und deren Anwendung unter Berücksichtigung der Spannungen, die in einem Netz, für das das Betriebsmittel vorgesehen ist, auftreten können. Es werden die Eigenschaften der verfügbaren Überspannungs-Schutzeinrichtungen und die auftretenden Überspannungsbeanspruchungen so berücksichtigt, daß die Wahrscheinlichkeit eines Schadens an der Isolation eines Betriebsmittels oder die Beeinträchtigung des Betriebes auf ein wirtschaftlich und betriebsmäßig vertretbares Maß reduziert werden.

4.1.1.4 Arten der dielektrischen Prüfungen

Wechselspannungsprüfungen. Bemessungs-Kurzzeit-Wechselspannung U_{rW} (früher Nenn-Steh-Wechselspannung): Effektivwert einer sinusförmigen Wechselspannung, die (normalerweise 1 min) gehalten werden muß.

Langzeit-Wechselspannungsprüfungen. Diese Prüfungen sollen das Verhalten hinsichtlich der Alterung der inneren Isolation oder der Verschmutzung der äußeren Isolation zeigen. Die Zeitdauer liegt je nach Art der Prüfung im Bereich von einigen Minuten bis zu einigen Stunden, kann aber auch auf einige Monate ausgedehnt werden (Einfluß der Zeitraffung bei Dauerversuchen [38]).

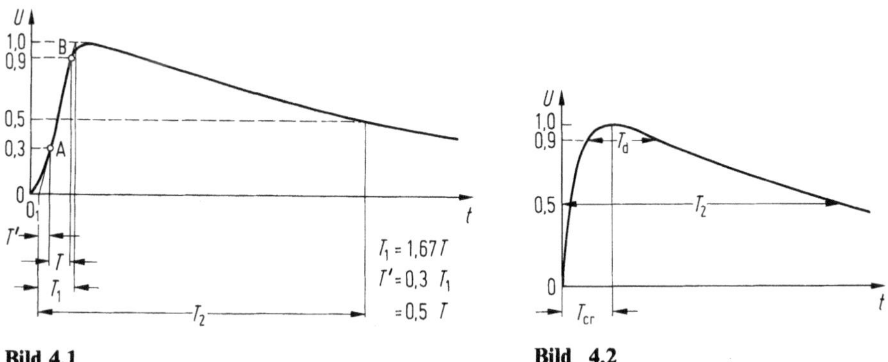

Bild 4.1 **Bild 4.2**

Bild 4.1. Volle Blitzstoßspannung. T_1 Stirnzeit, T_2 Rückenhalbwertzeit, 0_1 Stoßbeginn

Bild 4.2. Volle Schaltstoßspannung. T_{cr} Scheitelzeit, T_d Scheiteldauer, T_2 Rückenhalbwertzeit

Tabelle 4.1. Bemessungs-Isolationspegel für Schaltgeräte bis 72,5 kV Bemessungsspannung nach DIN VDE 0670

Bemessungs-spannung (Effektivwert) U	Bemessungs-Blitzstoßspannung U_{rB} (Scheitelwert)				Bemessungs-Kurzzeit-Wechselspannung U_{rW} (Effektivwert)	
	Liste 1		Liste 2			
	Über den offenen Leistgs.-Schalter, Leiter gegen Erde und zwischen den Leitern	Über die Trennstrecke	Über den offenen Leistgs.-Schalter, gegen Erde und zwischen den Leitern	Über die Trennstrecke	Leiter gegen Erde, zwischen den Leitern und über den offenen Leistgs.-Schalter	Über die Trennstrecke
kV	kV	kV	kV	kV	kV	kV
3,6	20	23	40	46	10	12
7,2	40	46	60	70	20	23
12	60	70	75	85	28	32
17,5	75	85	95	110	38	45
24	95	110	125	145	50	60
36	145	165	170	195	70	80
52	250	290	250	290	95	110
72,5	325	375	325	375	140	160

Bei der Wahl zwischen Liste 1 und Liste 2 sollen der Grad der Gefährdung durch Blitz- und Schaltüberspannungen, die Art der Sternpunktbehandlung und, wenn vorhanden, die Art des Überspannungsschutzes berücksichtigt werden.

Tabelle 4.2. Bemessungs-Isolationspegel für Schaltgeräte 100 bis 245 kV Bemessungsspannung nach DIN VDE 0670

Bemessungs-spannung	Bemessungs-Blitzstoßspannung U_{rB}		Bemessungs-Kurzzeit-Wechselspannung U_{rW}	
U	über den offenen Leistungsschalter Leiter gegen Erde und zwischen den Leitern	über die Trenn-strecke	über den offenen Leistungsschalter, Leiter gegen Erde und zwischen den Leitern	über die Trenn-strecke
kV	kV	kV	kV	kV
100	380	440	150	175
	450	520	185	210
123	450	520	185	210
	550	630	230	265
145	550	630	230	265
	650	750	275	315
170	650	750	275	315
	750	860	325	375
245	850	950	360	415
	950	1050	395	460
	1050	1200	460	530

Blitzstoßspannungsprüfungen. Norm-Blitzstoßspannung 1,2/50 (Bild 4.1), Stirnzeit $T_1 = 1{,}2\ \mu s \pm 0{,}36\ \mu s$, Rückenhalbwertzeit $T_2 = 50\ \mu s \pm 10\ \mu s$, Toleranz für den Scheitelwert $\pm 3\,\%$.

Schaltstoßspannungsprüfungen (4.1.5) Norm-Schaltstoßspannung 250/2500 (Bild 4.2), Scheitelzeit $T_{cr} = 250\ \mu s \pm 50\ \mu s$, Rückenhalbwertzeit $T_2 = 2500\ \mu s \pm 1500\ \mu s$, Toleranz für den Scheitelwert $\pm 3\,\%$.

Andere empfohlene Schaltstoßspannungen sind 100/2500 und 500/2500. Auch schwingende Schaltstoßspannungen werden angewendet.

Bemessungs-Isolationspegel. Der Bemessungs-Isolationspegel (früher Nenn-Isolationspegel) ist aus den Tabellen 4.1 bis 4.4 auszuwählen. Die Stehspannungswerte in diesen Tabellen gelten bei den festgelegten atmosphärischen Normalbedingungen (Temperatur, Luftdruck und Luftfeuchte).

4.1.1.5 Ermittlung der Stehspannungen bei Stoßspannungsprüfungen

Blitz- und Schaltstoßspannungsprüfungen sind bei Prüfungen an nicht selbstheilender Isolation Stehspannungsprüfungen in Höhe der Bemessungs-Stoßspannung (früher Nenn-Steh-Stoßspannung) mit einer Zahl von drei Stößen. Bei Prüfungen an selbstheilender Isolation können entweder 15 Stöße in Höhe der Bemessungs-Stoßspannung aufgebracht werden, wobei maximal zwei Durchschläge zugelassen sind, oder es können 50%-Überschlags- oder -Durchschlagsprüfungen angewendet werden. Hierbei werden die definierten

Tabelle 4.3. Bemessungs-Isolationspegel – Stoßspannung für Schaltgeräte 300 kV bis 765 kV Bemessungsspannung nach DIN VDE 0670

Bemessungs-spannung (Effektwert) U	Bemessungs-Blitzstoßspannung U_{rB} (Scheitelwert)		Bemessungs-Schaltstoßspannung U_{rS} (Scheitelwert)		
	Gegen Erde	Über die Schalt- bzw. Trennstrecke*	Gegen Erde	Über die Schalt- bzw. Trennstrecke	
				Klasse A	Klasse B*
kV	kV	kV	kV	kV	kV
300	950	950 (+170)	750	850	700 (+245)
	1050	1050 (+170)	850		
362	1050	1050 (+205)	850	950	800 (+295)
	1175	1175 (+205)	950		
420	1300	1300 (+240)	950	1050	900 (+345)
	1425	1425 (+240)	1050		
525	1425	1425 (+300)	1050	1175	900 (+430)
	1550	1550 (+300)	1175		
765	1800	1800 (+435)	1300	1550	1100 (+625)
	2100	2100 (+435)	1425		

* Werte in Klammern sind die Scheitelwerte der Wechselspannung, die an die gegenüberliegende Klemme angelegt wird.
Klasse B gilt für besondere Leistungsschalter und Trennschalter, die für Netzsynchronisierung, verbunden mit dem Auftreten von wesentlichen Schaltspannungen eingesetzt werden.

Tabelle 4.4. Bemessungs-Isolationspegel – Kurzzeit-Wechselspannung für Schaltgeräte 300 kV bis 765 kV Bemessungsspannung nach DIN VDE 0670

Bemessungs-spannung	Bemessungs-Kurzzeit-Wechselspannung U_{rw} (Effektivwert)	
U	Leistungsschalter bzw. Trennschalter geschlossen	Leistungsschalter bzw. Trennschalter offen (Gesamtspng. zwischen den Anschlüssen)
kV	kV	kV
300	380	435
362	450	520
420	520	610
525	620	760
765	830	1100

Stehspannungen aus der Messung der 50%-Überschlagspannung U_{50} abgeleitet:

$$U_{steh} = U_{50} \ (1 - 1{,}3\sigma).$$

Als mittlere quadratische Abweichungen gelten:

$\sigma = 0{,}03$ für Blitzstoßspannungen,

$\sigma = 0{,}06$ für Schaltstoßspannungen.

4.1.1.6 Berücksichtigung der atmosphärischen Bedingungen bei der Prüfung der äußeren Isolation [10,11]

Der Durchschlag der äußeren Isolation hängt von den herrschenden atmosphärischen Bedingungen ab. Gewöhnlich wird die Durchschlagspannung für eine gegebene Luftstrecke durch eine Steigerung von Luftdichte oder Luftfeuchte erhöht. Wenn die relative Luftfeuchte jedoch 80% übersteigt, kann die Durchschlagspannung unvorhersehbar beeinflußt werden, und zwar insbesondere dann, wenn es sich um einen Durchschlag längs einer isolierenden Oberfläche handelt.

Mittels Korrekturfaktoren kann eine gemessene Durchschlagspannung in den Wert umgerechnet werden, der unter den atmosphärischen Normalbedingungen erzielt worden wäre. Umgekehrt kann eine für die Normalbedingungen festgelegte Prüfspannung in den unter den herrschenden Prüfbedingungen äquivalenten Wert umgewandelt werden.

Für die Normal-Atmosphäre gilt: Temperatur $t_0 = 20°C$; Luftdruck $p_0 = 1{,}013 \cdot 10^5$ Pa ($= 1013$ mbar); absolute Feuchte $a_0 = 11 \cdot 10^{-3}$ kg/m^3.

Es gibt zwei Korrekturfaktoren (s. Bild 4.3 a und b):

– den Luftdichte-Korrekturfaktor k_d,

– den Luftfeuchte-Korrekturfaktor k_h;

$$k_d = \left(\frac{p}{p_0}\right)^m \cdot \left(\frac{273 + t_0}{273 + t}\right)^n, \quad k_h = k^w.$$

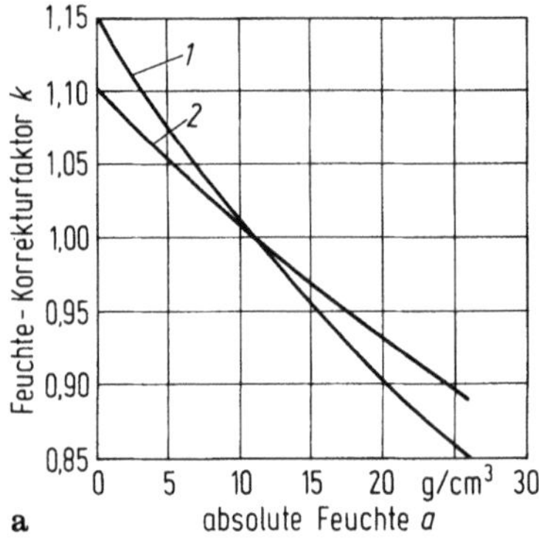

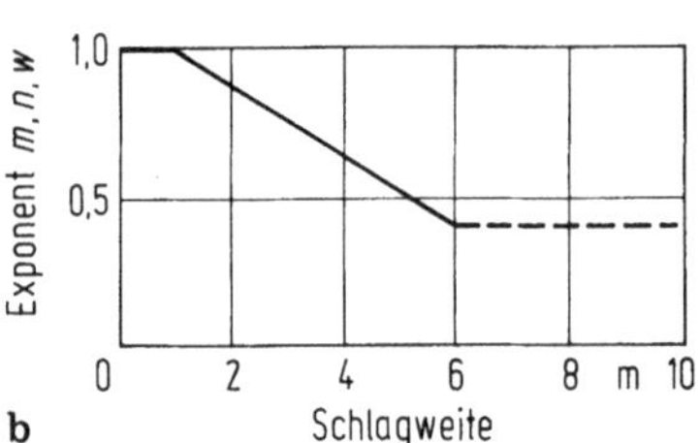

Bild 4.3. Atmosphärische Korrekturfaktoren. **a** Feuchte-Korrekturfaktor k in Abhängigkeit von der absoluten Feuchte. (Kurve *1* Wechselspannung, Kurve *2* Gleich- und Stoßspannung), **b** Werte der Exponenten m und n für Luftdichte-Korrektur und w für Feuchte-Korrektur in Abhängigkeit von der Schlagweite in Metern

Die Durchschlagspannung ist proportional zu k_d/k_h. Falls für das betreffende Betriebsmittel in der entsprechenden als VDE-Bestimmung gekennzeichneten Norm nicht anders festgelegt, wird die Spannung, die während einer Stehprüfung an die äußere Isolation anzulegen ist, durch Multiplikation der festgelegten Stehspannung mit k_d/k_h bestimmt. In gleicher Weise werden gemessene Durchschlagspannungen durch Division durch k_d/k_h auf die bei der genannten Normal-Atmosphäre gültigen Werte umgerechnet.

Werden die Spannungen mit Kugelfunkenstrecken gemessen, so erübrigt sich die Umrechnung.

4.1.1.7 Berücksichtigung der Aufstellungshöhe

Die angegebenen Bemessungsspannungen gelten bis zu einer Aufstellungshöhe von 1000 m über NN. Für den Betriebseinsatz in größeren Höhenlagen ist die Abnahme der Durchschlagfestigkeit der Luft (bis 3000 m etwa 1,25% je 100 m Höhenzunahme) zu berücksichtigen.

4.1.1.8 Prüfungen unter Regen

Für Freiluftgeräte bis 245 kV Bemessungsspannung muß die Bemessungs-Kurzzeit-Wechselspannung und für Schaltgeräte von 300 kV bis 765 kV die Bemessungs-Schaltstoßspannung auch bei einer Prüfung unter Beregnung nachgewiesen werden. Das Regenprüfverfahren soll den Einfluß von natürlichem Regen auf die äußere Isolation nachbilden. Durchschnittliche Regenmenge der senkrechten sowie der waagerechten Komponente 1,0 bis 1,5 mm/min. Spezifischer Widerstand des Wassers bei 20°C: $(100 \pm 15)\,\Omega$m.

4.1.1.9 Prüfungen bei künstlicher Verschmutzung

Sie sollen Informationen über das Verhalten der äußeren Isolation unter Bedingungen liefern, die für die Verschmutzung im Betrieb repräsentativ sind. Einzelheiten werden im Abschnitt 4.1.4 behandelt.

4.1.2 Bemessung von Hochspannungsschaltgeräten und Stützern für Betriebsspannungen bis 72 kV

4.1.2.1 Bemessung der Isolation bei normalen Bedingungen

Schaltgeräte und Anlagenteile werden bei den unteren Spannungsreihen, insbesondere bis 36 kV Betriebsspannung, vorwiegend für den Einsatz in Innenräumen ausgeführt. In Sonderfällen müssen dabei jedoch verschärfte Klimabedingungen berücksichtigt werden. Bei Freiluftausführungen siehe 4.1.4.

Die Isolation von Innenraumgeräten ist nach der Betriebsspannung und den geforderten Bemessungs-Blitz- und -Kurzzeit-Wechselspannungen zu bemessen, Tabelle 4.1.

Nachzuweisen sind die Stehspannungen der Isolation Leiter gegen Erde, zwischen den Phasen (Leiter-Leiter) sowie über die Trenn- und Schaltstrecken im Neuzustand. Allgemein sind in diesem Bereich die Blitzstoßspannungen ausschlaggebend.

Für Schaltgeräte werden vorzugsweise Stützisolatoren aus Kunststoff und Keramik eingesetzt, die für die einzelnen Spannungsreihen genormt sind. Durch ihre festgelegten Abmessungen werden die für die Spannungsreihen erforderlichen Bemessungsspannungen erreicht [1,2]. Als Bemessungsgrundlage für nicht genormte Isolierkörper dient Bild 4.4, wenn die Isolierkörper

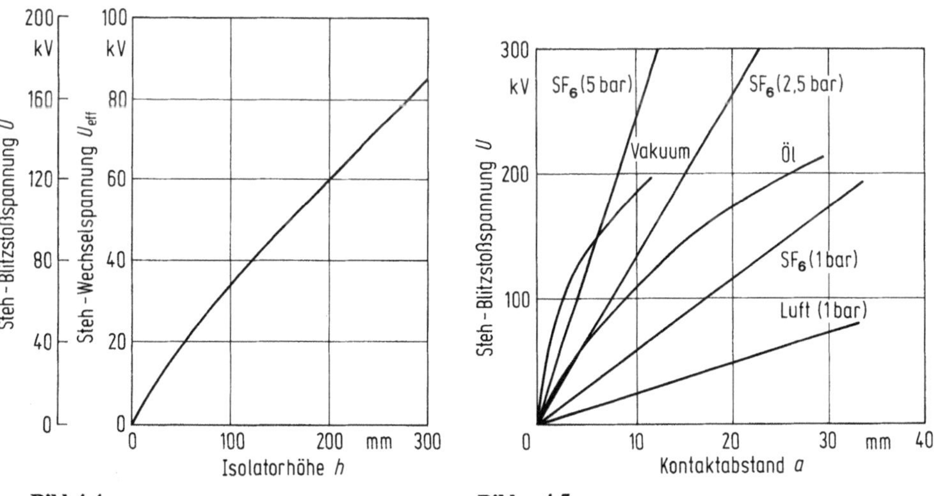

Bild 4.4 **Bild 4.5**

Bild 4.4. Stehspannungen von Isolatoren in Luft

Bild 4.5. Steh-Blitzstoßspannung von Schaltstrecken-Kontaktanordnungen bei unterschiedlicher innerer Isolation (Löschmittel)

aus hochwertigem Isolierstoff bestehen und keiner wesentlichen Alterung unterliegen.

Die Stehspannungen der Schaltstrecke hängen außer vom Elektrodenabstand und der Elektrodenform von der Art der inneren Isolation (Löschmittel) des Schalters ab. Beispiele: Bild 4.5

Zwischen den Leitern bzw. zwischen den Schalterpolen wird meistens Luft als Isoliermittel verwendet. In Kompaktanlagen werden die Luftstrecken jedoch teilweise oder völlig durch Isolierstoffe ersetzt. Eingebaute Zwischenwände müssen ausreichend groß und für die volle Prüfspannung ausgelegt sein.

Beim Einsatz von fester Isolation zwischen Spannung führenden Teilen (zwischen den Leitern, gegen Erde und über die Schalt- bzw. Trennstrecken) muß die Alterungsbeständigkeit des Isoliermaterials gewährleistet sein.

4.1.2.2 Bemessung der Isolation bei erschwerten Bedingungen

Soll die Funktionstüchtigkeit von Innenraumgeräten auch bei hoher Luftfeuchtigkeit, Betauung und Verschmutzung erhalten bleiben, werden an die Isolierteile besondere Anforderungen gestellt. Die verwendeten Isolierstoffe dürfen durch Feuchtigkeitseinwirkung nicht ihre Isolierfähigkeit einbüßen. Außerdem dürfen sie nicht durch feuchtigkeitsbedingte, stromschwache Lichtbögen kurzschließend zerstört werden. Neben der Auswahl der Isolierstoffe ist auch die Dimensionierung und die Formgebung der Isolierteile wichtig. Bei der Beanspruchung durch Betauung und Verschmutzung ist die Kriechweglänge des Isolierteiles ausschlaggebend. In der Praxis haben sich Rippen und ein auf die Betriebsspannung U_m bezogener Kriechweg von 2,5 cm/kV bewährt.

4.1.2.3 Teilentladungsprüfungen [12]

Eine Alterung der Isolation durch Teilentladungen muß vermieden werden. Stromschwache, in den meisten Fällen kapazitiv gespeiste Glimmlichtbögen können in offenen Gasstrecken, wie auch in Gaseinschlüssen von Isolierkörpern auftreten und sich als schwache Hochfrequenzsender bemerkbar machen. Diese Teilentladungen können mit empfindlichen Hochfrequenzempfängern in möglichst gut geschirmten Räumen erfaßt werden [12]. Bei Teilentladungen bildet sich in offenen Luftstrecken Ozon und Stickoxid, die chemisch auf Geräteteile einwirken und sich an Isolierstoffen durch Verminderung der Isolationsfähigkeit und an Metallteilen als Oxidation bemerkbar machen können. Bei Gaseinschlüssen in Isolierteilen kann vom Rand des Einschlusses eine Verkohlung und damit ein Durchschlagskanal ausgehen. Alle Isolierteile sollten auf Teilentladungsfreiheit geprüft werden, wenn die bezogene mittlere Dauerbeanspruchung 1,5 kV/mm erreicht.

4.1.3 Bemessung von Hochspannungsschaltgeräten und Stützern für Betriebsspannungen über 72 kV

Schaltgeräte und Anlagen, die eine äußere Luftisolation besitzen, werden bei Betriebsspannungen über 72 kV allgemein als Freiluftausführungen gebaut.

Ihre Bemessung richtet sich insbesondere nach Höhe und Art der auftretenden Überspannungen sowie nach dem Grad der Fremdschichtgefährdung. Die Alterung der festen und flüssigen Isoliermittel muß mit berücksichtigt werden.

Nachzuweisen sind die Stehspannungen der Isolation Leiter gegen Erde, Leiter gegen Leiter sowie über die offenen Trenn- und Schaltstrecken im Neuzustand, Tabelle 4.2.

Um für die äußere Isolation eine ausreichende Blitzstoßspannungsfestigkeit zu erreichen, kann für die zumutbare Grenzbeanspruchung eine mittlere Stehfeldstärke $E = U/d = 550$ kV/m für Luftabstände mit der Schlagweite d, bzw. $E = U/l_b = 500$ kV/m für Isolatorsäulen mit der Bauhöhe l_b zugrunde gelegt werden [30]. Je nach Ausführung und Form der Elektroden lassen sich noch um etwa 5% bis 10% höhere Stehwerte erzielen.

Die Isolatoren von Freiluftgeräten [4,5] sind mit ausreichenden Schirmen zu versehen; im allgemeinen werden Schirme nach [3] verwendet. Der Kriechweg sollte je nach Einsatzgebiet entsprechend dem Grad der Fremdschichtgefährdung (siehe 4.1.4) ausgewählt werden [16].

Für Schaltstrecken gelten zunächst die gleichen Bemessungsspannungen wie gegen Erde. Die Schlagweiten werden im Normalfall daher gleich oder ähnlich sein.

Für Leistungs- und Trennschalter für $U_m \geqq 300$ kV werden zusätzliche Prüfungen mit Schaltstoßspannungen vorgeschrieben, Tabelle 4.3. Die Bemessungshinweise für die Beanspruchung mit Schaltstoßspannung folgen aus Abschnitt 4.1.5. Bild 4.6 zeigt die Steh-Schaltstoßspannung von verschiedenen Isolieranordnungen und Vergleichswerte für Blitzstoß- und Wechselspannung.

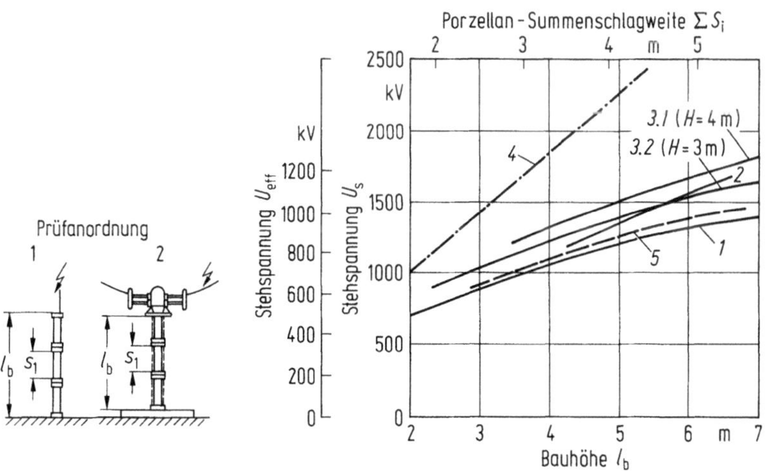

Bild 4.6. Steh-Schaltstoßspannung von Stützisolatoren. Schaltstoßspannung 250/2500, positive Polarität, unter Regen. *1* (1) Stützer ohne Zusatzelektroden, *2* (2) Stützer mit Leistungsschalteraufbau und Abschirmelektroden, Stützer mit Stielaufstellung: *3.1* Höhe über dem Erdboden $H = 4$ m, *3.2* Höhe über dem Erdboden $H = 3$ m, Vergleichswerte: *4* Steh-Blitzstoßspannung 1,2/50, *5* Steh-Wechselspannung unter Regen

Außerdem werden für die Schaltstrecken Prüfungen mit Blitzstoß- sowie auch Schaltstoßspannung gegen Wechselspannung gefordert. D.h., an die eine Seite der offenen Schaltstrecke wird die normale 50-Hz-Leiter-Erd-Spannung gelegt ($u = U_m \cdot \sqrt{2}/\sqrt{3}$, bei der Blitzstoßspannungsprüfung mit einem Minderungsfaktor von 0,7), an die andere Seite eine Blitz- bzw. Schaltstoßspannung. Die jeweilige Stoßspannung muß zeitlich im Scheitelwert der Wechselspannung liegen und die entgegengesetzte Polarität aufweisen, Tabelle 4.3 und 4.4.

Für höhere Betriebsspannungen ist es erforderlich, mehrere Schaltkammern in Reihe zu schalten. Bei solchen mehrfachunterbrechenden Schaltern führt die Kapazität gegen Erde zu ungleichen Spannungsbelastungen der einzelnen Schaltkammern. Durch den Schaltstrecken parallelgeschaltete Steuerkondensatoren oder -Widerstände (Abschnitt 4.2.1.1) läßt sich diese Verschiebung weitgehend kompensieren.

4.1.4 Umwelteinflüsse auf die Freiluftisolation [13;14;21]

4.1.4.1 Fremdschichteinflüsse

Man unterscheidet hauptsächlich zwei Arten von Fremdschichteinflüssen: Verunreinigungen durch die Industrie und Verunreinigungen durch das Meer. Eine dritte Art als Mischung tritt beispielsweise bei großen Industrieanlagen in Küstennähe auf.

Bei der Industrieverschmutzung handelt es sich meist um die Ablagerung der mit den Rauch- oder sonstigen Abgasen entweichenden festen Staubteilchen; je nach Art der Industrieanlagen (Stahl-, Aluminiumhütten, chemische Werke, Raffinerien, Zementwerke) entstehen mehr oder minder haftende und salzhaltige Ablagerungen. Fremdschichtquellen sind auch die Gebäudeheizungen und Autoabgase der Stadt- und Verkehrs-Ballungsräume (Smog). In ländlichen Gebieten kann der Staub von Kunstdünger eine Rolle spielen. Trockener salzhaltiger Staub tritt in Wüstengegenden auf. Die Fremdschichten lagern sich im Laufe der Zeit auf den Isolatoroberflächen ab, wobei Isolatorform, Wind- und Regenverhältnisse die Fremdschichtverteilung beeinflussen.
Durch Feuchtigkeitsniederschläge (Tau, Nebel, nasser Schnee) bilden sich leitfähige Fremdschichten. Unter dem Einfluß der Betriebsspannung entstehen Oberflächen-Kriechströme, Entladungs- und Trocknungsvorgänge. Das Wechselspiel zwischen Nachbefeuchtung und Trocknung kann Teil- und schließlich vollständige Überschläge auslösen.

Die Überschlagswahrscheinlichkeit steigt mit zunehmender Verschmutzung, d.h. mit steigender Oberflächenleitfähigkeit und mit erhöhter spezifischer Spannungsbeanspruchung der äußeren Isolation.

Bei der Meeresverschmutzung handelt es sich in Küstengebieten um eine Salzverschmutzung durch vom Wind mitgerissene salzhaltige Wasserteilchen. In vielen Fällen gleicht der Vorgang der Salzverschmutzung der vorgenannten Verschmutzung durch Industrieabgase und Staub. Das Salz wird zunächst abgelagert. Störungen können auftreten, sobald die Salzschicht durch Nebel,

Tau oder Nieselregen feucht wird. An verschiedenen Meeresküsten können aber auch heftige Stürme feuchte, salzhaltige Schichten auf Isolatoren so stark ablagern, daß eine Gefährdung bereits während des Sturmes eintritt.

4.1.4.2 Fremdschichtprüfverfahren [21 – 23]

Die Prüfungen an verschmutzten Isolatoren können in natürlicher Atmosphäre direkt oder unter künstlichen Laborbedingungen durchgeführt werden.

Man unterscheidet zwei Hauptarten der Laboratoriums-Prüfungen:

4.1.4.3 Industriefremdschicht-Prüfverfahren [13]

Auf den Isolator wird mittels Spritzpistole eine Fremdschicht, bestehend aus Kieselgur, Aerosil und Wasser, aufgebracht, dem zur Erreichung der gewünschten Leitfähigkeit Salz (NaCl oder $CaCl_2$) zugesetzt wird. Die Fremdschicht wird durch einen Dampfnebel-Erzeuger befeuchtet. Wenn nach etwa 15 min die größtmögliche Befeuchtung erreicht ist, wird der Isolator an Spannung gelegt und bis zu 15 min geprüft, wenn kein Überschlag auftritt. In Abhängigkeit von der Schichtleitfähigkeit (Leitwert eines Oberflächenquadrates) wird die Fremdschicht-Stehspannung (Überschlagswahrscheinlichkeit 10%) ermittelt. Dieses Verfahren gibt Hinweise für das Verhalten von Isolatoren in Industriegegenden und in solchen Gebieten, in denen die Schmutzablagerung auf der Oberfläche eines Isolators allmählich fortschreitet und die Fremdschichten dann durch das Auftreten von Feuchtigkeit leitfähig werden. Abgewandelte Methoden werden benutzt, um die elektrolythaltige künstliche Fremdschicht zu erzeugen, z.B. durch Eintauchen.

4.1.4.4 Salznebel-Prüfverfahren [14]

Eine Salzlösung mit der gewünschten Konzentration aus Wasser und Kochsalz wird durch genormte Druckluft-Zerstäuberdüsen in Richtung auf den Isolator versprüht. Die Kenngröße für die Beurteilung des Fremdschicht-Stehvermögens ist der Salzgehalt der Lösung, bei der der Isolator bei wenigstens drei von vier Prüfungen während einer Zeit von 60 min der angelegten Spannung ohne Überschlag standhält (Stehsalzgehalt).

Dieses Prüfverfahren gibt vorzugsweise Bemessungswerte für Küstengebiete mit Salzsturm-Verschmutzung.

4.1.4.5 Höchster Ableitstromimpuls als Kenngröße [22]

Zur Beurteilung der Isolator-Eigenschaften bei Fremdschichtprüfungen im Laboratorium und der Fremdschichtgefährdung im Betrieb kann auch der Verlauf des Ableitstromes herangezogen werden. So kennzeichnet nach [22] der höchste Ableitstromimpuls $\hat{I}_{max}$, der in der letzten Halbschwingung vor dem Fremdschichtüberschlag auftritt, das Isolierverhalten verschmutzter Isolatoren, unabhängig vom Fremdschichtprüfverfahren.

Nach im Labor ermittelten Kennlinien für verschiedene Isolatoren kann der im Betrieb gemessene höchste Ableitstromimpuls $\hat{I}_{höchst}$ verglichen werden.

So läßt sich beurteilen, ob ein Fremdschichtüberschlag zu erwarten ist bzw. welche Sicherheiten bestehen.

4.1.4.6 Isolatorbemessung hinsichtlich Verschmutzung

Die Bemessung erfolgt nach der höchsten Dauerspannung im störungsfreien Betrieb, d.h. nach der Leiter-Erdspannung $U_{LE} = U_m/\sqrt{3}$. Die Einflüsse von kurzzeitigen Spannungsbeanspruchungen (Überspannungen) werden allgemein nicht berücksichtigt, da sie meistens keine Vergrößerung der Isolation rechtfertigen.

Tabelle 4.5. Beispiele für die Klassifizierung der natürlichen Fremdschichtbeanspruchung und für die Isolatorbemessung (nach IEC/TC 36)

Fremdschicht-klasse	Umgebungskennzeichnung	Bezogener Kriechweg l_k/U_m mm/kV
1 leicht	Gebiete ohne Industrie und mit niedriger Wohndichte durch Häuser mit Heizungsabgasen. Gebiete mit niedriger Industriedichte oder Wohndichte, die häufig Wind und Regen ausgesetzt sind. Alle landwirtschaftlich genutzten Gebiete. Diese Gebiete befinden sich weit vom Meer entfernt (10 bis 20 km) und sind keinen Meereswinden ausgesetzt, oder liegen in größeren Höhen über dem Meerespiegel.	16
2 mittel	Gebiete mit Industrie, die keine besondere Rauchemission erzeugt und/oder Gebiete mit mittlerer Wohndichte durch Häuser mit Heizungsabgasen. Gebiete mit hoher Wohndichte durch Häuser mit Heizungsabgasen oder Gebiete mit Industrie, die häufig Wind und Regen ausgesetzt sind. Gebiete, die Seewinden ausgesetzt, aber mehr als 1km vom Meer entfernt sind.	20
3 schwer	Gebiete mit hoher Industriedichte und Vororte größerer Städte mit nennenswerten Heizungsabgasen, die starke Verschmutzungen hervorrufen können. Gebiete nahe der Meeresküste, die relativ starken Winden vom Meer her ausgesetzt sind.	25
4 sehr schwer	Gebiete begrenzter Ausdehnung, die starken Industrieemissionen ausgesetzt sind, so daß sie dicke und leitfähige Ablagerungen verursachen Gebiete begrenzter Ausdehnung, die nahe an der Meeresküste liegen und starken Stürmen mit Sprühwasserteilchen ausgesetzt sind. Wüstengebiete mit langen Trockenperioden, die starken sand- und salzhaltigen Winden ausgesetzt sind und wo häufig Betauung auftritt.	31

Bezugswert ist der Effektivwert der Leiter-Leiterspannung U_m

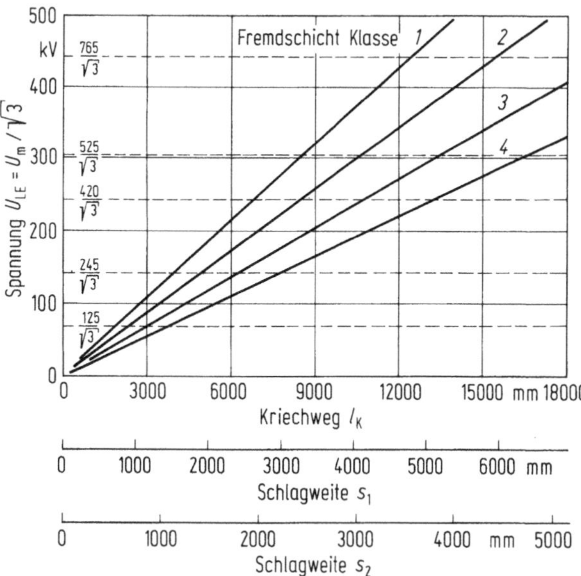

Bild 4.7. Erforderliche Isolator-Kriechwege l_k und Schlagweiten s bei den Fremdschicht-Klassen 1 bis 4 nach Tabelle 4.1. Schlagweite s_1 für normale Schirmformen mit Verhältnis $l_k/s_1 = 2{,}6$, Schlagweite s_2 für Ausführungen mit verlängertem Kriechweg (z.B. Groß-Kleinschirm-Profil) mit Verhältnis $l_k/s_2 = 3{,}5$

Die Untersuchungen an verschmutzten Isolatoren haben ergeben, daß hauptsächlich die Isolator-Kriechweglänge und seine Form, d.h. Schirmabstand, Schirmausladung, Schirmneigung und Strunkdurchmesser, das Fremdschichtverhalten beeinflussen. Meistens wird aber in der Praxis nur die Länge des Kriechweges l_k allein als Bemessungsgröße verwendet und in Abhängigkeit vom Grad der Fremdschichtgefährdung als erforderlicher bezogener Kriechweg l_k/U_m angegeben. Bezugsspannung ist dabei U_m, d.h. der Effektivwert der Leiter-Leiter-Spannung.

In Ermangelung von genauen Meßwerten greift man oft auf Klassifizierungen zurück, z.B. Tabelle 4.5. Dabei werden bewährte Isolatorformen mit wirksam ausgenutzten Kriechwegen vorausgesetzt.

Bild 4.7 gibt die erforderlichen Kriechwege und Isolatorschlagweiten für die verschiedenen Fremdschichtklassen für Betriebsspannungen bis 765 kV an. Dabei sind Mittelwerte von gebräuchlichen Isolatoren für Schaltgeräte mit normalen Schirmformen mit einem Verhältnis des Kriechweges zur Schlagweite von $l_K/s_1 = 2{,}6$ und Ausführungen, die für den Einsatz in fremdschichtgefährdeten Gebieten mit einem verhältnismäßig langen Kriechweg von $l_k/s_2 = 3{,}5$ bestimmt sind, berücksichtigt.

Bei zu kleiner Dimensionierung (z.B. infolge später nachträglich entstandener Schmutzquellen) gibt es als Abhilfe:

– Abspritzen unter Spannung aus fest installierten oder beweglichen Düsen mit Wasser niedriger Leitfähigkeit.

– Einfetten der Isolatoren, vorzugsweise mit Silikon, wodurch bei Befeuchtung eine aus sehr vielen kleinen Tröpfchen bestehende, nicht zusammenhängende Elektrolytschicht entsteht und trotz vermehrter Ansammlung von Trockensubstanz gegenüber ungefetteten Isolatoren eine Verbesserung des Isoliervermögens bewirkt wird. Reinigung und Neufettung etwa alle 1 bis 2 Jahre.

Die obigen Maßnahmen gelten für (überwiegend) elektrolytisch leitende Schichten. Schichten aus (überwiegend) leitenden festen Teilchen (Kohle- oder Metallstaub) sind nur in ihrer Entstehung durch das Isolatorprofil zu beeinflussen. Bei Stromfluß fritten die Teilchen zusammen, der Widerstand nimmt ständig ab bis zum Überschlag. Nur regelmäßige Reinigung bringt Abhilfe.

Wirksam ist auch während Zeiten starker Gefährdung eine vorübergehende Senkung der Betriebsspannung um 5 bis 10% aufgrund einer Meldung geeigneter Warngeräte. Bei der Salznebel-Verschmutzung wird z.B. bei um 10% erniedrigter Spannung ein zweifacher Stehsalzgehalt erreicht.

4.1.5 Der Einfluß von Schaltspannungen auf die äußere Isolationsbemessung in Luft

4.1.5.1 Allgemeines

Bei Betriebsspannungen über 300 kV gewinnen die zu erwartenden Schaltspannungen an Bedeutung. Oberhalb von 420 kV werden sie für die Bemessung der äußeren Isolation der Leiter gegen Erde und der Leiter gegen Leiter bestimmend. Dabei sind die Höhe und der zeitliche Verlauf maßgebend. Im allgemeinen setzt sich der Verlauf aus einer Überlagerung der betriebsfrequenten Spannung und von Anteilen mit verschiedenen höheren Frequenzen zusammen. Die mittlere Anstiegszeit von Schaltspannungen kann größenordnungsmäßig zwischen 10 und 1000 μs liegen [29,30].

Die Höhe der Schaltüberspannung Leiter gegen Erde wird als relative Überspannung im Verhältnis zum Bezugsscheitelwert $U_m \cdot \sqrt{2}/\sqrt{3}$ angegeben und oft als Überspannungsfaktor s (in p.u., per unit) bezeichnet.

Tabelle 4.6. Überspannungsfaktor s von bestehenden und geplanten Netzen

Höchste Spannung für U_m kV	Überspannungsfaktor (Bezugswert $U_m\sqrt{2}/\sqrt{3}$) s p.u.
300	2,7...3,0
420	2,4...2,7
525	2,1...2,4
765	1,8...2,1
1.100 (geplant)	1,5...1,8
1.300 (geplant)	1,5...1,7
1.500 (geplant)	1,4...1,7

Aus wirtschaftlichen Gründen wird der Überspannungsfaktor mit steigender Betriebsspannung durch Maßnahmen an den Schaltern, z.B. durch Einschaltwiderstände, und durch den Einbau von Ableitern verstärkt begrenzt (Tabelle 4.6). Die Höhe der Schaltüberspannungen der Leiter gegen Leiter ist etwa um den Faktor 1,5 bis 1,7 höher als die der Leiter gegen Erde.

4.1.5.2 Prüfung mit Schaltstoßspannung

Die äußere Isolation von technischen Anordnungen wird in mehr oder weniger starkem Maß von der Steilheit der ansteigenden Schaltspannung beeinflußt. Der elektrische Durchbruch erfolgt im wesentlichen noch während des Spannungsanstieges in der Stirn oder im Scheitel, d.h. beim Höchstwert der Spannung. Somit kann die schwingende Schaltspannung bei Untersuchungen im Laboratorium durch eine aperiodisch gedämpfte Stoßspannung ersetzt werden. Der zeitliche Verlauf bis zum Scheitel wird dem der schwingenden Spannung angenähert (Bild 4.2).

Die physikalischen Zusammenhänge des Überschlagsvorganges werden überwiegend an den einfachen Modellanordnungen Stab-Platte (Spitze-Platte) und Stab-Stab (Spitze-Spitze) untersucht. Die Zusammenstellung der Stab-Platte-Ergebnisse [26] (Bild 4.8) zeigt den Einfluß der Scheitelzeit T_{cr} und des Parameters Schlagweite d auf die Durchschlagswerte U_{50} (d.h. bei 50% Überschlagwahrscheinlichkeit).

Im stark inhomogenen Feld in Luft nimmt die Durchschlag-Schaltstoßspannung U_d bei Schlagweiten d über 2 m nicht mehr linear mit der Schlagweite zu, die Kennlinie wird immer flacher. Dieses Verhalten wird auf das Zusammenwirken der Leuchtfaden-(Streamer-) und der stromstarken Kanal-(Leader-) Entladungen bei der Durchschlagsentwicklung zurückgeführt [25]. Der Spannungsbedarf der Entladung ergibt sich aus der Spannung am Leader von 1 bis 2 kV/cm und an der Streamerzone von etwa 4 bis 5 kV/cm. Je größer die Schlagweite ist, desto größer ist der Anteil der

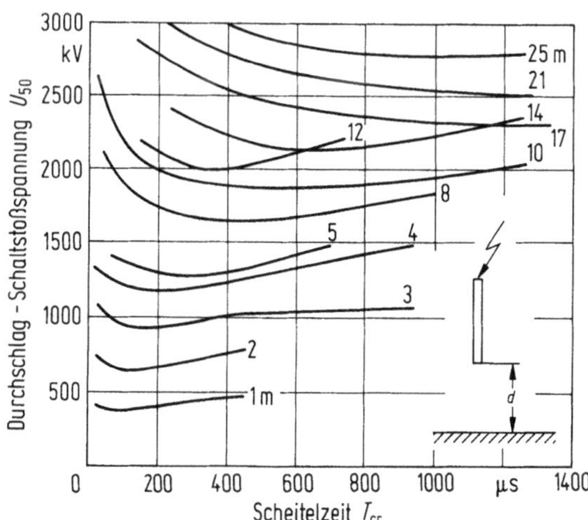

Bild 4.8. Durchschlag-Schaltstoßspannung U_{50} in Abhängigkeit von der Scheitelzeit T_{cr} von Stab-Platte-Anordnungen, positive Polarität. Parameter Schlagweite d. Meßwerte verschiedener Laboratorien [26]

Leadervorentladung. Bei extremen Schlagweiten steigt U_d nur noch mit 1 kV/cm an, da dann praktisch die gesamte Schlagweite von der Leadervorentladung vor dem Durchschlag bereits überbrückt wird.

4.1.5.3 Bemessungswerte

Die Stab-Platte-Anordnung liefert generell die tiefstmöglichen Durchschlagswerte. Der ungünstigste Fall tritt bei positiver Schaltstoßspannung auf (Bild 4.9) [28,29].

Die Stab-Platte-Funkenstrecke wird daher vielfach auch für die erste Abschätzung des Verhaltens der äußeren Isolation von Stützern, Durchführungen und Schaltgeräten herangezogen.

Bei der Prüfung der technischen Geräte müssen jedoch weitgehend die Betriebsanordnung und -aufstellung nachgebildet sowie die atmosphärischen Daten berücksichtigt werden, da die konstruktiven Elemente ebenso wie die Aufstellungshöhe und die Umgebung die Meßergebnisse stark beeinflussen können. In Bild 4.6 [30,31] werden die Ergebnisse von verschiedenen Stützer-Anordnungen bei Schaltstoßspannungen mit den Stehwerten bei Blitzstoßspannung und bei Wechselspannung verglichen.

Tabelle 4.7. Funkenstreckenfaktor k für verschiedene Elektrodenanordnungen

Anordnung	k
Stab-Platte	1
Stab-Stab (senkrecht)	1,3
Stab-Stab (waagerecht)	1,4
Leiterbündel-Ebene	1,16
Leiterbündel-Leiterbündel	1,4

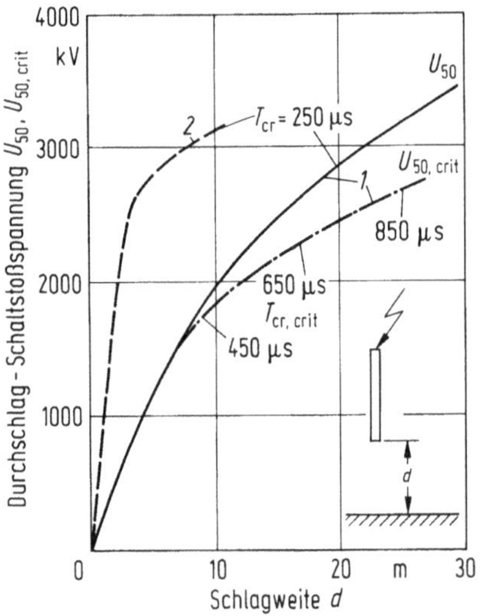

Bild 4.9. Durchschlag-Schaltstoßspannung U_{50} von Stab-Platte-Anordnungen.
1 positive Polarität, U_{50} für die Scheitelzeit $T_{cr} = 250$ µs, $U_{50,crit}$: Minimalwerte für die kritische Scheitelzeit $T_{cr,crit}$ nach Bild 4.8,
2 negative Polarität, Vergleichswerte für die Scheitelzeit $T_{cr} = 250$ µs [26–28]

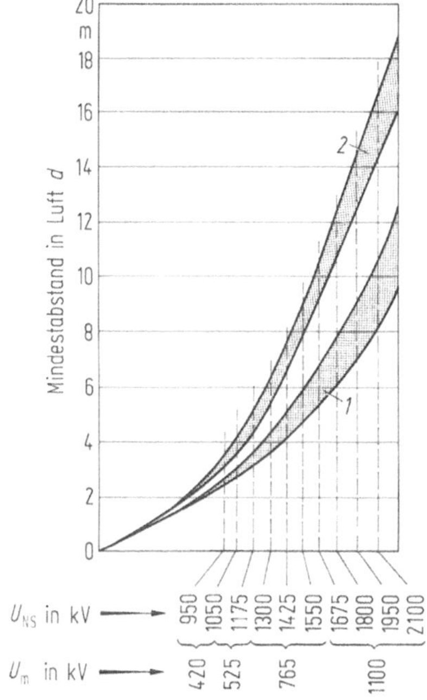

Bild 4.10. Anhaltswerte für die Mindestabstände d in Luft für nicht begehbare Anlagen, abhängig von der Bemessungs-Schaltstoßspannung U_{Ns} und der höchsten Betriebsspannung U_m, *1* Bereich der Mindestabstände zwischen Leiter und Erde, *2* Bereich der Mindestabstände zwischen Leiter und Leiter, wobei die 1,5- bis 1,7-fache Steh-Schaltstoßspannung zwischen Leiter und Erde zugrunde gelegt ist

Durch direkten Vergleich der Ergebnisse von vollständigen Bauteilen und Geräten sowie von Modellanordnungen mit denen der ungünstigsten Stab-Platte-Anordnung können die dabei erzielten Verbesserungen als Verhältniswerte in Form eines Funkenstrecken-Faktors k ausgedrückt werden. Tabelle 4.7 gibt den Funkenstrecken-Faktor k für verschiedene Elektrodenanordnungen an.

Es wird damit möglich, die Überschlags- und Steh-Schaltstoßspannungen von Schaltanlagen und Geräten im Entwurfsstadium abzuschätzen, wozu die vorliegenden Spannungswerte der Stab-Platte-Anordnung mit dem entsprechenden Funkenstrecken-Faktor multipliziert werden [26–28].

Anhaltswerte für die Mindestabstände d in Luft für nicht begehbare Anlagen, abhängig von der Nenn-Stehschaltstoßspannung und der höchsten Betriebsspannung U_m zeigt Bild 4.10 nach [32].

4.1.6 SF_6-Druckgasisolation bei metallgekapselten Geräten

4.1.6.1 Eigenschaften von Schwefelhexafluorid [8,9]

Schwefelhexafluorid (SF_6) ist bei normalen Bedingungen ein farbloses, geruchloses, geschmackloses, nicht brennbares, ungiftiges Gas, das inaktiv wie N_2 ist. Kenndaten von SF_6 und Luft: Tabelle 4.8.

Das Gas ist chemisch stabil bis etwa 500°C. In Anwesenheit von metallischen Katalysatoren und anderen Materialien, die in elektrischen Anlagen verwendet werden, beginnt erst oberhalb von 200°C ein Zerfall. Dieser tritt im Normalbetrieb nicht auf, da die in Schaltanlagen verwendeten Dichtungs-

Tabelle 4.8. Physikalische Konstanten von Luft und SF_6 bei 20°C

		Luft	SF_6
Dichte (20°C, 1 bar)	kg/m^3	1,293	6,139
Molekulargewicht		28,96	146,06
Wärmeleitfähigkeit	W/m K	$2{,}15 \cdot 10^{-2}$	$1{,}41 \cdot 10^{-2}$
spez. Wärmekapazität c_p	kJ/(kg-K)	1,003	0,668
Adiabatenexponent c_p/c_v		1,40	1,02
Enthalpie	kJ/kg	$3{,}12 \cdot 10^2$	$1{,}3 \cdot 10^2$
Schallgeschwindigkeit	m/s	343,8	133,5
dynamische Viskosität	mPa·s	$1{,}7 \cdot 10^{-2}$	$1{,}54 \cdot 10^{-2}$
kritische Temperatur	°C	−147*)	45,55
kritischer Druck	bar	34,8*)	37,55
kritische Dichte	kg/m^3	301	725
Permittivitätszahl		1,0	1,0021

*) für Stickstoff

und Isolationswerkstoffe, deren maximal zulässige Dauertemperaturen unter 200°C liegen, die zulässigen Übertemperaturen begrenzen.

Das Zustandsdiagramm (siehe Bild 1.8) zeigt die Abhängigkeit von Druck, Temperatur und Volumen.

Ausgangspunkt für die Beurteilung der Isoliereigenschaften eines Gases ist die Durchschlagspannung im homogenen Feld. Die Durchschlagspannung U_d wird als Funktion des Produktes aus der Dichte ϱ des betreffenden Gases und der Schlagweite d angegeben und als Paschen-Kurve bezeichnet. Sie wird jedoch meist bei konstanter Temperatur als Funktion des Produktes aus

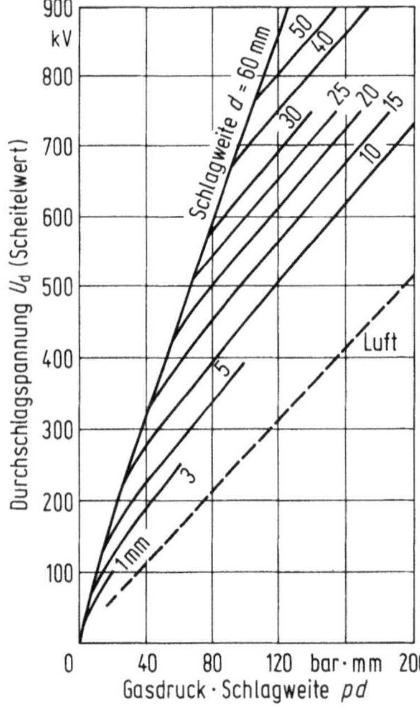

Bild 4.11. Paschen-Diagramm für SF_6, $t = 25$°C und Vergleichskurve für Luft. Parameter: Schlagweite d

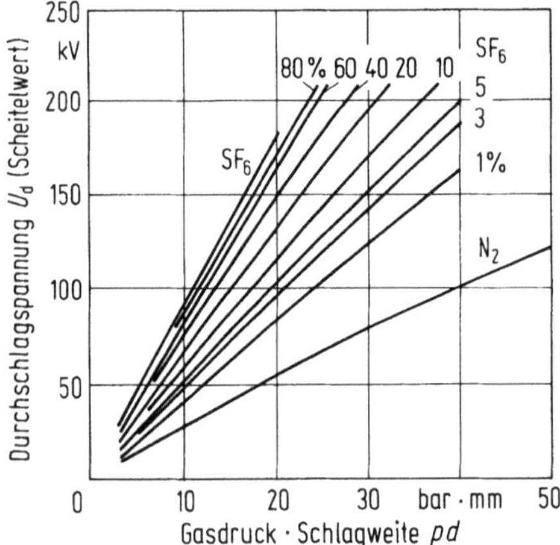

Bild 4.12. Paschen-Kurven für N_2, SF_6 und N_2-SF_6-Gasgemische, $t = 25$°C. Parameter: SF_6-Volumengehalt

Gasdruck p und Schlagweite d, also in der Form $U_d = f(p \cdot d)$ dargestellt [33]. Bild 4.11 gibt ihren Verlauf für den technisch wichtigeren oberen Bereich an. Die Grenzen des Paschen-Gesetzes werden durch die Abweichungen deutlich, die mit dem Parameter d dargestellt sind.

Zum Vergleich zeigt Bild 4.12 für einen Teilbereich die Paschen-Kurven für Stickstoff (N_2) und N_2-SF_6-Gasgemische [34].

4.1.6.2 Bemessungsgrundlagen

Bei der praktischen Berechnung der Isoliereigenschaften von SF_6-Druckgas hat sich die Darstellung der Durchschlagfeldstärke E_d sehr bewährt (Bild 4.13). Sie dient als allgemeine Berechnungsunterlage für die Durchschlagspannung U_d bei verschiedenen Elektrodenanordnungen nach der Formel

$$U_d = E_d d \eta m,$$

d = kleinste Elektrodenentfernung (Schlagweite), η = geometrischer Nutzungsfaktor der Elektrodenanordnung, m = zusätzlicher Minderungsfaktor.

Für verhältnismäßig einfache Elektrodenformen läßt sich der geometrische Nutzungsfaktor η angeben (Bild 4.14). Der Faktor m berücksichtigt den

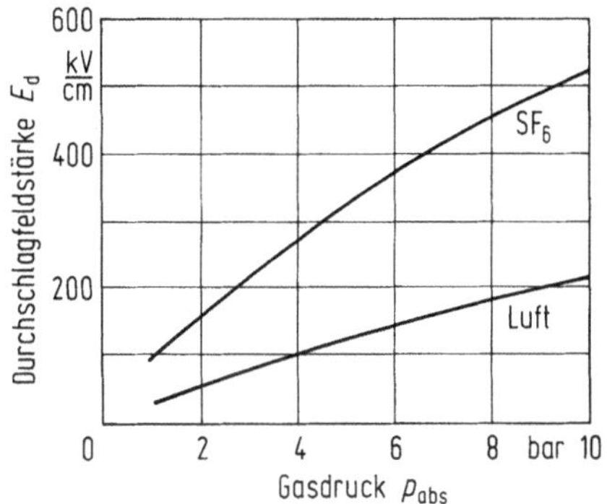

Bild 4.13. Durchschlagfeldstärke E_d von Luft und SF_6 in Abhängigkeit vom absoluten Gasdruck p_{abs} ($t = 25°C$)

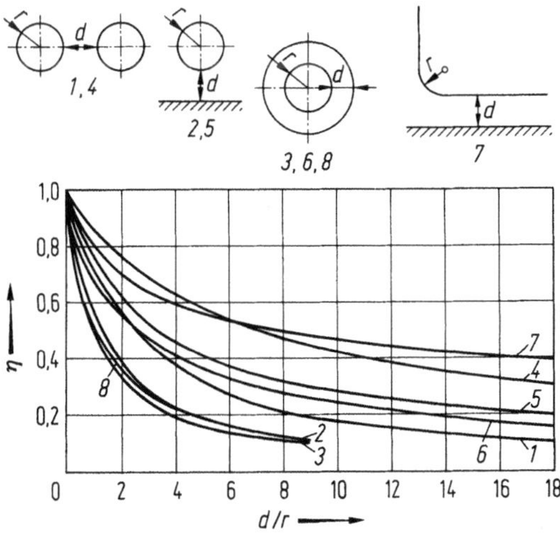

Bild 4.14. Nutzungsfaktor η für verschiedene geometrische Anordnungen in Abhängigkeit vom geometrischen Verhältnis d/r, bei Schlagweite d und Krümmungsradius r. *1* Kugel-Kugel, *2* Kugel-Ebene, *3* Konzentrische Kugeln, *4* Parallele Zylinder, *5* Zylinder-Ebene, *6* Koaxiale Zylinder, *7* Runde Kante-Ebene, *8* Kugel-Zylinder

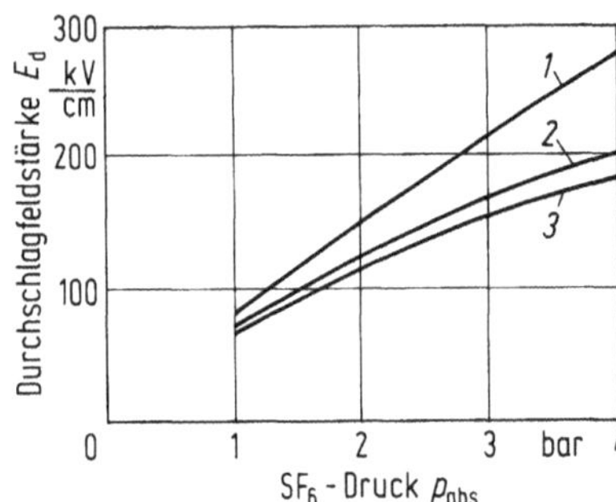

Bild 4.15. Durchschlagfeldstärke E_d von SF_6 in Abhängigkeit vom Druck für verschiedene Arten der Spannungsbeanspruchung. *1* Blitzstoßspannung, *2* Schaltstoßspannung, *3* Wechselspannung, Scheitelwert

Einfluß von Oberflächenrauhigkeiten und Verunreinigungen [35–37], mit denen in der Praxis gerechnet werden muß. Bei technischen Ausführungen kann *m* für die Steh-Blitzstoßspannung, die vorwiegend für die Dimensionierung ausschlaggebend ist, im Bereich von 0,95 bis 0,7 liegen. Bei Schaltstoßspannung und Wechselspannung ist *m* mit 0,5 bis 0,7 entsprechend niedriger (Bild 4.15).

4.1.6.3 SF_6 in Verbindung mit Feststoffisolatoren

Die als Bauelemente zum Abstützen und Übertragen von Antriebskräften sowie zum Schotten der SF_6-Räume erforderlichen Feststoffisolatoren müssen sowohl hinsichtlich der kurzzeitigen Prüfspannungen als auch der Dauerbetriebstüchtigkeit ausgewählt werden. Aus Sicherheitsgründen werden die Isolatoren meistens überbemessen. Dies trifft auch für die Oberflächen-Grenzschichten zu. Die verwendeten Materialien müssen außerdem aufgrund ihrer Eigenschaften bei den maximal in den Leistungsschaltern zu erwartenden Feuchtigkeits- und Zersetzungsraten ausgewählt werden. Bei der Aufspaltung des SF_6 im Lichtbogen geht ein geringer Anteil des Fluors Reaktionen mit dem Kontaktmaterial ein. Als Folge davon können sich primäre und sekundäre Zersetzungsprodukte bilden, so auch in Verbindung mit Feuchtigkeit korrosive Stoffe. Es werden geeignete und ausreichend dimensionierte Filter eingesetzt, die sowohl Feuchtigkeit als auch Zersetzungsprodukte praktisch vollständig ausschalten [37,38].

Eine gute Dichtheit des SF_6-Systems gegenüber der umgebenden Außenatmosphäre verhindert auch weitgehend das Eindringen von Feuchtigkeit. So gesehen haben Isolatoren aus widerstandsfähigen Stoffen zusätzliche Notlaufeigenschaften unter Schaltstaub- und Feuchtigkeitsbeanspruchung.

4.2 Gestaltung der Hochspannungsschaltgeräte

Die wichtigsten Vorschriften für die Bemessung und Gestaltung von Hochspannungsschaltgeräten sind in DIN 57670/VDE 0670 festgelegt, die weitgehend mit den internationalen Vorschriften nach IEC übereinstimmen.

Nach den VDE-Vorschriften werden unter Hochspannungsschaltgeräten Geräte über 1 kV verstanden. Im allgemeinen Sprachgebrauch wird häufig noch zwischen Mittel- und Hochspannungsschaltgeräten unterschieden, wobei dann unter Mittelspannung Spannungen über 1 bis 72 kV und unter Hochspannung Spannungen über 72 kV verstanden werden. In den folgenden Abschnitten werden Leistungs-, Trenn-, Erdungs- und Lasttrennschalter behandelt. Hochspannungsschütze und -sicherungen sind, da sie in wesentlichen Eigenschaften mit den entsprechenden Niederspannungsschaltgeräten übereinstimmen, bei den Niederspannungsgeräten behandelt.

4.2.1 Schaltgeräte für Anlagen mit Luft als äußerer Isolation

Die spannungsführenden Teile dieser Schaltgeräte sind nach außen durch Luft isoliert. Die Luftisolation ist an den Stellen, wo Abstützungen oder Schaltkammern erforderlich sind, unterbrochen und durch andere Isolationsmedien ersetzt (Feststoff, Flüssigkeit, Druckgas).

Die wichtigsten Parameter für die Dimensionierung von Hochspannungsschaltgeräten sind Spannung, Strom und Beanspruchung im Kurzschlußfall. Der Einfluß der Spannung ist für die Abmessungen besonders ausschlaggebend. Ein Einsäulentrenner mit Luftisolation hat z.B. bei 525 kV Nennspannung eine Höhe von etwa 10 m. Ein Trenner mit Druckgasisolation (SF_6) kann dagegen in einem Gehäuse von 1 m Durchmesser untergebracht werden. Trotz der relativ geringen dielektrischen Festigkeit der Luft werden aber immer noch wegen der Einfachheit des Einsatzes und aus wirtschaftlichen Gründen am häufigsten Schaltgeräte verwendet, bei denen die äußere Isolation durch die Luft gegeben ist. Allerdings ist der Anteil der Geräte mit Druckgas- oder Feststoffisolation im Wachsen, während der gelegentliche Einsatz von Flüssigkeit als äußeres Isolationsmedium kaum Bedeutung hat.

In den Abschnitten 4.2.1.1 bis 4.2.1.3 werden der grundsätzliche Aufbau und die Wirkungsweise der Hochspannungsschaltgeräte mit Luftisolation beschrieben. In den darauf folgenden Abschnitten über Druckgas- und Feststoffisolation werden nur noch Gesichtspunkte genannt, die sich aus der Änderung des Isolationsmediums ergeben.

4.2.1.1 Leistungsschalter

Lt VDE 0670 ist: „Leistungsschalter (mechanisch): Mechanisches Schaltgerät, das fähig ist, die unter normalen Bedingungen im Stromkreis auftretenden Ströme einzuschalten, zu führen und auszuschalten und die unter festgelegten abnormalen Bedingngen im Stromkreis, wie etwa Kurzschluß, auftretenden Ströme einzuschalten, über eine festgelegte Zeit zu führen und auszuschalten". Die von modernen Hochspannungs-Leistungsschaltern zu beherrschenden Kurzschlußströme betragen bis 100 kA, in Sonderfällen (Generatorschalter) auch darüber. Hochspannungs-Leistungsschalter über 72 kV werden vorwiegend als Freiluftschalter gebaut, während bei Mittelspannungsschaltern Innenraumschalter bevorzugt werden.

Hinsichtlich der Bauweise wird zwischen Kessel- und Stützerbauweise unterschieden. Bei der Kesselbauweise (Bild 4.16) befinden sich die Schaltkammern in einem gemeinsamen oder in einzelnen geerdeten Kesseln (dead tank). Die Stromzuführung zu den Schaltkammern erfolgt über Durchführungen. Häufig befinden sich in den Durchführungsisolatoren noch Strom-

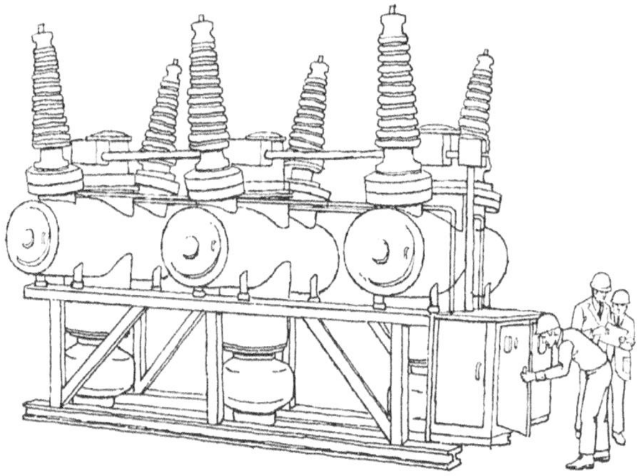

Bild 4.16. 245-kV-Leistungsschalter in Kesselbauweise

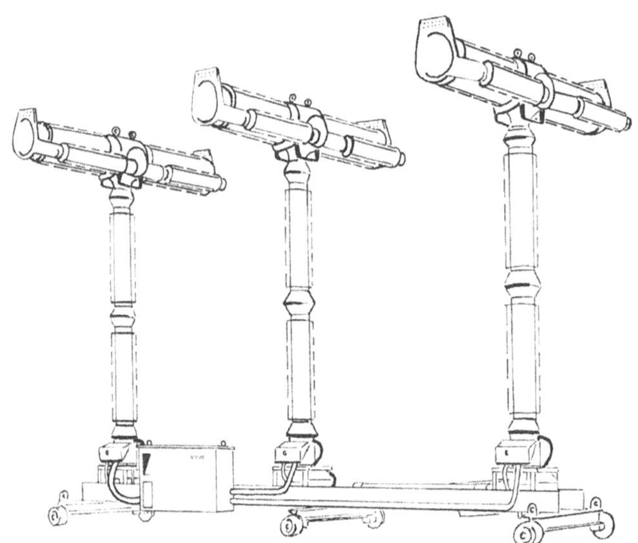

Bild 4.17. 245-kV-Leistungsschalter in Stützerbauweise

wandler. Bei der Stützerbauweise werden die Schaltkammern auf Stützer gesetzt (live tank, Bild 4.17).

Da die von einer Schaltkammer beherrschbare Spannung begrenzt ist (übliche Werte 60 bis 245 kV), werden für Schalter höherer Nennspannung mehrere Schaltkammern in Reihe geschaltet. Dabei sorgen parallel geschaltete Kondensatoren oder Widerstände für eine gleichmäßige Spannungsaufteilung. Widerstände werden auch verwendet, um das Ausschaltvermögen von Löschkammern zu erhöhen, ebenso, um beim Ein- oder Ausschalten Überspannungen zu dämpfen. Dabei müssen dann in Reihe zu den Widerständen zusätzliche Schaltstrecken für die Ausschaltung des Reststroms, der über die

Widerstände fließt, geschaltet werden. Schalter für große Nennströme haben oft Parallelstrombahnen. Bei der Ausschaltung wird zuerst die Parallelstrombahn getrennt, der Strom kommutiert auf die Haupt- oder Abbrandkontakte und wird dort schließlich ausgeschaltet.

Vom mechanischen Antrieb und dem Löschsystem eines Leistungsschalters, die z.T. monatelang ohne Bewegung in der Ein- oder Ausschaltstellung verharren, wird gefordert, daß sie plötzlich innerhalb weniger Millisekunden ihre volle Leistung erbringen, z.B. bei Auslösung infolge eines Kurzschlusses. Die Schaltzeiten betragen beim Einschalten bis 125 ms, beim Ausschalten bis 80 ms. Bei Nennspannungen ab 300 kV werden oft Gesamtausschaltzeiten von nur 40 bzw. 34 ms (2 Perioden bei 50 oder 60 Hz) gefordert und erreicht. Bei einer Kurzunterbrechung (Aus-Ein), mit der häufig ein Kurzschluß ohne längere Unterbrechung der Stromversorgung ausgeschaltet werden kann, beträgt die Pausenzeit etwa 300 ms.

Das Herzstück der Leistungsschalter sind die Löschkammern. Praktische Erfahrungen und systematische Prüfungen in Hochspannungs- und Hochleistungsversuchsfeldern sind Voraussetzungen für erfolgreiche Schalterentwicklungen, die den steigenden Anforderungen genügen (Bild 4.18). In der Löschkammer brennt beim Schalten ein Lichtbogen zwischen dem festen und dem beweglichen Schaltkontakt. Dieser Lichtbogen entsteht beim Einschalten bei Erreichen der Überschlagdistanz. Er wird bei der folgenden galvanischen Berührung der Kontaktstücke automatisch kurzgeschlossen. Beim Ausschalten entsteht der Lichtbogen bei der Trennung der Kontakte und erlischt nach Erreichen der Mindestlöschdistanz im Stromnulldurchgang, wobei die Wirkung der Löschmittelströmung darauf gerichtet ist, die Restplasmasäule des Lichtbogens so schnell zu entionisieren, daß die Einschwingspannung ohne Wiederzündungen an der geöffneten Schaltstrecke anstehen kann.

Wegen der überragenden Bedeutung der Löschmittel für die Schaltereigenschaften werden die Schalter nach den Löschmitteln klassifiziert. Zu den

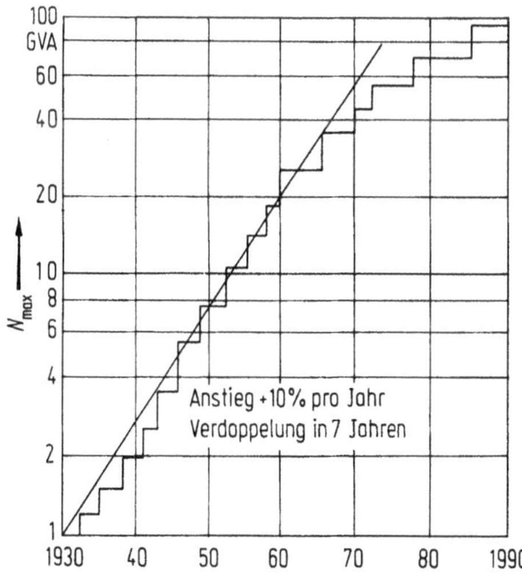

Bild 4.18. Maximale Schaltleistung von Leistungsschaltern. Die Schaltleistung N ist das Produkt aus Nennspannung, Nennausschaltstrom und Verkettungsfaktor $\sqrt{3}$

klassischen Schaltern gehören Öl-, Druckluft- und Magnetblasschalter. In neuerer Zeit haben sich SF_6- und Vakuumschalter durchgesetzt.

Die stürmische Entwicklung auf dem Gebiet der Leistungsschalter ergibt sich aus folgendem Vergleich: 1930 wog bei 220 kV ein Ölkesselschalter für einen Kurzschlußstrom (Nennausschaltstrom) von 4 kA 90 Tonnen, 1950 ein ölarmer Schalter für 10 kA 22 Tonnen und 1984 ein SF_6-Schalter für 80 kA 6 Tonnen.

Ölschalter (Ölkesselschalter, ölarme Schalter)

Unter den in Betrieb befindlichen Schaltern sind Ölschalter heute noch die am weitesten verbreiteten Leistungsschalter, obwohl neuerdings ihr Anteil in der Fertigung gegenüber den modernen SF_6- und Vakuumschaltern stark zurückgegangen ist. Gegenüber anderen flüssigen Löschmitteln wie Expansin, Schaltester, Silikon- und Fluorchemikalien hat Öl insgesamt die günstigsten Eigenschaften. Bei ölarmen Schaltern ist die Ölmenge soweit reduziert worden, daß ein Mittelspannungsschalter kaum mehr Öl als ein normaler Pkw enthält.

Ölschalter sind meist Schalter mit „selbsterzeugter Löschmittelströmung". Beim Ausschaltvorgang wird die Flüssigkeit durch den Lichtbogen verdampft und zersetzt. Es entsteht eine heftige Strömung, die axial oder quer zur Lichtbogenachse gerichtet sein kann. Dem Lichtbogen wird Energie entzogen. Der Energieentzug hält über den Stromnulldurchgang an und bewirkt die Entionisierung der Restplasmasäule. Die Intensität der Löschmittelströmung ist vom auszuschaltenden Strom abhängig. Die Löschmittelwirkung nimmt mit größerem Strom zu. Die Grenze des Ausschaltvermögens wird erreicht, wenn der Kammerdruck die Festigkeit der Schaltkammer überschreitet. Glasfaserverstärkte Isolierstoffe hoher Festigkeit haben eine erhebliche Steigerung des Ausschaltvermögens ermöglicht. Die entstehende Gasmenge ist der Lichtbogenarbeit proportional (Bauersche Konstante). Die Menge der verdampften Flüssigkeit beträgt auch bei einer schweren Kurzschlußausschaltung nur 20 bis 50 cm^3. Das Gas wird im Schalterkopf gesammelt und entweicht über Entlüftungsventile langsam ins Freie. Für kleine induktive und kapazitive Ströme reicht häufig die Intensität der selbsterzeugten Löschmittelströmung nicht aus. Zusätzliche Pumpeinrichtungen sorgen für eine Löschmittelströmung, die auch kleine Ströme innerhalb kurzer Lichtbogenzeiten löscht.

Der Ölkesselschalter nach Bild 4.19 hat zwei in Reihe geschaltete Löschkammern mit Querströmung. Die Schaltstifte werden vom Antriebshebel *9*, der Traverse *3*, den Schaltstangen *4* und der Traverse *5* angetrieben. Der Antrieb für den Hebel *9* ist nicht abgebildet. Das Prinzip der Löschung des Lichtbogens bei der Querströmungskammer ist in Bild 4.20 dargestellt.

Eine andere Löschkammer hat der in Bild 4.21 dargestellte T-Schalter, ein ölarmer Schalter. Die Löschströmung ist überwiegend axial. Der Strom fließt von der oberen Anschlußfläche *5* über das feste Schaltstück *7*, den Schaltstift *13*, die Stromrollen *15*, die Führungsstangen *16* zu den unteren Anschlußflächen *17* bzw. *20*. Beim Ausschalten erreicht der Schaltstift eine Geschwindigkeit von 3 bis 5 m/s und wird am Hubende durch den Stoßdämpfer *21*

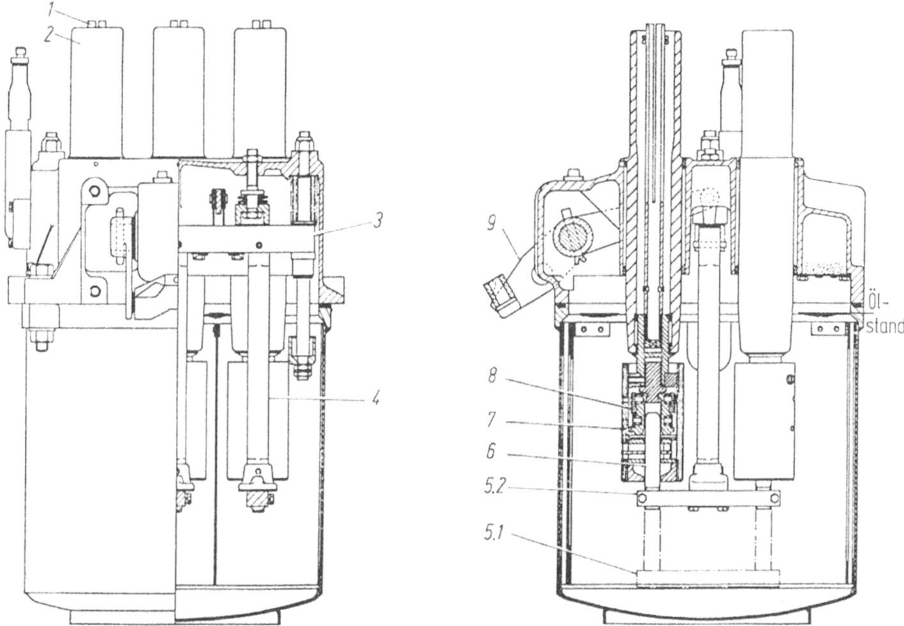

Bild 4.19. Ölkesselschalter 13,8 kV, 21 kA mit Querströmungskammer (GEC, England). *1* Stromanschluß, *2* Durchführung, *3* Isolierstraverse, *4* Schaltstange, *5.1* Traverse, Aus, *5.2* Traverse, Ein, *6* Schaltstift, *7* Löschkammer, *8* festes Schaltstück, *9* Antriebshebel

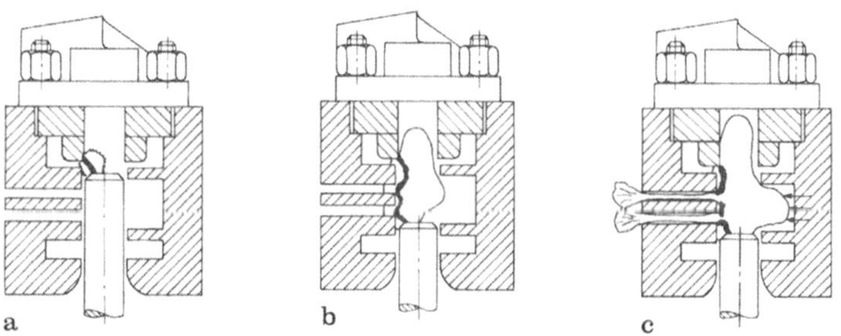

Bild 4.20. Querströmungskammer, Löschung des Lichtbogens. **a** Zündung des Lichtbogens zwischen festem Schaltstück und Schaltstift, Löschmittelverdampfung beginnt, **b** Verlängerung des Lichtbogens, Löschmittel verdampft und entweicht über Ausströmkanäle, **c** Stromunterbrechung im Nulldurchgang. Verdampftes Löschmittel entweicht durch Ausströmkanäle und entionisiert Restplasma

abgebremst. Bei der Ausschaltung werden kleine induktive und kapazitive Ströme im wesentlichen durch die Wirkung des „Volumenausgleichs" gelöscht. Das durch den Schaltstift aus dem Getriebegehäuse verdrängte Öl strömt durch den hohlen Schaltstift über Bohrungen am Schaltstiftkopf und wirkt auf den Lichtbogen ein, der durch den Schaltstiftkopf aus Isolierstoff in einem engen Spalt geführt wird (Bild 4.22b). Bei Kurzschlußströmen kommt

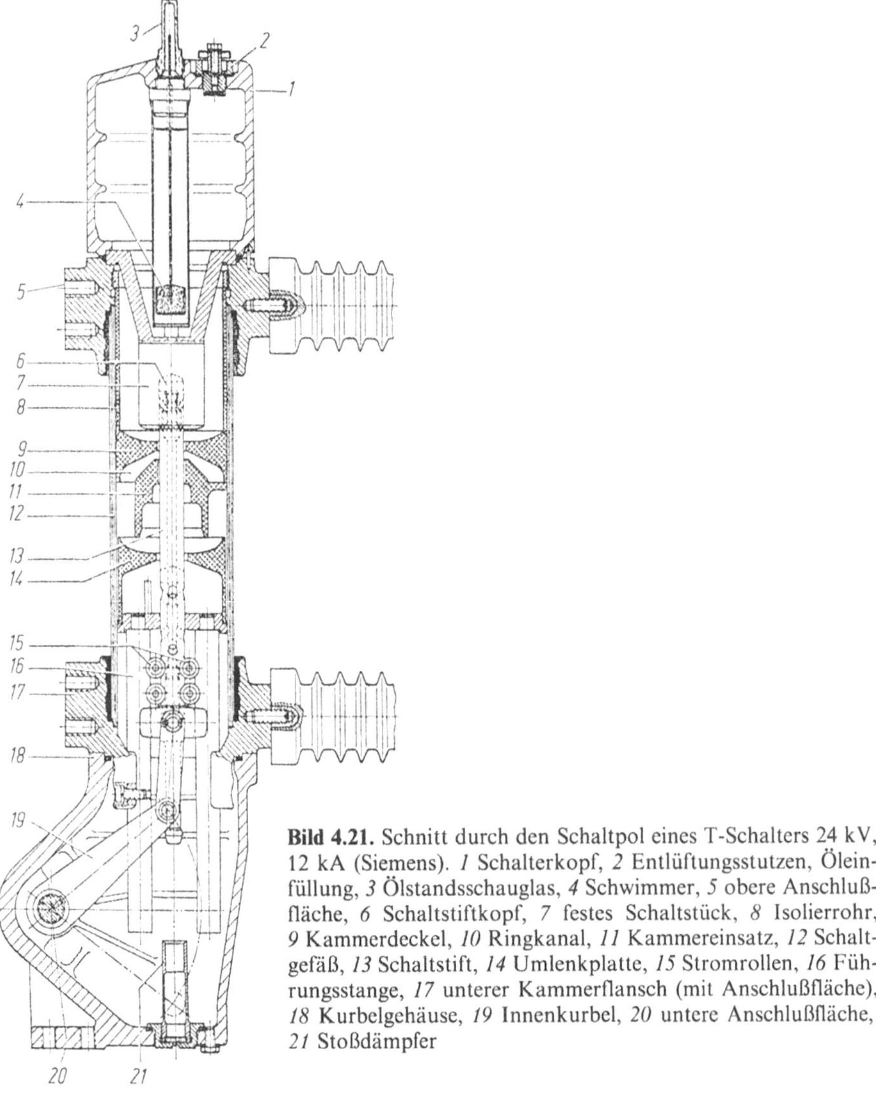

Bild 4.21. Schnitt durch den Schaltpol eines T-Schalters 24 kV, 12 kA (Siemens). *1* Schalterkopf, *2* Entlüftungsstutzen, Öleinfüllung, *3* Ölstandsschauglas, *4* Schwimmer, *5* obere Anschlußfläche, *6* Schaltstiftkopf, *7* festes Schaltstück, *8* Isolierrohr, *9* Kammerdeckel, *10* Ringkanal, *11* Kammereinsatz, *12* Schaltgefäß, *13* Schaltstift, *14* Umlenkplatte, *15* Stromrollen, *16* Führungsstange, *17* unterer Kammerflansch (mit Anschlußfläche), *18* Kurbelgehäuse, *19* Innenkurbel, *20* untere Anschlußfläche, *21* Stoßdämpfer

zusätzlich der in Bild 4.22c dargestellte Mechanismus der selbsterzeugten Ölströmung zur Wirkung. Der Schaltstiftkopf aus Isolierstoff verhindert den direkten Druckausgleich.

Auch bei dem in Bild 4.23 dargestellten Prinzip ergibt eine Kombination von stromunabhängiger und -abhängiger Löschmittelströmung die gewünschte Löschwirkung über den ganzen Bereich der zu schaltenden Ströme. Die stromunabhängige Löschmittelströmung resultiert aus dem zwischen Kolben mit Löschkopf *4* und Pumpenzylinder *5* verdrängten Öl.

Der in Bild 4.24 dargestellte Leistungsschalter für 550 kV besitzt 10 hintereinandergeschaltete Löschkammern, die auf keramische Isolierkörper

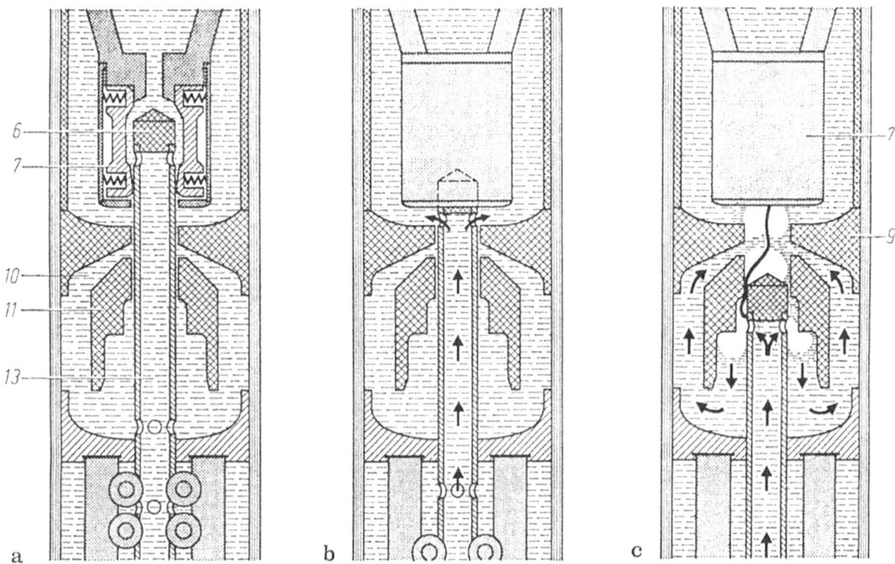

Bild 4.22. Wirkungsweise der Lichtbogenlöschung beim T-Schalter. **a** Schaltstellung „Ein", **b** Die Ölströmung durch den hohlen Schaltstift wirkt auf den Lichtbogen ein, **c** Die stromunabhängige und die stromabhängige Ölströmung wirken auf den Lichtbogen ein, *6* Schaltstiftkopf, Isolierstoff, *7* festes Schaltstück, *9* Kammerdeckel, *10* Ringkanal, *11* Kammereinsatz, *13* Schaltstift. (Numerierung wie in Bild 4.21)

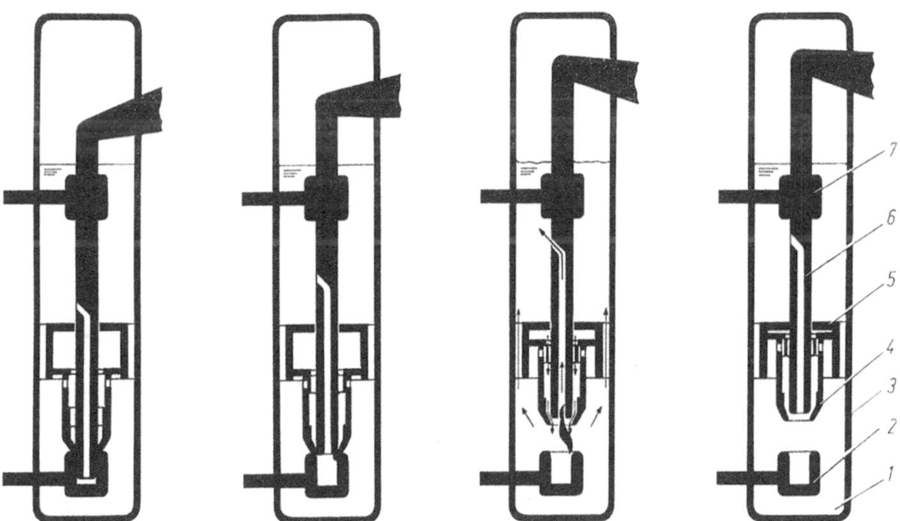

Bild 4.23. Lichtbogenlöschung beim Ölströmungsschalter nach Calor-Emag. *1* Schalteröl, *2* festes Schaltstück, *3* Schaltgefäß, *4* Kolben mit Löschkopf, *5* Pumpenzylinder, *6* Schaltstift, *7* oberer Stromanschluß

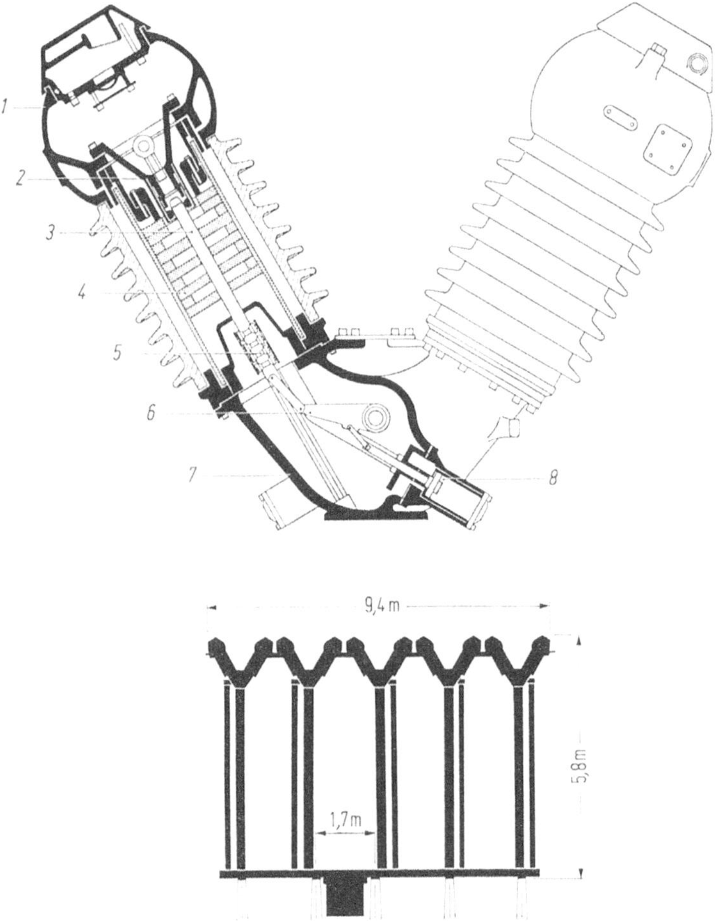

Bild 4.24. Ölarmer Leistungsschalter 525 kV, 40 kA (Sprecher und Schuh). *1* Schalterkopf, *2* festes Schaltstück, *3* Schaltstift, *4* Löschkammer, *5* Rollenkontakt, *6* Hebelgetriebe, *7* Gehäuse, *8* Dämpfungspumpe

als Stützer gesetzt sind. Auch die Drehsäulen für die Bewegungsübertragung sind aus hochfesten keramischen Isolierkörpern. Der Schalter besitzt eine Schaltkammer mit axialer Löschströmung. – Hochspannungsölschalter über 72 kV haben starke Konkurrenz durch SF_6-Schalter erhalten.

Druckluftschalter (DT-Schalter)

Der Anteil von in Betrieb befindlichen Druckluftschaltern bei Spannungen über 100 kV ist hoch. In neuerer Zeit jedoch werden diese Schalter ebenfalls weitgehend durch SF_6-Schalter verdrängt. Im Mittelspannungsbereich erfolgt der Einsatz von Druckluftschaltern überwiegend bei „schweren" Schaltern und in Spezialfällen.

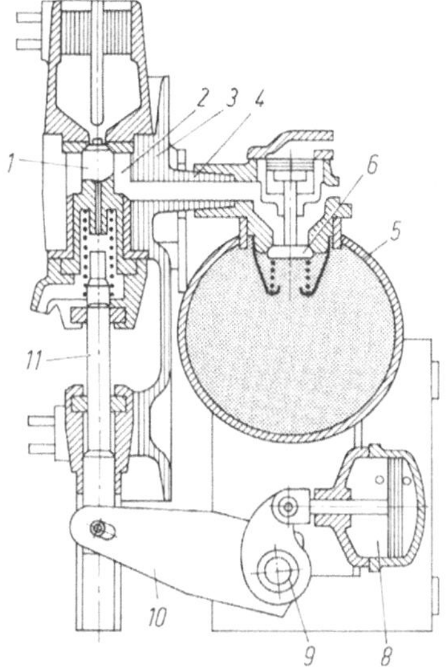

Bild 4.25. Schnitt durch einen Druckluft-Gießharzschalter 12 kV, 24 kA (AEG). *1* Leistungsschaltstift, *2* Schaltkammer, *3* Gießharzisolator, *4* Blasluftkanal, *5* Dt-Kessel, *6* Blasventil, *8* Schaltstiftantrieb, *9* Welle, *10* Isolierstoffhebel, *11* Trennschaltstift

Druckluftschalter sind Schalter mit fremderzeugter Löschmittelströmung, die Druckluft wird in Behältern gespeichert und im Schaltfall durch Ventile freigegeben. Gleichzeitig wird die Luft als Antriebs- und Isoliermittel verwendet. Die Schalter haben einen offenen Kreislauf. Kompressoren saugen Luft, die gereinigt und getrocknet werden muß, aus der Umgebung an. Nach der Arbeit im Schalter wird die Luft wieder an die Umgebung abgegeben. Die Arbeitsdrücke liegen bei 15 bis 30 bar. Das Druckverhältnis zwischen Hoch- und Niederdruck ist fast immer überkritisch, d.h., die Luft erreicht in den Löschdüsen Schallgeschwindigkeit. Die Löschkammern müssen so dimensioniert sein, daß auch bei den größten Kurzschlußströmen die Intensität der Strömung und der Luftdurchsatz ausreichend sind. Das bedeutet bei kleinen Strömen ein Überangebot an Löschwirkung. Die Luftverdichtung erfordert einen gewissen Zusatzaufwand.

Bild 4.25 zeigt einen Leistungsschalter für 12 kV, 24 kA mit getrennter Leistungsschalt- und Trennstrecke. Der Leistungsschaltstift *1* wird durch die Druckluft geöffnet, wenn das Blasventil *6* betätigt wird. Nach der Löschung des Lichtbogens öffnet der Trennschaltstift *11*. Danach schließt das Blasventil *6* und der Leistungsschaltstift *1* geht durch den Druck der Schließfeder in die geschlossene Position zurück. Während der Schaltung strömt die Luft sowohl durch das Ausblasgehäuse nach oben als auch durch den hohlen Schaltstift nach unten.

Für große Nennströme und Ausschaltleistungen ist der einpolige Generatorschalter (Bild 4.26) ausgelegt. Der Druck der Löschkammer *4* beträgt 25 bar. Beim Ausschalten wird zunächst der Strom vom Kommutierungskontakt *4c* auf den Löschkontakt *4a* und die Düse *4b* kommutiert, wo er gelöscht wird. Ein Reststrom fließt parallel durch einen niederohmigen Widerstand *11*, der durch eine Hilfsschalterkammer *12* unterbrochen wird. Dann öffnet der

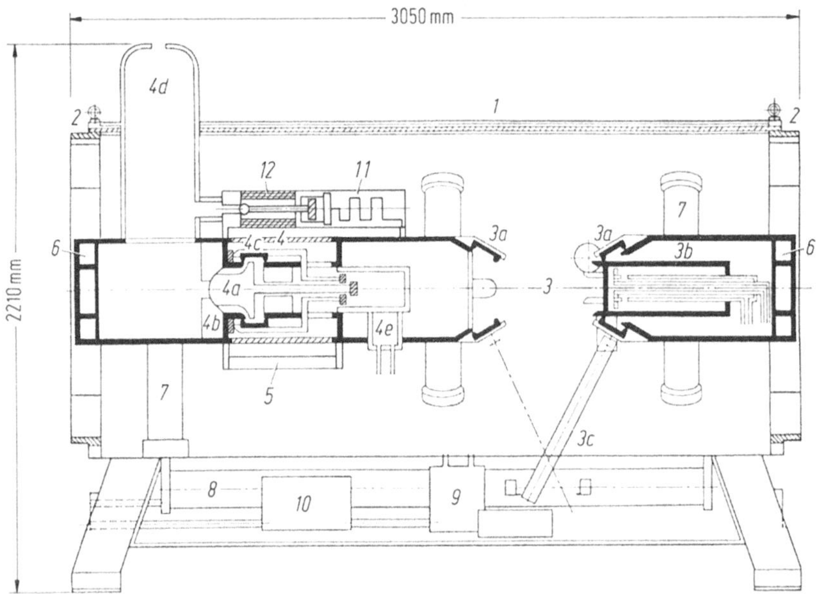

Bild 4.26. Generatorschalter 36 kV, 56 kA, in Ausschaltstellung (BBC). *1* Schaltergehäuse, *2* Anschlußring, *3* Hochstromtrenner, *3a* Festkontakt, *3b* Schubkontakt, *3c* Isolierstange, *4* Leistungsschaltkammer, *4a* beweglicher Löschkontakt, *4b* fester Löschkontakt (Düse), *4c* Kommutierungskontakt, *4d* Auspuffkühler mit Schalldämpfer, *4e* Kammerventil, *5* hochohmiger Widerstand, *6* Anschluß für Generatorableitung, *7* Stützer, *8* Druckluftbehälter, *9* Steuerblock, *10* Klemmenkasten für Steuer- und Meldeleitungen, *11* niederohmiger Widerstand, *12* Hilfsschaltkammer für *11*

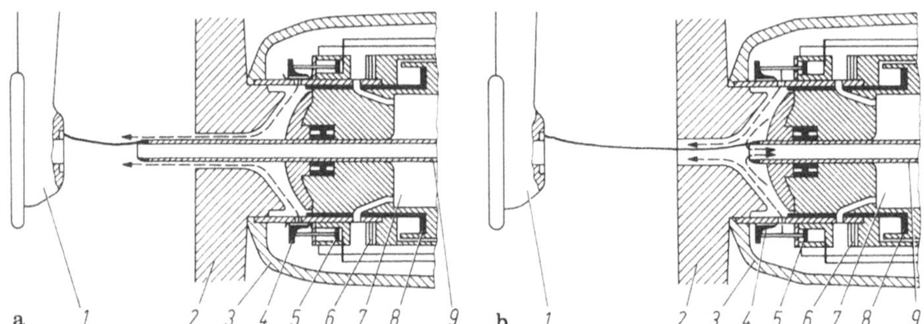

Bild 4.27. Löschanordnung des Dt-Freistrahlschalters mit Leiseschieber (AEG). **a** Betriebsausschaltung, **b** Kurzschlußausschaltung. *1* Gegenkontakt, *2* Porzellandüse, *3* Haube, *4* Leiseschieber, *5* Antrieb (Leiseschieber), *6* Blechpaket, *7* Zylinder (Schaltstiftantrieb), *8* Blasschieber, *9* Schaltrohr

Hochstromtrenner *3* stromlos. Die Löschkontakte schließen wieder. Um den großen Nennstrom von 12000 A zu beherrschen, bestehen die Kontaktsysteme *3a* und *4c* aus je 250 versilberten Kontaktfedern. Durch Wasserkühlung kann die Nennstromtragfähigkeit noch erhöht werden. Die Hilfsschaltstrecke für den Reststrom ist bei kleineren Ausschaltleistungen nicht notwendig.

Druckluft-Hochspannungsschalter über 100 kV werden überwiegend in Stützerbauweise gefertigt. Die Schaltkontakte werden durch Druckluft angetrieben. Hierzu müssen die Ventile direkt auf Hochspannungspotential angeordnet werden. Sie werden mechanisch oder hydraulisch vom Erdpotential betätigt, da eine pneumatische Betätigung eine zu lange Verzögerung bedeuten würde. Die Löschanordnung der sogenannten Freistrahlschalterreihe der AEG zeigt Bild 4.27 mit dem „Leiseschieber", der eine Zweistufen-Beblasung bewirkt. Da die volle Beblasung des Lichtbogens nur im Kurzschlußfall benötigt wird, andererseits die Geräuschbelästigung erheblich ist, bleibt bei normalen Betriebsschaltungen der Leiseschieber geschlossen, d.h. die Löschströmung wird erheblich reduziert. Bei Kurzschlußausschaltungen dagegen wird durch das Blechpaket *6* ein magnetisches Hilfsventil (nicht dargestellt) angeregt. Der Antrieb *5* öffnet den Leiseschieber. Die volle Beblasung wird wirksam.

Die Löschkammer nach Bild 4.28 ist eine Doppeldüsen-Druckkammer. Bei einem Aus-Kommando wird zunächst der Hauptventilblock *10* ein- oder mehrpolig angeregt. Unter den Kolben des Zugstangenantriebes *7* strömt Druckluft. Da auf der anderen Seite des Kolbens der gleiche Druck ständig ansteht, wird der Kolben nicht mehr in der gezeichneten Position gehalten, sondern der von unten anstehende Druck auf den Kolben des Steuerventils *4* am anderen Ende der Zugstange öffnet das Steuerventil. Über das Isolierrohr *2b* strömt Druckluft zum Löschkammerantrieb *2*. Der bewegliche Rohrkontakt *1b* geht zunächst in die günstigste Löschstellung. Gleichzeitig werden das Auspuffventil *2a* und das Auslaßventil *3a* geöffnet. Die Löschmittelströmung setzt voll ein. Nach der Löschung des Lichtbogens geht der bewegliche Schaltkontakt in die Endstellung, die Entlüftungsventile werden geschlossen. Beim Einschalten wird der Hauptventilblock *10* entlüftet, der Hochdruck unter dem Kolben des Zugstangenantriebs *7* weggenommen. Das Steuerventil *4* schließt und entlüftet den Löschkammerantrieb *2*, wodurch das Schaltrohr *1b* unter dem Druck einer Feder einschaltet. Voraussetzung für die ordnungsgemäße Schaltung ist das Vorhandensein des richtigen Betriebsdruckes. Unterschreitet der Druck bestimmte Werte, wird die Schaltung automatisch gesperrt.

Magnetblasschalter

Magnetblasschalter werden im Mittelspannungsbereich verwendet. Sie sind in Deutschland selten. Häufiger ist ihr Einsatz in Westeuropa, Japan und den USA. Als besonderer Vorteil wird für diese Schalter ihre Feuersicherheit herausgestellt, da sie kein brennbares Löschmittel benötigen. Der Lichtbogen wird mit Hilfe von Blasspulen oder mit dem Eigenfeld des Bogens durch die sogenannte „magnetische Beblasung" und unterstützt durch thermische Luftströmungen in eine Löschkammer getrieben, wo er gelöscht wird.
Die Zwischenwände der Löschkammer können

a) aus Metall sein. Der Lichtbogen wird in viele kleine Teillichtbögen zerlegt (Deiongrid, Abschnitt 1.1.12.4).
b) aus Isolierstoff bestehen. Der Lichtbogen wird stark verlängert und von der Oberfläche der Isolierplatten gekühlt (Solenarc, Diarc).

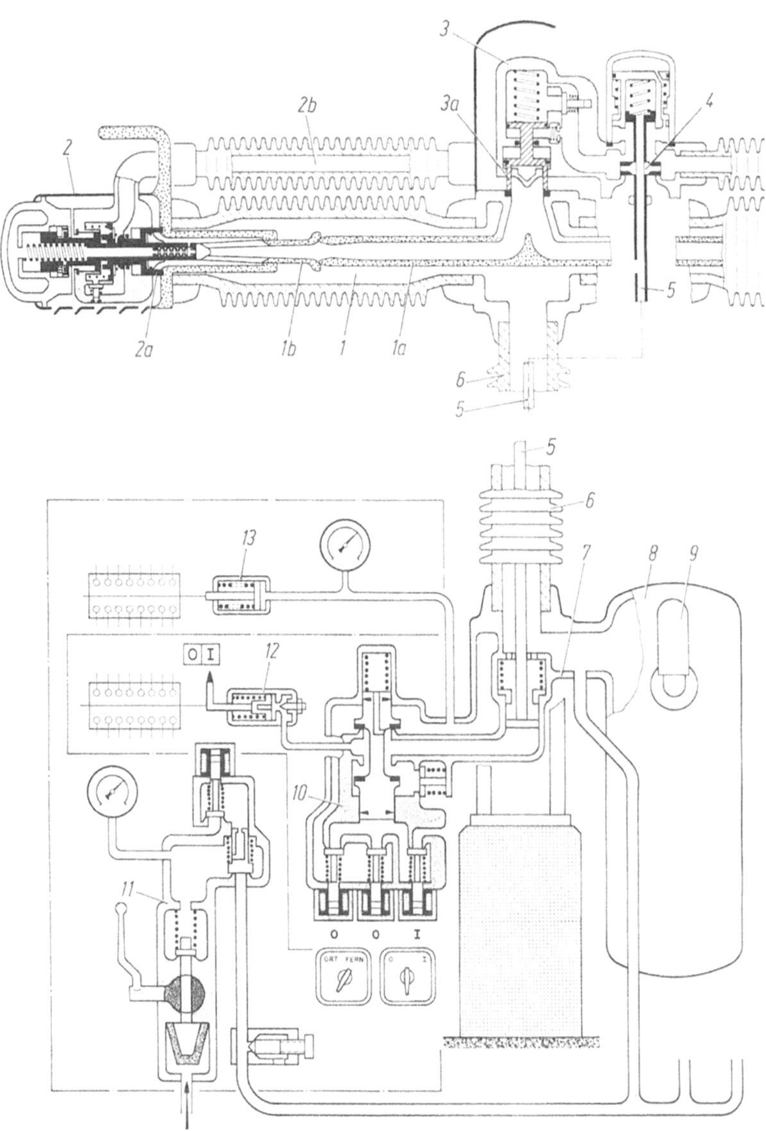

Bild 4.28. Löschkammer und Apparateschrank für Dt-Freiluftschalter (BBC). *1* Löschkammer, *1a* fester Schaltkontakt, *1b* beweglicher Schaltkontakt, *2* Löschkammer-Antrieb, *2a* Auspuff-Ventil, *2b* Duckluft-Zuführung, *3* Blasventil, *3a* Auslaß-Ventil, *4* Steuerventil, *5* Zugstange, *6* Stützer, *7* Zugstangen-Antrieb, *8* Dt-Behälter, *9* Sicherheitsventil, *10* Hauptventil-Block, *11* Reduzierventil, *12* Hilfsschalter mit Stellungsanzeiger, *13* Druckschalter mit Stellungsrückmelder

Bild 4.29 zeigt das Prinzip der Ausschaltung eines Stromes durch einen Solenarc-Schalter. Sinngemäß gilt das Beispiel auch für andere Magnetblasschalter.

Da für kleine Ausschaltströme die Magnetwirkung der Blasspulen zu gering sein kann, wird bei manchen Konstruktionen zusätzlich eine vom

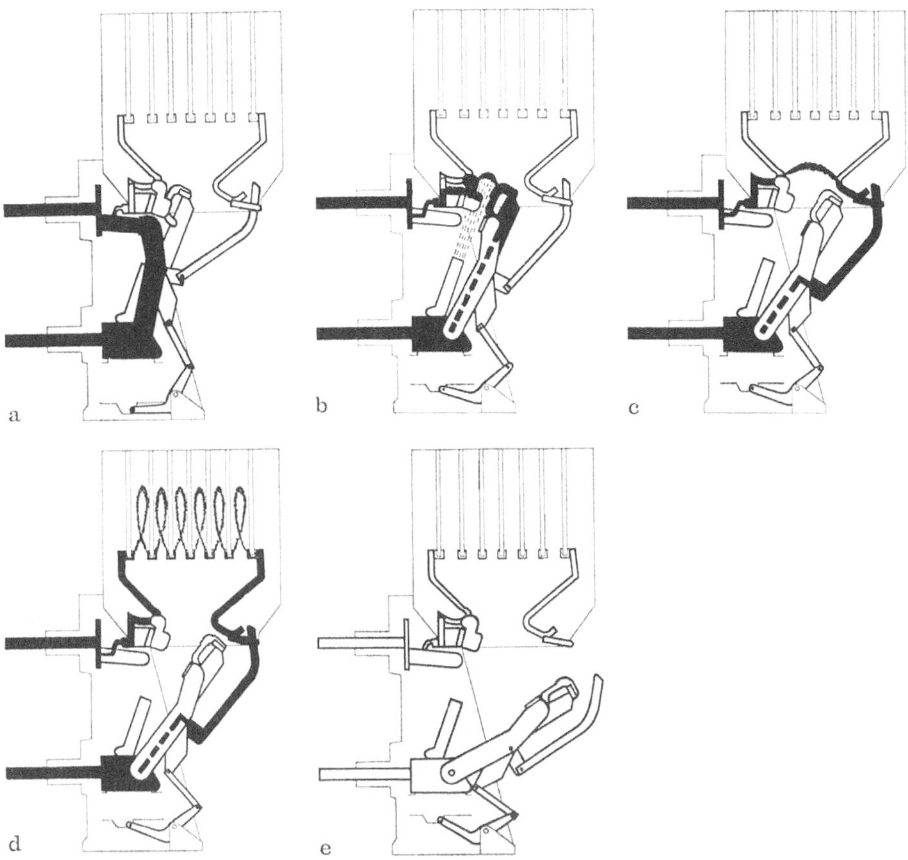

Bild 4.29. Ausschaltung des Solenarc-Schalters (Merlin-Gerin). **a** Schalter geschlossen, **b** Schaltkontakte trennen sich, Lichtbogen entsteht; Zusatzblasung setzt ein, **c** Lichtbogen springt auf Lichtbogenhörner über, **d** Lichtbogen in der Löschkammer weitet sich aus und bildet eine Spirale mit elektromagnetischem Feld, **e** Lichtbogen ist gelöscht; Schalter ausgeschaltet

Antrieb betätigte Luftpumpe vorgesehen, die den Lichtbogen in die Löschkammer treibt.

SF_6-Schalter

Die Vorzüge von SF_6 gegenüber Öl und Luft als Löschmittel sind so erheblich, daß heute bei Spannungen über 72 kV überwiegend SF_6-Schalter eingesetzt werden. Dagegen stehen bei der Mittelspannung SF_6-Schalter in Konkurrenz zu Vakuum- und ölarmen Schaltern.

Die ersten SF_6-Schalter erschienen Ende der fünfziger Jahre nach dem Prinzip des Zweidruckschalters auf dem Markt (Bild 4.30). Diese Schalter haben einen Hochdruckteil, in dem das Löschgas gespeichert ist, und einen Niederdruckteil. Bei einer Ausschaltung werden durch den Antrieb die Schaltkontakte getrennt. Ein Lichtbogen brennt zwischen den Kontakten in der Löschdüse. Gleichzeitig wird ein Ventil geöffnet, und aus dem Hoch-

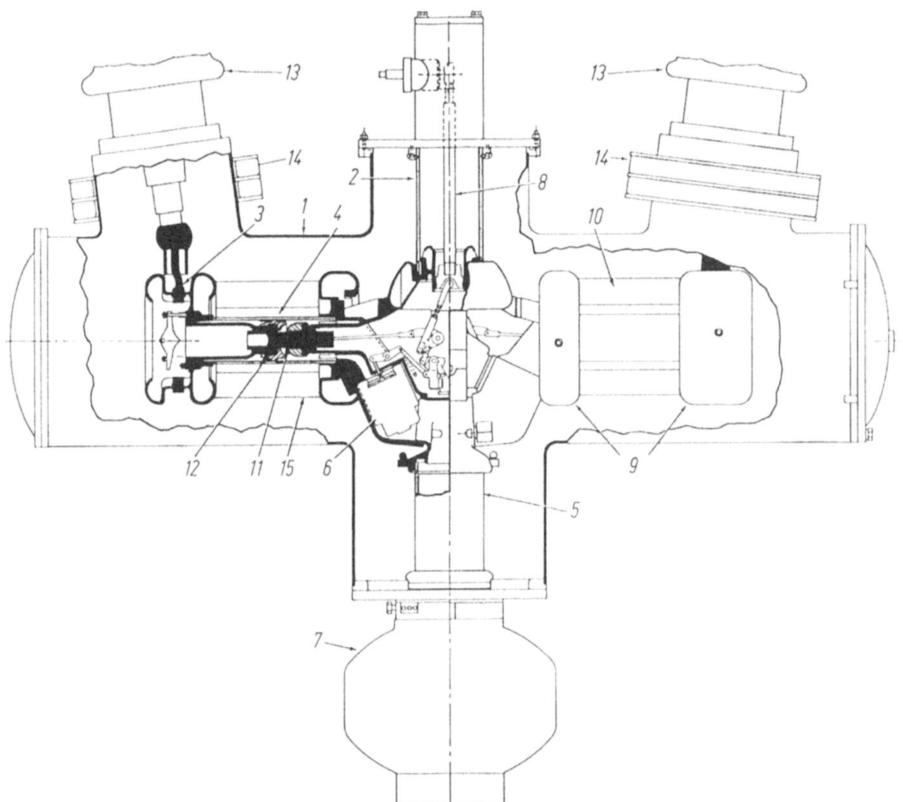

Bild 4.30. SF_6-Zweidruckschalter 245 kV, 50 kA in Kesselbauform (Allis-Chalmers, USA). *1* Niederdruck-Behälter, *2* Isolator, *3* flexibler Stromabschluß, *4* Unterbrechereinheit, *5* Hochdruckrohr, *6* Blasventil, *7* Hochdruckbehälter, *8* Schaltgestänge, *9* Abschirmungen, *10* Kondensator, *11* bewegliches Schaltrohr, *12* fester Schaltkontakt, *13* Durchführungen, *14* Stromwandler, *15* Widerstand (ab 362 kV)

druckteil strömt SF_6 durch die Löschdüsen in den Niederdruckteil. Die intensive Beblasung des Lichtbogens bewirkt seine Löschung in einem Stromnulldurchgang. Am Ende der Schaltung schließt das Ventil, die Beblasung kommt zum Stillstand. Das SF_6 wird anschließend aus dem Niederdruckteil in den Hochdruckteil durch eine druckgesteuerte Pumpe zurückgepumpt. Der Vorteil des Zweidruckschalters liegt in dem geringen Arbeitsvermögen, das der Antrieb benötigt, da er nur die Kontakte bewegen und das Ventil öffnen muß. Die Nachteile liegen in der komplizierten Steuerung der Drücke in den verschiedenen Behältern und der erforderlichen Beheizung des Hochdruckteils bereits bei relativ hohen Außentemperaturen (Bild 1.8).

Eine wesentliche Vereinfachung und den Durchbruch des SF_6-Schalters brachte in den siebziger Jahren die Entwicklung des Eindruckschalters. Bei diesem Schalter wird das zur Löschung benötigte Hochdruckgas erst zu Beginn der Ausschaltung in einer Kolben-Zylinder-Anordnung komprimiert.

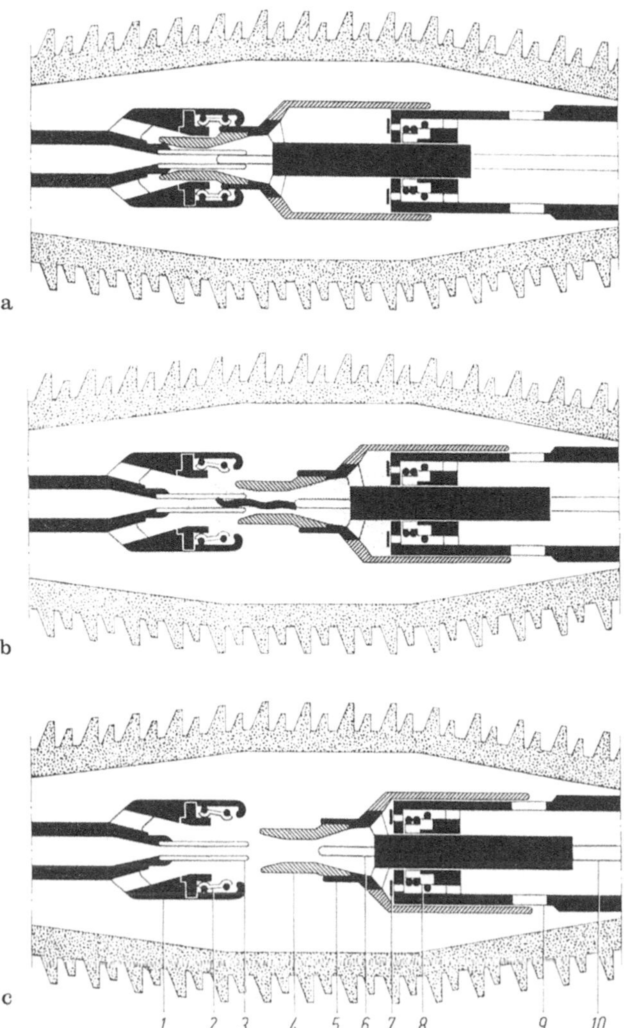

Bild 4.31. Löschanordnung eines SF_6-Eindruckschalters mit Einfachdüse (Merlin Gerin, Frankreich). **a** Schaltstellung „EIN“, **b** Löschstellung, **c** Schaltstellung „AUS“. *1* fester Schaltkontakt, *2* Kontaktfinger, *3* Abbrandkontakt, *4* Isolierdüse, *5* beweglicher Kontakt mit Zylinder, *6* beweglicher Abbrandkontakt, *7* Rückschlagventile, *8* Gleitkontakt, *9* Kolben (fest), *10* Antriebskoppelstange

Anschließend erfolgt die Lichtbogenlöschung in einer Düse wie beim Zweidruckschalter. Heute werden wegen der Einfachheit des Prinzips und des Wegfalls der Drucksteuerung und der Beheizung fast ausschließlich Eindruckschalter gebaut, die die verschiedensten Namen wie Blaskolben (BK)-, Autopneumatic-, Puffer-, Fluarc-Schalter tragen.

Bei der Löschanordnung des Schalters unterscheidet man zwischen Düsen aus isolier- und aus leitfähigem Material. Je nach der auszuschaltenden

Stromstärke werden Anordnungen mit Einfach- oder Zweifachdüsen verwendet. Bild 4.31 zeigt eine Löschkammer mit einer Einfach-Isolierdüse. Bei der Ausschaltung werden die Isolierdüse *4* und der Zylinder *5* mit dem beweglichen Kontakt über den festen Kolben *9* gestülpt, wobei das vom Zylinder eingeschlossene SF_6-Gas verdichtet wird. Die den Nennstrom führenden Kontakte *1,2* und *5* trennen zuerst. Danach, wenn die entsprechende Vorverdichtung erreicht ist, trennen sich die Lichtbogenkontakte *3* und *6*, wobei ein Lichtbogen zwischen den Kontakten in der Düse brennt. Dieser Lichtbogen erlischt durch die Beblasung mit SF_6 in einem der nächsten Stromnulldurchgänge.

Die im Bild 4.32 dargestellte Löschanordnung mit Doppeldüse bietet bei größeren Ausschaltströmen Vorteile, da die Abströmquerschnitte für das SF_6 größer sind als bei Einfachdüsen.

Eine Löschanordnung mit leitfähiger Doppeldüse wird in Bild 4.33 gezeigt. Die Vorverdichtung findet im Blaszylinder *1* statt. Um besonders kurze Schaltzeiten (2 Perioden) zu erhalten, wird hier nicht nur der Zylinder bewegt, sondern der Kolben *4* bewegt sich entgegengesetzt zum Zylinder. Nach Abschluß der Vorverdichtung trennen sich die Kontaktfinger von der Gleitkontaktfläche der Löschdüse *3*. Das verdichtete Gas strömt zu den Düsen und nimmt dabei den Lichtbogen in die Düsen mit, wo er gelöscht wird. Der Blaszylinder *1* umschließt dabei die Löschanordnung wie eine Druckkammer. Das komprimierte Gas strömt auf kürzestem Wege radial zwischen die Düsen *3* und wird axial abgeführt. Nach der Stromunterbrechung bewegt sich der Schaltkontakt mit dem Druckzylinder in die endgültige Ausstellung.

Die Löschanordnungen werden in Schaltkammern oder Unterbrechereinheiten eingebaut. Mit einer Schaltkammer können bei SF_6 Spannungen von 100 bis 300 kV beherrscht werden bei Kurzschlußströmen von 25 bis 100 kA. Schaltkammern für noch größere Nennausschaltströme sind in Entwicklung. Für Nennspannungen, die über die genannten Werte hinausgehen, werden mehrere Schaltkammern in Reihe geschaltet. Bild 4.34 zeigt als Beispiel das Lieferprogramm eines Herstellers für Hochspannungsschalter über 100 kV. Die Bilder 4.35 bis 4.37 zeigen ausgeführte Schalter. Der 800-kV-Schalter in Bild 4.35 hat 4 Unterbrechereinheiten. Die beweglichen Kontakte werden über die Schaltstange im Stützer durch einen auf Erdpotential angeordneten elektrohydraulischen Antrieb betätigt. Dieser Antrieb besitzt ein großes Arbeitsvermögen, das einmal die notwendige Energie für die Kompression des Gases in den 4 Unterbrechereinheiten liefert, zum anderen für die schnelle Beschleunigung der Kontakte und Getriebeteile bei der kurzen Schaltzeit von 2 Perioden notwendig ist.

Der dargestellte Schalter besitzt noch Einschaltwiderstände, die parallel zur Unterbrechereinheit geschaltet sind und die die Aufgabe haben, die bei

Bild 4.32. Löschanordnung mit Doppeldüse beim SF_6-Eindruckschalter (BBC). **a** Schaltstellung „Ein", **b** Vorkompression, **c** Blasstellung, **d** Schaltstellung „Aus". *1* Kontaktstift, *2* Festkontakt, *3* Kontaktfinger, *4* Isolierdüse, *5* Antriebskontakt mit Metalldüse, *6* Zylinder mit Kontaktfläche

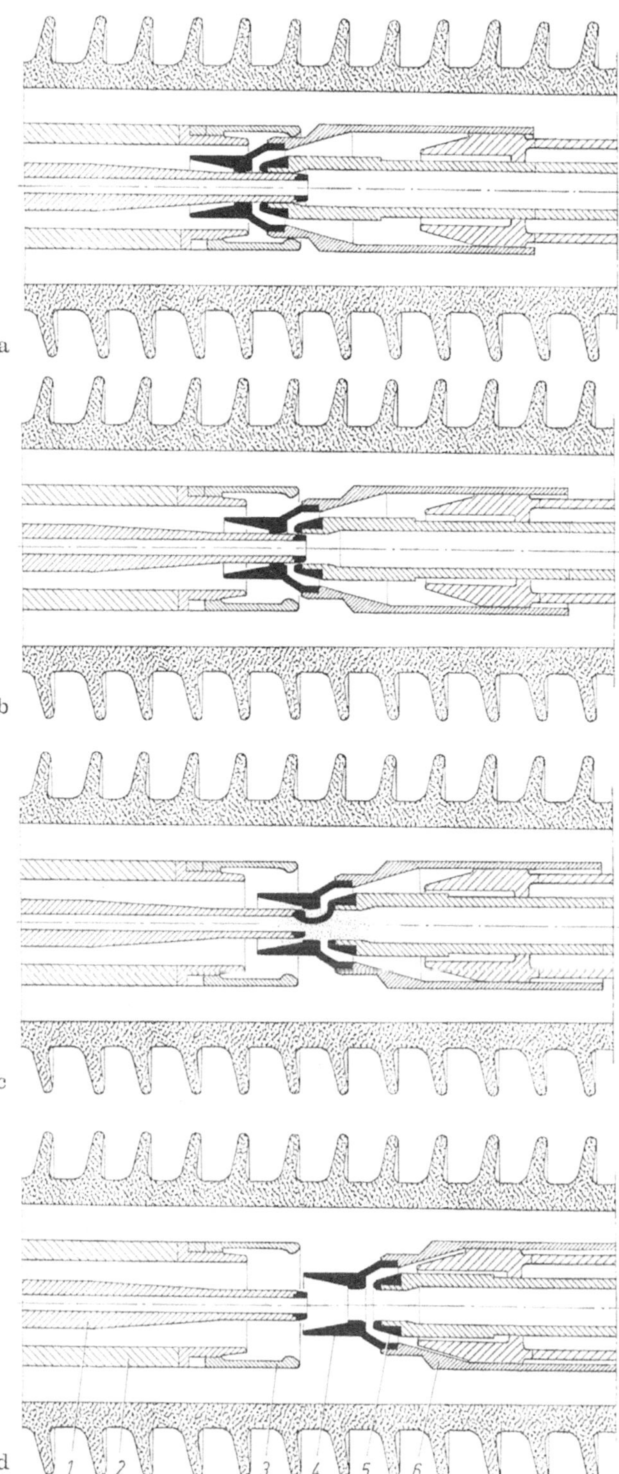
a
b
c
d
1
2
3
4
5
6

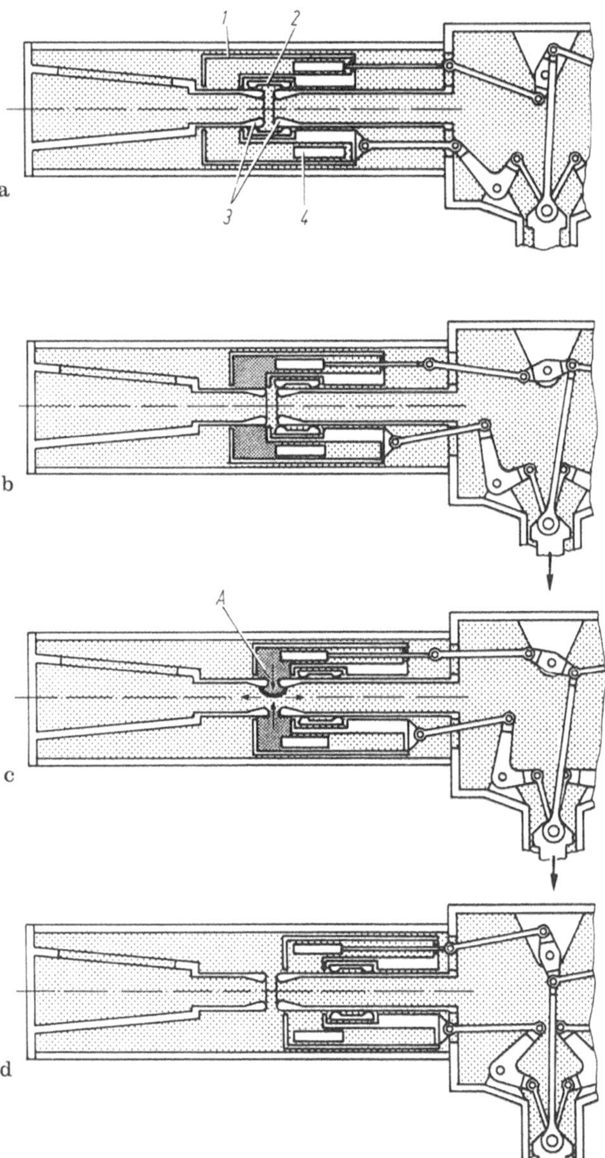

Bild 4.33. Löschanordnung mit leitfähiger Doppeldüse und Gegenlaufkolben für 2-Perioden-SF_6-Schalter (Siemens). **a** Schaltstellung „Ein", **b** Vorverdichtung, **c** Blasstellung mit Lichtbogen A, **d** Schaltstellung „Aus". *1* Blaszylinder, *2* Kontaktfinger, *3* Löschdüsen, *4* Gegenlaufkolben

hohen Spannungen und langen Leitungen auftretenden Einschaltüberspannungen zu dämpfen. Für besondere Netzverhältnisse können zusätzlich noch Ausschaltwiderstände angebracht werden.

Der Leistungsschalter (Bild 4.36) für 123 kV hat eine Isolierdüse in der Löschkammer. Die Schaltstange wird von einem Druckluftantrieb bewegt.

Schalter	Nennspannung in kV	Nennausschaltstrom in kA	$b \times h$ in m
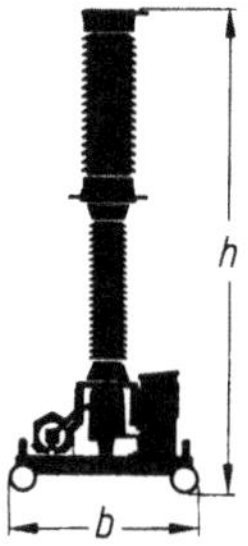 1fach - Unterbrechung	123	25 - 50	1,36 × 3,50
	145	25 - 50	1,36 × 3,75
	170	25 - 50	1,36 × 4,20
	245	25 - 40	1,36 × 5,93
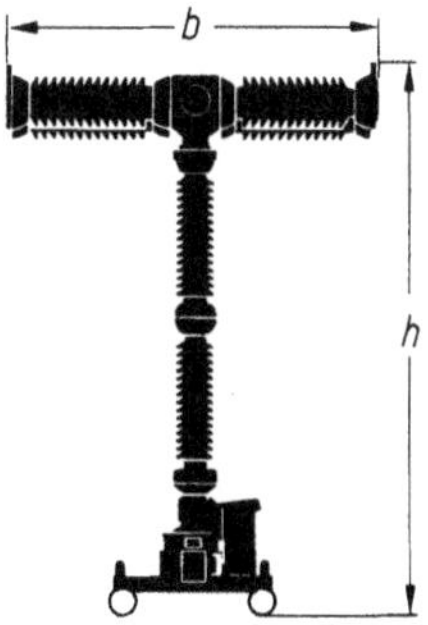 2fach - Unterbrechung	170	50 - 80	3,03 × 3,50
	245 300	50 - 80	3,03 3,43 × 4,40
	362	31,5 - 63	3,73 × 4,90
	420	31,5 - 63	4,03 × 5,70
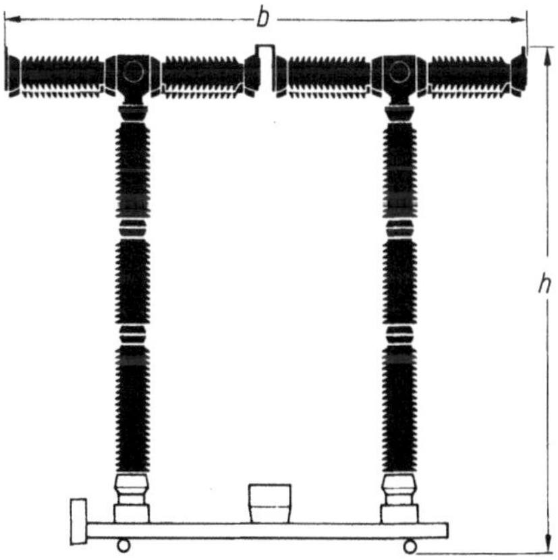 4fach - Unterbrechung	362	50 - 80	6,35 × 4,90
	420	50 - 80	6,35 × 5,70
	525 550	40 - 63	6,35 × 6,20 7,10
	765 800	40 - 63	9,06 × 8,40

Bild 4.34. SF_6-Leistungsschalter über 100 kV, Nennstrom 2000 bis 4000 A, Lieferprogramm eines europäischen Herstellers (Siemens)

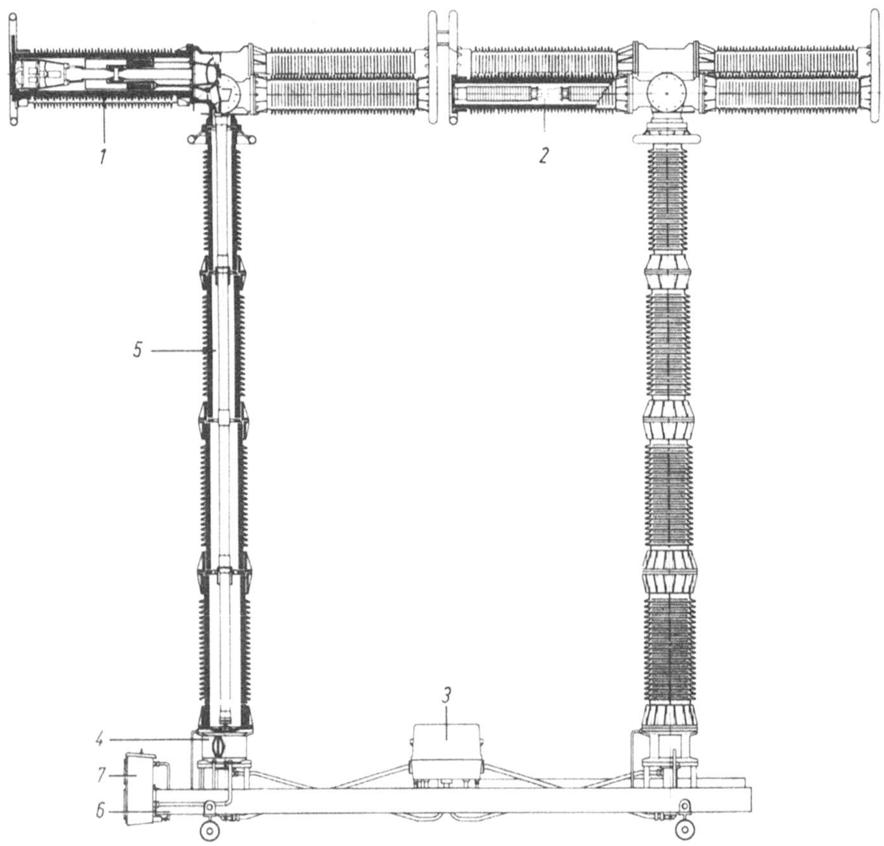

Bild 4.35. SF_6-BK-Leistungsschalter für 800 kV Nennspannung, 4000 A Nennstrom und 50 kA Nennausschaltstrom mit 4 Unterbrechereinheiten und Einschaltwiderständen (Siemens). *1* Unterbrechereinheit, *2* Einschaltwiderstand, *3* Ventilblock mit Ölbehälter, *4* Elektro-hydraulischer Antrieb, *5* Stützer mit Schaltstange, *6* Fahrgestell, *7* Steuereinheit

Der Mittelspannungs-Kesselschalter (Bild 4.37) eines japanischen Herstellers besitzt einen Magnet-Feder-Antrieb. Diese Art von Antrieben ist in Japan wegen ihrer Einfachheit beliebt, erfordert jedoch hohe Hilfsenergien im Augenblick der Einschaltung. Die Kesselausführung des Schalters mit Durchführungen, wie sie auch in der US-Technik gern angewendet wird, erlaubt eine bequeme Anbringung der Stromwandler *4*.

Gegenüber Druckluftschaltern mit offenem Kreislauf haben SF_6-Schalter einen geschlossenen Kreislauf, d.h., das SF_6 wird, nachdem es „gearbeitet" hat, nicht aus dem Schalter ausgestoßen. Die durch den Lichtbogen zersetzten geringen Gasmengen werden in einem Filter aufgefangen. Die Dichtigkeit dieser Schalter muß groß sein, beispielsweise wird eine Leckrate von weniger als 1% im Jahr genannt. Die gute Dichtigkeit bringt es mit sich, daß auch nur geringe Mengen Feuchtigkeit von außen in den Schalter dringen. Diese

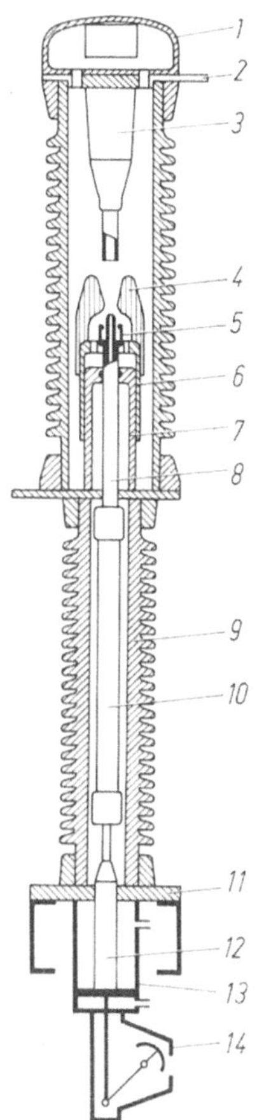

Bild 4.36. SF_6-Leistungsschalter für 123 kV Nennspannung, 1600 bis 3150 A Nennstrom und 25 bis 40 kA Nennausschaltstrom, Druckluftantrieb (AEG). *1* Haube mit Filter, *2* Anschlußflansch, *3* Festes Schaltstück, *4* Isolierdüse, *5* Bewegliches Schaltstück, *6* Kompressions-Zylinder, *7* Kolben, *8* Schaltstange, *9* Stützisolator, *10* Isolierstange, *11* Grundgestell, *12* Antriebsstange, *13* Antriebszylinder, *14* Hilfsschalter mit Schaltstellungsanzeiger

geringen Mengen werden von dem bereits erwähnten Filter ebenfalls absorbiert, so daß die Gewähr für eine trockene Schalteratmosphäre gegeben ist.

Freiluftschalter müssen im Normalfall bei Temperaturen bis −25°C arbeiten. Ein Fülldruck des SF_6 von 7 bar – bezogen auf 20°C – wird deshalb meist nicht überschritten. Dabei tritt bei −25°C noch keine Verflüssigung ein. Werden dagegen in Sonderfällen tiefere Temperaturen beim Einsatz verlangt, dann können folgende Maßnahmen ergriffen werden:

- Beheizung der Schalter; hoher Bedarf an Hilfsenergie.
- Druckabsenkung des SF_6; Verminderung der Schaltleistung und des Isolationsvermögens.
- Senkung des SF_6-Partialdruckes und Erhöhung des Gesamtdruckes durch Auffüllung mit Stickstoff

Um SF_6-Mittelspannungsschalter wirtschaftlich fertigen zu können, war die Zielsetzung der Entwickler, Wege zu finden, um den hohen Bedarf an

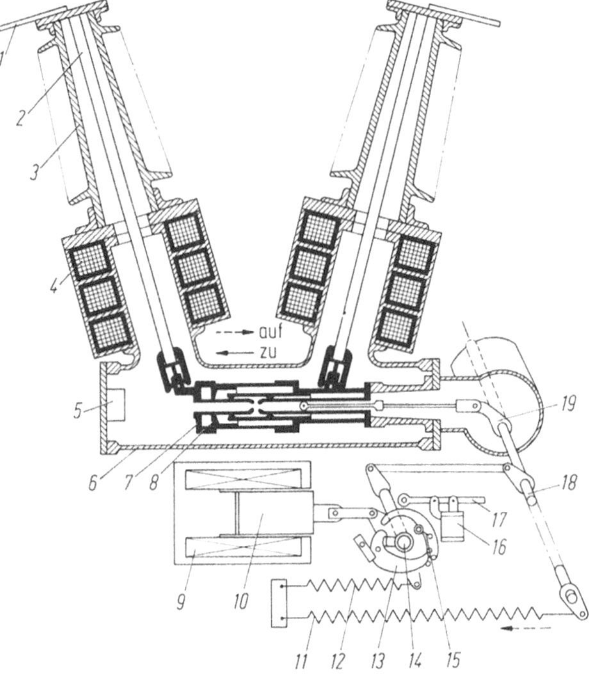

Bild 4.37. SF_6-Kesselschalter 24 bis 72 kV Nennspannung, 400 bis 2000 A Nennstrom, 20 bis 36 kA Nennausschaltstrom mit Magnet-Feder-Antrieb (Fuji Electric, Japan). *1* Anschlußflansch, *2* Leiter, *3* Durchführung, *4* Stromwandler, *5* Filter, *6* Geerdeter SF_6-Behälter, 7 Schaltkammer, *8* Verdichtungszylinder, *9* Einschaltmagnetspule, *10* Antriebskolben, *11* Ausschaltfeder, *12* Rückholfeder, *13* Sperrklinke, *14* Freilauf, *15* Auslösehebel, *16* Auslösespule, *17* Auslösehebel, *18* Antriebswelle, *19* Schaltgestänge

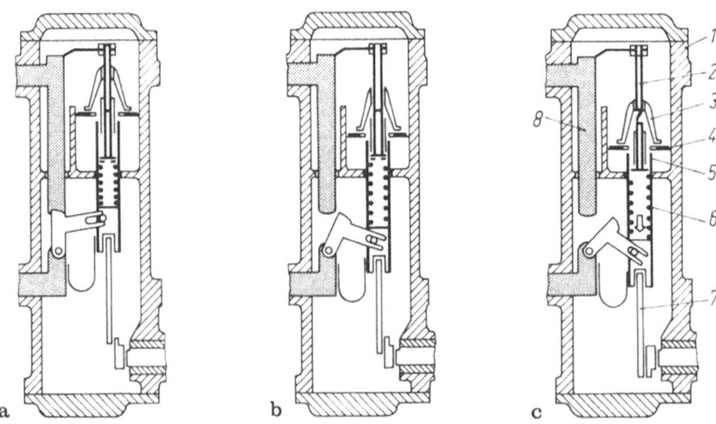

Bild 4.38. SF_6-Leistungsschalter für 12 und 17,5 kV (Merlin Gerin). **a** Einschaltstellung, **b** Ausschalten, Parallelstrombahn getrennt, **c** Ausschalten, Blasstellung, Lichtbogenkontakte getrennt. *1* Isoliergehäuse, *2* fester Abbrennkontakt, *3* Isolierdüse, *4* beweglicher Kolben, *5* beweglicher Abbrennkontakt, *6* Feder, *7* Schaltstange, *8* Parallelstrombahn

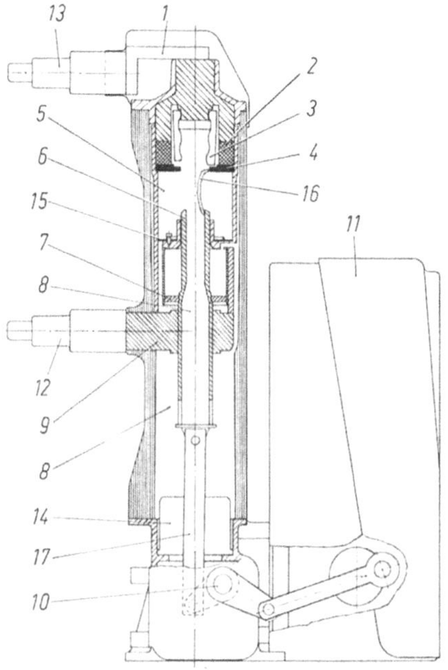

Bild 4.39. SF_6-Selbstblasschalter, 12 kV, 25 kA und 24 kV, 12,5 kA (BBC). *1* Oberer Anschluß, *2* Zylinderspule, *3* Fester Kontakt, *4* Lichtbogenlaufring, *5* Druckraum, *6* Bewegl. Kontaktrohr, *7* Blashilfe, *8* Auspuffräume, *9* Unterer Anschluß, *10* Drehwelle, *11* Antrieb, *12* Unterer Kontaktarm, *13* Oberer Kontaktarm, *14* Filter, *15* Rückschlagventil, *16* Schaltlichtbogen, *17* Isolierstange

Antriebsenergie zu reduzieren. Der im Bild 4.38 dargestellte Schalter arbeitet bei einem SF_6-Druck von nur 1,5 bar. Die Druckerhöhung für die Verdichtung des Löschgases beträgt 1 bar. Damit wird für die Gaskompression eine relativ geringe Antriebsenergie benötigt. Bei der Ausschaltung wird zunächst die Parallelstrombahn *8* geöffnet. Der Strom kommutiert auf die noch geschlossenen Abbrennkontakte *2* und *5*. Ist der vorgesehene Kompressionsdruck (Kolben *4*) erreicht, öffnen die Abbrennkontakte. Der Lichtbogen brennt und wird in der Isolierdüse *3* gelöscht.

Ein anderer Weg wird beim SF_6-Selbstblasschalter (Bild 4.39) beschritten, um die Antriebsenergie zu reduzieren. Mit Hilfe einer Zylinderspule *2*, durch die der Strom fließt, wird der Lichtbogen veranlaßt, am Lichtbogenlaufring *4* zu rotieren. Zusätzlich wird durch die vom Lichtbogen verursachte Druckerhöhung im Raum *5* eine Löschströmung durch die Düse des beweglichen Kontaktrohrs *6* erzeugt. Da das Magnetfeld nur bei großen Strömen stark genug ist, sorgt eine Blashilfe 7 dafür, daß auch bei kleinen Strömen die Löschwirkung ausreicht. Bei anderen Konstruktionen wird nur die Lichtbogenrotation zur Löschung ausgenutzt.

Vakuumschalter

Überlegungen, das Hochvakuum als Medium für Schalter zu benutzen, führten erst in den sechziger Jahren zu brauchbaren Ergebnissen. In neuester Zeit erlebt der Vakuumschalter einen ähnlichen Durchbruch bei der Mittelspannung wie der SF_6-Schalter auf dem Hochspannungsgebiet. Voraussetzung hierfür waren kostengünstige Konstruktionen, die mit den anderen

Schaltprinzipien konkurrieren können. Den Vakuumschalter zeichnen dann folgende Vorteile aus:

- Kurze Lichtbogenzeiten im gesamten Strombereich.
- Hohe Schalthäufigkeit; erreicht werden z.B. 20000 Schaltungen bei Nennbetriebsstrom oder 100 Schaltungen mit Nennkurzschlußausschaltstrom.
- Große Lebensdauer; es werden beispielsweise über 10 Jahre unterbrechungsfreier Betrieb oder 30000 mechanische Schaltspiele zugelassen.
- Konstantes Betriebsverhalten; das Innere der Schaltröhre wird durch Umwelteinflüsse nicht beeinflußt.
- Kurze Kontakthübe bei mäßigen Geschwindigkeiten; es genügen Antriebe mit kleinem Arbeitsvermögen.
- Geringe Übergangswiderstände im geschlossenen Zustand der Kontakte; die Metalloberflächen sind frei von Fremdhäuten.

Der Aufbau der Schaltröhren eines Vakuumschalters ist im Prinzip einfach. Die Schwierigkeiten stecken im Detail. (Siehe auch Abschnitte 1.1.10 „Vakuumbogen“ und 1.2.6.2 „Kontaktwerkstoffe“.)

Die Bedeutung, die die Kontaktform bei Vakuumschaltröhren hat, kommt in der umfangreichen Patentliteratur zum Ausdruck. Der am häufigsten verwendete Kontakt ist der Topfkontakt mit schrägen Schlitzen. Die Wirkungsweise wird in Bild 4.40 veranschaulicht. Im Augenblick der Trennung der vom Strom durchflossenen Kontakte entsteht ein Lichtbogen. Bis zu einem Strom von etwa 10 kA brennt der Lichtbogen diffus auf der gesamten Kontaktfläche (Bild 4.40a). Bei Strömen über 10 kA wird der Lichtbogen durch das eigene Magnetfeld stark eingeschnürt (Bild 4.40b). Um eine Überhitzung der Kontakte im Bereich der Lichtbogenfußpunkte zu verhindern, sind die Kontakte schräg geschlitzt, so daß ein Magnetfeld aufgebaut wird, das den Lichtbogen zum Rotieren bringt. Bei abnehmenden Augenblicksströmen erfolgt vor dem Stromnulldurchgang wieder ein Übergang zum diffusen Zustand. Auf diese Weise wird auch bei großen Strömen eine Löschung mit schneller Wiederverfestigung der Schaltstrecke erreicht. Der Kontaktabbrand bleibt gering.

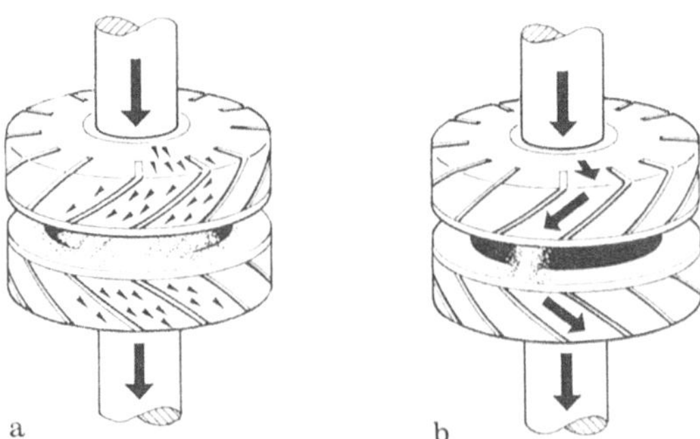

Bild 4.40. Topfkontakte mit schrägen Schlitzen. **a** diffuser Lichtbogen, **b** wandernder kontrahierter Lichtbogen

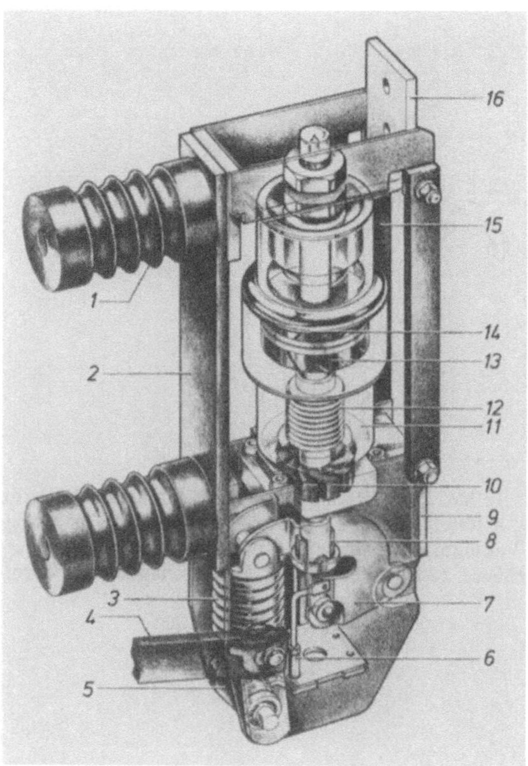

Bild 4.41. Polsäule eines Vakuumleistungsschalters (AEG-Sachsenwerk). *1* Stützisolatoren, *2* Abstützung, *3* Kontaktfeder mit Zugstange, *4* Schaltstange, *5* Betätigungshebel, *6* Abbrandanzeige, *7* Übersetzungshebel, *8* Pendelhebel, *9* Anschluß unten, *10* Ringkontakt, *11* Vakuumschaltkammer, *12* Metallfaltenbalg, *13* Bewegl. Kontakt, *14* Fester Kontakt, *15* Abstützung, *16* Anschluß oben

Bild 4.41 zeigt den Aufbau einer Polsäule mit Schaltröhre. Der Kontaktdruck im eingeschalteten Zustand wird durch eine besondere Kontaktfeder *3* hergestellt. Den Zustand der Kontakte nach Schaltungen zeigt eine Abbrandanzeige *6* an. Im Bild 4.42 ist ein gesamter Vakuumschalter mit Antrieb wiedergegeben, eine Bauform, die sich für Innenraumschalter allgemein durchgesetzt hat. Um dem umfangreichen Spektrum hinsichtlich Nennspannung, Nennstrom und Nennausschaltstrom auf dem Mittelspannungsgebiet zu genügen, wird von den Herstellern weitgehend das Bausteinprinzip angewendet (Bild 4.43). Mit einer Antriebsausführung, mehreren Zusatzbausteinen und verschiedenen Schaltröhren kann das gesamte Lieferprogramm erfüllt werden, ein Vorteil, der nicht nur dem Hersteller sondern auch dem Betreiber hinsichtlich der Ersatzteilhaltung zugute kommt.

Mit fortdauernder Entwicklung ist versucht worden, die Nennspannung je Vakuumschaltröhre zu steigern. So sind z.B. Vakuumschalter für 145 kV mit zwei in Reihe geschalteten Schaltröhren für 25 bzw. 31,5 kA Nennausschaltstrom und 1250 A Nennstrom vorgestellt worden. Die Schwierigkeiten bei der Entwicklung von Vakuumschaltkammern für solche höheren Spannungen sind jedoch beträchtlich. Wie bereits ausgeführt (Bild 1.24), steigt die Spannungsfestigkeit im Vakuum bei größeren Abständen nicht mehr linear an, sondern nimmt mit größeren Abständen nur noch geringfügig zu. Damit

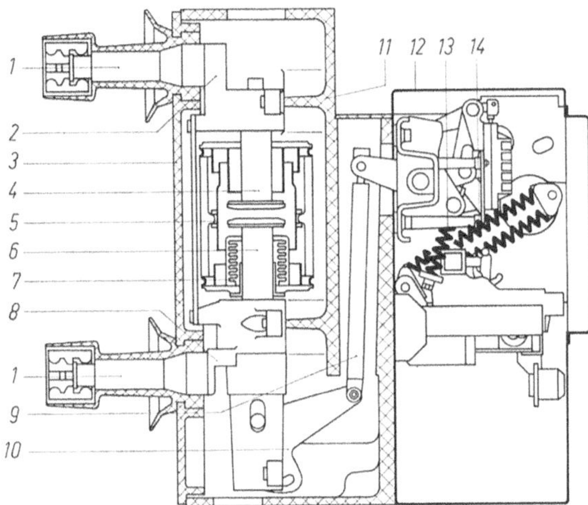

Bild 4.42. Vakuumleistungsschalter für 12 kV, 25 kA (Calor-Emag). *1* Einfahrkontaktarm, *2* oberer Anschluß, *3* Isolierstoffdeckel, *4* fester Kontakt, *5* Kondensationsschirm, *6* beweglicher Kontakt, *7* Faltenbalg, (*4 bis 7* Vakuumschaltkammer), *8* unterer Anschluß, *9* Isolierstange, *10* Winkelhebel, *11* Isolierstoffgehäuse, *12* Antriebsgehäuse, *13* Ausschaltfedern, *14* Einschaltfedern

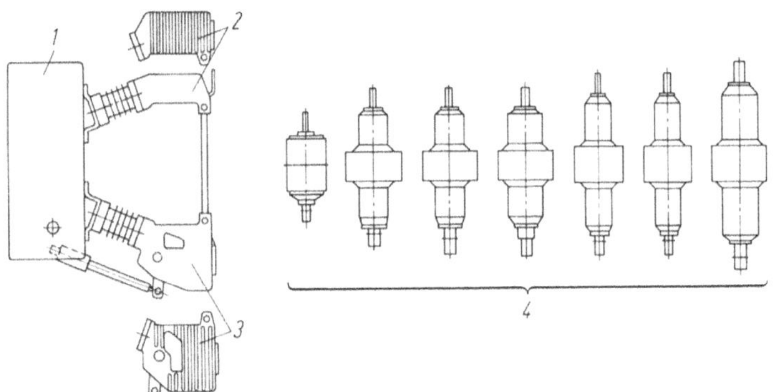

Bild 4.43. Vakuumleistungsschalter, Bausteine (Siemens). *1* Antriebskasten, *2* obere Schaltröhrenträger, *3* untere Schaltröhrenträger, *4* Schaltröhren

dürfte die Wirtschaftlichkeit von Vakuumschaltern bei höheren Spannungen nicht mehr gegeben sein.

Leistungsschalterantriebe

Die Antriebsenergien für Leistungsschalter liegen zwischen 100 und 50000 Nm.

Eine überschlägige Vorausberechnung der erforderlichen Antriebsenergie ist gut möglich. Die gewünschte Geschwindigkeit bei einem bestimmten Weg s_s des Schaltstifthubs, z.B. der Löschdistanz, wird vorgegeben. Die Masse der Getriebeteile muß aus der Entwurfskonstruktion bestimmt werden. Es ist zweckmäßig, die einzelnen Massen als reduzierte Massen auf die Schaltstiftgeschwindigkeit umzurechnen.

$$W=\frac{m_{\mathrm{R}}\cdot v_{\mathrm{s}}^2}{2},$$

W Arbeitsvermögen des Antriebs, m_{R} Reduzierte Getriebemasse, v_{s} Schaltkontaktgeschwindigkeit. Die reduzierte Masse errechnet sich mit:

$$m_{\mathrm{R}}=\sum_n i_n^2\cdot m_n,$$

m_n Masse des Getriebeteils n, i_n Übersetzung des Getriebeteils n;

$$i_n=\frac{\mathrm{d}s_n}{\mathrm{d}s_{\mathrm{s}}},$$

s_{s} = Schaltkontakthub, s_n = Getriebeteilweg.

Neben der Energie, die für die Bewegung der Schaltkontakte erforderlich ist, sind noch zusätzliche Energien zu berücksichtigen, wie sie beispielsweise für die Verdichtung des Löschmittels bei SF_6-Eindruckschaltern und zur Erzeugung des Kontaktdruckes notwendig sind: Ferner ist der Einfluß der Druckerhöhung zu beachten, der sich aus dem in der Kammer brennenden Lichtbogen ergibt. Entsprechend den Erfahrungen mit vorhandenen Antrieben ist der Wirkungsgrad zu schätzen.

Antriebe auf Potential haben den Vorteil, daß die Getriebemasse klein ist. Dagegen ist bei Antrieben auf Erdpotential die Zugänglichkeit besser.

Unmittelbare Antriebe wirken mit ihrer Energie direkt auf die Schaltkontakte. Handantriebe sind als unmittelbare Antriebe für Leistungsschalter nicht zugelassen. Mittelbare Antriebe haben einen Energiespeicher zwischengeschaltet, meist Federn. Die Schaltung kann erst ausgeführt werden, wenn der Energiespeicher voll aufgeladen ist. Findet die Schaltung unmittelbar nach dem Spannen statt, werden diese Antriebe als Sprungantriebe bezeichnet. Ist dagegen die Schaltung nicht zwangsläufig, sondern erfolgt erst nach Lösen einer Sperrklinke oder Betätigung eines Ventils auf ein Schaltkommando hin, wird der Antrieb als Speicherantrieb bezeichnet.

Folgende Grundbedingungen müssen bei Leistungsschalterantrieben eingehalten werden:

- Ausschaltsicherheit. Beim Einschalten muß im Antrieb mindestens auch die erforderliche Energie für das Ausschalten gespeichert sein. Grund: Einschalten auf Kurzschluß erfordert sofortiges Ausschalten.
- Tippsicherheit. Ein Schaltkommando muß voll oder – bei zu kurzer Kommandodauer z.B. – gar nicht ausgeführt werden. Es darf auf keinen Fall eine teilweise Schaltung erfolgen.
- Pumpsicherheit. Wird ein Einschaltkommando gegeben und das Kommando aufrechterhalten, während der Schalter wegen eines Kurzschlusses sofort ausschaltet, darf trotz des anstehenden Ein-Kommandos keine erneute Einschaltung erfolgen.

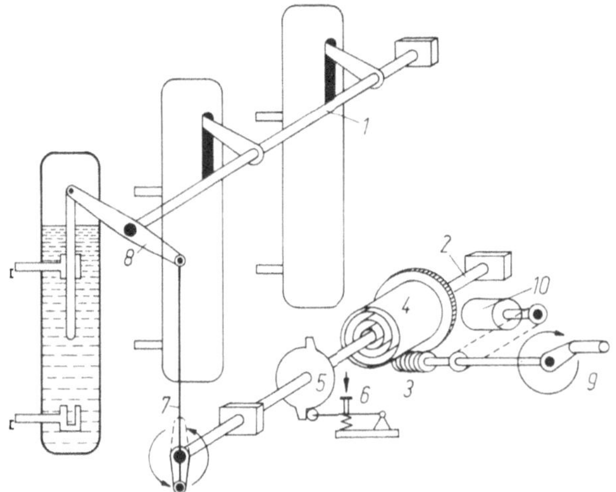

Bild 4.44. Drehfeder-Speicherantrieb für Mittelspannungsschalter (Calor-Emag). *1* Schaltwelle, *2* Antriebswelle, *3* Schneckengetriebe, *4* Drehfeder, *5* Anschlagscheibe, *6* Auslöser, *7* Umlaufkurbel, *8* Schalthebel, *9* Handkurbel, *10* el. Motor (nach Bedarf)

Der in Bild 4.44 dargestellte Antrieb eines Mittelspannungsschalters ist ein Handspeicherantrieb, der auch zum Motorantrieb umgerüstet werden kann. Vor Beginn der Schaltung muß in der Drehfeder die Energie für eine Ein-Aus-Schaltung gespeichert werden. Nach dem Spannen wird die Schaltbereitschaft durch eine nicht dargestellte Fallklappe gemeldet. Der Schalter kann durch Betätigung des Auslösers *6* ausgelöst werden, der Hebel 7 dreht um 180° und schaltet den Schalter ein. Die Ausschaltung erfolgt durch erneute Betätigung des Auslösers *6*, worauf die Kurbel 7 um weitere 180° in die Ausgangsstellung dreht. Eine nicht dargestellte Sperre verhindert weiteres Schalten, bis die Drehfeder erneut gespannt ist. Anstelle der Drehfedern können auch Zugfedern zum Einsatz kommen.

Bild 4.45 zeigt einen Druckluftantrieb. Bei Betätigung des Einlaßventils 1 strömt Druckluft (meist 5 oder 15 bar) in den Zylinder 3. Der Kolben 4 wird in die Einschaltstellung gedrückt, verklinkt und hat dabei gleichzeitig die Ausschaltfeder 5 gespannt. Das Auslaßventil 15 öffnet mit großem Querschnitt, so daß der Zylinder in kürzester Zeit entlüftet wird. Der Schalter ist ausschaltbereit. Zum Ausschalten wird entweder über den Sperrmagnet 11 oder den mechanischen Drücker 12 die Rollenstütze 10 gelöst und die Sperrklinke 8 entriegelt.

In neuerer Zeit werden für Hochspannungsschalter über 100 kV zunehmend Hydraulikantriebe eingesetzt. Hier wird in mit komprimiertem Stickstoff gefüllten Hydraulikspeichern Öl unter einem Betriebsdruck bis 350 bar gehalten.

Bild 4.46 zeigt das Schema eines Hydraulikantriebes. Im Hydraulikspeicher 1 ist das Öl vom Stickstoff N_2 durch einen Kolben im Speicher getrennt. Über dem Antriebskolben 12 steht dauernd der Druck des Hydraulikspei-

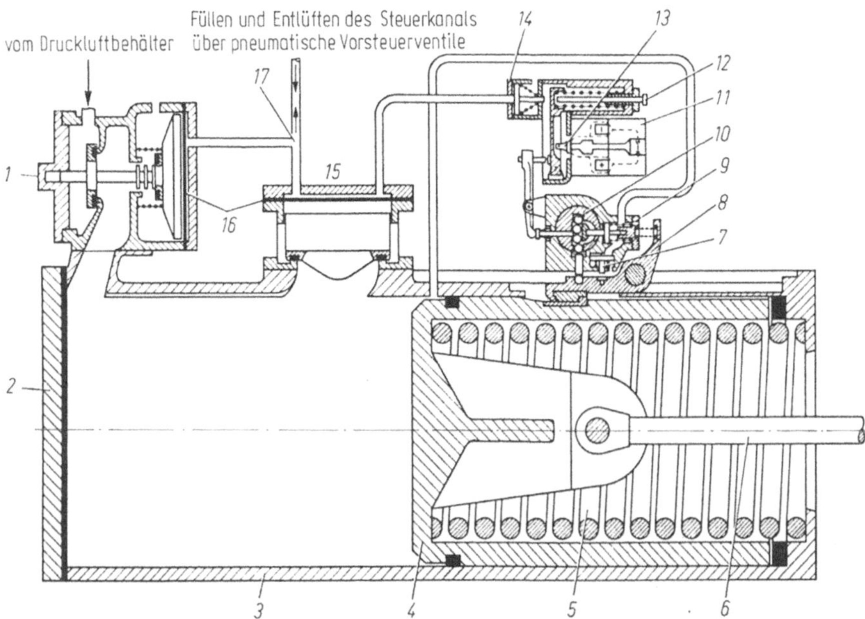

Bild 4.45. Druckluftantrieb für Leistungsschalter. *1* Einlaßventil, *2* Deckel, *3* Zylinder, *4* Kolben, *5* Ausschaltfeder, *6* Kolbenstange, *7* pneumatischer Drücker, *8* Sperrklinke, *9* pneumatischer Drücker, *10* Rollenstütze, *11* Sperrmagnet, *12* mechanischer Drücker, *13* Sperrmagnetanker, *14* pneumatischer Drücker, *15* Auslaßventil, *16* Ventilmembrane, *17* Steuerkanal

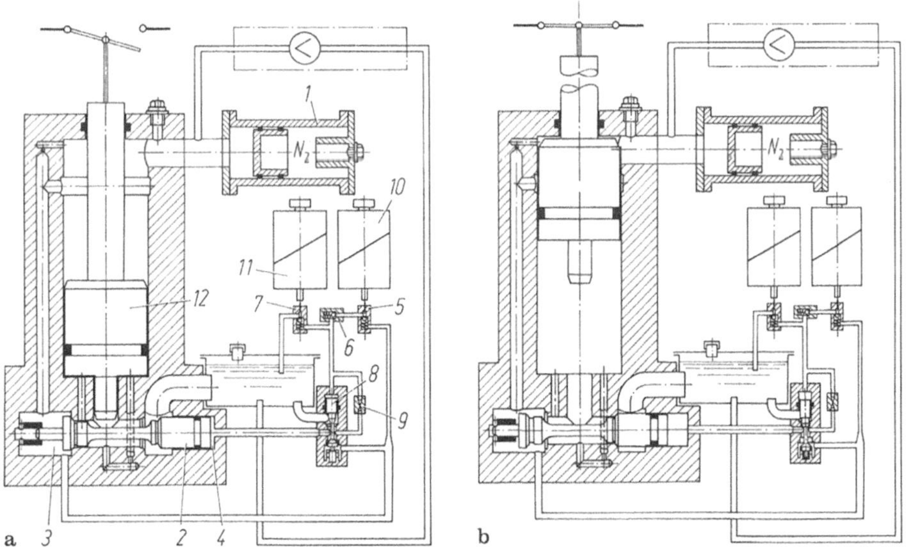

Bild 4.46. Elektrohydraulischer Antrieb eines Leistungsschalter. **a** Schaltstellung „Aus", **b** Schaltstellung „Ein". *1* Hydraulikspeicher, *2* Hauptventil mit Kolben, *3* Druckraum, *4* Druckraum, *5* Vorsteuerventil (Ein), *6* Rückschlagventil, *7* Vorsteuerventil (Aus), *8* Vorsteuerventil, *9* Ausgleichdüse, *10* Einschaltmagnet, *11* Ausschaltmagnet, *12* Antriebskolben

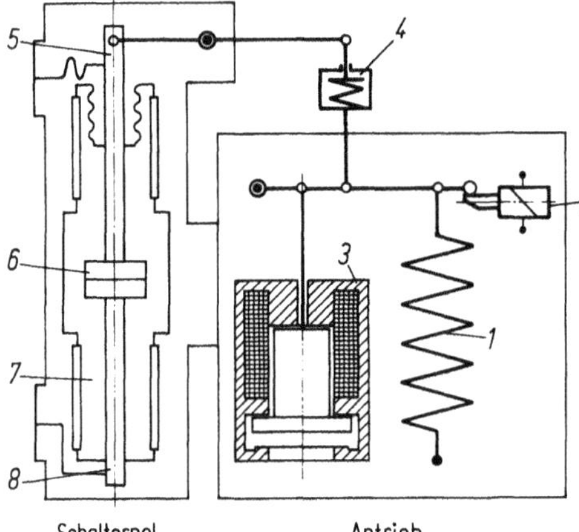

Bild 4.47. Prinzipdarstellung eines Vakuumschalters mit Magnetantrieb. *1* Ausschaltfeder, *2* Auslöser, *3* Einschaltmagnet, *4* Kontaktdruckfeder, *5* Bewegliches Schaltstück, *6* Lichtbogenkontakt, *7* Schaltröhre, *8* Festes Schaltstück

chers. In der Schaltstellung „Aus" ist die Unterseite des Kolbens drucklos. Soll eingeschaltet werden, wird der Einschaltmagnet 10 angeregt und das Ventil 5 geöffnet. Über das Rückschlagventil 6 strömt die Flüssigkeit zum Vorsteuerventil 8, das umsteuert. Dadurch wird der Raum 4 des Hauptventils unter Druck gesetzt, der Kolben 2 steuert um und geht in die Stellung, wie sie unter b) dargestellt ist. Jetzt wirkt der volle Druck auf die Unterseite des Antriebskolbens 12. Da die Kolbenfläche an der Unterseite größer ist als oben, wird der Kolben in die Einschaltposition gedrückt. – Beim Ausschalten wird der Vorgang umgekehrt. Der Ausschaltmagnet 11 bewirkt die Umsteuerung der Ventile 7,8 und 2, die Antriebskolbenunterseite wird drucklos, der Schalter schaltet durch den Druck auf der Oberseite aus.

Schalter mit Magnetantrieben (Bild 4.47) werden häufig in Übersee bei Mittelspannungsschaltern eingesetzt, wenn die erforderliche Antriebsenergie nicht zu groß ist und wenn ausreichend große elektrische Hilfsenergie zur Verfügung steht.

4.2.1.2 Trenn- und Erdungsschalter

Nach DIN VDE 670 Teil 2 (9.81) lauten die Definitionen für Trenn- und Erdungsschalter:

„*Trennschalter*. Mechanisches Schaltgerät, das im geöffneten Zustand eine Trennstrecke darstellt, die den hierfür festgelegten Anforderungen entspricht".

„Ein Trennschalter ist fähig, einen Stromkreis zu öffnen und zu schließen, wenn entweder ein vernachlässigbarer Strom aus- oder eingeschaltet wird, oder wenn keine wesentliche Änderung der Spannung zwischen den Anschlüssen jedes der Pole des Trennschalters eintritt. Er ist auch fähig, Ströme unter normalen Betriebsbedingungen und für eine festgelegte Zeit Ströme unter abnormalen Bedingungen, wie unter Kurzschlußbedingungen, zu führen".

„*Anmerkung*: 'Vernachlässigbarer Strom' schließt Ströme ein wie kapazitive Ströme von Durchführungen, Sammelschienen, Verbindungen, sehr kurzen Kabellängen, Ströme von fest angeschlossenen Impedanzen zur Spannungssteuerung an Leistungsschaltern und Ströme von Spannungs-

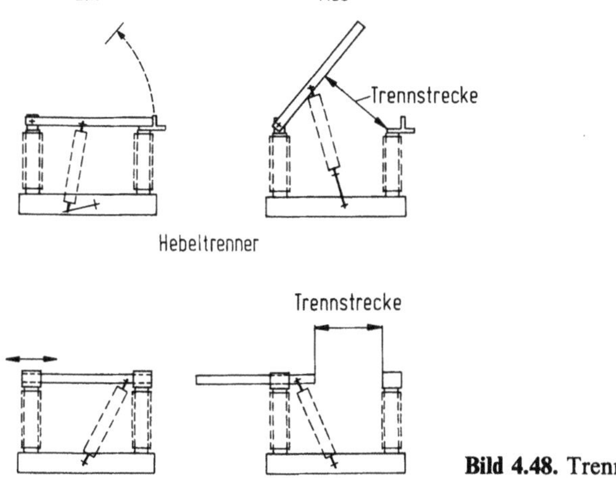

Bild 4.48. Trennerbauformen für Mittelspannung

wandlern und Spannungsteilern. Bei Nennspannungen bis 420 kV wird ein Strom nicht über 0,5 A als vernachlässigbarer Strom im Sinne dieser Begriffserklärung angesehen; bei Nennspannungen über 420 kV soll der Hersteller konsultiert werden."

„*Erdungsschalter*. Mechanisches Schaltgerät zum Erden von Teilen eines Stromkreises, das fähig ist, während einer festgelegten Zeit Strömen unter abnormalen Bedingungen, wie im Kurzschlußfall standzuhalten, von dem aber nicht verlangt wird, normale Betriebsströme zu führen."

Trenn- und Erdungsschalter sind für den Schutz des Personals und der Anlagen von wesentlicher Bedeutung. Schaltstellungen von Trennern und Erdern müssen deshalb direkt sichtbar oder durch Schaltstellungsanzeiger zuverlässig erkennbar sein.

Bei Mittelspannungsanlagen werden meist Hebel- oder Schubtrenner eingesetzt (Bild 4.48). Für Hochspannungsanlagen über 100 kV gibt Bild 4.49 einen Überblick über die vielen Bauformen. Einstützertrenner erlauben eine besonders übersichtliche Bauweise der Anlagen, da sie eine Ebene der Sammelschiene mit einer zweiten Ebene der Leitungen auf einfachste Weise verbinden. Zweistützertrenner sind sehr verbreitet. Drehtrenner sind einfach im Aufbau, benötigen aber, da sie seitlich ausschwenken, einen größeren Phasenabstand. Hebeltrenner brauchen dagegen nach oben mehr Platz. Wo dieser Raum nicht vorhanden ist, können Gelenktrenner oft noch eingesetzt werden. Dreistützertrenner sind seltener. Sie bieten bei großen Trennstrecken Vorteile.

Bei der Dimensionierung der Trenner und Erder sind zu berücksichtigen:

Kurzschlußfestigkeit. Die Prüfung wird mit Nennstoßstrom, der auf den Nennkurzzeitstrom abklingt, durchgeführt. Der Prüfaufbau ist in DIN VDE 670 Teil 2 angegeben. Strombahn und Kontakte werden möglichst so ausgeführt, daß durch Kurzschlußströme eine Verstärkung der Kontaktkräfte auftritt.

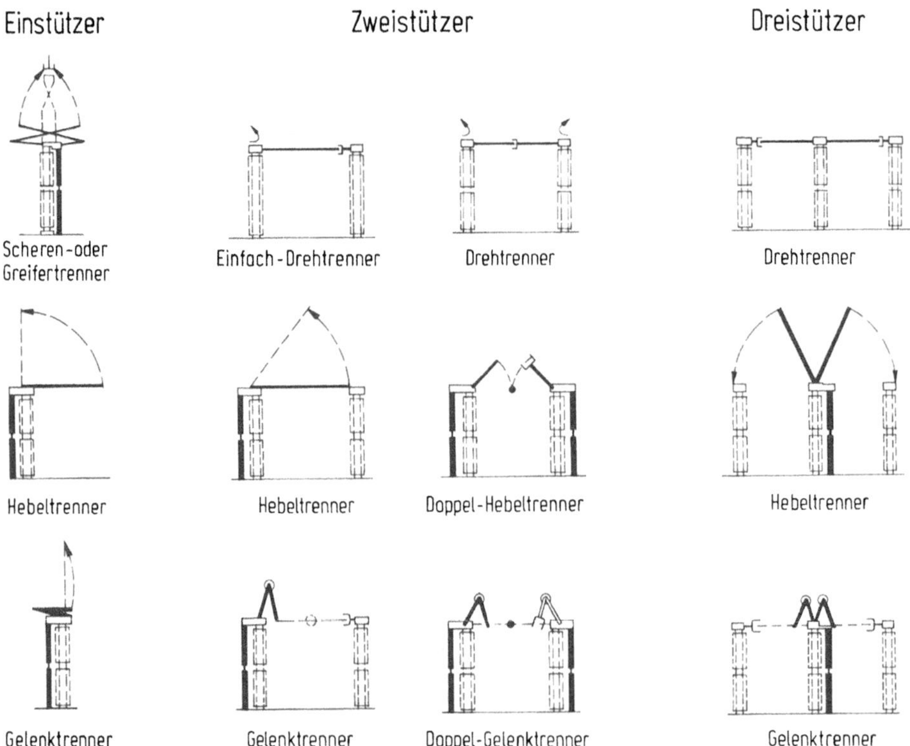

Bild 4.49. Trennerbauformen für Hochspannung > 72 kV

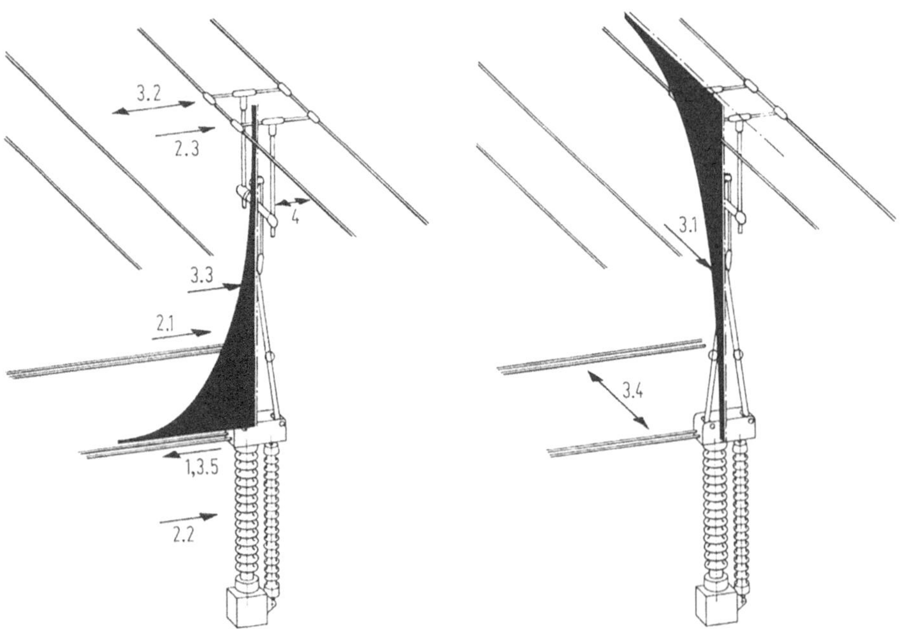

Bild 4.50. Auf den Greifertrennschalter wirkende Kräfte

Nennstromtragfähigkeit. Bei Nennstrom dürfen bestimmte Übertemperaturen längs der Strombahn nicht überschritten werden. Der Einfluß von Korrosion und Verschmutzung muß beachtet werden. Die Kontakte werden meist versilbert und so gestaltet, daß durch Reiben beim Einschalten „Selbstreinigung" auftritt.

Spannungsfestigkeit. Bei der Prüfung müssen spezielle Stoß- und Wechselspannungswerte für Trenner eingehalten werden (Abschnitt 4.1.3).

Mechanische Festigkeit. Die maximale Beanspruchung im Kurzschlußfall muß ausgehalten werden. Eine Vorausberechnung mit Erfahrungswerten ist gut möglich. Bei einem Scherentrenner sind z.B. folgende Kräfte zu berücksichtigen (Bild 4.50):

- Statischer Seilzug (*1*).
- Windkräfte auf Schere (*2.1*), Stützer (*2.2*), Oberseil (*2.3*).
- Elektrodynamische Kräfte im Kurzschlußfall; Schleifenwirkung Oberseil – Schere (*3.1*) und Unterseil – Schere (*3.3*), gegenseitige Beeinflussung der Oberseile (*3.2*), der Unterseile (*3.4*), elektrodynamische Zusatzkraft zum statischen Seilzug (*3.5*).
- Kräfte, verursacht durch Versatz des Gegenkontaktes (*4*).

Die elektrodynamische Beanspruchung wird durch Eigenfrequenzen von Prüfanordnung und Trenner erheblich beeinflußt. Zum Beispiel tritt bei der Prüfung von 420 kV-Einstützertrennern in 50-m-Spannfeldern die maximale Beanspruchung am Stützerfuß erst nach 0,1 s auf, obwohl die Stoßkurzschlußbeanspruchung bereits weitgehend abgeklungen ist.

Trennschalter müssen Ladeströme und Kommutierungsströme bei Sammelschienen, Meßwandlern und Leitungen schalten können. Hohe Schaltgeschwindigkeit der Trennerkontakte verbessert dieses Schaltvermögen. Durchschnittlich liegen die Schaltzeiten der Trenner zwischen 1 und 10 s.

Als Antriebe werden direktwirkende Hand-, Motor-, Druckluft- und Hydraulikantriebe eingesetzt. Bild 4.51 zeigt einen Motorantrieb.

Wegen der Gefährlichkeit des Schaltens von Trennern und Erdern unter Last für Personal und Schaltanlagen sind mechanische, elektrische oder pneumatische Verriegelungen üblich, die verhindern, daß Trenner geschaltet werden, wenn der zugehörige Leistungsschalter eingeschaltet ist, oder daß der Erder eingeschaltet werden kann, wenn die zugehörige Trenner nicht geöffnet sind. Sondervereinbarungen zwischen Hersteller und Abnehmer werden für Vereisungs- und Erdbebenbeanspruchung getroffen.

4.2.1.3 Lastschalter und Lasttrennschalter

Nach DIN VDE 670 Teil 3 (9.81) gelten folgende Begriffe:

„*Lastschalter (mechanisch)*. Ein mechanisches Schaltgerät, das fähig ist, sowohl unter normalen Bedingungen im Netz auftretende Ströme – wozu auch eine angegebene betriebsmäßige Überlast gehören kann – einzuschalten, zu führen und auszuschalten, als auch über eine bestimmte Zeit Ströme unter angegebenen abnormalen Bedingungen im Netz, wie Kurzschluß, zu führen. Ein Lastschalter kann auch fähig sein, Kurzschlußströme einzuschalten, ohne sie jedoch ausschalten zu können."

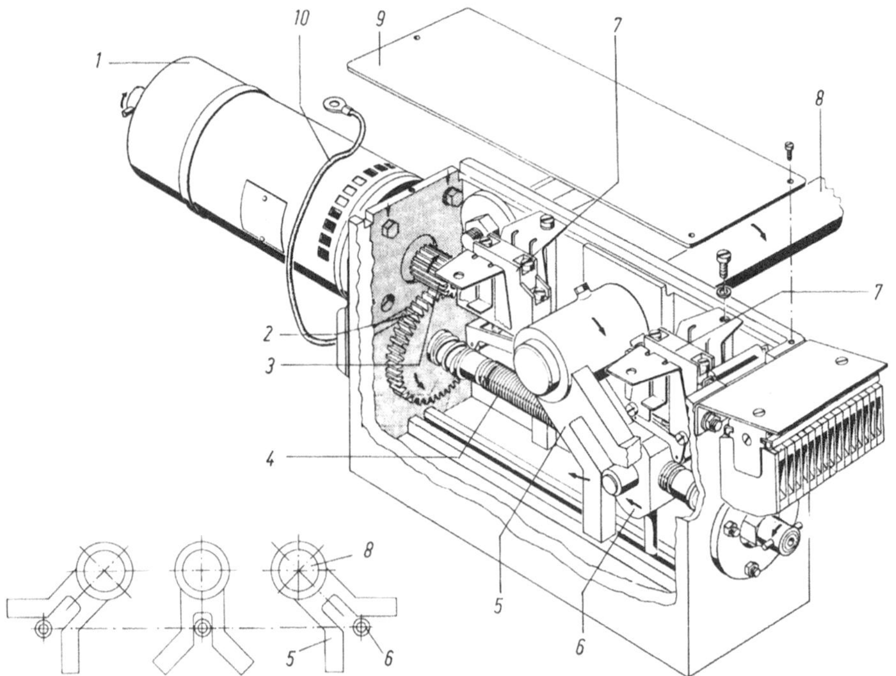

Bild 4.51. Motorantrieb für Trenner, Erder und Lasttrenner mit Verriegelung in den Endstellungen, Übersetzung 700:1. *1* Elektromotor, *2* Zahnrad, *3* Ritzel, *4* Gewindespindel, *5* Gabel, *6* Spindelmutter und Mitnehmer, *7* Endschalter, *8* Abtriebswelle zum Schalter, *9* Deckel, *10* Erdungsverbindung

„*Lasttrennschalter (Lasttrenner).* Ein Lastschalter, der in seiner geöffneten Stellung die für eine Trennstrecke festgelegten Anforderungen erfüllt."

Lastschaltgeräte werden meist aus wirtschaftlichen Gründen anstelle von Leistungsschaltern eingesetzt. Den Kurzschlußschutz übernehmen übergeordnete Leistungsschalter oder Sicherungen. Um Unfälle zu vermeiden, die sich beim versehentlichen Öffnen von Trennern unter Last ereignen könnten, werden von verschiedenen Anwendern anstelle von Trennern Lasttrenner eingesetzt (Schutztrennertechnik).

Die Lichtbogenlöscheinrichtungen von Lastschaltgeräten sind vielfältig. Im allgemeinen führt eine Hauptstrombahn den Dauerstrom, eine Hilfsstrombahn mit Löscheinrichtung wird kurzzeitig beim Ausschalten eingeschaltet. Die Löschprinzipien von Lastschaltern und Lasttrennern sind ähnlich vielseitig wie bei Leistungsschaltern: gasabgebende Isolierstoffe („Hartgas"), Luft, SF_6, Öl, Vakuum, magnetische Beblasung. Wegen der geringeren Ausschaltströme ist die erforderliche Löschintensität und damit der konstruktive Aufwand kleiner als bei Leistungsschaltern.

Löschkammern mit gasabgebenden Isolierstoffen

Sie dominieren im Mittelspannungsbereich. Das für die Löschkammern verwendete Isoliermaterial wird durch den Schaltlichtbogen in geringer

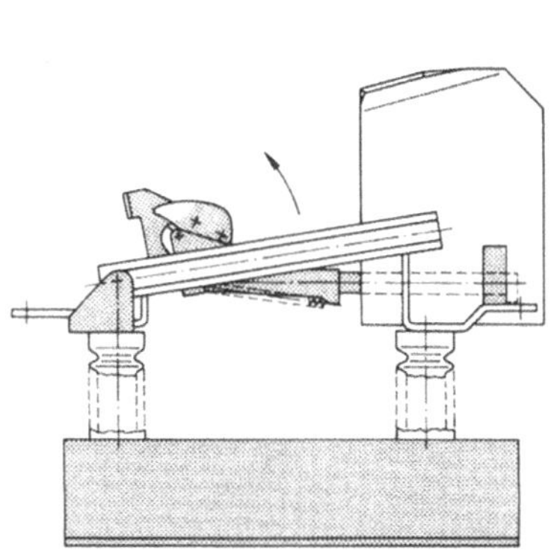

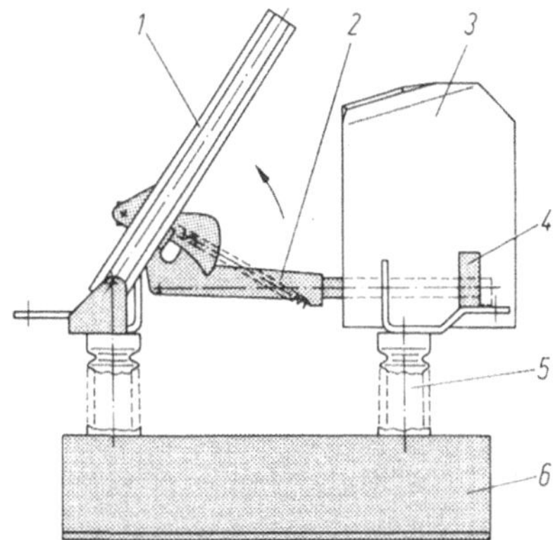

Bild 4.52. Lasttrenner mit Flachlöschkammer. *1* Hauptschaltmesser (Hauptstrombahn), *2* Lichtbogenmesser (Hilfsstrombahn) mit Feder, *3* Flachlöschkammer, *4* fester Kontakt, *5* Isolierstützer, *6* Grundrahmen

Menge vergast. Das entstehende Gas bewirkt durch Strömung und Kühlung die Löschung des Lichtbogens. Für Löschkammern sind u.a. PMMA (Plexiglas, Plexigum), Melamin, POM (Hostaform) geeignet. Die Löschkammern sind entweder – entsprechend den älteren Bauweisen – als Flachlöschkammern oder – nach dem bevorzugten neueren raumsparenden Trend – als Rohrlöschkammern ausgebildet. Bild 4.52 zeigt einen Lasttrenner mit Flachlöschkammer. Beim Ausschalten öffnet das Hauptschaltmesser *1*, während das Lichtbogenmesser *2* in der Löschkammer *3* am festen Kontakt *4* festgehalten wird. Dabei wird eine Feder am Lichtbogenmesser gespannt. Bei weiterer Bewegung wird das Lichtbogenmesser am festen Kontakt herausgerissen und schaltet mit der Energie der sich entspannenden Feder aus. Für das Löschvermögen ist das Material, die Form und die Spaltbreite der Löschkammer von wesentlicher Bedeutung.

Der Schublasttrenner (Bild 4.53) benötigt weniger Platz als Lasttrenner mit Flachlöschkammern. Beim Ausschalten trennt zunächst das Schaltrohr *3*, während der Hilfsschaltstift *12* vom Hilfsschaltstück *13* durch Federklemmung gehalten wird. Zwischen dem Gleitschaltstück *4* und dem Abbrennring *5* des Schaltrohrs brennt der Lichtbogen im Ringspalt, der vom Schaltrohr *6* und dem Löschtopf *2* gebildet wird. Nach der Löschung des Lichtbogens trennt der Hilfsschaltstift.

Der Kipprohrlasttrennschalter nach Bild 4.54 ist dadurch gekennzeichnet, daß das Lastschaltelement, das Kipprohr, zwischen den Schaltmessern eines Trenners angebracht ist. Beim Ausschalten trennen die Schaltmesser, das Kipprohr bleibt mit dem Anschlußkontaktstück *1* in Verbindung durch die Haltefeder *2* und wird teleskopartig auseinandergezogen.

Der Lichtbogen brennt zwischen den Kontakten *6* im Spalt der Isolierspitze und des Löschrohres. Nach der Löschung trennt das Kipprohr von der Haltefeder *2* und geht in die Ausgangslage zurück. Bild 4.55 zeigt für einen Lastschalter mit gasabgebenden Isolierstoffen die Zahl der zulässigen Schaltungen in Abhängigkeit von der Beanspruchung.

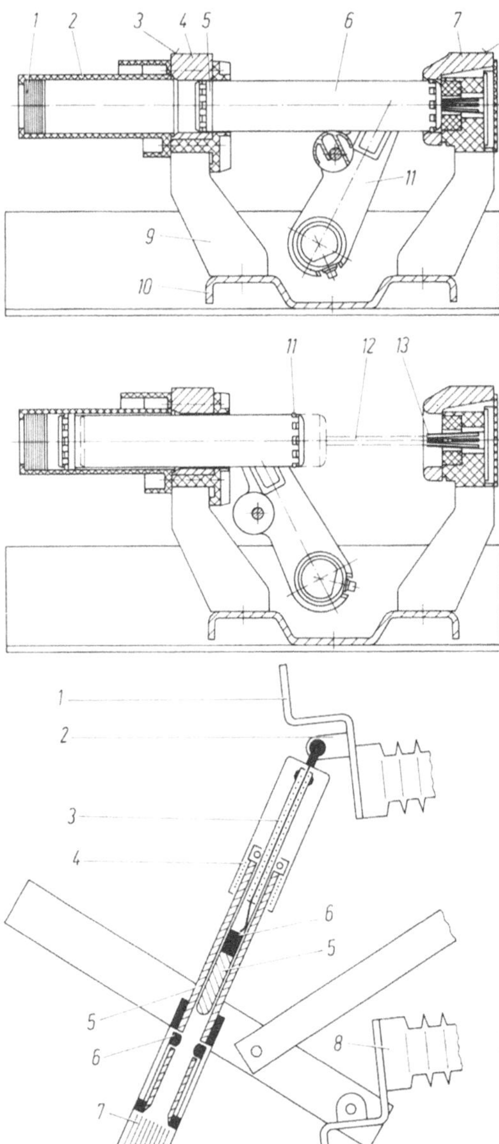

Bild 4.53. Schublasttrenner 12 kV, 630 A (Siemens). *1* Kühlsieb, *2* Löschtopf, *3* Anschluß, *4* Gleitschaltstück, *5* Abbrennring, *6* Schaltrohr, *7* Trennschaltstück, *8* Anschluß, *9* Gießharzstützer, *10* Grundrahmen, *11* Stromstäbe, *12* Hilfsschaltstift, *13* Hilfsschaltstück

Bild 4.54. Kipprohrlasttrenner 10 bis 30 kV, 630 A, Querschnitt (F u. G). *1* Anschlußkontakt, *2* Haltefeder, *3* Schaltfeder, *4* Rückholfeder, *5* Schaltstiftspitze u. Löschrohr, *6* Abreißkontakte, *7* Gaskühlgitter, *8* Stützer

Löscheinrichtungen mit Luft

Für die Löschung der Lichtbögen kleiner Ströme genügen sehr einfache Löschkammern und kleine Blasgeschwindigkeiten bei geringen Überdrücken der Luft. Bild 4.56 zeigt einen Schnitt durch einen Kompressionsschalter. Beim Ausschalten trennen zunächst das Schaltrohr *3* und das Schaltstück *2*. Die Hilfsstrombahn mit Düse *8* und Abreißstift *7* trennt etwas später. Der Lichtbogen wird von der durch den Kolben *10* erzeugten und durch den Kolbenschaft *9* und die Düse *8* ausströmenden Luft gelöscht. Die benötigte

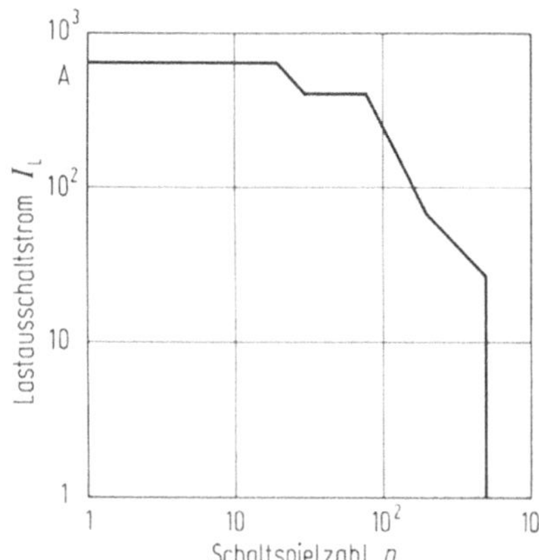

Bild 4.55. Anzahl der zulässigen Ausschaltungen eines Schublasttrenners

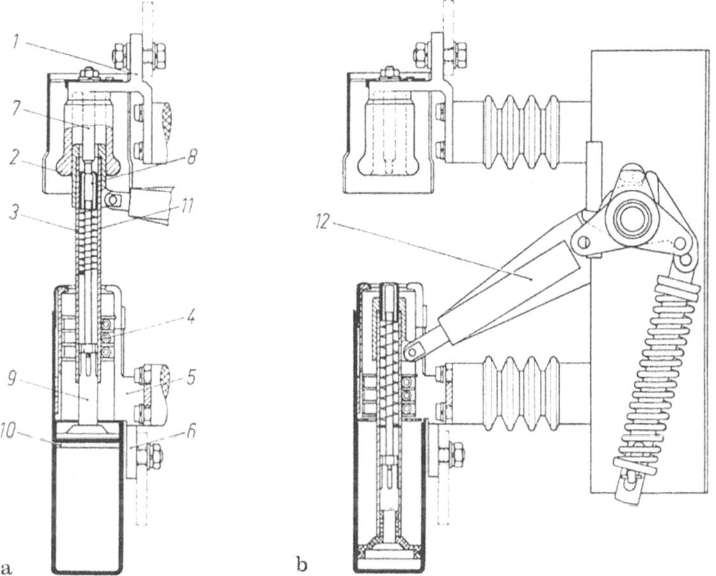

Bild 4.56. Schnitt durch einen Pol eines Kompressionsschalters für 12 kV, 630 A (Calor-Emag). **a** Schaltstellung „Ein", **b** Schaltstellung „Aus". *1* Anschluß, *2* Schaltstück, *3* Schaltrohr, *4* Kontaktrolle, *5* Kontaktgehäuse, *6* Anschluß, *7* Abreißstift, *8* Düse, *9* Kolbenschaft, *10* Kolben, *11* Druckfeder, *12* Schwinge

Luftmenge ist gering und kann vom Antrieb im Moment des Ausschaltens verdichtet werden.

Bild 4.57 zeigt einen Drehtrenner für 123 kV, bei dem durch eine zusätzliche Blasanordnung *1* die Beblasung des Lichtbogens mit Druckluft möglich ist und kleinere Ströme gelöscht werden können.

Löscheinrichtungen mit SF_6

Man unterscheidet Löscheinrichtungen nach dem Druck- und nach dem Saugkolbenprinzip. Das Druckkolbenprinzip entspricht den SF_6-

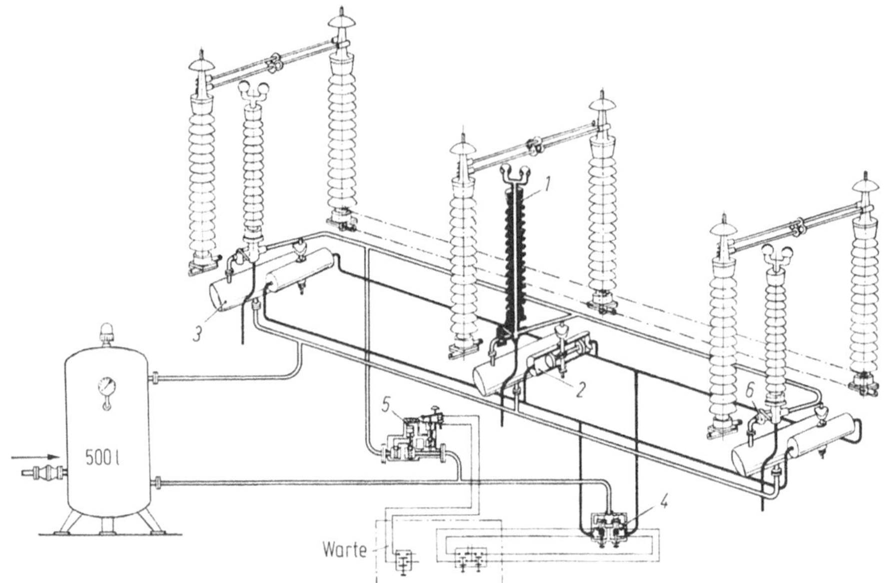

Bild 4.57. Lasttrenner für 123 kV, Freiluft, Nennstrom 1250 A, Ausschaltstrom 130 A (Ruhrtal). *1* Blasstützer mit Kugeldüse, *2* Druckluftantrieb, *3* Schalterkessel, *4* Betätigungsventil, *5* Ventil zur Separatbetätigung, *6* Hauptventil

Eindruckleistungsschaltern. Beim Saugkolbenprinzip wird gegenüber dem Grunddruck ein Unterdruck erzeugt.

Löscheinrichtungen mit Vakuumschaltröhren

Vakuumschaltröhren werden seltener für Lasttrenner eingesetzt, dagegen finden sie bei Vakuumschützen, die ähnliche Ströme wie Lastschalter zu schalten haben, Anwendung (s. Abschnitt 3.2.2.3).

Die weiteren Löschverfahren, wie ölgefüllte Löschkammern (England) und magnetisch beblasene Lichtbögen (Frankreich) haben weltweit bei Lastschaltgeräten eine relativ geringe Bedeutung. Es handelt sich um Löscheinrichtungen der Leistungsschalter mit starken Vereinfachungen.

Antriebe für Lastschaltgeräte können nach den gleichen Gesichtspunkten wie Leistungsschalterantriebe unterteilt werden. Die Antriebsenergie ist jedoch erheblich geringer als bei Leistungsschaltern. Vorwiegend werden Sprungantriebe verwendet. Zwingend sind Speicherantriebe nur für Lastschaltgeräte, die mit Sicherungen zusammenarbeiten, da das Lastschaltgerät, wenn eine Sicherung einpolig angesprochen hat, den Stromkreis dreipolig ausschalten muß. Dies geschieht im allgemeinen dadurch, daß an der Sicherung ein über eine Feder vorgespannter Schlagstift bei ihrem Ansprechen freigegeben wird und den Speicherantrieb entklinkt.

4.2.2 Schaltgeräte für Anlagen mit Druckgasisolierung

Der Gedanke, den Flächen- bzw. Raumbedarf von Schaltanlagen dadurch zu reduzieren, daß anstelle von Luft (bei atmosphärischem Druck) ein höher-

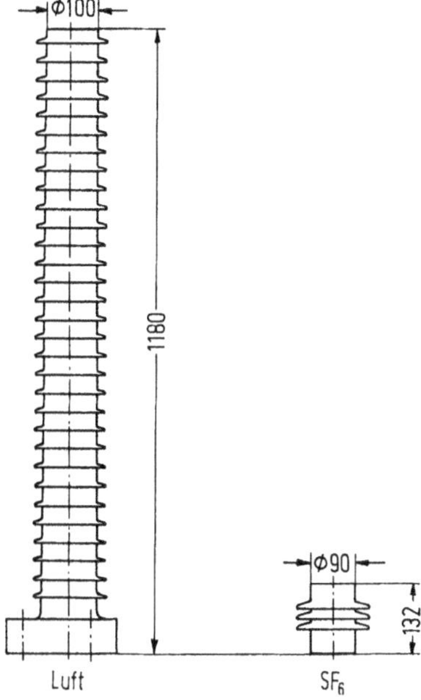

Bild 4.58. Größenvergleich von Gießharzstützern für 123 kV in luft- und SF_6-isolierten Schaltanlagen

wertiges isolierendes Medium verwendet wird, ist alt. Jedoch konnte erst in den sechziger Jahren mit Einführung des SF_6 in die Schaltgerätetechnik bei Hochspannungsanlagen eine breite Anwendung dieses Prinzips erreicht werden. Derartige Anlagen sind in DIN VDE 0670 Teil 8 in Übereinstimmung mit der internationalen IEC-Publikation 517 „Metallgekapselte Hochspannungsschaltanlagen für Nennspannungen von 72,5 kV und darüber, fabrikfertig, typgeprüft" genormt. Diese Bestimmungen ergänzen und ändern, soweit erforderlich, die jeweiligen einschlägigen Normen, die für die einzelnen Bauteile (Geräte) mit Luftisolation gelten. Darüberhinaus sind für die Kapselung die entsprechenden Druckbehältervorschriften zu beachten.

Bei hohen Betriebsspannungen ist eine erhebliche Verkleinerung des Grundflächen- und Raumbedarfs der Schaltanlagen und -geräte möglich. Bild 4.58 zeigt einen Vergleich von Gießharzstützern in Luft und in SF_6-isolierten Anlagen. Diese Tendenz gilt auch für die gesamte Schaltanlage. Für eine komplette 420-kV-Schaltanlage beträgt das Verhältnis der benögtigten Grundflächen Luft zu SF_6 30:1 (Bild 4.59). Der bevorzugte Einsatz von SF_6-isolierten Schaltanlagen liegt deshalb im Bereich der Ballungszentren der Industrie und der Großstädte, wo Grund und Boden gar nicht oder nur schwer erhältlich ist. Die kompakte Bauweise erlaubt es sogar, die Anlagen in Kellern von Hochhäusern oder in Kavernen unter der Erde unterzubringen.

Weitere Vorteile der SF_6-Anlagen sind Berührungs- und Korrosionsschutz spannungsführender Teile sowie Schutz gegen Verschmutzung der Isolatoren. Zum Beispiel werden bei der Kombination Wüste (Sandsturm) und Küste (salzhaltige, feuchte Luft) heute bevorzugt SF_6-Anlagen eingesetzt. Die Betriebssicherheit wird erhöht, die Wartungsintervalle werden verlängert, der Wartungsaufwand wird vermindert.

Freiluft-Schaltanlage 420 kV
Grundfläche 30000 m²

300 m

100 m

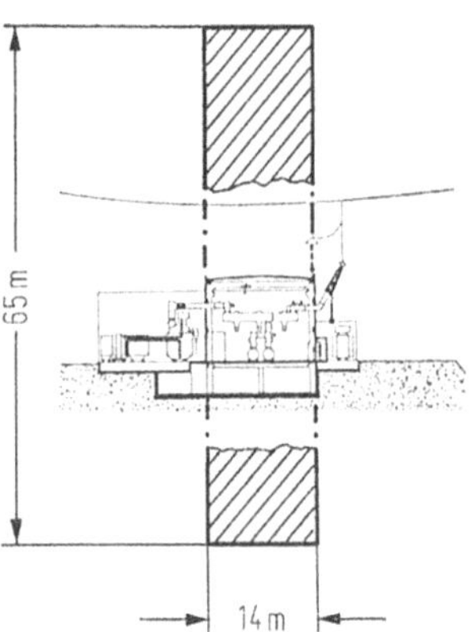

SF6-isolierte Schaltanlage 420 kV
Grundfläche 910 m²

Bild 4.59. Vergleich der benötigten Grundfläche bei luft- und SF_6-isolierten Schaltanlagen 420 kV. Grundflächenverhältnis $\approx$ 30:1

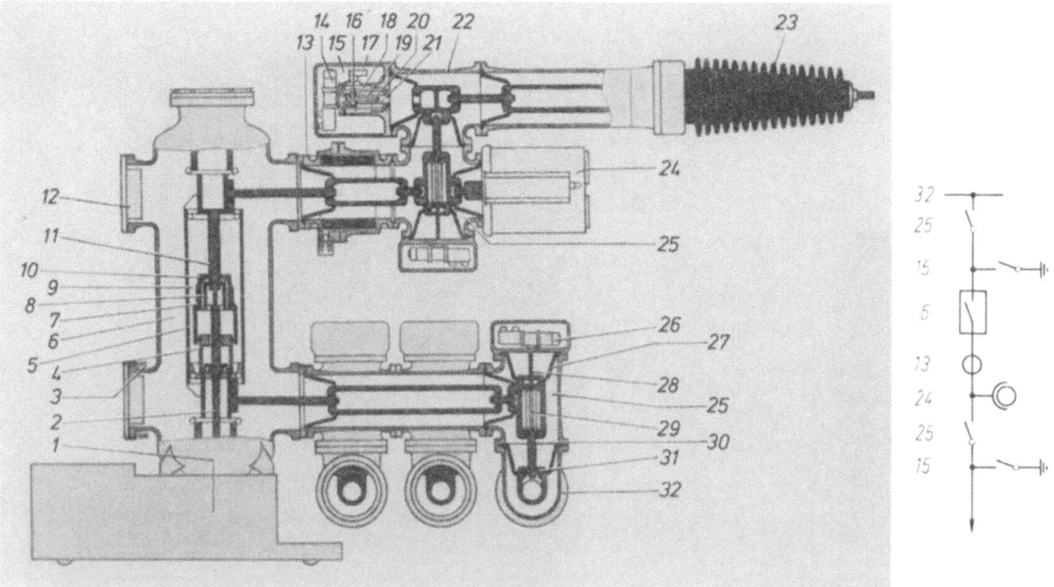

Bild 4.60. Schnitt durch eine SF_6-isolierte Einfachsammelschienen-Schaltanlage 145 kV mit Freiluftdurchführung, einphasige Kapselung (AEG). *1* Antrieb, *2* Antriebsstange, *3* Druckentlastung, *4* Kolben, *5* Isolierzylinder, *6* Leistungsschalter, *7* Zylinder, *8* Schaltstift, *9* Schalteinsatz, *10* Isolierdüse, *11* Gegenkontakt, *12* statisches Filter, *13* Stromwandler, *14* Motorantrieb, *15* Erdungsschalter, *16* Kolbenringverriegelung, *17* Auslöseeinrichtung, *18* Kolbenringteller, *19* Gewindespindel, *20* Schaltstift, *21* Einschaltfeder, *22* Verteilungsbaustein, *23* Freiluft-Durchführung, *24* Spannungswandler, *25* Trennschalter, *26* Motorantrieb, *27* Stützisolator, *28* Isolierwelle, *29* Gewindespindel, *30* Schaltstift, *31* Gegenkontakt, *32* Sammelschiene
Sammelschienenerder im Schnitt nicht dargestellt

Als Material für die Kapselung der Anlagen wird Stahl oder Aluminium verwendet. Stahl hat den Vorteil der höheren Lichtbogenbeständigkeit und der höheren spezifischen Festigkeit, während Aluminium das kleinere Gewicht und die geringeren Wirbelstromverluste für sich verbucht. Schaltfelder von SF_6-Anlagen sind so zu schotten, daß eine Doppelsammelschienen-Anlage bei jedem denkbaren wahrscheinlichen Fehlerfall bis auf das betroffene Feld oder die betroffene Sammelschiene in Betrieb bleiben kann, während die Reparatur des beschädigten Abschnitts erfolgt.

Bei der Kapselung von SF_6-isolierten Anlagen wird zwischen 1- und 3-poliger Kapselung unterschieden. Bei der 1-poligen Kapselung hat jede Phase ihre eigene Metallkapselung (Bild 4.60). Bei der 3-poligen Kapselung sind alle 3 Phasen in einem gemeinsamen Behälter untergebracht (Bild 4.61). Häufig findet man auch eine gemischte Bauweise, z.B. Sammelschiene 3-polig, Leistungsschalter und Abgänge 1-polig gekapselt (Bild 4.62).

SF_6-isolierte Schaltanlagen gibt es auch für den Mittelspannungsbereich (1 bis 72,5 kV). Die Flächen- und Volumeneinsparung ist in diesem Bereich jedoch nicht mehr so spektakulär. Als Vorteil bleiben Verschmutzungssicherheit der Isolatoren und Berührungssicherheit gegen spannungsführende Teile.

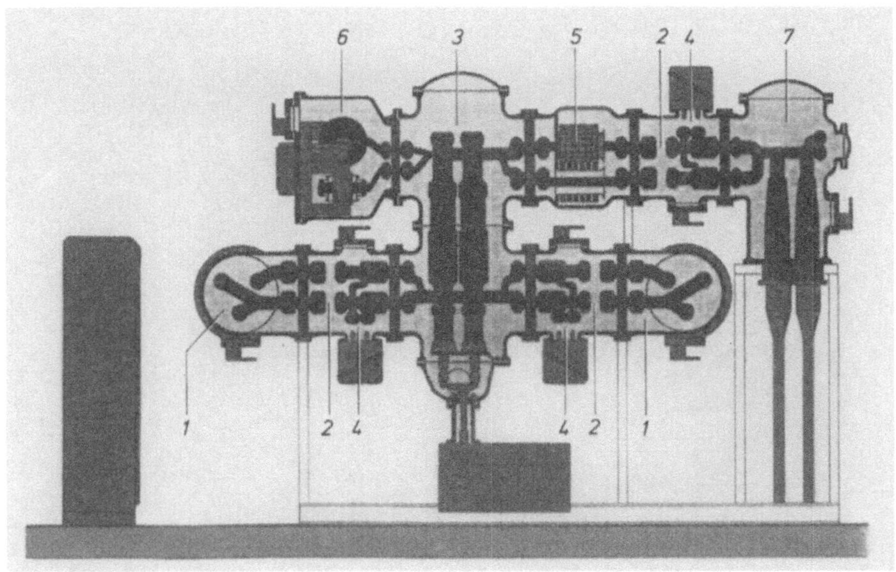

Bild 4.61. Schnitt durch eine SF_6-isolierte Doppelsammelschienen-Schaltanlage 145 kV mit Kabelabgang, dreiphasige Kapselung (BBC). *1* Sammelschiene, *2* Trennschalter, *3* Leistungsschalter, *4* Erdungsschalter, *5* Stromwandler, *6* Spannungswandler, *7* Kabelendverschluß

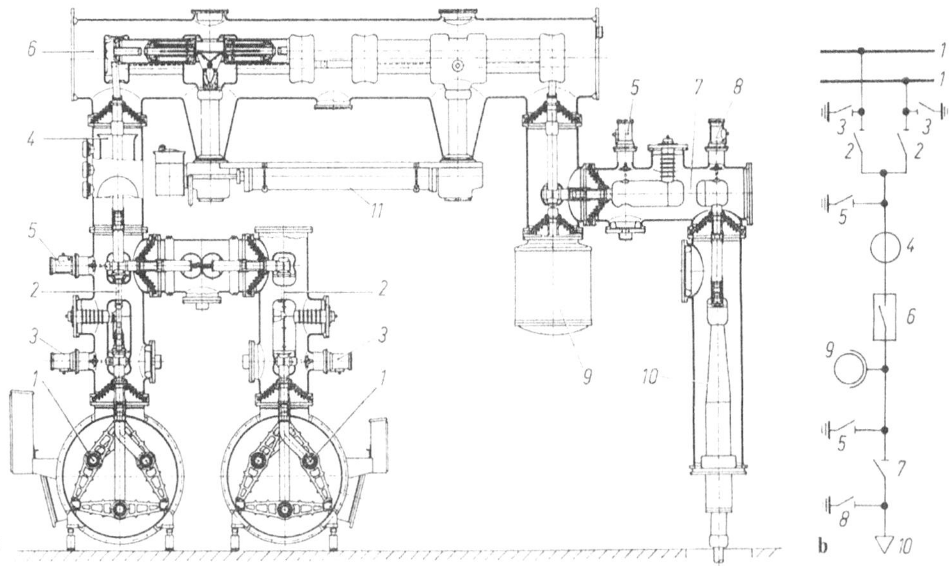

Bild 4.62. Schnitt durch eine SF_6-isolierte Doppelsammelschienen-Schaltanlage 525 kV mit Kabelabgang; Sammelschienen dreiphasig, sonstige Baugruppen einphasig gekapselt (Siemens). *1* Sammelschiene, *2* Sammelschienentrennschalter, *3* Sammelschienenerdungsschalter, *4* Stromwandler, *5* Arbeitserder, *6* Leistungsschalter, *7* Kabeltrennschalter, *8* einschaltfester Erdungsschalter, *9* Spannungswandler, *10* Kabelanschluß, *11* Hydraulikspeicher

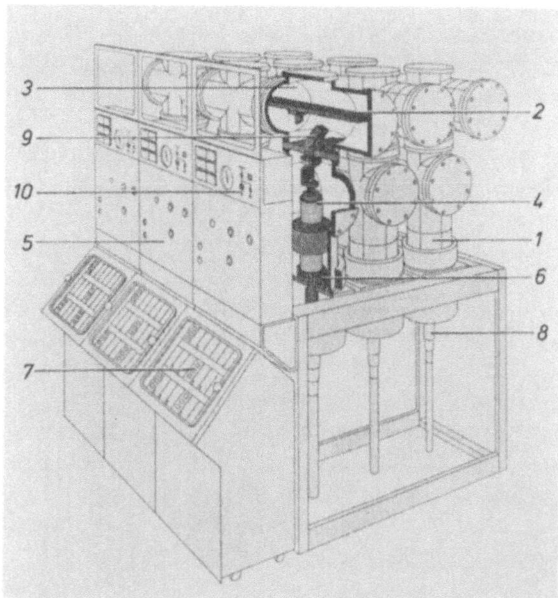

Bild 4.63. SF_6-isolierte Einfachsammelschienen-Schaltanlage 36 kV mit Vakuumleistungsschalter (Siemens). *1* Leistungsschalter-Kapselung, *2* Sammelschiene, *3* Sammelschienen-Kapselung, *4* Leistungsschalter-Vakuumschaltröhren, *5* Antriebe, *6* Strom- und Spannungsmessung, *7* Pult mit Sekundäreinrichtungen, *8* Kabelanschluß, *9* Trennschalter[a], *10* Betätigung und Verriegelung der Schalter

Anstelle von SF_6-Leistungsschaltern werden dort häufig auch Vakuumschalter eingesetzt (Bild 4.63).

Um möglichst viele Schaltungsvarianten der Anlagentechnik herstellen zu können, werden die einzelnen Bauteile wie Bausteine eines Baukastens eingesetzt. Solche Bausteine sind (Beispiele Bild 4.64):

a Leistungsschalter
b Trennschalter
c Erdungsschalter
d Lasttrennschalter
e Stromwandler
f Spannungswandler
g Verbindungsgehäuse
h Kabelanschlußgehäuse
i Durchführungen für Freileitungen oder Transformatoren
k Sammelschienen
l Kompensatoren für Toleranz- und Längenausgleich

Die Leistungsschalter von Hochspannungs-SF_6-Anlagen sind fast ausschließlich SF_6-Schalter in Kesselbauweise (Bild 4.16). Dabei sind die Schaltkammern weitgehend baugleich mit den Kammern der luftisolierten SF_6-Schalterbaureihen.

[a] Der Trennschalter ist ein Dreistellungsschalter mit den Stellungen „Ein“, „Aus“ und „Erdung vorbereitet“. Die Erdung des Kabels erfolgt erst, wenn der Vakuumschalter wieder eingeschaltet wird.

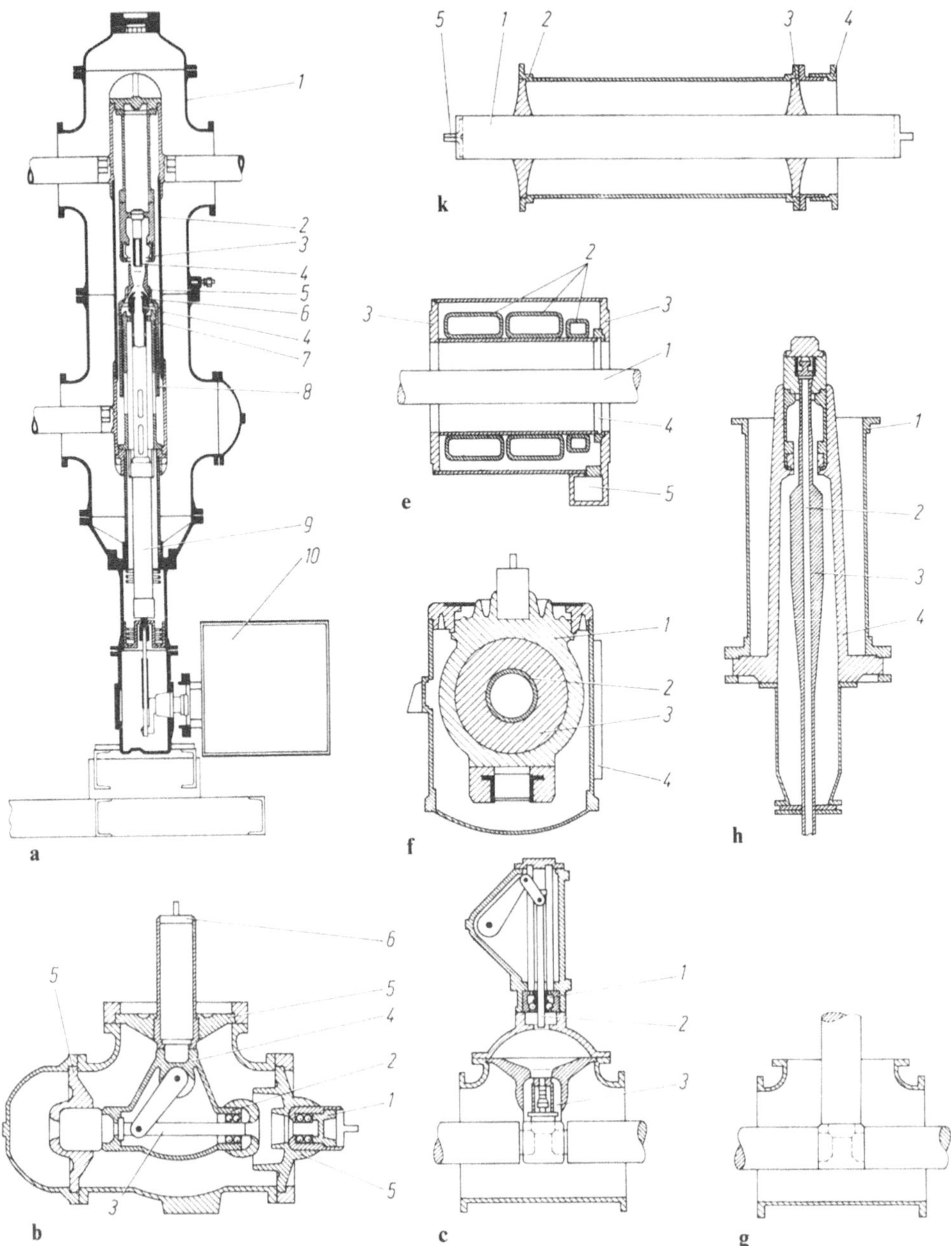

Bild 4.64. Bausteine für SF_6-isolierte Schaltanlagen (Calor-Emag). **a** Leistungsschalter: *1* Kapselung, *2* Schaltkammer, *3* fester Kontakt, *4* Lichtbogenkontakt, *5* Hauptdüse, *6* Hilfsdüse, *7* beweglicher Kontakt, *8* kompr. Zylinder, *9* Schaltstange, *10* Antrieb. **b** Trennschalter: *1* Kontaktstück, *2* Kontaktstück, *3* Schaltstift, *4* Kontaktträger, *5* Isolator, *6* Anschluß. **c** Erdungsschalter: *1* Kontaktstück, *2* Schaltstift, *3* Kontaktstück. **e** Stromwandler: *1* Primärleiter, *2* Kern mit Sekundärwicklung, *3* Flansch, *4* Isolierring, *5* Klemmenkasten. **f** Spannungswandler: *1* Isolier-körper, *2* Sekundärwicklung, *3* Primärwicklung, *4* Klemmenkasten. **g** Verbindungsgehäuse. **h** Kabelanschluß: *1* Gehäuse, *2* Kabel, *3* Wickelkeule, *4* Isolator. **k** Sammelschiene: *1* Leiter, *2* Gehäuse, *3* Isolator, *4* Längenausgleich, *5* Stromband

Bei den Trennschaltern der SF_6-Schaltanlagen ist die Trennstrecke relativ klein. Es werden deshalb meist Schubtrenner eingesetzt. Je nach Einbauort sind sie in Linien-, Winkel- oder Kreuzbauweise ausgeführt. An das Schaltvermögen der Trenner werden etwas höhere Anforderungen gestellt, da die kapazitiven Ladeströme bei den gekapselten Schaltanlagen größer als bei konventionellen Freiluftanlagen sind. Die notwendige Verbesserung ist durch das Schalten in SF_6 leicht zu erreichen. Das gute Löschvermögen von SF_6 erlaubt sogar den Einbau von Löschanordnungen für Lastströme in die Trennergehäuse. Derartige Lasttrenner können besonders wirtschaftlich in Kombination mit Transformatoren zum Schalten kleiner Ströme eingesetzt werden. Erdungsschalter sind ähnlich wie Trennschalter aufgebaut. Da bei gekapselten Schaltanlagen eine unmittelbare Sichtkontrolle der Bewegung der Trenn- und Erderschalter nicht möglich ist, sind zuverlässige Anzeigen der Schaltstellung sehr wichtig. Eine zusätzliche Sicherheit bieten Schnellerder. Selbst im Fehlerfall, wenn die Leitung noch unter Spannung steht, verträgt der Schnellerder den Einschaltkurzschluß und der zugehörige Leistungsschalter schaltet den Kurzschluß aus.

Als Stromwandler werden bei SF_6-Anlagen überwiegend Durchsteckwandler eingesetzt. Bei den Spannungswandlern werden bis 170 kV Gießharzwandler, über 170 kV Wandler mit SF_6-Isolation bevorzugt verwendet. In Zukunft werden kapazitive Wandler mit elektronischer Verstärkung größere Bedeutung erlangen.

Um bestimmte Anlagenausführungen aufbauen zu können, werden besondere Verbindungsgehäuse mit Leitern, Isolatoren und Durchführungen benötigt. Isolatoren und Durchführungen werden bei SF_6-Anlagen dielektrisch hoch beansprucht. Einige Hersteller bevorzugen glatte Oberflächen, andere ziehen Isolatoren mit Rippen vor, da auf der Baustelle Verschmutzungen nicht immer vermieden werden können. Die geringen Abstände der Leiter führen zu hohen Kräften im Kurzschlußfall. Da gleichzeitig auch die Beanspruchungen durch den Gasdruck aufgenommen werden müssen, muß die mechanische Festigkeit der Isolatoren und Durchführungen groß sein.

Die Kabelanschlußgehäuse nehmen den Kabelendverschluß auf. Sie können mit Trennern und Erdern kombiniert werden. Für den Anschluß von Freileitungen werden SF_6-Freileitungsdurchführungen verwendet.

Die Sammelschienenbausteine enthalten ein- oder dreiphasig gekapselt die Stromleiter der Sammelschienen. Um Längentoleranzen der Fertigung und im Betrieb auszugleichen, sind Kompensatoren nötig. Dieser Ausgleich kann erheblich sein, z.B. wenn eine Sammelschiene in Betrieb ist und hohe Temperaturen erreicht, während die zweite Sammelschiene auf dem Niveau der Umgebungstemperatur liegt.

Die Dichtigkeit von SF_6-Anlagen soll möglichst hoch sein. Es werden von Herstellerfirmen Gasverluste garantiert, die unter 1% pro Jahr liegen. Hierfür sind qualitativ hochwertige Dichtungen erforderlich, bei statischer Beanspruchung meist Rundschnurringe, bei dynamischer Lippendichtungen. Das Material muß über den gesamten zulässigen Temperaturbereich elastisch bleiben, sich auch nach langen Standzeiten rückverformen können, einwandfreie Oberflächen haben, innerhalb enger Toleranzen gefertigt und chemisch

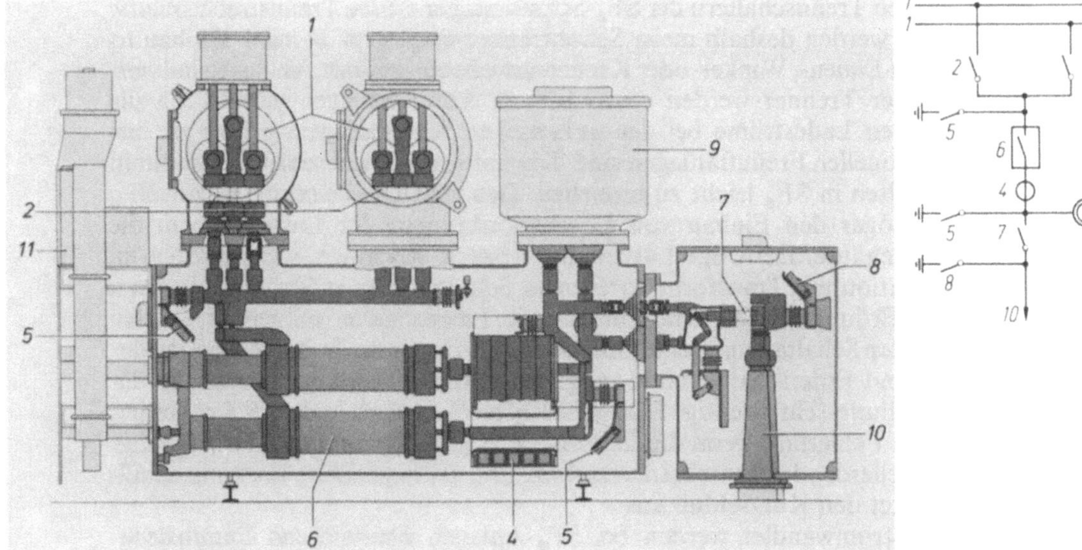

Bild 4.65. Schnitt durch eine SF_6-isolierte Schaltanlage für 145 kV bestehend aus 4 Grundbausteinen (Siemens). Baustein 1: Leistungsschalter *6* mit Arbeitserder *5*, Stromwandler *4* und Steuereinheit *11*, Baustein 2: Kabelanschlußgehäuse *10* mit Endverschluß, Kabeltrennschalter *7* und einschaltfestem Erdungsschalter *8*, Baustein 3: Sammelschienen *1* mit Trennschalter *2*, Baustein 4: Spannungswandler *9*

gegen SF_6- und dessen Zersetzungsprodukte resistent sein. Undichte Stellen einer SF_6-Anlage bedeuten nicht nur Leckverluste, es kann durch diese Stellen auch Feuchtigkeit in die Anlage eindringen, die bei ungünstigen Temperaturverhältnissen kondensiert. Zusätzliche Sicherheit bringt der Einbau von Filtern. Die Wartungsintervalle können verlängert werden.

Zur Verhinderung von Schaltfehlern, z.B. Schalten eines Trenners unter Last, werden häufig Schaltfehlerschutzgeräte eingesetzt. Die notwendige Gasdichte in den einzelnen Behältern – übliche Werte von 1 bis 7 bar – wird durch ein Gasüberwachungssystem gewährleistet. Im Notfall kann Gas während des Betriebes nachgefüllt werden.

Gegen atmosphärische Überspannungen werden Ableiter eingesetzt. Es gibt spezielle, für SF_6-Anlagen entwickelte SF_6-isolierte gekapselte Ableiter. Kommt es trotz aller Maßnahmen zu einem elektrischen Überschlag in einer gekapselten Anlage – diese Fehler sind wesentlich seltener als in konventionellen Anlagen – dann wirken folgende Sicherheitsmaßnahmen: Ansprechen von Berstmembranen der Behälter bei zu hohem Innendruck und schnelle Ausschaltung des Kurzschlusses durch den Leistungsschalter.

Aus wirtschaftlichen Gründen ist man bestrebt, durch Zusammenfassung mehrerer zusammengehöriger Geräte die Zahl der Grundbausteine zu reduzieren. Bei der Schaltanlage nach Bild 4.65 gibt es nur noch 4 Grundbausteine:

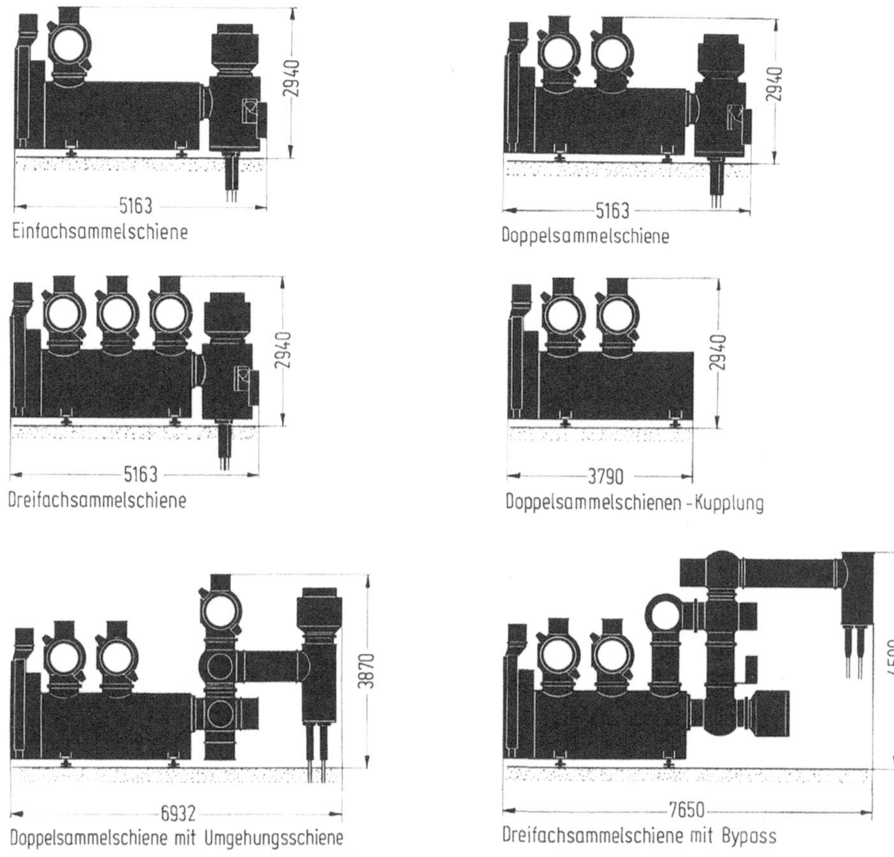

Bild 4.66. Beispiele für Schaltungsvarianten der in Bild 4.65 dargestellten SF_6-isolierten Schaltanlage

- Leistungsschalter mit Arbeitserder, Stromwandler und Steuereinheit.
- Kabelanschlußgehäuse für den Kabelendverschluß mit Kabeltrenner und -erder.
- Sammelschiene mit Trennschalter.
- Spannungswandler.

In Bild 4.66 sind Anordnungsbeispiele dargestellt.

4.2.3 Schaltgeräte für Anlagen mit Feststoffisolierung

Ebenso wie Schaltanlagen und -geräte durch Druckgasisolierung wesentlich verkleinert werden können, kann eine Reduzierung auch durch eine Feststoffisolierung erreicht werden. Während die Druckgasisolierung sich im Hochspannungsbereich durchgesetzt hat, wird die Feststoffisolierung praktisch nur im Mittelspannungsbereich angewendet. Allerdings wird auch hier die „reine“

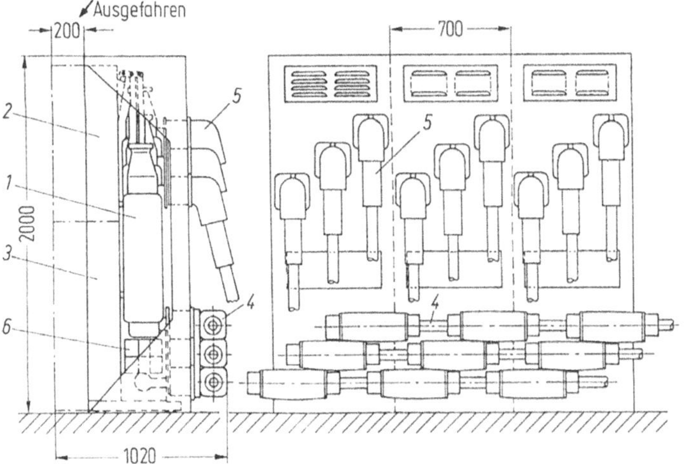

Bild 4.67. Feststoffisolierte Schaltanlage für 24 kV mit Vakuumleistungsschalter 24 kA (Fuji Electric, Japan). *1* Leistungsschalter, *2* Antrieb, *3* Niederspannungsteil, *4* Sammelschiene, *5* Kabelanschluß, *6* Stromwandler

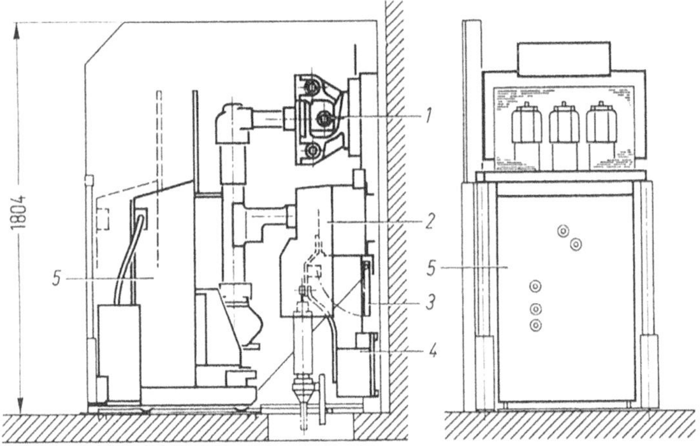

Bild 4.68. Gießharzisolierte Schaltanlage 24 kV mit ausfahrbarem Leistungsschalter 12 kA (Siemens). *1* Sammelschiene, *2* Stromwandler, *3* Erdungsschalter, *4* Spannungswandler, *5* Schaltwagen

Feststoffisolierung „Leiter-Feststoff-metallische Erdung" selten eingesetzt. Häufiger ist die Anwendung in der Reihenfolge Leiter-Feststoff-Luft-Erde, im Jargon der Elektrotechniker prägnant, aber unzutreffend, als „Teilisolierung" bezeichnet. Als Material für die Isolierung wird überwiegend ein schwer entflammbares, flexibilisiertes Gießharz verwendet. Unter Lichtbogeneinwirkung darf der Feststoff keine aggressiven Gase abgeben.

Die kritischen Stellen bei feststoffisolierten Anlagen sind die Montageverbindungen, die Fugen. Bei Verbindungen, die während des Betriebes nicht

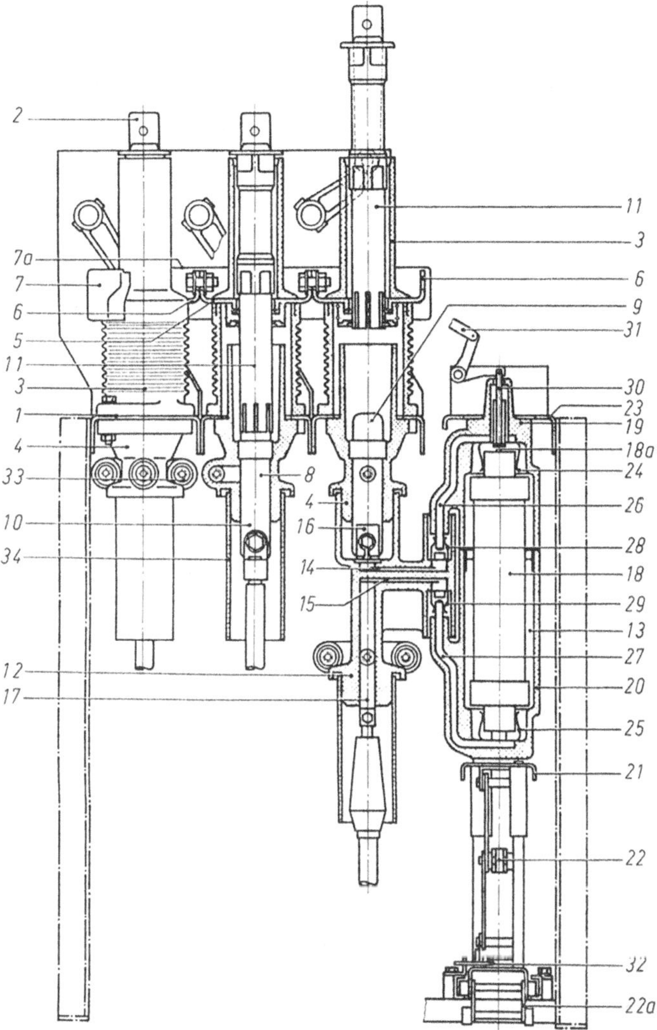

Bild 4.69. Feststoffisolierte Kleinschaltanlage 12 kV mit Lasttrenner und Sicherung (Calor-Emag). *1* Gestell, *2* Lasttrennerpol, *3,4* Isolierkörper, *5,6* Anschluß, *7,7a* Isolierhauben, *8* Kontaktträger, *9* festes Schaltstück, *10* Flachanschluß, *11* Kontaktrohe, *12* Verbindungskörper, *13* Sicherungsbaustein, *14,15* Verbindungsleiter, *16* Armatur, *17* Kabelanschluß, *18* Sicherungseinsatz, *18a* Schlagstift, *19,20* Isolierkörper, *21* Untersatz, *22* Sicherungsheber, *22a* Fahrvorrichtung, *23* Polbrücke, *24,25* Kontaktstück, *26,27* Leiter, *28,29* Steckverbindung, *30* Stößel, *31* Auslösegestänge, *32* Raste für Sicherungsheber

mehr gelöst werden müssen, werden die Verbindungsstellen geklebt oder Elastomere eingebracht. Im Hinblick auf die dielektrische Festigkeit müssen diese Verbindungen besonders sorgfältig ausgeführt werden. Verbindungen, die im Betrieb gelöst werden müssen, erhalten meist Luftfugen, die so abgedeckt werden, daß eine Verschmutzung nicht erfolgen kann.

Bild 4.67 zeigt eine feststoffisolierte Anlage für 24 kV, 24 kA mit ausfahrbarem Vakuumleistungsschalter und Einfachsammelschiene. Eine weitere Anlage ist im Bild 4.68 dargestellt, bei der die Leiter mit Gießharz isoliert sind, jedoch der Mantel nicht geerdet ist. Die Gießharzisolierung reduziert die Erd- und Kurzschlußgefahr und verhindert die Wanderung des Lichtbogens bei einem Überschlag. Die feststoffisolierten Bereiche ohne metallische Erdung dürfen nicht berührt werden, obwohl bei fahrlässigem Berühren normalerweise kein Spannungsüberschlag erfolgt. Derartige Isolierungen werden auch für kleinbauende Lasttrenneranlagen benutzt, z.T. mit Stahlblechkapselung. Bild 4.69 zeigt eine Schaltanlage mit drei Lasttrennern – die 3 Pole senkrecht zur Bildebene – und Sicherungen. Die drei Sicherungen stehen hintereinander und sind mit den Polen des rechten Lasttrenners verbunden. Der rechte Lasttrenner ist im ausgeschalteten, die übrigen sind im eingeschalteten Zustand gezeigt. Die Sicherungen können durch Absenken der Sicherungsunterteile und Ausfahren ausgewechselt werden.

Literatur zu Kapitel 4

Normen

1 DIN 48 133: Innenraumstützer aus Keramik
2 DIN 48 136: Innenraumstützer aus Gießharz
3 DIN 48 115: Schirme für Konstruktionsporzellan; Abmessungen, Kriechwegbestimmung
4 DIN 48 120: Stützer für Freiluftanlagen
5 DIN 48 123: Stützer für Freiluftanlagen
6 DIN 57 101/VDE 0101/11.80: Errichten von Starkstromanlagen mit Nennspannungen über 1 kV
7 DIN 57 111/VDE 0111 Teil 1/10.79 – Teil 1A 1/11.84: Isolationskoordination für Betriebsmittel in Drehstromnetzen über 1 kV; Isolation Leiter gegen Erde – Änderung 1 (Entwurf)
8 DIN IEC 376/VDE 0373 Teil 1/4.80: Bestimmung für neues Schwefelhexafluorid (SF_6); Anforderungen und Abnahmeprüfung
9 DIN IEC 480/VDE 0373 Teil 2/4.80: Richtlinie für die Prüfung von Schwefelhexafluorid (SF_6) nach Entnahme aus elektrischen Betriebsmitteln
10 DIN 57 432/VDE 0432 Teil 1/10.78: Hochspannungs-Prüftechnik; Begriffe und allgemeine Festlegungen zur Prüfung
11 DIN 57 432/VDE 0432 Teil 2/10.78: Hochspannungs-Prüftechnik; Prüfverfahren
12 DIN 57 434/VDE 0434/05.83: Hochspannungs-Prüftechnik; Teilentladungsmessungen
13 DIN 57 448/VDE 0448 Teil 1/10.75: Prüfung von Isolatoren für Betriebs-Wechselspannungen über 1 kV unter Fremdschichteinfluß: Prüfverfahren mit haftenden Fremdschichten (Kieselgur-Prüfverfahren)
14 DIN 57 448/VDE 0448 Teil 2/9.77: Prüfung von Isolatoren für Betriebs-Wechselspannungen über 1 kV unter Fremdschichteinfluß – Prüfverfahren mit fließenden Fremdschichten (Salz-Nebel-Prüfverfahren)
15 DIN 57 670/VDE 0670 und deren Teile: Bestimmungen für Wechselstromschaltgeräte für Spannungen über 1 kV (mit zahlreichen Teil-Bestimmungen)
16 VDE 0674 Teil 1/2.70: Bestimmungen für Isolatoren und Durchführungen für Betriebsmittel und Anlagen für Wechselspannungen über 1 kV; Isolatoren mit Isolierkörpern aus keramischen Werkstoffen

Bücher

17 Dorsch, H.: Überspannungen und Isolationsbemessung bei Drehstrom-Hochspannungsanlagen. Berlin, München: Siemens Aktiengesellschaft 1981
18 Flurscheim, C.H.: Power circuit breaker theory and design. Verlag Peter Peregrinus Ltd., 1982

19 Erk, A., Schmelzle M.: Grundlagen der Schaltgerätetechnik. Springer-Verlag Berlin-Heidelberg-New York, 1974
20 Maller, V.N., Naidu, M.S.: Advances in high voltage and arc interruption in SF_6 and Vacuum. Pergamon Press, Oxford, 1981

Aufsätze

21 Irresberger, G.: Das Fremdschichtproblem bei Hochspannungs-Freileitungsisolatoren im Spiegel des technisch-wissenschaftlichen Schrifttums. Bull. SEV/VSE 65 (1974) 3
22 Verma, M.P.: Höchster Ableit-Stromimpuls als Kenngröße für das Isolierverhalten verschmutzter Isolatoren. ETZ A 94 (1973) 302–303
23 CIGRE, SC 33/WG 04: The measurement of site pollution severity and its application to insulator dimensioning for C.C. systems. ELECTRA No. 64 (1979) 101–106
24 CIGRE, SC 33/WG 04: A critical comparison of artificial pollution test methods for HV insulators. ELECTRA No. 64 (1979) 117–136
25 Feser, K.: Mechanismen zur Erklärung des Schaltspannungsphänomens. Schweizer Tech. Z. 46 (1971) 937–946
26 Leroy, G.; Gallet, G.; Kosztaluk, R.; Kromer, J. L.: Reseaux aeriens au ultra-haute tension: calculs des distances d'isolement. Generale de l'Electricite, No. Special Paris (1974) 27–44
27 Schneider, K.H.; Weck, K.H.: Parameters influencing the gap factor. ELECTRA No. 35 (1974) 25–48
28 Carrara, G.; Zaffanella, L.: Switching impulse clearance tests. IEEE Paper No. C P692-PWR, (1968)
29 Crucius, M.: Der Gleitfunkenüberschlag bei Stoßspannung und die Analogie mit dem Luftdurchschlag bei großen Schlagweiten. Dissertation TU Berlin 1974
30 Heise, W.; Luxa, G.F.: Über den Einfluß von Schaltspannungen auf die Isolationsbemessung von Höchstspannungsanlagen. VDE-Fachber. Bd. 24 (1966), 126–137
31 Heise, W.; Luxa, G.F.: Die Bemessung der äußeren Isolierstrecken von Geräten für hohe Betriebsspannungen. ETZ-A 91 (1970) 918–225
32 Dorsch, H.; Rabus, W.: Allgemeine Gesichtspunkte für die Isolationsbemessung von Drehstrom-Höchstspannungsanlagen. ETZ-A 91 (1970) 193–201
33 Dakin, T.W.; Luxa, G.; Oppermann, G.; Vigreux, J.; Wind, G.; Winkelnkemper, H.: Breakdown of gases in uniform fields: Paschen curves for nitrogen, air and sulfurhexafluoride. ELECTRA No. 32 (1973) 61–82
34 Ermel, M.: Das N_2-SF_6-Gasgemisch als Isoliermittel der Hochspannungstechnik. ETZ-A 96 (1975) 231–235
35 Diessner, A.; Trump, J.G.: Free conducting particles in a coaxial compressed-gas-insulated system. IEEE Transactions on Power Apparatus and Systems PAS 89, No. 8 (1970)
36 Literatursammlung über Schwefelhexafluorid der Kali Chemie AG Hannover
37 Cookson, A.H.: Review of high-voltage gas breakdown and insulators in compressed gas. IEE Proc. 128, Pt.A. (1981) 303–312
38 Crucius, M.; Luxa, G.: Dauerversuche an Isolieranordnungen für SF_6-isolierte Anlagen. Siemens-Energietechnik 2 (1980) 7–11
39 Metalclad SF_6 substations challenge air insulated designs. Electrical Review 5, 1975, S. 149–151
40 Survey of metalclad high voltage switchgear. Electrical Review 5, 1975, S. 152–158
41 Diverse Aufsätze in Firmenschriften und Prospekte von Firmen, die Schaltgeräte herstellen.

Stichwortverzeichnis

GPSR Compliance

The European Union's (EU) General Product Safety Regulation (GPSR) is a set of rules that requires consumer products to be safe and our obligations to ensure this.

If you have any concerns about our products, you can contact us on ProductSafety@springernature.com

In case Publisher is established outside the EU, the EU authorized representative is:

Springer Nature Customer Service Center GmbH
Europaplatz 3
69115 Heidelberg, Germany

Batch number: 08055278

Printed by Printforce, the Netherlands